책장을 넘기며 느껴지는 몰입의 기쁨
노력한 만큼 빛이 나는 내일의 반짝임

새로운 배움, 더 큰 즐거움

미래엔이 응원합니다!

1등급 만들기
세계지리 815제

WRITERS

이강준   홍익사대부고 교사 | 한국교원대 지리교육과
홍철희   대전과학고 교사 | 한국교원대 지리교육과
백승진   대구외고 교사 | 경북대 지리교육과

COPYRIGHT

인쇄일 2023년 11월 1일(2판6쇄)
발행일 2021년 9월 30일

펴낸이 신광수
펴낸곳 (주)미래엔
등록번호 제16-67호

교육개발2실장 김용균
개발책임 김문희 **개발** 공햇살

디자인실장 손현지
디자인책임 김병석 **디자인** 진선영, 송혜란

CS본부장 강윤구
제작책임 강승훈

ISBN 979-11-6413-878-4

머리말
━━━Introduction

인생의 목표를 정하고

그 목표를 향해

담담하게 걸어가는 것은

정말 어려운 일입니다

다른 사람들이 뭐라고 하든

자신이 옳다고 믿는 길이 최선의 길이지요

자신감을 가지고

1등급 만들기와 함께 시작해 보세요

1등급 달성!
할 수 있습니다!

구성과 특징
Structure&Features

핵심 개념 정리

시험에 꼭 나오는 [핵심 개념 파악하기]

학교 시험에 자주 나오는 개념과 자료를 일목요연하게 정리하여 핵심 개념을 빠르게 파악할 수 있도록 구성하였습니다.

자료 시험에 자주 나오는 자료를 엄선하여 분석하였습니다.

© 문제로 확인 핵심 개념 및 필수 자료를 이해했는지 확인할 수 있도록 관련 문제를 연결하였습니다.

3단계 문제 코스

1등급 만들기 내신 완성 3단계 문제를 풀면 1등급이 이루어집니다.

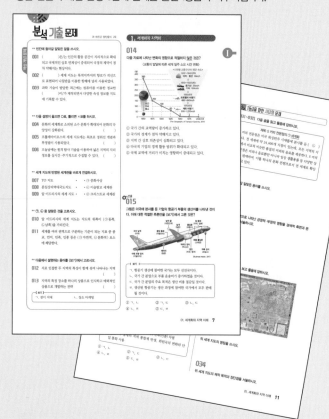

Step 1 기출 문제로 실전 감각 키우기

분석 기출 문제

기출 문제를 분석하여 학교 시험 문제와 유사한 형태의 문제로 구성하였습니다.

핵심 개념 문제 핵심 개념을 얼마나 이해하고 있는지 바로 확인할 수 있도록 개념 문제를 제시하였습니다.

1등급을 향한 서답형 문제 학교 시험에 자주 출제되는 단답형과 서술형 문제의 대표 유형을 모아서 수록하였습니다.

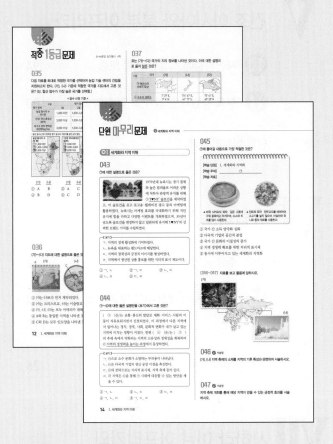

1등급 문제로 실력 향상시키기

적중 1등급 문제

학교 시험에서 고난도 문제는 한두 문항씩 출제됩니다.
등급의 차이를 결정하는 어려운 문제도 자신 있게 풀 수 있도록 응용력과
사고력을 기를 수 있는 고난도 문제로 구성하였습니다.

마무리 문제로 최종 점검하기

단원 마무리 문제

중간고사와 기말고사를 대비할 수 있는 실전 문제를 학교 시험 진도에 맞
추어 학습이 용이하도록 강명을 넣어 구성하였습니다. 시험 직전 학습 내
용을 마무리하고 자신의 실력을 점검할 수 있습니다.

알찬풀이로 [핵심 내용 다시보기]

문제에 대한 정답과 알찬풀이를 제시하였습니다. **바로잡기**는 자세한 오
답풀이로 어려운 문제도 쉽게 이해할 수 있습니다.

• **1등급 정리 노트**

시험에 자주 나오는 핵심 개념을 다시 한번 정리하였습니다.

• **1등급 자료 분석**

까다롭고 어려운 자료에 대한 분석과 첨삭 설명을 제시하였습니다.

차례
—— Contents

교과서 단원 찾기

4종 세계지리 교과서의 단원 찾기를 제공합니다.

01

세계화와 지역 이해

☑ 출제 포인트 ☑ 동서양의 세계 지도와 세계관 비교 ☑ 세계 권역의 다양한 구분과 그 기준

1. 세계화와 지역화

1 세계화

(1) **의미** 인간의 활동 공간이 지리적으로 확대되고 국제적 상호 연계성이 증대되어 국경의 제약이 약해지는 현상

(2) **현상** 국가 간 교류 증가, 국제 협력과 국제적 분업

> **자료** 다국적 기업의 국제 분업 **ⓒ** 7쪽 015번 문제로 확인
>
>
>
> 날개 끝 (대한민국) / 앞 동체 (미국, 일본) / 날개 (일본) / 출입문 (프랑스) / 꼬리 날개 (미국) / 중앙 동체 (이탈리아) / 화물 출입문 (스웨덴) / 역추진 장치 (멕시코) / 엔진 (미국, 영국) / 착륙 장치 (프랑스) / 수평 조향 장치 (이탈리아) / 배터리 (일본)
>
> (Business Insider, 2017)
>
> **분석** ○○은 미국에 본사를 둔 다국적 기업으로, 10개 국가의 협력업체들로부터 부품을 공급받아 생산 비용을 절감하고 있다.

2 지역화

(1) **의미** 지역의 자율성과 고유성을 증대하고 잠재력을 길러 각 지역이 세계적 차원에서 독자적인 가치를 지니게 되는 현상

(2) **현상** 지역의 경쟁력을 강화하기 위한 다양한 전략 시행 **예** 지리적 표시제, 장소 마케팅, 지역 브랜드화 등

✪ 3 세계화와 지역화의 영향 경제의 세계화, 문화의 세계화 등 → 경제 격차 심화, 문화 갈등 등이 발생하기도 함

ⓒ 8쪽 018번 문제로 확인

2. 지리 정보와 공간 인식

1 동서양의 세계 지도와 세계관

동양	중국	• 화이도, 대명혼일도: 중화사상이 반영된 세계 지도 • 곤여만국전도: 서구식 세계 지도 → 세계 인식 범위 확대
	우리 나라	• 혼일강리역대국도지도: 중국 중심의 세계관 반영 • 지구전후도: 조선 후기 실학자 최한기·김정호가 목판본으로 제작 → 중국 중심의 세계관 탈피
서양	고대	• 바빌로니아 점토판 지도: 현존하는 가장 오래된 세계 지도 • 프톨레마이오스의 세계 지도: 로마 시대 제작, 최초로 경위선 개념과 투영법 사용
	중세	• TO 지도: 중세 유럽, 세계를 원형으로 표현, 크리스트교 세계관 반영, 지도 중심에 예루살렘 위치 • 알 이드리시의 세계 지도: 12세기경 제작, 이슬람교 세계관 반영, 지도 중심에 메카 위치
	근대	• 15세기 대항해 시대 이후 더욱 넓은 세계를 인식하게 됨 • 인쇄술의 발달로 지도 제작 기술이 빠르게 발전함 • 메르카토르의 세계 지도: 목적지까지의 항로가 직선으로 표현되어 나침반을 이용한 항해에 널리 사용됨

> **자료** 중세 시대의 세계 지도와 세계관 **ⓒ** 9쪽 023번 문제로 확인
>
>
>
> ▲ TO 지도 (13세기 경)
> ▲ 알 이드리시의 세계 지도(1154)
>
> **분석** 중세 유럽에서는 크리스트교 세계관이 지도에도 반영되어 과학적·실용적 지도 제작이 어려웠다. 이 시기에 널리 사용된 TO 지도는 위쪽이 동쪽(에덴동산)을 가리킨다. 반면 이슬람 세계는 활발한 상업 활동으로 지리적 지식의 범위를 넓혔고, 이 시기에 만들어진 알 이드리시의 세계 지도는 위쪽이 남쪽을 가리킨다.

✪ 2 공간 인식에 따른 지리 정보의 차이 **ⓒ** 9쪽 024번 문제로 확인

(1) **지리 정보** 지표 공간의 자연 및 인문 현상의 상호 작용에 관한 정보 → 오늘날 원격 탐사 기술, 인터넷 등을 통해 조사 가능

(2) **지리 정보 체계(GIS)** 지리 정보를 수치화하여 컴퓨터에 입력·저장하고, 사용자의 요구에 따라 분석·가공·처리하여 필요한 결과물을 얻는 지리 정보 기술

(3) **오늘날과 옛 세계 지도의 지리 정보 차이**

과거	• 주로 종이 지도로 제작되어 제한된 양의 정보만을 기록 • 지도에 담긴 정보를 수정하거나 변형하기 어려움
오늘날	• 컴퓨터를 이용한 정교한 전자 지도 제작으로 다양한 속성 정보를 지도에 기록 가능 • 원하는 정보를 추출 및 통합, 자유로운 확대와 축소, 거리와 면적을 구하기 쉬워 다양한 형태로 가공이 가능

3. 세계의 지역 구분

✪ 1 지역과 권역 **ⓒ** 10쪽 027번 문제로 확인

(1) **지역** 지리적 특성이 다른 곳과 구별되는 지표상의 공간 범위 → 그 지역만의 독특한 특성을 지역성이라고 함

(2) **권역** 세계를 큰 규모로 나눈 공간 단위 **예** 북반구와 남반구

2 세계 권역 구분의 지표

(1) **구분 지표**

자연적 요소	수륙 분포, 지형, 기후, 식생 등 자연환경과 관련된 요소
문화적 요소	종교·언어·인종·민족 등 문화적 특색과 사회 제도·정치 조직·가치관 등이 포함된 요소
기능적 요소	기능의 중심이 되는 핵심지와 그 배후지로 이루어지는 권역을 설정할 수 있는 요소
역사적 요소	공간적 차원과 연결된 역사 지리적 요소

(2) **점이 지대** 복합적인 지표로 구분된 권역 간에는 서로 인접한 지역의 특성이 섞여서 나타남

분석 기출 문제

»» 바른답·알찬풀이 2쪽

개념 기출 문제

•• 빈칸에 들어갈 알맞은 말을 쓰시오.

001 (   )은/는 인간의 활동 공간이 지리적으로 확대되고 국제적인 상호 연계성이 증대되어 국경의 제약이 점차 약해지는 현상이다.

002 (   ) 세계 지도는 목적지까지의 항로가 직선으로 표현되어 나침반을 이용한 항해에 널리 사용되었다.

003 과학 기술이 발달한 최근에는 컴퓨터를 이용한 정교한 (   )이/가 제작되면서 다양한 속성 정보를 지도에 기록할 수 있다.

•• 다음 설명이 옳으면 ○표, 틀리면 ×표를 하시오.

004 문화의 세계화로 소외된 소수 문화가 확대되어 문화의 다양성이 강화된다.   (   )

005 프톨레마이오스의 세계 지도에는 최초로 경위선 개념과 투영법이 사용되었다.   (   )

006 오늘날에는 원격 탐사 기술을 이용하여 넓은 지역의 지리 정보를 실시간·주기적으로 수집할 수 있다.   (   )

•• 세계 지도에 반영된 세계관을 바르게 연결하시오.

007 TO 지도   • • ㉠ 중화사상

008 혼일강리역대국도지도   • • ㉡ 이슬람교 세계관

009 알 이드리시의 세계 지도 • • ㉢ 크리스트교 세계관

•• ㉠, ㉡ 중 알맞은 것을 고르시오.

010 알 이드리시의 세계 지도는 지도의 위쪽이 (㉠ 동쪽, ㉡ 남쪽)을 가리킨다.

011 세계를 여러 권역으로 구분하는 기준이 되는 지표 중 종교, 언어, 민족, 인종 등은 (㉠ 자연적, ㉡ 문화적) 요소에 해당한다.

•• 다음에서 설명하는 용어를 〈보기〉에서 고르시오.

012 서로 인접한 두 지역의 특성이 함께 섞여 나타나는 지역   (   )

013 지역의 특정 장소를 하나의 상품으로 인식하고 매력적인 상품으로 개발하는 전략   (   )

【 보기 】
ㄱ. 점이 지대   ㄴ. 장소 마케팅

014

다음 자료에 나타난 변화의 영향으로 적절하지 **않은** 것은?

〈교통의 발달에 따른 세계 일주 소요 시간 변화〉

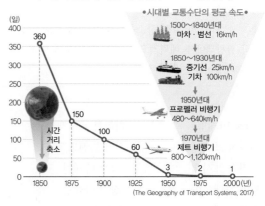

(The Geography of Transport Systems, 2017)

① 국가 간의 교역량이 증가하고 있다.
② 국가의 경계가 점차 약해지고 있다.
③ 지역 간 상호 의존성이 심화되고 있다.
④ 다국적 기업의 경제 활동 범위가 확대되고 있다.
⑤ 국제 교역에 거리가 미치는 영향력이 증대되고 있다.

★빈출 015

그림은 미국에 본사를 둔 기업의 항공기 부품의 생산지를 나타낸 것이다. 이에 대한 적절한 추론만을 〈보기〉에서 고른 것은?

(Business Insider, 2017)

| 보기 |
ㄱ. 항공기 생산에 참여한 국가는 모두 선진국이다.
ㄴ. 국가 간 분업으로 부품 운송비가 증가하였을 것이다.
ㄷ. 국가 간 분업의 주요 목적은 생산 비용 절감일 것이다.
ㄹ. 생산된 항공기는 생산 과정에 참여한 국가에서 모두 판매될 것이다.

① ㄱ, ㄴ   ② ㄱ, ㄷ   ③ ㄴ, ㄷ
④ ㄴ, ㄹ   ⑤ ㄷ, ㄹ

016

⊙, ⓒ에 해당하는 내용으로 옳은 것은?

> • (⊙): 지역의 상품·서비스·축제 등을 특별한 브랜드로 인식시켜 지역 이미지를 높이고, 지역의 경제를 활성화하는 지역화 전략
> • (ⓒ): 지역의 특정 장소를 하나의 상품으로 인식하고, 기업과 관광객에게 매력적으로 보일 수 있도록 이미지와 시설 등을 개발하는 지역화 전략

	⊙	ⓒ
①	장소 마케팅	지리적 표시제
②	지리적 표시제	지역 브랜드화
③	지리적 표시제	장소 마케팅
④	지역 브랜드화	장소 마케팅
⑤	지역 브랜드화	지리적 표시제

017

다음 내용의 주제로 적절한 것은?

> • 미국 시카고식 피자: 깊은 그릇에 구워 움푹하고 두꺼우며, 소스와 치즈를 많이 사용한다.
> • 인도의 피자: 힌두교도를 배려하여 소고기를 넣지 않으며, 마살라와 파니르 등의 재료를 사용한다.
> • 브라질의 피자: 열대 기후 지역에서 구할 수 있는 바나나, 초콜릿, 파인애플 등 달콤한 재료를 사용한다.
> • 우리나라의 피자: 쌀로 피자 반죽을 만들거나, 불고기·김치 등의 재료를 사용한다.

① 음식 문화의 획일화
② 외래문화와 전통문화의 갈등
③ 종교가 음식 문화에 미치는 영향
④ 외래문화 유입에 따른 전통문화의 소멸
⑤ 전파된 문화가 각 지역의 고유문화와 결합한 모습

★빈출 018

세계화와 지역화의 영향으로 옳지 <u>않은</u> 것은?

① 지역 간의 경제적·사회적 불평등이 완화되고 있다.
② 국가 간의 문화적 차이로 문화 갈등이 발생하기도 한다.
③ 취업, 여행 등을 목적으로 하는 인적 교류가 활발해졌다.
④ 새로운 문화의 유입으로 다채로운 문화를 누리게 되었다.
⑤ 각 지역은 지역의 정체성을 살려 지역 경제를 활성화하기 위해 노력하고 있다.

019

다음은 세계지리 수행 평가 보고서의 일부이다. ⊙에 들어갈 내용으로 가장 적절한 것은?

> 주제 : _____ ⊙ _____
> • 소비의 세계화가 자영업자들에게도 새로운 기회가 되고 있다. 한류 열풍을 타고 한국산 제품 수요가 아시아 각국을 중심으로 확대되면서 국내 온라인 쇼핑몰들은 해외 직판으로 시장 영역을 넓혀 가고 있다.
> • 세계화와 교통수단의 발달은 감염병의 세계화를 촉진하였다. 사람만 비행기나 배를 타고 옮겨 다니는 게 아니라, 사람을 따라 감염병도 세계 여러 지역으로 이동하고 있다.

① 세계화에 대응한 지역화 전략
② 국제 분업을 통한 생산의 전문화
③ 지역화가 경제 활동에 끼친 영향
④ 세계화에 따른 지역 간 상호 작용 증가
⑤ 세계화 속도 차이에 따른 국가 간 격차 심화

2. 지리 정보와 공간 인식

020

(가), (나) 지도의 특징을 그림의 A~C에서 고른 것은?

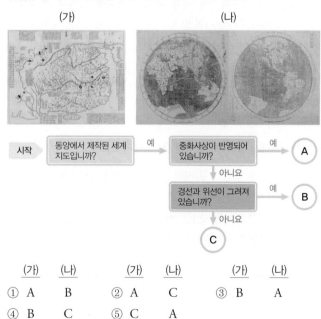

(가)   (나)

(가)	(나)		(가)	(나)		(가)	(나)
① A	B		② A	C		③ B	A
④ B	C		⑤ C	A			

021

㉠, ㉡ 지도에 대한 설명으로 옳은 것은?

> • 이탈리아 출신 선교사 마테오 리치는 중국에서 활동하면서 동아시아의 정보를 정확하게 반영한 세계 지도를 만들려고 노력하였다. 그가 제작한 (㉠)은/는 당시 동양의 지식인에게 서양의 지도 제작 수준, 서양에 대한 여러 정보를 시각적으로 알려주는 데 큰 역할을 하였다.
> • (㉡)은/는 중국·일본 등 인접 국가의 지도와 조선의 전도를 결합하여 제작한 지도이다. 이 지도는 국가의 권위와 왕권의 확립을 목적으로 조선의 중신들이 참여하여 제작한 세계 지도로서 아라비아반도, 유럽, 아프리카 등이 표현되어 있다.

① ㉠은 중화사상을 반영하여 중국을 실제보다 크게 그렸다.

② ㉡은 경도와 위도를 이용하여 제작하였다.

③ ㉠은 ㉡보다 제작 시기가 늦다.

④ ㉡은 ㉠보다 지리적 인식의 범위가 넓다.

⑤ ㉠과 ㉡은 아메리카 대륙이 표현되어 있다.

022

지도 (가), (나)의 제작자와 관련된 설명만을 〈보기〉에서 고른 것은?

(가)

(나)
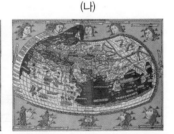

[보기]

ㄱ. 16세기 네덜란드에서 태어난 그는 경선과 위선이 수직으로 교차하여 항로의 정확한 각도를 파악할 수 있는 지도 제작법을 고안하였다.

ㄴ. 그리스·로마 시대에 활동한 그는 경위선 개념을 사용하여 지도를 제작하였다. 그의 업적은 르네상스 시대에 재조명되어 유럽인들의 세계관을 넓혀주었다.

ㄷ. 북아프리카에서 태어난 그는 이슬람 지리학의 성과를 토대로 세계 지도를 만들었다. 지도의 위쪽이 남쪽을 가리키는 그의 지도는 아름다운 색채감으로 유명하다.

(가)	(나)		(가)	(나)
① ㄱ	ㄴ		② ㄴ	ㄱ
③ ㄴ	ㄷ		④ ㄷ	ㄱ
⑤ ㄷ	ㄴ			

023

(가), (나) 지도에 대한 설명으로 옳은 것은?

(가)

(나)

① (가)는 도교적 세계관을 반영하였다.

② (나)에는 아메리카 대륙이 표현되어 있다.

③ (나)는 크리스트교 세계관을 반영한 지도이다.

④ (가)는 유럽에서, (나)는 중국에서 제작되었다.

⑤ (가)는 지도의 위쪽이 동쪽, (나)는 지도의 위쪽이 남쪽이다.

024

㉠, ㉡에 대한 옳은 설명만을 〈보기〉에서 고른 것은?

> 지리 정보 수집 방법에는 지도나 문헌 등에서 자료를 수집하는 간접 조사와 해당 지역을 방문하여 자료를 수집하는 (㉠) 등이 있다. 최근에는 (㉡)이/가 발달하여 항공기나 인공위성을 이용한 지리 정보 수집이 활발하다.

[보기]

ㄱ. ㉠의 조사 방법으로는 관찰과 면담 등이 있다.

ㄴ. ㉡의 활용 사례로 '빙하 면적 변화 파악'을 들 수 있다.

ㄷ. ㉠은 ㉡보다 넓은 지역의 정보를 주기적으로 수집할 수 있는 장점이 있다.

ㄹ. 여행지 만족도 조사는 ㉡이 ㉠보다 적합하다.

① ㄱ, ㄴ   ② ㄱ, ㄷ   ③ ㄴ, ㄷ

④ ㄴ, ㄹ   ⑤ ㄷ, ㄹ

025

다음은 수행 평가 보고서의 일부이다. ⊙을 이용한 지리 정보 분석 사례로 가장 적절한 것은?

〈주제〉 (⊙) 자료를 활용한 두바이의 변화 모습 탐구

분석 내용: 과거의 두바이는 작은 어촌에 불과했지만, 오늘날 다양한 인공 시설물이 들어선 지역으로 바뀌었다.

…(중략)…

분석 방법: 항공 사진이나 (⊙) 자료를 이용하면 넓은 지역의 정보를 한 번에 수집할 수 있고, 시간에 따른 변화 내용도 파악할 수 있다.

① 유럽 대도시의 도로망과 녹지 분포
② 북부 아프리카의 취업률과 교육 수준
③ 동남아시아의 종교 분포와 지역 분쟁
④ 오스트레일리아의 소수 언어 쇠퇴 요인
⑤ 미국에 본사를 두고 있는 대기업의 서비스 만족도

026

(가), (나) 지도에 대한 옳은 설명만을 〈보기〉에서 고른 것은?

(가)

(나)

[보기]
ㄱ. (가)는 소수 지식인의 세계관이 반영되었다.
ㄴ. (나)는 정보·통신 기술을 활용하여 제작되었다.
ㄷ. (가)는 (나)보다 수록된 지리 정보의 양이 많다.
ㄹ. (나)는 (가)보다 소비자의 요구에 따라 다양하게 제작된다.

① ㄱ, ㄷ   ② ㄴ, ㄹ   ③ ㄱ, ㄴ, ㄷ
④ ㄱ, ㄴ, ㄹ   ⑤ ㄴ, ㄷ, ㄹ

3, 세계의 지역 구분

★빈출
027

⊙~㉣에 대한 옳은 설명만을 〈보기〉에서 고른 것은?

⊙ 지역이란 지리적 특성이 다른 곳과 구별되는 지표상의 공간 범위를 의미하며, 지역을 구분하는 기준 중에 세계를 큰 규모로 나눈 공간 단위를 ㉡ 권역이라고 한다. 세계의 각 권역은 자연적·인문적 특징이 어우러져 나타나며, ㉢ 권역의 경계에서는 ㉣ 점이 지대가 나타나기도 한다.

[보기]
ㄱ. ⊙ – 지리적 특성이 공통으로 나타나는 지역을 동질 지역이라고 한다.
ㄴ. ㉡ – 적도를 기준으로 했을 때 북반구와 남반구 권역으로 나눌 수 있다.
ㄷ. ㉢ – 여러가지 지표로 구분하기 때문에 명확하게 나눌 수 있다.
ㄹ. ㉣ – 이슬람 문화와 유럽 문화가 공존하는 튀니지를 사례로 들 수 있다.

① ㄱ, ㄴ   ② ㄴ, ㄹ   ③ ㄱ, ㄴ, ㄷ
④ ㄱ, ㄴ, ㄹ   ⑤ ㄴ, ㄷ, ㄹ

028

다음은 권역을 구분하는 주요 지표를 나타낸 것이다. (가)~(다)에 해당하는 적절한 사례를 〈보기〉에서 고른 것은?

(가) 자연환경과 관련된 지표
(나) 인간이 만들어낸 생활 양식과 관련된 지표
(다) 핵심 지역이 지니고 있는 기능과 관련된 지표

[보기]
ㄱ. 열대, 건조, 온대, 냉대, 한대, 고산 기후 지역으로 구분
ㄴ. 크리스트교, 이슬람교, 불교, 힌두교를 믿는 지역으로 구분
ㄷ. 다국적 기업의 공간적 상호 작용이 발생하는 지역으로 구분
ㄹ. 강수량의 계절 특성에 따라 연중 다우 및 소우 지역으로 구분

	(가)	(나)	(다)		(가)	(나)	(다)
①	ㄱ	ㄴ	ㄷ	②	ㄱ	ㄷ	ㄴ
③	ㄹ	ㄴ	ㄱ	④	ㄹ	ㄴ	ㄱ
⑤	ㄹ	ㄷ	ㄴ				

029

(가), (나) 지역 구분 지도에 대한 설명으로 옳은 것은?

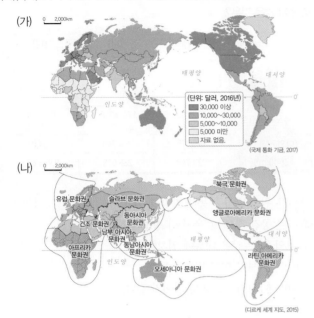

(가) 0 2,000km

(단위: 달러, 2016년)
- 30,000 이상
- 10,000~30,000
- 5,000~10,000
- 5,000 미만
- 자료 없음

(국제 통화 기금, 2017)

(나) 0 2,000km

북극 문화권
유럽 문화권
슬라브 문화권
동아시아 문화권
앵글로아메리카 문화권
건조 문화권
남부 아시아 문화권
아프리카 문화권
동남아시아 문화권
라틴 아메리카 문화권
오세아니아 문화권

(디르케 세계 지도, 2015)

① (가)는 대륙 단위의 정보를 토대로 한 지역 구분이다.
② (나)는 어떤 지표를 기준으로 하는가에 따라 경계가 달라진다.
③ (가)는 (나)보다 지역의 경계를 명확하게 구분하기 어렵다.
④ (가)는 문화적 요소, (나)는 경제적 요소를 기준으로 구분하였다.
⑤ (가)는 돼지고기 가공 식품 수출국 선정, (나)는 식량 지원 대상국 선정에 활용할 수 있다.

030

A~D 권역의 주된 쟁점만을 〈보기〉에서 고른 것은?

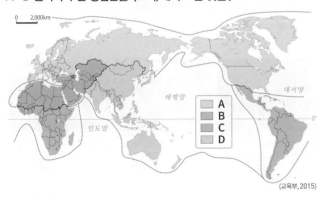

0 2,000km

A
B
C
D

(교육부, 2015)

[보기]

ㄱ. A – 저개발의 요인, 다국적 기업의 진출과 자원 개발
ㄴ. B – 사막화의 진행, 물 자원을 둘러싼 지역의 분쟁
ㄷ. C – 민족(인종)의 다양성과 갈등, 민족(인종) 차별
ㄹ. D – 정치·경제의 지역 통합체 탄생, 회원국의 변화와 단일 통화 사용

① ㄱ, ㄴ　　　② ㄱ, ㄷ　　　③ ㄴ, ㄷ
④ ㄴ, ㄹ　　　⑤ ㄷ, ㄹ

🔷 1등급을 향한 서답형 문제

[031~032] 다음 글을 읽고 물음에 답하시오.

> 제목: S 커피 전문점의 ㉠ 세계화
>
> S 커피 전문점은 미국 워싱턴주 시애틀에 본사를 둔 (㉡)이다. 전 세계에 약 24,400개 지점이 있는데, 모든 지역의 지점에서 비교적 비슷한 품질의 커피와 음료를 제공한다. S 커피 전문점은 커피나 음료뿐만 아니라 일상 생활용품 등 다양한 상품을 판매하며, 이를 하나의 문화 콘텐츠로서 전 세계로 확산시키고 있다.

031

㉡에 들어갈 알맞은 용어를 쓰시오.

032

㉠과 같은 현상으로 나타난 긍정적·부정적 영향을 경제적 측면과 문화적 측면에서 서술하시오.

[033~034] 지도를 보고 물음에 답하시오.

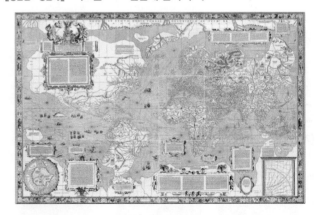

033

위 세계 지도의 명칭을 쓰시오.

034

위 세계 지도의 제작 목적과 장단점을 서술하시오.

적중 1등급 문제

» 바른답·알찬풀이 4쪽

035

다음 자료를 토대로 적합한 국가를 선택하여 농업 기술 센터의 건립을 지원하고자 한다. (가), (나) 기준에 적합한 국가를 지도에서 고른 것은? (단, 합산 점수가 가장 높은 국가를 선택함.)

<점수 산정 기준>

구분 평가 항목	평가 점수			가중치	
	1점	2점	3점	(가)	(나)
농업 종사자 수 (만 명)	1,000 미만	1,000~3,000	3,000 이상	2	1
1인당 국내 총생산 (달러)	3,000 이상	1,000~3,000	1,000 미만	1	1
옥수수 경작 면적당 생산량(kg/ha)	3,000 이상	1,000~3,000	1,000 미만	1	2

* 합산 점수는 평가 항목당 평가 점수에 가중치를 곱한 값의 합임.

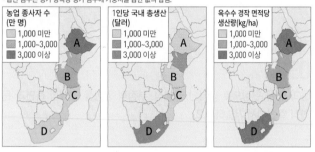

	(가)	(나)
①	A	B
②	A	C
③	B	C
④	B	D
⑤	C	D

036

(가)~(다) 지도에 대한 설명으로 옳은 것은?

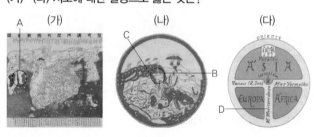

① (가)는 (나)보다 먼저 제작되었다.
② (가)는 크리스트교, (다)는 이슬람교 세계관이 반영되었다.
③ (가), (나), (다)는 모두 아메리카 대륙이 표현되어 있다.
④ A와 B는 동일한 지역을 나타낸 것이다.
⑤ C와 D는 모두 인도양을 나타낸 것이다.

037

표는 (가)~(다) 국가의 지리 정보를 나타낸 것이다. 이에 대한 설명으로 옳지 않은 것은?

구분 \ 국가	(가)	(나)	(다)
㉠ 해안선과 국토의 모양			
㉡ 수도의 경위도	7° 29′ E, 9° 4′ N	174° 47′ E, 41° 17′ S	75° 41′ W, 45° 25′ N
㉢ 인구(천 명)	195,875	4,743	37,075
면적(km²)	923,768	268,838	9,984,670

(2018)

① ㉠은 원격 탐사를 통해 파악할 수 있다.
② ㉡은 공간 정보, ㉢은 속성 정보에 해당한다.
③ (가)와 (다)는 같은 대륙에 위치한다.
④ (나)는 (가)보다 인구 밀도가 낮다.
⑤ (다)는 (나)보다 7월의 낮 길이가 길다.

038

다음은 고지도에 대한 발표 수업 내용이다. (가)~(다) 지도에 대한 설명으로 옳은 것은?

① (가)는 경위선의 개념과 투영법이 사용되었다.
② (나)는 저위도로 갈수록 면적이 확대되는 단점이 있다.
③ (다)는 민간에서 제작되었으며, 중화사상이 반영되어 있다.
④ (가)와 (나)는 모두 경위선이 수직으로 교차한다.
⑤ (나)와 (다)는 모두 아메리카 대륙이 나타나 있다.

039

⊙~㉣에 대한 옳은 설명만을 〈보기〉에서 고른 것은?

⊙ 세계화가 진행되면서 지구적 규모의 경제·사회·문화적 활동이 증대되었고, 교통 및 정보 통신의 발달로 ⓛ 국제적인 기업 활동이 편리해졌다. 또한 문화적 동질성도 확대되면서 지역의 고유성이 약화되고 있다. 이러한 추세 속에서 세계 각 지역은 지역 간 교류 확대 및 상호 작용을 통해 ⓒ 지역 경제를 활성화하고, 국제적 경쟁력을 갖추기 위한 다양한 정책을 펴고 있다. 오늘날 지역적인 것이 세계적인 차원에서 가치를 가지는 ㉣ 지역화 현상이 두드러지게 나타나고 있다.

[보기]
ㄱ. ⊙: 지역의 고유한 지역 정체성을 변화시키는 요인이다.
ㄴ. ⓛ: 생산의 전문화를 통한 국제적 분업이 이루어지고 있다.
ㄷ. ⓒ: 장소 마케팅, 지역 브랜드화 등이 있다.
ㄹ. ㉣: 중앙 정부 주도의 지역 개발 전략에 해당한다.

① ㄱ, ㄴ   ② ㄴ, ㄷ   ③ ㄴ, ㄹ
④ ㄱ, ㄴ, ㄷ   ⑤ ㄴ, ㄷ, ㄹ

040

⊙~㉣에 대한 옳은 설명만을 〈보기〉에서 고른 것은?

⊙ 북아메리카와 ⓛ 남아메리카 사이에 위치하는 서인도 제도의 섬들은 문화 지리적 경계 지대이다. 인디오 계통의 원주민과 정복자인 (ⓒ)계 백인, 강제 동원된 (㉣)계 흑인들이 만든 융합 공간으로, 이 지역은 독특한 언어와 예술·문학·음악이 나타난다.

[보기]
ㄱ. ⊙과 ⓛ의 지리적 경계는 파나마 지협이다.
ㄴ. ⓛ, ㉣에서는 자원 개발에 따른 열대림 파괴 문제가 나타난다.
ㄷ. ⊙, ⓒ은 ㉣보다 출생률이 높다.
ㄹ. ⓒ, ㉣의 권역은 지중해를 경계로 구분한다.

① ㄱ, ㄴ   ② ㄴ, ㄷ   ③ ㄷ, ㄹ
④ ㄱ, ㄴ, ㄷ   ⑤ ㄱ, ㄴ, ㄹ

041

신문 기사의 (가)에 들어갈 제목으로 가장 적절한 것은?

지리 신문	2022년 2월 ○○일

(가)

삿포로 눈 축제는 브라질 리우 카니발, 독일 뮌헨 옥토버 페스트와 함께 세계 3대 축제 중 하나이다. 1950년 일본 삿포로의 학생들이 눈으로 조각상을 만들어 공원에 전시한 것이 축제의 기원이 되었다. 세계 곳곳에서 모인 조각가와 지역 주민이 만든 눈이나 얼음 조각이 전시되며 다양한 행사가 함께 펼쳐진다.

① 세계화에 따른 환경 훼손의 심화
② 장소 마케팅을 통한 지역화의 확산
③ 세계화 과정에서 커져가는 국경의 중요성
④ 선진국과 개발 도상국의 세계화 속도 차이
⑤ 관광 산업에 물리적 거리가 미치는 영향력 증대

042

표는 지도에 표시한 세 국가의 지리 정보이다. (가)~(다) 국가에 대한 설명으로 옳지 않은 것은?

구분	지리 정보
(가)	• 수도의 위치: 116° 23' E, 39° 54' N • 면적: 9,597,000 km² • 인구: 13억 98만 명 • 산업별 종사자 수 비율 - 1차: 25.3%, 2차: 27.4%, 3차: 47.3%
(나)	• 수도의 위치: 139° 46' E, 35° 41' N • 면적: 377,915 km² • 인구: 1억 263만 명 • 산업별 종사자 수 비율 - 1차: 3.4%, 2차: 24.2%, 3차: 72.4%
(다)	• 수도의 위치: 149° 07' E, 35° 18' S • 면적: 7,692,000 km² • 인구: 2,536만 명 • 산업별 종사자 수 비율 - 1차: 2.6%, 2차: 19.1%, 3차: 78.3%

(CIA Factbook, ILO, 2019)

① (가)는 (나)보다 국내 총생산이 많다.
② (나)는 (다)보다 인구 밀도가 높다.
③ (다)는 (가)보다 1월의 낮 길이가 길다.
④ (다)는 (나)보다 3차 산업 종사자 수가 많다.
⑤ (나), (다)는 (가)보다 도시화율이 높다.

01 세계화와 지역 이해

043

㉠에 대한 설명으로 옳은 것은?

 1970년대 뉴욕시는 경기 침체와 높은 범죄율로 어려운 상황에 처하자 관광객 유치를 위해 ㉠'I♥NY' 슬로건을 제작하였고, 이 슬로건을 로고·로고송·텔레비전 광고 등의 마케팅에 활용하였다. 뉴욕시는 마케팅 효과를 극대화하기 위해 치안 유지에 힘을 다하고 다양한 이벤트를 개최하였으며, 35년이 넘도록 슬로건을 변경하지 않고 일관되게 유지해 'I♥NY'의 강력한 브랜드 가치를 수립하였다.

[보기]

ㄱ. 지역의 경제 활성화에 기여하였다.
ㄴ. 뉴욕을 대표하는 랜드마크에 해당한다.
ㄷ. 지역의 정체성과 긍정적 이미지를 형성하였다.
ㄹ. 지역에서 생산된 상품 홍보를 위한 지리적 표시 제도이다.

① ㄱ, ㄴ   ② ㄱ, ㄷ   ③ ㄴ, ㄷ
④ ㄴ, ㄹ   ⑤ ㄷ, ㄹ

044

㉠~㉢에 대한 옳은 설명만을 〈보기〉에서 고른 것은?

(㉠)은/는 교통·통신의 발달로 재화·서비스·사람의 이동이 자유로워지면서 진전되었다. 이 과정에서 다른 지역에서 일어나는 정치, 경제, 사회, 문화적 변화가 내가 살고 있는 지역에 미치는 영향이 커졌다. 한편 (㉡)은/는 (㉠)의 추세 속에서 약화되는 지역의 고유성과 정체성을 회복하여 ㉢지역의 경쟁력을 높이는 과정에서 등장하였다.

[보기]

ㄱ. ㉠으로 소수 문화가 소멸하는 부작용이 나타났다.
ㄴ. ㉡은 다국적 기업의 생산 공장 이전을 촉진한다.
ㄷ. ㉢의 전략으로는 지리적 표시제, 지역 축제 등이 있다.
ㄹ. 각 지역은 ㉢을 통해 ㉠ 시대에 대응할 수 있는 방안을 세울 수 있다.

① ㄱ, ㄴ   ② ㄴ, ㄷ   ③ ㄷ, ㄹ
④ ㄱ, ㄴ, ㄷ   ⑤ ㄱ, ㄷ, ㄹ

045

㉠에 들어갈 내용으로 가장 적절한 것은?

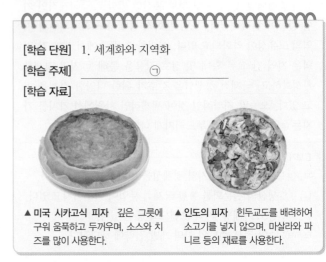

[학습 단원] 1. 세계화와 지역화
[학습 주제]   ㉠
[학습 자료]

▲ 미국 시카고식 피자 깊은 그릇에 구워 움푹하고 두꺼우며, 소스와 치즈를 많이 사용한다.

▲ 인도의 피자 힌두교도를 배려하여 소고기를 넣지 않으며, 마살라와 파니르 등의 재료를 사용한다.

① 국가 간 소득 양극화 심화
② 다국적 기업의 공간적 분업
③ 국가 간 문화의 이질성의 증가
④ 지역 경쟁력 확보를 위한 지리적 표시제
⑤ 동시에 이루어지고 있는 세계화의 지역화

[046~047] 자료를 보고 물음에 답하시오.

(가)

(나)

046 ✎ 서술형

(가), (나) 지역 축제의 소재를 지역의 기후 특성과 관련하여 서술하시오.

047 ✎ 서술형

지역 축제 개최를 통해 해당 지역이 얻을 수 있는 긍정적 효과를 서술하시오.

048

(가)~(다)에 해당하는 지도를 A~C에서 고른 것은?

> (가) 세계를 평평한 원반 모양으로 묘사하였고, 중심에 수도 바빌론과 유프라테스강이 그려져 있으며, 원 밖의 삼각형에는 미지의 세계를 표현하였다.
>
> (나) 세계를 원형으로 표현하고 크리스트교 세계관을 반영하여 지도의 중심에는 예루살렘이, 지도의 위쪽은 에덴동산(동쪽)이 위치하고 있다.
>
> (다) 지구를 구형으로 인식하고 경위선 망을 설정하였으며, 이를 평면에 투영하는 방식으로 제작하였다. 유럽·아시아·북부 아프리카 등 당시 세계관이 표현되었다.

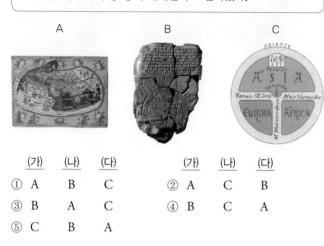

	A	B	C

	(가)	(나)	(다)			(가)	(나)	(다)
①	A	B	C		②	A	C	B
③	B	A	C		④	B	C	A
⑤	C	B	A					

049

지도에 대한 설명으로 옳은 것은?

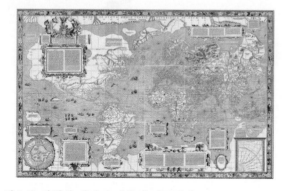

① 최초로 경위선 개념이 사용된 지도이다.
② 목적지까지의 항로가 직선으로 표현된다.
③ 지도의 중심에 예루살렘이 위치하고 있다.
④ 각 대륙의 면적이 정확하게 표현되어 있다.
⑤ 이슬람교의 세계관을 반영하여 제작하였다.

050

(가)~(다)에 해당하는 지도에 대한 설명으로 옳은 것은? (단, (가)~(다)는 TO 지도, 메르카토르의 세계 지도, 알 이드리시의 세계 지도 중 하나임.)

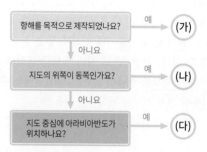

① (가)는 아메리카 대륙이 표현되어 있다.
② (나)는 이슬람교의 세계관이 반영되어 있다.
③ (다)는 최초로 경위선 개념과 투영법이 사용되었다.
④ (가)는 (나)보다 먼저 제작되었다.
⑤ (나), (다)는 모두 지도의 위쪽이 북쪽에 해당한다.

[051~052] (가), (나) 세계 지도를 보고 물음에 답하시오.

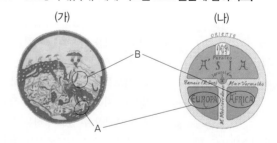

051

A, B 지역이 현재 어떤 대륙에 속하는지 쓰시오.

052 🖋 서술형

(가), (나) 지도의 표현상 특징을 바탕으로 각 지도가 어떤 종교의 세계관을 반영하는지 서술하시오.

[053~054] 다음 글을 읽고 물음에 답하시오.

ⓞ 지리 정보는 지표 공간의 자연 및 인문 현상의 상호 작용에 관한 정보로, 이를 통해 ⓛ 지역의 특성과 변화를 파악할 수 있다. 과거에는 조사 지역을 방문하여 직접 조사하거나, 문헌이나 통계 책자 등을 통한 간접 조사로 지리 정보를 수집하였다. 최근에는 ⓒ 원격 탐사 기술이나 인터넷 등을 통해 지리 정보를 수집할 수 있다. 전통적으로 지리 정보를 분석하고 표현할 때에는 ⓔ 종이 지도를 이용하였지만, 오늘날에는 주로 ⓜ 컴퓨터를 이용한 전자 지도를 제작하여 사용한다.

053

ⓞ~ⓜ에 대한 설명으로 옳지 <u>않은</u> 것은?

① ⓞ: 공간 정보와 속성 정보 등으로 구분된다.
② ⓛ: ⓒ을 통해서도 파악할 수 있다.
③ ⓒ: 경제, 인구, 문화 등의 인문적 요소 파악에 적합하다.
④ ⓔ: ⓛ을 파악할 수 있는 자료로 활용할 수 있다.
⑤ ⓜ: ⓔ보다 확대와 축소가 자유롭다.

054 ✔ 서술형

ⓔ에 비해 ⓜ이 가지는 장점을 <u>세 가지</u> 서술하시오.

[055~056] 자료를 보고 물음에 답하시오.

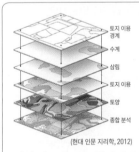

다양한 지리 정보를 제공하는 각각의 레이어(layer)를 중첩하면 최적의 조건을 만족하는 지역을 선정할 수 있다. (ⓞ)은/는 지리 정보를 수치화하여 복잡하고 방대한 지리 정보를 빠르고 정확하게 분석할 수 있도록 하는 정보 처리 시스템으로, 합리적인 의사 결정을 할 수 있도록 도와준다.

055

ⓞ에 들어갈 알맞은 말을 쓰시오.

056 ✔ 서술형

일상생활에서 ⓞ이 아래의 기술과 결합하여 이용되는 사례를 <u>두 가지</u> 서술하시오.

- 위성 위치 확인 시스템(GPS)　　• 웹(Web) GIS

057

조건을 모두 만족하는 국가에 해외 생산 공장을 설립하고자 한다. 적합한 국가를 지도의 A~E에서 고른 것은?

- 조건 1: 총인구 1,000만 명 이상
- 조건 2: GDP 성장률 7% 이상
- 조건 3: 연평균 임금 3,000달러 이하

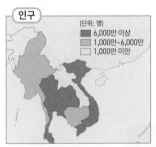

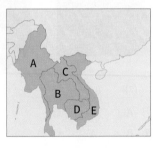

① A　　② B　　③ C　　④ D　　⑤ E

058

다음과 같은 지리 정보 수집 방법에 대한 설명으로 옳은 것은?

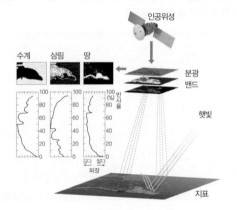

① 시간에 따른 지역의 변화를 파악할 수 없다.
② 주로 지표 공간의 인문 정보 수집에 활용된다.
③ 교통이 불편한 개발 도상국에서 주로 활용한다.
④ 정보의 수집과 처리에 따르는 기술적 제약이 적다.
⑤ 수집된 정보는 중첩 분석을 통한 입지 선정에 활용된다.

059

지도는 아메리카 대륙의 지역 구분이다. 구분 기준으로 옳은 것은?

① 주요 사용 언어
② 주요 식생 분포
③ 돼지고기 선호도
④ 최한월 평균 기온
⑤ 강수량의 계절적 분포

060

(가), (나) 지도에 대한 옳은 설명만을 〈보기〉에서 고른 것은?

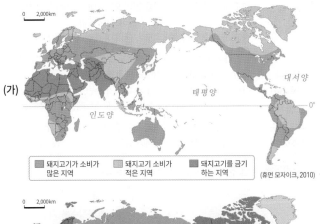

(가)

■ 돼지고기가 소비가 많은 지역   ■ 돼지고기 소비가 적은 지역   ■ 돼지고기를 금기 하는 지역
(휴먼 모자이크, 2010)

(나)

(단위: 달러, 2016년)
■ 30,000 이상
■ 10,000~30,000
■ 5,000~10,000
□ 5,000 미만
■ 자료 없음.
(국제 통화 기금, 2017)

[보기]
ㄱ. (가)의 경계는 복합적인 지표가 반영된 것이다.
ㄴ. (가)는 (나)에 비해 권역 간 경계가 뚜렷하지 않은 편이다.
ㄷ. (가)는 문화적 요소, (나)는 경제적 요소가 구분 기준이다.
ㄹ. (가), (나)는 핵심지와 배후지의 기능적 관계로 권역을 설정하였다.

① ㄱ, ㄴ   ② ㄱ, ㄷ   ③ ㄴ, ㄷ
④ ㄴ, ㄹ   ⑤ ㄷ, ㄹ

061

(가), (나) 권역에 대한 설명으로 옳은 것은?

(디르케 세계 지도, 2015)

① (가)에서는 주로 영어를 사용한다.
② (나)에서는 돼지고기가 금기시된다.
③ (가)는 (나)보다 연 강수량이 많다.
④ (나)는 (가)보다 크리스트교 신자 수 비율이 높다.
⑤ (가), (나)는 계절풍에 적응한 생활 양식이 나타난다.

062

(가), (나)가 나타나는 권역을 지도의 A~D에서 고른 것은?

(가) 자원 개발이 대부분 선진국의 주도로 이루어지면서 개발로 발생한 이윤이 해외로 유출되었다. 자원 개발에 따른 부의 분배와 국민의 생활 개선이 필요하다.
(나) 경제적 자립을 위해 자원 민족주의를 내세우며 석유 수출국 기구를 결성하였다. 도시를 중심으로 개발이 진행되었고, 부족한 노동력을 충당하기 위해 외국인 노동자들이 유입되면서 전통적 가치관이 변화하고 있다.

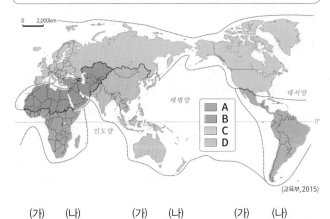

(교육부, 2015)

	(가)	(나)		(가)	(나)		(가)	(나)
①	A	B	②	A	C	③	B	C
④	B	D	⑤	C	D			

O2

Ⅱ 세계의 자연환경과 인간 생활

기후의 이해와 열대 기후 환경

☑ 출제 포인트 ☑ 세계의 기후 구분 기준 ☑ 열대 기후의 구분과 주민 생활

1. 기후의 이해

1 기후 요소

기온	• 태양 복사 에너지의 영향을 크게 받음 • 대체로 열적도에서 양극으로 갈수록 기온이 낮아짐
바람	기온 차이에 따른 기압 차이로 공기가 움직임
강수	• 대체로 저위도 지역과 남·북위 50° 부근에서 많음 • 남·북위 30° 부근과 극지방에서 적음

자료 위도별 강수량과 증발량 ◉ 19쪽 078번 문제로 확인

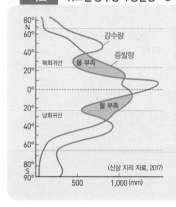

분석 대기 대순환에 따라 북동 무역풍과 남동 무역풍이 수렴하는 적도 저압대는 강수량이 많다. 남·북위 30° 부근의 아열대 고압대는 하강 기류가 발달하여 강수량이 적으므로 세계적인 사막들이 분포한다. 극동풍과 편서풍이 만나 한대 전선대를 형성하는 고위도 저압대는 강수량이 많은 편이다.

★2 기후 요인 ◉ 20쪽 080번 문제로 확인

위도	지역의 기후 특성에 가장 큰 영향을 끼치는 요인 → 저위도에서 고위도로 갈수록 단위 면적당 일사량이 적어지고 기온이 낮아짐
수륙 분포	육지와 바다의 비열 차를 초래하여 기후에 영향을 줌 → 같은 위도의 해안 지역이 내륙 지역보다 기온의 연교차가 작음
지형	강수에 많은 영향을 끼침 → 평지보다 산지가, 비그늘 사면보다 바람받이 사면이 강수량이 많음
해발 고도	해발 고도가 높아질수록 기온이 낮아짐 → 같은 지역에서도 고도에 따라 기후 환경이 달라짐
해류	• 난류가 흐르는 해안 지역은 기온이 높고 강수량이 많음 • 한류가 흐르는 해안 지역은 기온이 낮고 강수량이 적음

3 세계의 기후 구분

수목 기후	열대 기후(A)	최한월 평균 기온 18℃ 이상 → 열대 우림 기후(Af), 사바나 기후(Aw), 열대 몬순 기후(Am)
	온대 기후(C)	최한월 평균 기온 −3℃~18℃ → 온난 습윤 기후(Cfa), 서안 해양성 기후(Cfb), 지중해성 기후(Cs), 온대 겨울 건조 기후(Cw)
	냉대 기후(D)	최한월 평균 기온 −3℃ 미만, 최난월 평균 기온 10℃ 이상 → 냉대 습윤 기후(Df), 냉대 겨울 건조 기후(Dw)
무수목 기후	건조 기후(B)	연 강수량 500mm 미만 → 스텝 기후(BS), 사막 기후(BW)
	한대 기후(E)	최난월 평균 기온 10℃ 미만 → 툰드라 기후(ET), 빙설 기후(EF)

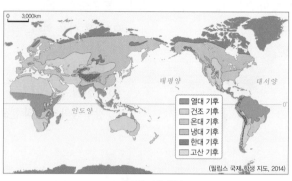

▲ 세계의 기후 구분

2. 열대 기후의 특징과 주민 생활

★1 열대 기후 지역의 분포와 구분 ◉ 21쪽 085번 문제로 확인

(1) **분포** 최한월 평균 기온이 18℃ 이상인 지역, 적도를 중심으로 남·북위 20° 사이에 분포

(2) **특성** 연교차가 작음, 대류성 강수가 잦아 비가 많이 내림

열대 우림 기후(Af)	• 연중 적도 수렴대의 영향을 받아 일 년 내내 강수량이 많음 → 연중 월 강수량 60mm 이상, 스콜이 자주 내림 • 콩고 분지, 동남아시아 적도 부근의 여러 섬, 아마존 분지 등
사바나 기후(Aw)	• 건기와 우기가 뚜렷하게 구분됨 → 건기에는 아열대 고압대의 영향, 우기에는 적도 수렴대의 영향을 받음 • 아프리카 동부의 열대 우림 기후 지역 주변, 인도와 인도차이나 반도, 남아메리카의 야노스·캄푸스, 오스트레일리아 북부 등
열대 몬순 기후(Am)	• 계절풍의 영향 → 긴 우기와 짧은 건기가 번갈아 나타남 • 인도 북동부 해안, 동남아시아 일대, 남아메리카 북동부 등

자료 열대 고산 기후 ◉ 22쪽 090번 문제로 확인

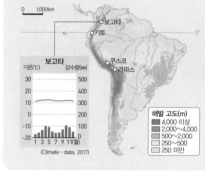

분석 해발 고도가 높아질수록 기온이 낮아지므로 열대 기후가 나타나는 저위도의 고산 지역에서는 연중 우리나라의 봄과 같은 열대 고산 기후가 나타난다. 이러한 기후 특성으로 고산 도시가 발달하였다.

2 열대 기후 지역의 주민 생활

의복	덥고 습한 기후 → 피부 노출, 개방적인 의복
가옥	• 특징: 개방적인 구조의 고상 가옥 발달 • 재료: 주변에서 쉽게 구할 수 있는 나무·풀·진흙 등
농업	• 이동식 화전 농업: 원주민의 전통적인 농업 방식 → 카사바·얌·타로 등의 식량 작물 재배 • 플랜테이션: 선진국에 의해 시작된 근대 농업 방식 → 커피, 카카오, 차, 사탕수수, 고무 등을 대규모로 재배하여 수출
관광 산업	열대 우림 트레킹, 사파리 관광, 전통 부족 생활 체험 등 발달

분석 기출 문제

>> 바른답·알찬풀이 8쪽

•• 기후 요소와 기후 요인을 〈보기〉에서 고르시오

063 기후 요소 ( )

064 기후 요인 ( )

┌ 【 보기 】─────────────────
│ ㄱ. 강수   ㄴ. 기온   ㄷ. 바람
│ ㄹ. 위도   ㅁ. 지형   ㅂ. 해류
└─────────────────────────

•• 다음 내용이 옳으면 ○표, 틀리면 ×표를 하시오.

065 수륙 분포의 영향으로 중위도 대륙 내부는 비슷한 위도의 해안 지역보다 기온의 연교차가 작다. ( )

066 열대 기후는 최한월 평균 기온이 18℃ 이상인 지역으로 기온의 연교차가 크고, 많은 비가 내린다. ( )

067 열대 몬순 기후 우기의 강수량은 같은 기간의 열대 우림 기후보다 대체로 많은 편이다. ( )

•• 빈칸에 들어갈 용어를 쓰시오.

068 지표면이 받는 태양 에너지의 양은 ( )에 따라 달라진다.

069 ( )은/는 열대 기후 지역에서 한낮에 강한 일사로 대기가 상승하여 내리는 소나기이다.

070 적도 부근의 해발 고도가 높은 지역에서는 연중 봄과 같은 ( ) 기후가 나타난다.

•• 각 기후의 특징을 바르게 연결하시오.

071 사바나 기후 •   • ㉠ 연중 고온 다습

072 열대 몬순 기후 •   • ㉡ 긴 우기와 짧은 건기

073 열대 우림 기후 •   • ㉢ 우기와 건기 구분 뚜렷

•• ㉠, ㉡ 중 알맞은 것을 고르시오.

074 열대 우림 기후는 적도를 중심으로 무역풍이 수렴하는 (㉠ 적도 수렴대, ㉡ 아열대 고압대)에 분포한다.

075 열대 몬순 기후는 (㉠ 계절풍, ㉡ 편서풍)의 영향을 받는 인도 북동부 해안, 동남아시아 일대, 남아메리카 북동부 등에서 나타난다.

076 열대 기후 지역에서는 원주민의 노동력과 선진국의 자본 및 기술을 결합한 (㉠ 플랜테이션, ㉡ 이동식 화전 농업) 이 이루어지고 있다.

077

그림은 세계의 대기 대순환을 나타낸 것이다. A~C에 해당하는 내용으로 옳은 것은?

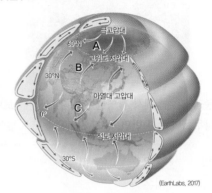

(EarthLabs, 2017)

	A	B	C
①	극동풍	무역풍	편서풍
②	극동풍	편서풍	무역풍
③	무역풍	극동풍	편서풍
④	무역풍	편서풍	극동풍
⑤	편서풍	극동풍	무역풍

★빈출 078

그래프는 위도별 강수량과 증발량 분포를 나타낸 것이다. 이에 대한 옳은 설명만을 〈보기〉에서 고른 것은?

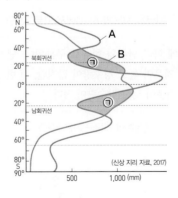

(신상 지리 자료, 2017)

┤ 보기 ├───────────────────
ㄱ. A는 강수량, B는 증발량이다.
ㄴ. 고압대 지역은 강수량이 많다.
ㄷ. ㉠은 물 부족 지역에 해당한다.
ㄹ. 적도 일대는 강수량과 증발량이 적다.
────────────────────────

① ㄱ, ㄴ   ② ㄱ, ㄷ   ③ ㄴ, ㄷ
④ ㄴ, ㄹ   ⑤ ㄷ, ㄹ

079

㉠을 통해 알 수 있는 기후 요인과 기후 요소의 관계로 옳은 것은?

사진은 중국 간쑤성에서 촬영한 것이다. 사진을 보면 ㉠ 저지대는 나무들이 푸른 반면, 산지 지역은 눈으로 덮여 있다.

	기후 요인	기후 요소
①	위도	기온
②	위도	강수
③	수륙 분포	강수
④	해발 고도	기온
⑤	해발 고도	바람

★빈출
080

㉠과 관련이 깊은 지역을 지도의 A~D에서 고른 것은?

해류는 수온에 따라 난류와 한류로 구분된다. 난류가 흐르는 해안 지역은 기온이 높고 강수량이 많지만, ㉠ 한류가 흐르는 해안 지역은 기온이 낮고 강수량이 적다.

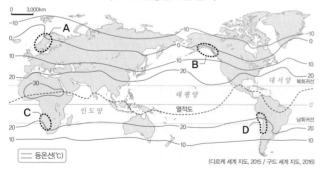

〈세계의 연평균 기온 분포〉

(디르케 세계 지도, 2015 / 구드 세계 지도, 2016)

① A, B   ② A, C   ③ B, C
④ B, D   ⑤ C, D

081

㉠~㉤에 대한 설명으로 옳은 것은?

적도 부근 지역은 태양 복사 에너지의 유입량이 많아 ㉠ 지표면의 가열에 따른 상승 기류가 활발한 곳이다. 상승한 대기는 남·북위 25°~30° 부근에서 하강 기류가 되어 ㉡ 아열대 고압대를 형성한다. 그리고 하강한 대기는 다시 ㉢ 적도 쪽으로 이동하여 적도 수렴대를 형성한다. 한편, 기울어진 지구의 자전축으로 인해 ㉣ 태양 복사 에너지가 지표에 수직으로 전달되는 지점은 계절에 따라 이동한다. 따라서 적도 수렴대가 남북으로 이동하게 되어 건기와 우기가 반복되는 ㉤ 사바나 기후 지역이 나타난다.

① ㉠과 관련하여 전선성 강수가 자주 내린다.
② ㉡ 부근은 강수량보다 증발량이 많다.
③ ㉢은 편서풍을 이룬다.
④ ㉣은 1월에 북반구, 7월에 남반구에 위치한다.
⑤ ㉤은 열대 우림 기후 지역보다 대체로 연 강수량이 많다.

082

지도는 세계의 기후 구분을 나타낸 것이다. A~E 기후에 대한 설명으로 옳지 <u>않은</u> 것은?

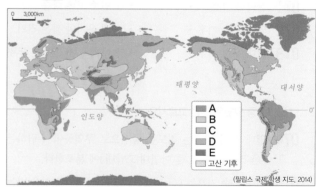

(필립스 국제 학생 지도, 2014)

① A - 연중 기온이 높고, 기온의 연교차가 작다.
② B - 강수량보다 증발량이 많다.
③ C - 최한월 평균 기온이 −3℃ 미만, 최난월 평균 기온이 10℃ 이상인 지역이다.
④ D - 타이가라고 불리는 침엽수림이 분포한다.
⑤ E - 기온이 낮아 나무가 거의 자라지 못한다.

083

그림은 (가), (나) 시기의 적도 수렴대와 아열대 고압대의 이동을 나타낸 것이다. 이에 대한 옳은 설명만을 〈보기〉에서 고른 것은? (단, (가), (나)는 1월, 7월 중 하나임.)

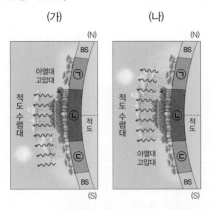

【 보기 】

ㄱ. (가)는 북반구가 여름, (나)는 북반구가 겨울인 시기이다.

ㄴ. ㉡은 연중 고온 다습한 기후가 나타난다.

ㄷ. ㉠이 아열대 고압대의 영향을 받을 때 ㉢은 적도 수렴대의 영향을 받는다.

ㄹ. ㉢의 태양 고도가 가장 높은 시기에 ㉠은 우기가 된다.

① ㄱ, ㄴ   ② ㄱ, ㄷ   ③ ㄴ, ㄷ

④ ㄴ, ㄹ   ⑤ ㄷ, ㄹ

---

2. 열대 기후의 특징과 주민 생활

084

㉠~㉢에 대한 옳은 설명만을 〈보기〉에서 고른 것은?

㉠ 열대 우림 기후는 적도를 중심으로 ㉡ 무역풍이 수렴하는 적도 수렴대에 분포한다. 이곳은 ㉢ 상승 기류가 발달하여 일년 내내 비가 많이 내리며, 연 강수량은 보통 2,000㎜ 이상이다. 낮에 강한 태양열을 받아 상승 기류가 형성되어 오후에는 일시적으로 ㉣ 스콜이 발생하기도 한다.

【 보기 】

ㄱ. ㉠은 기온의 일교차가 연교차보다 크다.

ㄴ. ㉡은 북동 무역풍과 남동 무역풍으로 구분된다.

ㄷ. ㉢은 아열대 고압대의 영향 때문이다.

ㄹ. ㉣은 저기압성 강수에 해당한다.

① ㄱ, ㄴ   ② ㄱ, ㄷ   ③ ㄴ, ㄷ

④ ㄴ, ㄹ   ⑤ ㄷ, ㄹ

★빈출
085

다음은 세 지역의 기후 그래프를 나타낸 것이다. (가)~(다) 지역을 지도의 A~C에서 고른 것은?

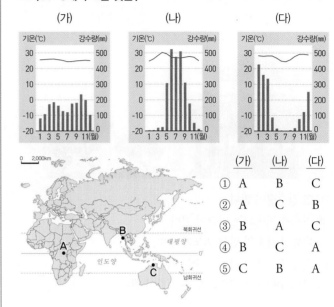

	(가)	(나)	(다)
①	A	B	C
②	A	C	B
③	B	A	C
④	B	C	A
⑤	C	B	A

086

다음 자료는 어느 여행 상품을 나타낸 것이다. (가)에 들어갈 지역을 지도의 A~E에서 고른 것은?

[사파리 여행]

◎ 여행 지역: (가)

◎ 여행 기간: 10일

○○ 국립 공원에서는 매년 약 150만 마리의 누 떼와 25만 마리의 얼룩말, 가젤 무리 등이 대이동을 하는 모습을 볼 수 있습니다. 이들은 건기에는 △△ 동물 보호 구역으로 이동했다가, 우기가 되면 풀을 찾아 다시 ○○ 국립 공원으로 돌아옵니다.

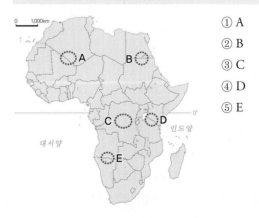

① A
② B
③ C
④ D
⑤ E

087

그림은 두 열대 기후 지역의 식생을 나타낸 것이다. (가)와 비교한 (나) 지역의 특색으로 옳은 것은?

(가) (나)

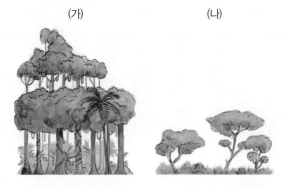

① 연 강수량이 많다.
② 건기가 지속되는 기간이 길다.
③ 대류성 강수의 발생 빈도가 높다.
④ 다양한 수종의 나무가 숲을 이룬다.
⑤ 적도 수렴대의 영향을 받는 기간이 길다.

088

그래프는 지도에 표시된 세 지점의 누적 강수량을 나타낸 것이다. A~C에 대한 설명으로 옳은 것은?

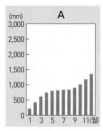
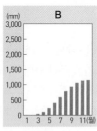
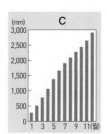

*누적 강수량은 1월부터 해당 월까지의 월 강수량을 합한 값임.

① A는 B보다 7월 강수량이 많다.
② B는 C보다 연 강수량이 많다.
③ C는 A보다 우기와 건기가 뚜렷하다.
④ A, B는 열대 우림 기후, C는 사바나 기후이다.
⑤ A-B 간 직선거리가 A-C 간 직선거리보다 멀다.

089

A 기후 지역에 대한 옳은 설명만을 〈보기〉에서 고른 것은?

(필립스 국제 학생 지도, 2014 / Climate-data, 2017)

[보기]
ㄱ. 연중 봄과 같은 날씨가 나타난다.
ㄴ. 긴 우기와 짧은 건기가 번갈아 나타난다.
ㄷ. 계절풍의 영향으로 여름철 강수량이 많다.
ㄹ. 키가 큰 풀이 자라는 초원에 키가 작은 관목이 드문드문 분포한다.

① ㄱ, ㄴ   ② ㄱ, ㄷ   ③ ㄴ, ㄷ
④ ㄴ, ㄹ   ⑤ ㄷ, ㄹ

★빈출 090

다음 자료에 나타난 보고타의 지리적 특색으로 옳지 않은 것은?

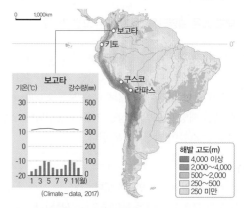

(Climate-data, 2017)

① 연중 낮과 밤의 길이가 비슷하다.
② 연중 봄과 같은 날씨가 나타난다.
③ 기온의 일교차가 연교차보다 크다.
④ 오후 시간에는 대체로 스콜이 내린다.
⑤ 같은 위도의 저지대보다 연평균 기온이 낮다.

091

A, B 기후 그래프가 나타나는 열대 기후 지역에 대한 옳은 설명만을 〈보기〉에서 고른 것은?

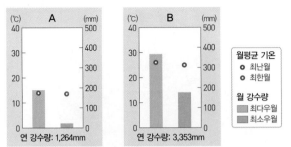

*최다우월은 연중 강수량이 가장 많은 달, 최소우월은 연중 강수량이 가장 적은 달을 의미함.

[보기]
ㄱ. A는 B보다 평균 해발 고도가 높다.
ㄴ. A는 B보다 기온이 낮아 인간 거주에 불리하다.
ㄷ. B는 A보다 대류성 강수의 발생 빈도가 높다.
ㄹ. A와 B 모두 기온의 일교차가 연교차보다 크다.

① ㄱ, ㄴ   ② ㄱ, ㄹ   ③ ㄴ, ㄷ
④ ㄱ, ㄷ, ㄹ   ⑤ ㄴ, ㄷ, ㄹ

092

(가) 작물에 대한 옳은 설명만을 〈보기〉에서 고른 것은?

《(가) 작물의 모습》   《(가) 작물의 국가별 생산량 비율》

나이지리아 20.4(%)
기타 39.3
총 생산량 (2014년) 268,277,743톤
타이 11.2
인도네시아 8.7
브라질 8.7
가나 6.2
5.5
콩고 민주 공화국
(유엔 식량 농업 기구, 2017)

[보기]
ㄱ. 열대 기후 지역에서 생산이 활발하다.
ㄴ. 씨앗을 가공하여 음료를 만드는 데 사용한다.
ㄷ. 생산된 작물의 대부분은 선진국으로 수출된다.
ㄹ. 이동식 화전 농업에서 재배하는 주된 작물이다.

① ㄱ, ㄷ   ② ㄱ, ㄹ   ③ ㄴ, ㄹ
④ ㄱ, ㄴ, ㄷ   ⑤ ㄴ, ㄷ, ㄹ

[093~094] 지도는 태양 회귀에 따른 적도 수렴대의 위치 변화를 나타낸 것이다. 이를 보고 물음에 답하시오. (단, (가), (나)는 1월, 7월 중 하나임.)

(가)   (나)

093

(가), (나)가 각각 어느 시기인지 쓰고, 그 까닭을 서술하시오.

094

(가), (나) 시기에 A 지역의 강수 특색을 서술하시오.

[095~096] 사진을 보고 물음에 답하시오.

095

사진의 지역에서 나타나는 기후의 이름을 쓰시오.

096

사진의 지역에서 동물들이 이동하는 까닭을 기후적 관점에서 서술하시오.

적중 1등급 문제

» 바른답·알찬풀이 10쪽

097

그래프는 지도에 표시된 세 지역의 월평균 기온과 월 강수량을 나타낸 것이다. (가)~(다) 지역에 대한 설명으로 옳은 것은?

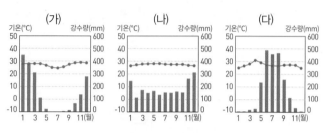

① (가)는 북반구에 위치한다.
② (나)는 기온의 연교차가 일교차보다 크게 나타난다.
③ (다)는 계절풍의 영향으로 벼농사가 발달하였다.
④ (가)는 (다)보다 서쪽에 위치한다.
⑤ (나)는 (가)보다 적도 수렴대의 영향을 받는 기간이 짧다.

098

그래프는 지도에 표시된 세 지점의 누적 강수량을 나타낸 것이다. (가)~(다) 지역에 대한 옳은 설명만을 〈보기〉에서 고른 것은?

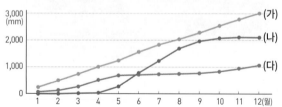

[보기]
ㄱ. (가)는 기온의 연교차보다 기온의 일교차가 크다.
ㄴ. (나), (다)는 아시아에 위치한다.
ㄷ. (나)는 (다)보다 동쪽에 위치한다.
ㄹ. (나)는 (다)보다 12월 강수량이 많다.

① ㄱ, ㄴ ② ㄱ, ㄷ ③ ㄴ, ㄷ ④ ㄴ, ㄹ ⑤ ㄷ, ㄹ

099

다음은 대기 대순환 모식도이다. A~C 위도대에 나타나는 현상에 대한 옳은 설명만을 〈보기〉에서 고른 것은?

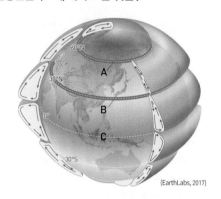

(EarthLabs, 2017)

[보기]
ㄱ. A에서는 증발량이 강수량보다 많다.
ㄴ. B에서는 아열대 고압대가 형성된다.
ㄷ. C에서는 한대 전선이 형성되어 강수량이 많다.
ㄹ. C는 A보다 단위 면적당 연평균 일사량이 많다.

① ㄱ, ㄴ   ② ㄱ, ㄷ   ③ ㄴ, ㄷ
④ ㄴ, ㄹ   ⑤ ㄷ, ㄹ

100

그래프는 세 지역의 월 강수량을 나타낸 것이다. (가)~(다)에 해당하는 지역을 지도의 A~C에서 고른 것은?

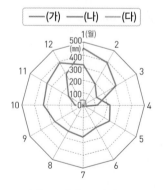

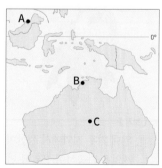

	(가)	(나)	(다)			(가)	(나)	(다)
①	A	B	C		②	B	A	C
③	B	C	A		④	C	A	B
⑤	C	B	A					

[101~103] 지도를 보고 물음에 답하시오.

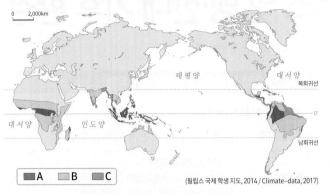

(필립스 국제 학생 지도, 2014 / Climate-data, 2017)

101

A~C 기후 지역에 대한 설명으로 옳은 것은?

① A는 연중 봄과 같은 기후가 나타난다.
② B는 연중 아열대 고압대의 영향을 받는다.
③ C는 연중 월 강수량이 60㎜ 이상이다.
④ A는 C보다 계절풍에 의한 강수량이 많다.
⑤ B는 C보다 건기와 우기가 뚜렷하다.

102

A~C 기후 지역의 주민 생활에 대한 설명으로 옳지 <u>않은</u> 것은?

① A: 고상 가옥이 발달하였다.
② B: 사파리 관광이 이루어지기도 한다.
③ C: 벼농사가 활발하게 이루어진다.
④ A, B: 플랜테이션 농업이 발달하였다.
⑤ B, C: 경엽수를 활용한 수목 농업이 발달하였다.

103

A 기후 지역의 식생에 대한 옳은 설명만을 〈보기〉에서 고른 것은?

[보기]
ㄱ. 다양한 침엽수림으로 구성되어 있다.
ㄴ. 크고 작은 나무들이 다층의 숲을 이룬다.
ㄷ. 다양한 동식물이 분포하여 관광 자원으로 활용된다.
ㄹ. 지구 온난화로 식생 면적이 증가하는 추세를 보인다.

① ㄱ, ㄴ   ② ㄱ, ㄷ   ③ ㄴ, ㄷ
④ ㄴ, ㄹ   ⑤ ㄷ, ㄹ

104

다음 글과 같은 특성이 나타나는 기후 지역을 그래프의 A~E에서 고른 것은?

- 적도 수렴대의 이동에 따라 우기와 건기가 교대로 나타난다.
- 키가 큰 풀이 자라는 초원에 키가 작은 관목이 드문드문 분포한다.
- 차를 타고 이동하면서 초원의 풍경과 동물을 관찰하는 관광이 발달하였다.

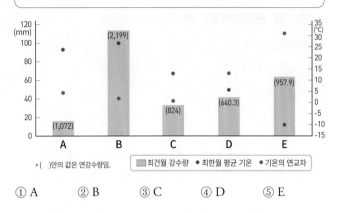

*( )안의 값은 연강수량임.   ▨ 최건월 강수량   ● 최한월 평균 기온   ● 기온의 연교차

① A   ② B   ③ C   ④ D   ⑤ E

105

A~C 기후 지역에 대한 설명으로 옳은 것은? (단, A~C는 사바나 기후, 열대 우림 기후, 온대 습윤 기후 중 하나임.)

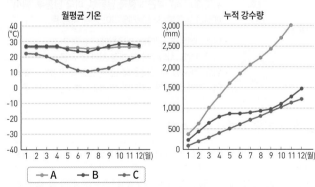

① A는 키가 큰 풀에 키가 작은 관목이 드문드문 분포한다.
② B는 연 강수량보다 연 증발량이 많다.
③ C는 7월에 적도 저압대의 영향을 받는다.
④ A는 B보다 상록 활엽수림의 밀도가 높다.
⑤ C는 B보다 플랜테이션 농업이 발달하였다.

Ⅱ 세계의 자연환경과 인간 생활

03 온대 기후 환경과 건조 및 냉·한대 기후 환경

☑ 출제 포인트 ☑ 온대 기후의 구분과 특징 및 주민 생활 ☑ 건조 및 냉·한대 기후 환경의 지형

1. 온대 기후 환경

1 온대 기후의 특징

(1) 분포 최한월 평균 기온 −3℃ 이상 18℃ 미만, 편서풍이 부는 중위도에 걸쳐 분포함

> **자료** **온대 기후의 분포** ⓒ 27쪽 121번 문제로 확인
>
>
>
> (필립스 국제 학생 지도, 2014 / Climate–data, 2017)
>
> **분석** 편서풍의 영향이 큰 대륙 서안은 비열이 큰 해양의 영향을 받아 기온의 연교차가 작다. 반면 계절풍의 영향이 큰 대륙 동안은 비열이 작은 대륙의 영향을 받아 기온의 연교차가 크다.

✪(2) 구분 ⓒ 28쪽 122번 문제로 확인

대륙 서안	서안 해양성 기후 (Cfb)	• 위도 40~60° 부근의 대륙 서안에서 주로 나타남 • 편서풍의 영향으로 대륙 동안보다 기온의 연교차가 작음, 연중 습도가 높고 강수 일수가 많음 • 서부 유럽, 북아메리카의 북서 해안, 칠레 남부, 오스트레일리아 남동부, 뉴질랜드 등
	지중해성 기후 (Cs)	• 위도 30~40° 부근의 대륙 서안에서 주로 나타남 • 여름철: 아열대 고압대의 영향으로 고온 건조함 • 겨울철: 편서풍 및 전선대의 영향으로 온난 습윤함 • 지중해 연안, 미국 캘리포니아주, 칠레 중부, 오스트레일리아 남서부, 아프리카 남서단 등
대륙 동안	온난 습윤 기후 (Cfa)	• 연중 습윤, 여름철에 무덥고 강수량이 많음 • 위도 30~40° 부근의 중국 남동부, 미국 남동부, 남아메리카 남동부, 오스트레일리아 동부 지역 등
	온대 겨울 건조 기후 (Cw)	• 여름철에는 고온 다습, 겨울철에는 한랭 건조 • 기온의 연교차와 강수의 계절 차가 매우 큼 • 위도 20~30° 부근의 중국 남부, 인도차이나반도 북부, 아프리카 및 남아메리카의 사바나 기후 지역 주변 등

2 온대 기후 지역의 주민 생활

| 대륙 서안 | • 서안 해양성 기후: 혼합 농업·낙농업·화훼 농업 발달, 맑은 날 일광욕을 즐김, 하천의 유량 변동이 적어 수운 교통 발달
• 지중해성 기후: 수목 농업 활발, 겨울철에 밀·보리·귀리 등 재배, 이목, 가옥의 벽을 하얗게 칠하고 벽을 두껍게 함 |
| 대륙 동안 | • 벼농사 발달: 동아시아와 동남아시아의 온대 기후 지역에서 발달, 중국 남부와 베트남 북부 지역에서는 벼의 2기작이 이루어짐, 강수량이 풍부한 산지 지역에서는 차 재배
• 북아메리카의 남동부: 목화·콩 등을 대규모로 재배
• 남아메리카의 남동부: 대규모의 기업적 목축업과 밀 농사 발달 |

2. 건조 및 냉·한대 기후 환경과 지형

1 건조 기후 환경과 지형

(1) 건조 기후 강수량<증발량, 기온의 일교차가 큼

| 사막 기후(BW) | • 연 강수량 250mm 미만
• 남·북회귀선 부근의 아열대 고압대 지역, 대륙 내부 지역, 한류가 흐르는 대륙의 서안 지역에 주로 분포 |
| 스텝 기후(BS) | 연 강수량 250~500mm 미만, 사막 주변에 주로 분포 |

✪(2) 건조 기후 지역의 지형과 주민 생활 ⓒ 30쪽 130번 문제로 확인

| 건조 지형 | • 바람에 의해 형성되는 지형: 사구, 버섯바위, 삼릉석 등
• 유수에 의해 형성되는 지형: 와디, 플라야호, 선상지, 바하다 등
• 메사와 뷰트: 경암과 연암의 차별적 풍화와 침식으로 형성됨 |
| 주민 생활 | • 사막 기후: 유목, 오아시스 농업, 관개 농업, 흙벽돌집
• 스텝 기후: 유목, 기업적 농목업, 천막집(게르) |

2 냉·한대 기후 환경과 지형

(1) 냉대 기후 최한월 평균 기온 −3℃ 미만, 최난월 평균 기온 10℃ 이상 → 기온의 연교차가 큼, 침엽수림 분포

(2) 한대 기후 최난월 평균 기온 10℃ 미만

| 툰드라 기후 | 최난월 평균 기온 0~10℃ 미만 → 짧은 여름 동안 이끼류가 자람 |
| 빙설 기후 | 최난월 평균 기온 0℃ 미만 → 연중 눈과 얼음으로 덮여 있음 |

> **자료** **냉·한대 기후의 분포** ⓒ 30쪽 132번 문제로 확인
>
>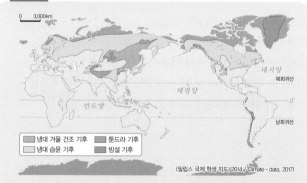
>
> (필립스 국제 학생 지도 2014 / Climate–data, 2017)
>
> **분석** 냉대 습윤 기후(Df)는 시베리아 서부와 캐나다, 냉대 겨울 건조 기후(Dw)는 동아시아 북부 등지에서 나타난다. 툰드라 기후(ET)는 북극해 주변과 일부 고산 지대, 빙설 기후(EF)는 남극 대륙과 그린란드에서 나타난다.

✪(3) 냉·한대 기후에서 발달하는 지형 ⓒ 31쪽 134번 문제로 확인

| 빙하 지형 | • 침식 지형: 권곡, 호른, U자곡, 피오르 해안 등
• 퇴적 지형: 빙력토 평원, 드럼린, 모레인, 에스커 등 |
| 주빙하 지형 | 활동층의 동결과 융해, 솔리플럭션 현상 등 → 구조토 등 |

(4) 냉·한대 기후 지역의 주민 생활

| 냉대 기후 | 밭농사, 타이가를 중심으로 임업 발달, 관광 산업 발달 |
| 한대 기후 | 순록 유목, 수렵, 어업 활동, 고상 가옥, 자원 개발 등 |

>> 바른답·알찬풀이 12쪽

●● 빈칸에 들어갈 용어를 쓰시오.

106 온대 기후는 대체로 (　　　　)이/가 부는 중위도에 걸쳐 분포한다.

107 (　　　　) 기후는 남·북회귀선 부근의 아열대 고압대 지역과 대륙 내부 지역에 주로 분포한다.

108 한대 기후는 최난월 평균 기온이 0~10℃ 미만인 (　　　　) 기후와 최난월 평균 기온이 0℃ 미만인 (　　　　) 기후로 구분한다.

●● 다음 내용이 옳으면 ○표, 틀리면 ×표를 하시오.

109 서안 해양성 기후 지역은 연중 바다에서 불어오는 편서풍의 영향으로 기온의 연교차가 작고, 일 년 내내 강수량이 비교적 고르다. (　　　)

110 북반구에 위치한 지중해성 기후 지역의 겨울철은 편서풍 및 전선대의 영향으로 온난 습윤하다. (　　　)

111 플라야호는 비가 많이 내렸을 때 건조 분지의 평탄한 저지대인 플라야에 일시적으로 물이 고이는 담수호로, 주민들의 식수로 이용된다. (　　　)

●● 온대 기후의 특색을 바르게 연결하시오.

112 지중해성 기후　　·　　　　·　㉠ 여름 고온 건조

113 서안 해양성 기후　·　　　　·　㉡ 여름 고온 다습

114 온대 겨울 건조 기후 ·　　　　·　㉢ 연중 온난 습윤

●● ㉠, ㉡ 중 알맞은 것을 고르시오.

115 스텝 기후가 나타나는 신대륙에서는 (㉠관개, ㉡상업적) 농업을 통한 밀 재배가 이루어진다.

116 (㉠와디, ㉡바하다)는 건조 기후 지역에서 비가 내릴 때만 일시적으로 물이 흐르는 하천이다.

117 대표적인 빙하 (㉠침식, ㉡퇴적) 지형으로는 권곡, U자곡, 호른 등이 있다.

●● 다음 문장과 관련 있는 개념을 〈보기〉에서 고르시오.

118 여름철에 녹는 활동층이 경사면을 따라 아래쪽으로 흘러 내리는 현상 (　　　)

119 토양의 동결과 융해에 따라 지표면에서 물질의 분급이 일어나 형성된 다각형의 지형 (　　　)

[보기]
ㄱ. 구조토　　　　　　　　ㄴ. 솔리플럭션

120

㉠, ㉡에 들어갈 내용으로 옳은 것은?

(㉠) 기후는 최한월 평균 기온이 −3℃ 이상 18℃ 미만으로, 대체로 (㉡)이 부는 중위도에 걸쳐 분포한다. 대륙 서안은 바다에서 불어오는 (㉡)의 영향을, 대륙 동안은 내륙을 거쳐 불어오는 (㉡)의 영향을 받는다. (㉠) 기후가 나타나는 중위도 지역은 계절별로 태양 고도가 크게 달라지기 때문에 기온의 연교차가 크다.

	㉠	㉡		㉠	㉡
①	냉대	극동풍	②	냉대	편서풍
③	온대	무역풍	④	온대	편서풍
⑤	한대	무역풍			

⭐빈출
121

A 지역에 대한 옳은 설명만을 〈보기〉에서 고른 것은?

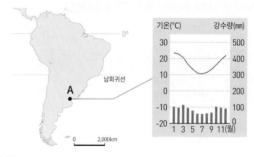

[보기]
ㄱ. 연중 강수가 고른 편이다.
ㄴ. 해발 고도가 높은 곳에 위치한다.
ㄷ. 1월보다 7월이 낮의 길이가 짧다.
ㄹ. 최한월 평균 기온이 −3℃ 이상 18℃ 미만이다.

① ㄱ, ㄴ　　　　② ㄱ, ㄹ　　　　③ ㄴ, ㄷ
④ ㄱ, ㄷ, ㄹ　　　⑤ ㄴ, ㄷ, ㄹ

★빈출
122

그래프는 지도에 표시된 세 지역의 기후 특징을 나타낸 것이다. (가)~(다) 지역에 대한 설명으로 옳은 것은? (단, 겨울철은 1월, 여름철은 7월임.)

(가)
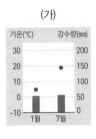

(나)
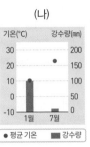

(다)
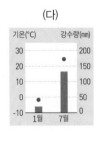

① (가)는 (나)보다 아열대 고압대의 영향을 크게 받는다.
② (가)는 (다)보다 벼농사에 유리하다.
③ (나)는 (가)보다 여름철 산불 발생 가능성이 크다.
④ (나)는 (다)보다 계절풍의 영향을 크게 받는다.
⑤ (다)는 (가)보다 겨울철 강수 집중률이 높다.

123

(가) 시기와 비교한 (나) 시기 A 도시의 상대적 특징만을 〈보기〉에서 고른 것은? (단, (가), (나)는 1월과 7월 중 하나임.)

(가)

(나)

(디르케 세계 지도, 2015)

[보기]
ㄱ. 월평균 기온이 낮다.
ㄴ. 대기 중 상대 습도가 높다.
ㄷ. 하루 중 낮의 길이가 길다.
ㄹ. 수목 농업이 주로 이루어진다.

① ㄱ, ㄴ   ② ㄱ, ㄷ   ③ ㄴ, ㄷ
④ ㄴ, ㄹ   ⑤ ㄷ, ㄹ

124

그래프는 두 도시의 기후 특색을 나타낸 것이다. A, B에 대한 옳은 설명만을 〈보기〉에서 고른 것은? (단, A, B는 서울과 파리 중 하나임.)

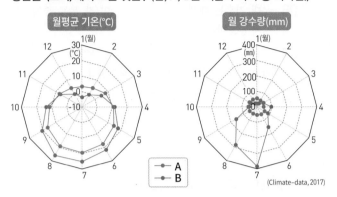

(Climate-data, 2017)

[보기]
ㄱ. A는 서울, B는 파리이다.
ㄴ. A는 B보다 최한월 평균 기온이 높다.
ㄷ. B는 A보다 여름 강수 집중률이 높다.
ㄹ. A는 계절풍, B는 편서풍의 영향을 크게 받는다.

① ㄱ, ㄴ   ② ㄱ, ㄷ   ③ ㄴ, ㄷ
④ ㄴ, ㄹ   ⑤ ㄷ, ㄹ

125

유럽을 방문하고 쓴 여행기에서 ㉠, ㉡ 지역의 지리적 특색만을 〈보기〉에서 고른 것은?

□월 □일
'◇◇의 튤립 꽃밭'이라는 그림을 보고 풍차, 운하, 간척으로 잘 알려진 (㉠)을/를 방문했다. 이곳에서 열리는 세계적 규모의 꽃 축제에 갔더니 그림에서 본 풍경이 그대로 펼쳐진 듯했다.

○월 ○일
우연히 접하게 된 그림에 이끌려 투우의 나라로 잘 알려진 (㉡)을/를 방문했다. 이곳에서는 빨간색 스카프를 두른 군중들이 소 떼와 질주하는 축제가 열리고 있었다.

[보기]
ㄱ. ㉠은 ㉡보다 연간 일조 시수가 길다.
ㄴ. ㉠은 ㉡보다 낙농업에 종사하는 농가 비중이 높다.
ㄷ. ㉡은 ㉠보다 올리브 생산량이 많다.
ㄹ. ㉡은 ㉠보다 여름철에 고온 건조하다.

① ㄱ, ㄷ   ② ㄱ, ㄹ   ③ ㄴ, ㄹ
④ ㄱ, ㄴ, ㄷ   ⑤ ㄴ, ㄷ, ㄹ

126

자료에 나타난 다카르의 지리적 특색에 대한 옳은 설명만을 〈보기〉에서 고른 것은?

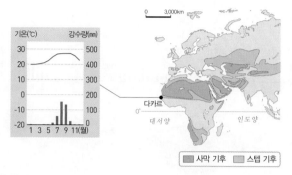

【 보기 】
ㄱ. 남반구에 위치한다.
ㄴ. 순록 유목이 이루어진다.
ㄷ. 짧은 우기에 키가 작은 풀이 자란다.
ㄹ. 연 강수량이 250~500㎜ 미만이다.

① ㄱ, ㄴ   ② ㄱ, ㄷ   ③ ㄴ, ㄷ
④ ㄴ, ㄹ   ⑤ ㄷ, ㄹ

127

그림은 지도의 A 지역에서 물을 확보하는 방법을 나타낸 것이다. A 지역에 대한 옳은 설명만을 〈보기〉에서 고른 것은?

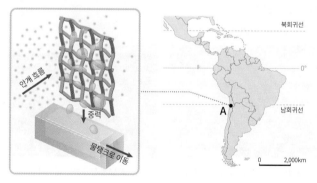

【 보기 】
ㄱ. 연안에 한류가 흐른다.
ㄴ. 사막 기후가 나타난다.
ㄷ. 탁월풍의 비그늘 지역이다.
ㄹ. 목재 생산이 활발히 이루어진다.

① ㄱ, ㄴ   ② ㄱ, ㄷ   ③ ㄴ, ㄷ
④ ㄴ, ㄹ   ⑤ ㄷ, ㄹ

128

(가), (나)의 원리로 사막이 형성되는 지역을 지도의 A~C에서 고른 것은?

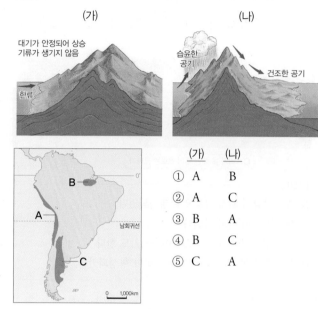

	(가)	(나)
①	A	B
②	A	C
③	B	A
④	B	C
⑤	C	A

129

A~D에 들어갈 적절한 지형만을 〈보기〉에서 고른 것은?

【 보기 】
ㄱ. A - 삼릉석   ㄴ. B - 버섯바위
ㄷ. C - 선상지   ㄹ. D - 바하다

① ㄱ, ㄷ   ② ㄱ, ㄹ   ③ ㄴ, ㄹ
④ ㄱ, ㄴ, ㄷ   ⑤ ㄴ, ㄷ, ㄹ

★빈출
130

모식도는 건조 기후 지역의 지형을 나타낸 것이다. A~D 지형에 대한 옳은 설명만을 〈보기〉에서 고른 것은?

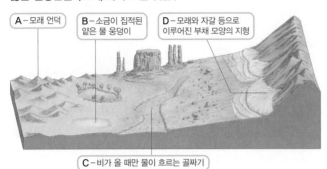

A-모래 언덕 B-소금이 집적된 얕은 물 웅덩이 D-모래와 자갈 등으로 이루어진 부채 모양의 지형

C-비가 올 때만 물이 흐르는 골짜기

┌[보기]
ㄱ. A - 바람의 퇴적 작용으로 형성되었다.
ㄴ. B - '플라야'라고 불린다.
ㄷ. C - 평상시에는 교통로로 이용되기도 한다.
ㄹ. D - 암석이 차별 침식 작용을 받아 형성되었다.
└

① ㄱ, ㄷ   ② ㄱ, ㄹ   ③ ㄴ, ㄹ
④ ㄱ, ㄴ, ㄷ   ⑤ ㄴ, ㄷ, ㄹ

131

건조 기후 지역 중 상업적 농업이 활발히 이루어지는 지역을 지도의 A~E에서 고른 것은?

① A   ② B   ③ C   ④ D   ⑤ E

★빈출
132

(가)~(다)와 같은 기후 특색이 나타나는 지역을 지도의 A~C에서 고른 것은?

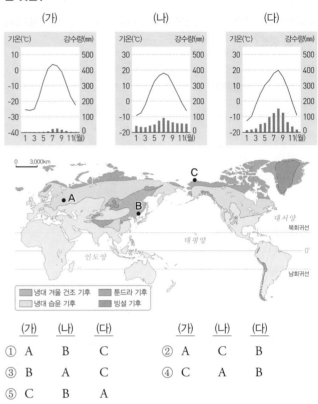

냉대 겨울 건조 기후 툰드라 기후
냉대 습윤 기후 빙설 기후

(가)	(나)	(다)		(가)	(나)	(다)
① A	B	C		② A	C	B
③ B	A	C		④ C	A	B
⑤ C	B	A				

133

(가), (나) 식생이 분포하는 기후 지역에 대한 옳은 설명만을 〈보기〉에서 고른 것은?

(가)   (나)

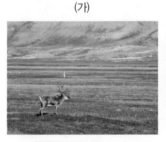   

▲ 짧은 여름 동안 자라는 이끼류   ▲ 넓게 분포하는 타이가

┌[보기]
ㄱ. (가)는 최난월 평균 기온이 10℃ 이상이다.
ㄴ. (나)는 침엽수림이 주를 이룬다.
ㄷ. (가) 지역은 (나) 지역보다 대체로 연 강수량이 많다.
ㄹ. (나) 지역은 (가) 지역보다 대체로 연평균 기온이 높다.
└

① ㄱ, ㄴ   ② ㄱ, ㄷ   ③ ㄴ, ㄷ
④ ㄴ, ㄹ   ⑤ ㄷ, ㄹ

모식도는 빙하 지형을 나타낸 것이다. A~D 지형에 대한 옳은 설명만을 〈보기〉에서 고른 것은?

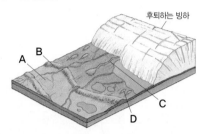

후퇴하는 빙하

[보기]

ㄱ. A는 염분 농도가 높다.

ㄴ. B는 모래, 자갈, 점토 등으로 이루어져 있다.

ㄷ. C는 하천의 범람 과정에서 형성된 제방 형태의 지형이다.

ㄹ. D를 통해 빙하의 이동 방향을 추정할 수 있다.

① ㄱ, ㄴ   ② ㄱ, ㄷ   ③ ㄴ, ㄷ

④ ㄴ, ㄹ   ⑤ ㄷ, ㄹ

135

(가)~(라) 지형에 대한 설명으로 옳은 것은?

(가)   (나)

(다)   (라)

① (가)는 바람의 퇴적 작용으로 형성된 지형이다.

② (나)의 작은 호수들은 하천의 유로 변경으로 형성되었다.

③ (다)는 빙하의 이동으로 형성되었다.

④ (라)는 하천의 침식 작용으로 형성되었다.

⑤ (가)~(라)는 화학적 풍화 작용보다 물리적 풍화 작용이 활발한 지역에서 잘 발달한다.

[136~137] 자료를 보고 물음에 답하시오.

(가) 지역의 가옥   (가) 지역의 식생

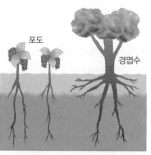

포도

경엽수

136

(가) 지역의 기후 명칭과 여름의 기후 특색 및 원인을 서술하시오.

137

(가) 지역의 식생과 관련된 농업 특색을 기후와 연관지어 서술하시오.

[138~139] 자료를 보고 물음에 답하시오.

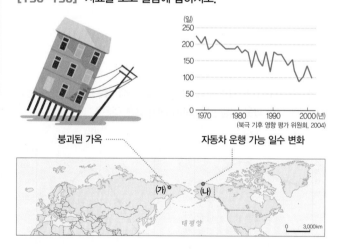

(일)

(북극 기후 영향 평가 위원회, 2004)

붕괴된 가옥   자동차 운행 가능 일수 변화

(가)   (나)

태평양

0   3,000km

138

(가), (나) 지역에서 공통적으로 나타나는 기후의 명칭을 쓰시오.

139

(가), (나) 지역에서 자료와 같은 현상이 나타나는 까닭을 서술하시오.

적중 1등급 문제

» 바른답·알찬풀이 14쪽

140

그래프는 세 지역의 기후 특성을 나타낸 것이다. (가)~(다) 지역을 지도의 A~C에서 고른 것은?

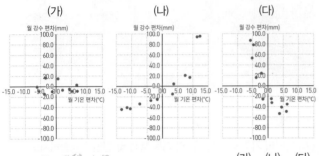

	(가)	(나)	(다)
①	A	B	C
②	A	C	B
③	B	A	C
④	C	A	B
⑤	C	B	A

141

그래프는 (가), (나) 지역의 월평균 기온과 누적 강수량을 나타낸 것이다. 이에 대한 옳은 설명만을 〈보기〉에서 고른 것은?

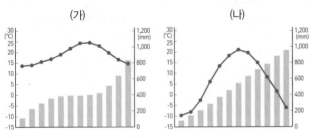

[보기]
ㄱ. (가)에서는 오렌지, 올리브 등을 주로 재배한다.
ㄴ. (나)에서는 순록의 유목이 이루어진다.
ㄷ. (가)는 (나)보다 아열대 고압대의 영향을 크게 받는다.
ㄹ. (가), (나)는 1월이 7월보다 낮 길이가 길다.

① ㄱ, ㄴ ② ㄱ, ㄷ ③ ㄴ, ㄷ
④ ㄴ, ㄹ ⑤ ㄷ, ㄹ

142

그래프는 지도에 표시된 세 지역의 월별 강수량을 나타낸 것이다. (가)~(다) 기후 지역에 대한 설명으로 옳은 것은?

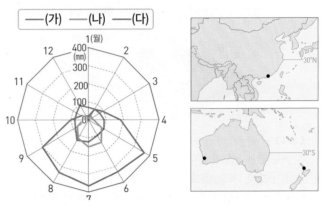

① (가)는 주로 벼농사가 이루어지는 온난 습윤한 지역이다.
② (나)는 여름철에 수목 농업이 이루어진다.
③ (다)의 낮 길이는 1월이 7월보다 길다.
④ (가)는 (다)보다 기온의 연교차가 크다.
⑤ (나)와 (다)는 주로 무역풍의 영향을 받는다.

143

그래프는 지도에 표시된 세 지역의 월평균 기온 및 누적 강수량을 나타낸 것이다. (가)~(다) 지역을 지도의 A~C에서 고른 것은?

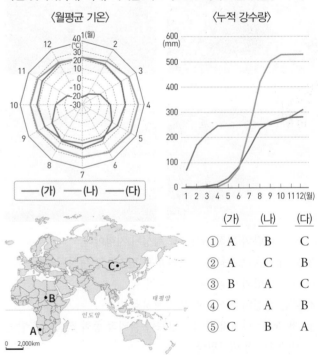

	(가)	(나)	(다)
①	A	B	C
②	A	C	B
③	B	A	C
④	C	A	B
⑤	C	B	A

144

⊙, ⓛ 사막의 주요 형성 요인으로 옳은 것은?

아프리카 지역을 구분하는 다양한 기준 중 가장 많이 쓰이는 것은 아프리카 대륙을 가로지르는 (⊙) 사막을 기준하여 남북으로 나누는 것이다. 이처럼 지형지물은 국가를 나누는 경계가 되기도 한다. 일례로 오렌지강은 아프리카 대륙 남부를 크게 가로지르는 강으로, 하류부인 (ⓛ) 사막을 관통하여 대서양으로 흘러나가는 길이 2,200㎞의 긴 강이다. 드라켄즈버그 산맥에서 흘러나온 이 강은 남아프리카 공화국과 나미비아 사이에서 약 600㎞의 국경을 이룬다.

	⊙	ⓛ
①	산지를 넘어온 건조한 바람의 영향	연안에 흐르는 차가운 해류의 영향
②	산지를 넘어온 건조한 바람의 영향	대륙 내부에 위치하여 습윤한 공기 유입의 어려움
③	연안에 흐르는 차가운 해류의 영향	산지를 넘어온 건조한 바람의 영향
④	대기 대순환과 관련한 아열대 고압대의 영향	연안에 흐르는 차가운 해류의 영향
⑤	대기 대순환과 관련한 아열대 고압대의 영향	대륙 내부에 위치하여 습윤한 공기 유입의 어려움

145

A~E 지형에 대한 설명으로 옳지 않은 것은? (단, 지형은 사구, 와디, 선상지, 플라야, 버섯바위 중 하나임.)

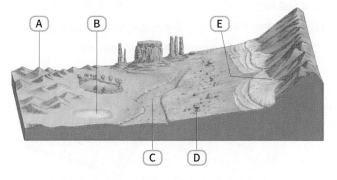

① A − 홍수 시 이동된 모래가 퇴적되어 형성되었다.
② B − 비가 내릴 때 물이 고이면 일시적으로 호수가 형성되기도 한다.
③ C − 평상시에는 물이 흐르지 않아 교통로로 이용된다.
④ D − 바람에 날린 모래의 침식으로 형성되었다.
⑤ E − 계곡 입구의 경사 급변점을 중심으로 형성되었다.

146

그래프는 지도에 표시된 세 지역의 기후 특색을 나타낸 것이다. (가)~(다) 지역에 대한 설명으로 옳은 것은?

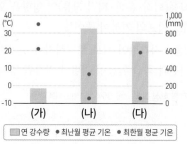

■ 연 강수량 ● 최난월 평균 기온 ● 최한월 평균 기온

① (가) 지역은 순록의 유목이 이루어진다.
② (나) 지역에서는 솔리플럭션 현상이 나타난다.
③ (다) 지역은 일교차가 연교차보다 크다.
④ (가)는 (나)보다 고위도에 위치한다.
⑤ (나)는 (다)보다 수목의 밀도가 높다.

147

그림은 냉대 기후 지역의 지형을 나타낸 것이다. A~D에 대한 옳은 설명만을 〈보기〉에서 고른 것은?

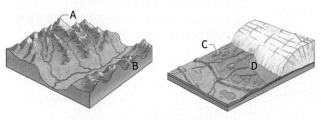

【 보기 】
ㄱ. A는 여러 개의 권곡이 만나 형성된 호른이다.
ㄴ. B 계곡은 바닷물이 들어오면 리아스 해안을 이룬다.
ㄷ. C는 빙하의 침식에 견디고 남은 언덕에 해당한다.
ㄹ. D는 빙하가 녹은 물에 의해 운반된 물질이 퇴적되어 형성되었다.

① ㄱ, ㄴ   ② ㄱ, ㄹ   ③ ㄱ, ㄴ, ㄷ
④ ㄱ, ㄴ, ㄹ   ⑤ ㄴ, ㄷ, ㄹ

04 세계의 주요 대지형과 독특한 지형들

✔ 출제 포인트   ✔ 세계의 주요 대지형 분포   ✔ 독특한 지형의 특징과 형성 과정

1. 세계의 주요 대지형

1 지형 형성 작용

(1) 대지형의 형성 지구 내부의 힘에 의한 내적 작용으로 형성 **예** 조륙 운동(융기, 침강), 조산 운동(습곡, 단층), 화산 활동 → 외적 작용(퇴적·운반·퇴적 작용)의 영향을 오랫동안 받으면서 대체로 지표의 기복이 줄어듦

(2) 판 구조 운동 지각판이 서로 부딪히거나 갈라지면서 대지형 형성 → 지진과 화산 활동이 활발한 지각판 경계

> **자료** 지형 형성 작용 ⓒ 35쪽 161번 문제로 확인

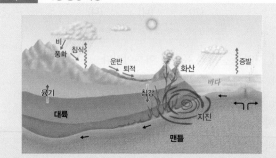

> **분석** 대지형은 외적 작용으로 기복이 감소한다. 맨틀 위에 떠 있는 지각판은 대륙판과 해양판으로 구분되며, 해양판은 대륙판보다 밀도가 높아 이 둘이 충돌할 때 해양판이 대륙판 밑으로 들어가면서 지진이 발생한다.

2 세계의 주요 대지형

안정육괴	• 시·원생대 조산 운동 이후 오랜 침식 작용으로 형성 • 기복이 작고 안정된 지형 **예** 순상지, 구조 평야 등
고기 습곡 산지	• 고생대~중생대 초기 조산 운동으로 형성 • 오랜 기간 침식을 받아 해발 고도가 낮고 경사가 완만함 • 지각이 비교적 안정된 상태 **예** 스칸디나비아산맥, 우랄산맥, 애팔래치아산맥 등
신기 습곡 산지	• 중생대 말기부터 현재까지의 조산 운동으로 형성 • 해발 고도가 높고 험준함, 지각이 불안정하여 지진과 화산 활동이 활발함 **예** 환태평양 조산대, 알프스-히말라야 조산대 등

> **자료** 세계의 대지형 분포 ⓒ 37쪽 167번 문제로 확인

(지질학의 기초, 2012 / 디르케 세계 지도, 2015)

> **분석** 안정육괴는 주로 대륙 내부에, 고기 습곡 산지는 주로 안정육괴 주변부에, 신기 습곡 산지는 지각판이 서로 충돌하는 경계를 따라 분포한다.

2. 독특하고 특수한 지형들

⭐1 카르스트 지형   ⓒ 37쪽 170번 문제로 확인

탑 카르스트	석회암이 차별적인 용식 및 침식 작용을 받는 과정에서 남은 탑 모양의 봉우리 **예** 베트남의 할롱 베이, 중국의 구이린 등
석회동굴	• 빗물과 지하수에 석회암층이 용식되어 만들어진 동굴 • 종유석, 석순, 석주 등의 독특한 지형 발달
돌리네	석회암의 용식 작용으로 형성된 움푹 파인 웅덩이 모양의 지형

2 화산 지형

(1) 주요 지형

순상 화산	유동성이 큰 현무암질 용암의 분출로 형성된 완경사의 화산
용암 돔	점성이 큰 용암의 분출로 형성된 급경사의 화산
성층 화산	화산 쇄설물과 용암류가 여러 층으로 쌓인 원뿔 모양의 화산
칼데라	화산 폭발로 용암이 분출된 후 화구가 함몰되어 형성된 분지
용암 대지	유동성이 큰 현무암질 용암의 분출로 형성된 평탄한 지형

(2) 주민 생활 비옥한 화산재 토양을 이용한 농업 발달, 지열 발전, 광업 발달, 관광 산업 발달

3 해안 지형

(1) 해안 침식 지형(암석 해안) 파랑의 침식 작용이 활발한 곳에서 주로 발달 **예** 해식애, 파식대, 시 아치, 시 스택, 해식동굴 등

(2) 해안 퇴적 지형(모래 해안) 파랑의 작용이 약한 만에서 주로 발달 **예** 사빈, 사취, 사주, 석호, 해안 사구 등

(3) 갯벌 점토·모래 등의 물질이 조류에 의해 퇴적되어 형성, 조차가 큰 해안에서 발달

(4) 피오르 해안 빙하의 침식 작용으로 형성된 U자곡의 침수 해안

(5) 리아스 해안 하천의 침식 작용으로 형성된 V자곡의 침수 해안

> **자료** 해안 지형의 형성 요인 ⓒ 38쪽 174번 문제로 확인

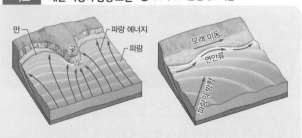

> **분석** 파랑 에너지가 집중하는 곳에는 주로 암석 해안이, 파랑 에너지가 분산하는 만에는 주로 모래 해안이 형성된다. 해안의 모래나 자갈들은 연안류를 따라 해안선의 방향과 평행하게 이동한다.

(6) 해안 지형의 이용과 보존 간척 사업, 해안 침식 등으로 생태계 파괴 → 갯벌 복원 사업, 구조물 설치, 지속 가능한 개발

분석 기출 문제

» 바른답·알찬풀이 15쪽

●● 빈칸에 들어갈 용어를 쓰시오.

148 (　　　　　)의 에너지에 의한 내적 작용으로 형성된 대지형은 지구 외부의 태양 에너지에 의한 외적 작용으로 기복이 감소한다.

149 (　　　　　) 지형은 석회암이 화학적 풍화 작용인 용식 작용을 받아 형성되며, 석회암층이 넓게 분포하고 강수량이 풍부한 습윤 기후에서 잘 발달한다.

150 육지가 바다 쪽으로 돌출한 곳에서는 주로 (　　　　) 해안이 형성되고, 바다가 육지 쪽으로 들어간 만에서는 주로 (　　　　) 해안이 형성된다.

●● 다음 내용이 옳으면 ○표, 틀리면 ×를 하시오.

151 기복이 작고 안정된 지형인 순상지는 방패를 엎어 놓은 모양으로, 완만한 고원이나 평원을 이룬다. (　　　)

152 고기 습곡 산지는 환태평양 조산대와 알프스-히말라야 조산대로 나뉜다. (　　　)

●● 고기 습곡 산지와 신기 습곡 산지로 구분하여 연결하시오.

153 로키산맥 •

154 우랄산맥 •

155 알프스산맥 •

　　　　　• ㉠ 고기 습곡 산지

　　　　　• ㉡ 신기 습곡 산지

●● ㉠, ㉡ 중 알맞은 것을 고르시오.

156 동아프리카 지구대는 대륙판이 갈라지면서 (㉠단층, ㉡습곡) 활동에 의해 만들어진 것이다.

157 (㉠고기, ㉡신기) 습곡 산지는 지진과 화산 활동이 활발하고, 산지 주변 지역에 석유와 천연가스 등의 지하자원이 매장되어 있다.

158 (㉠돌리네, ㉡탑 카르스트)는 석회암이 용식되면서 형성된 움푹 파인 와지 모양의 지형이다.

●● 다음과 관련 있는 개념을 〈보기〉에서 고르시오.

159 유동성이 큰 현무암질 용암의 분출로 형성된 평탄한 지형 (　　　　)

160 넓은 범위에 걸쳐 수평 상태의 퇴적 지층이 나타나는 평탄한 지형 (　　　　)

〔 보기 〕
ㄱ. 구조 평야　　　　ㄴ. 용암 대지

---

1. 세계의 주요 대지형

⭐빈출
161

그림은 지형 형성 작용을 나타낸 것이다. 내적 작용에 해당하는 요소만을 〈보기〉에서 고른 것은?

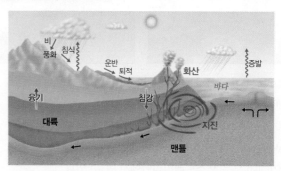

〔 보기 〕
ㄱ. 침식 작용　　　　　　ㄴ. 화산 활동
ㄷ. 운반·퇴적 작용　　　　ㄹ. 융기·침강 작용

① ㄱ, ㄴ　　　　② ㄱ, ㄷ　　　　③ ㄴ, ㄷ
④ ㄴ, ㄹ　　　　⑤ ㄷ, ㄹ

162

㉠~㉢에 해당하는 지역을 지도의 A~C에서 고른 것은?

㉠ 대륙판과 대륙판이 충돌하는 곳에서는 조산 운동으로 대규모의 산맥이 형성된다. ㉡ 대륙판과 해양판이 만나는 곳에서는 밀도가 큰 해양판이 대륙판 아래로 파고들어 대륙에 대규모의 산맥이 형성되며, 해저에는 해구가 만들어진다. ㉢ 지각판이 서로 반대 방향으로 미끄러지는 곳에서는 화산 활동과 지진이 활발하다.

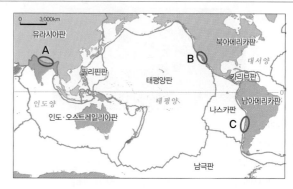

	㉠	㉡	㉢			㉠	㉡	㉢
①	A	B	C		②	A	C	B
③	B	A	C		④	B	C	A
⑤	C	B	A					

163

그림 (가), (나)에 대한 설명으로 옳은 것은?

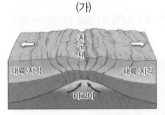
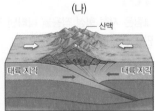

① (가)는 판이 충돌하는 경계이다.
② (나)는 판이 갈라지는 경계이다.
③ (가)는 (나)보다 화산 활동이 활발하다.
④ (나)는 (가)보다 산지의 평균 해발 고도가 낮다.
⑤ (가), (나) 모두 오스트레일리아에서 볼 수 있다.

164

모식도의 A~C에 대한 옳은 설명만을 〈보기〉에서 고른 것은?

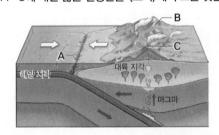

[보기]
ㄱ. A에서는 해구가 발달한다.
ㄴ. B 산맥은 해발 고도가 높고 연속성이 강하다.
ㄷ. B 산맥 일대에는 석탄의 매장 가능성이 크다.
ㄹ. C의 산에서는 화산 활동이 활발하다.

① ㄱ, ㄷ   ② ㄱ, ㄹ   ③ ㄴ, ㄷ
④ ㄱ, ㄴ, ㄷ   ⑤ ㄴ, ㄷ, ㄹ

165

㉠~㉢에 대한 옳은 설명만을 〈보기〉에서 고른 것은?

▲ 캐나다 (㉠)

캐나다 (㉠)은/는 캐나다 동부에서 미국 북동부에 걸친 대지로, 오랜 침식 작용을 받아 형성되었다. 대부분 해발 고도가 500m 이하이며, ㉡ 호수가 많다. 또한 ㉢ 삼림 자원이 풍부하며, 캐나다 최대의 (㉣) 산지가 위치한다.

[보기]
ㄱ. ㉠에는 '순상지'가 들어갈 수 있다.
ㄴ. ㉡은 염분 농도가 높다.
ㄷ. ㉢은 침엽수림이 상록 활엽수림보다 비중이 높다.
ㄹ. ㉣에는 '구리'가 들어갈 수 있다.

① ㄱ, ㄴ   ② ㄱ, ㄷ   ③ ㄱ, ㄹ
④ ㄴ, ㄷ   ⑤ ㄷ, ㄹ

166

지도의 A~E 지형에 대한 설명으로 옳지 않은 것은?

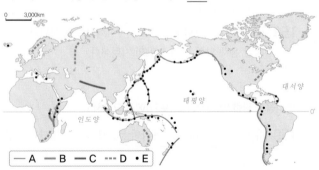

— A — B — C --- D •E

① A는 '불의 고리'를 이룬다.
② B는 지각판이 갈라지는 곳이다.
③ C에는 해발 고도가 높고 험준한 산지가 나타난다.
④ D에는 석유와 천연가스의 매장량이 많다.
⑤ E에서는 화산 활동이 활발하다.

⭐빈출 167

지도는 세계의 대지형을 나타낸 것이다. (가)와 비교한 (나)의 상대적인 특성을 그림의 A~E에서 고른 것은?

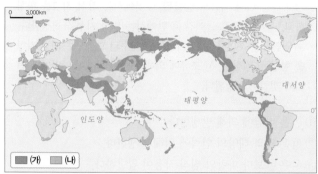

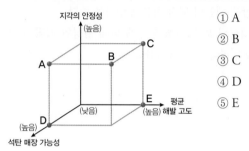

① A
② B
③ C
④ D
⑤ E

168

사진은 미국의 지형 경관을 나타낸 것이다. (가), (나) 경관이 나타나는 지역을 미국 동서 단면도의 A~C에서 고른 것은?

(가)　　　　　　(나)

〈미국 동서 단면도〉

	(가)	(나)			(가)	(나)
①	A	B		②	A	C
③	B	A		④	C	A
⑤	C	B				

169

㉠~㉢에 들어갈 용어로 옳은 것은?

석회암이 지표수에 용식되거나, 지하수의 용식 작용으로 형성된 공간이 무너져 내리면 움푹 파인 웅덩이 모양의 (㉠)이/가 형성된다. 이때 서로 인접한 (㉠)이/가 성장하여 결합되면 (㉡)이/가 된다. 이들 지형 내부에는 (㉢)이/가 발달하여 배수가 잘 된다.

	㉠	㉡	㉢
①	돌리네	싱크홀	우발라
②	돌리네	우발라	싱크홀
③	싱크홀	우발라	돌리네
④	우발라	돌리네	싱크홀
⑤	우발라	싱크홀	돌리네

⭐빈출 170

모식도의 A 동굴에 대한 옳은 설명만을 〈보기〉에서 고른 것은?

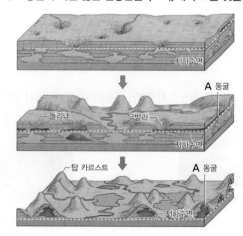

[보기]

ㄱ. 건조 기후 지역에서 잘 발달한다.
ㄴ. 동굴을 이루는 기반암은 석회암이다.
ㄷ. 동굴은 판의 경계 지역에 주로 분포한다.
ㄹ. 동굴 내부에 석순, 종유석, 석주 등의 지형이 발달한다.

① ㄱ, ㄴ　　　② ㄱ, ㄷ　　　③ ㄴ, ㄷ
④ ㄴ, ㄹ　　　⑤ ㄷ, ㄹ

171

⊙~⊜에 대한 옳은 설명만을 〈보기〉에서 고른 것은?

⊙ 현무암질 용암은 용암 대지나 (⊙)을/를 형성한다. 반면, 유문암이나 안산암질 용암은 ⊙ 용암 돔을 형성한다. 가장 일반적인 형태는 ⊜ 성층 화산으로 폭발적인 분출로 쌓인 화산 쇄설물과 폭발 없이 흘러내린 용암류가 여러 층으로 겹겹이 누적되면서 성장한 화산이다.

[보기]
ㄱ. ⊙은 점성이 커서 유동성이 작다.
ㄴ. ⊙에는 '순상 화산'이 들어갈 수 있다.
ㄷ. ⊙은 ⊙에 비해 경사가 완만하다.
ㄹ. ⊜은 대체로 원추 모양을 이룬다.

① ㄱ, ㄴ   ② ㄱ, ㄷ   ③ ㄴ, ㄷ
④ ㄴ, ㄹ   ⑤ ㄷ, ㄹ

172

지도에 표시된 두 지역의 지리적인 공통점만을 〈보기〉에서 고른 것은?

▲ 지열 발전과 온천

▲ 화산 주변 오렌지 농장

[보기]
ㄱ. 백야 현상이 나타난다.
ㄴ. 여름에 고온 건조하다.
ㄷ. 화산 활동이 활발하다.
ㄹ. 판의 경계부에 위치한다.

① ㄱ, ㄴ   ② ㄱ, ㄷ   ③ ㄴ, ㄷ
④ ㄴ, ㄹ   ⑤ ㄷ, ㄹ

173

⊙~⊕에 대한 설명으로 옳지 않은 것은?

⊙ 파랑은 바다 쪽으로 돌출된 ⊙ 곶에서는 침식 지형을 형성하고, 육지 쪽으로 들어간 ⊙ 만에서는 퇴적 지형을 형성한다. ⊜ 연안류는 해안을 따라 이동하는 해수의 흐름으로 퇴적 지형을 형성한다. 한편, ⊕ 조류에 의해 운반된 물질이 연안에 퇴적되어 갯벌이 형성된다.

① ⊙은 바람에 의해 발생한다.
② ⊕은 달과 태양의 인력에 의해 발생한다.
③ ⊙은 ⊙보다 파랑의 침식 작용이 활발하다.
④ ⊜은 ⊙과 함께 해안의 퇴적 작용에 영향을 준다.
⑤ ⊕에 의해 형성된 퇴적 지형은 ⊙에 의해 형성된 퇴적 지형보다 퇴적물의 평균 입자 크기가 크다.

★빈출 174

모식도의 A, B에 대한 옳은 설명만을 〈보기〉에서 고른 것은?

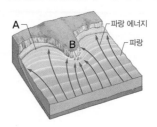
파랑 에너지
파랑

[보기]
ㄱ. A에서는 모래 해안이 발달한다.
ㄴ. B에서는 파식대, 해식애가 발달한다.
ㄷ. A는 B보다 파랑의 침식 작용이 활발하다.
ㄹ. B는 A보다 갯벌이 잘 형성된다.

① ㄱ, ㄴ   ② ㄱ, ㄷ   ③ ㄴ, ㄷ
④ ㄴ, ㄹ   ⑤ ㄷ, ㄹ

175

사빈에 대한 옳은 설명만을 〈보기〉에서 고른 것은?

[보기]
ㄱ. 주로 해수욕장으로 이용된다.
ㄴ. 퇴적물에서 점토가 차지하는 비중이 높다.
ㄷ. 파랑과 연안류의 퇴적 작용으로 형성된다.
ㄹ. 육지부가 바다 쪽으로 돌출된 지역에서 잘 형성된다.

① ㄱ, ㄴ   ② ㄱ, ㄷ   ③ ㄴ, ㄷ
④ ㄴ, ㄹ   ⑤ ㄷ, ㄹ

176

지도의 A, B에 대한 옳은 설명만을 〈보기〉에서 고른 것은?

[보기]

ㄱ. A 호수는 최종 빙기에 형성되었다.

ㄴ. A 호수의 염도는 바닷물보다 높다.

ㄷ. A 호수의 면적이 점차 줄어들고 있다.

ㄹ. B는 파랑과 연안류의 퇴적 작용으로 형성되었다.

① ㄱ, ㄴ   ② ㄱ, ㄷ   ③ ㄴ, ㄷ

④ ㄴ, ㄹ   ⑤ ㄷ, ㄹ

177

지도의 (가)~(라) 해안에 대한 설명으로 옳은 것은?

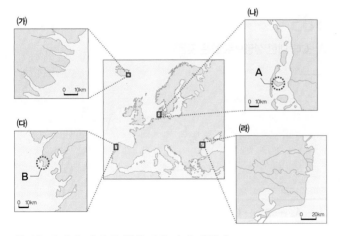

① A는 B보다 파랑의 침식 작용이 우세하다.

② (가)는 하천 침식곡이 침수되어 만들어진 해안이다.

③ (나)는 산호초로 이루어져 있다.

④ (가)는 (다)보다 대체로 고위도에 분포한다.

⑤ (라)는 조차가 큰 해안에서 잘 형성된다.

[178~179] 지도는 A 자연재해가 자주 발생했던 지역을 나타낸 것이다. 이를 보고 물음에 답하시오.

178

A 자연재해의 명칭을 쓰시오.

179

A 자연재해가 자주 발생하는 지역의 공통점과, A 자연재해가 발생했을 때 학교에서의 대피 요령을 서술하시오.

[180~181] 다음은 A~B 지역의 해저 수심을 나타낸 것이다. 이를 보고 물음에 답하시오.

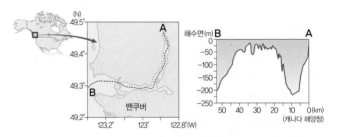

180

지도에 나타난 좁고 긴 만이 발달한 형태의 해안 지형을 무엇이라고 하는지 쓰시오.

181

이 해안을 따라 배를 타고 여행할 때 볼 수 있는 경관을 지형 특색과 관련지어 서술하시오.

적중 1등급 문제

» 바른답·알찬풀이 17쪽

182

(가)~(마)에서 볼 수 있는 대표적인 대지형에 대한 설명으로 옳지 않은 것은?

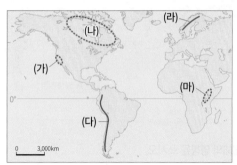

① (가) – 두 판이 수평으로 어긋나 미끄러져 형성되었다.
② (나) – 시·원생대에 형성된 후 오랜 침식을 받은 안정육괴이다.
③ (다) – 신생대 대륙판과 해양판이 충돌하여 형성되었다.
④ (라) – 고생대의 조산 운동으로 만들어진 산지이다.
⑤ (마) – 판의 충돌 경계에 해당하며, 화산 활동이 활발하다.

183

(가)~(마) 지역에 대한 설명으로 옳은 것은?

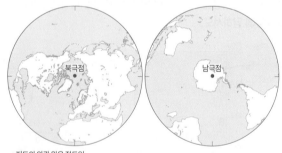

• 지도의 외곽 원은 적도임.

지역	진앙지	지진 규모	날짜
(가)	35.5° S, 73.2° W	6.7	2019. 09. 30.
(나)	66.4° N, 18.7° W	6.0	2020. 06. 22.
(다)	39.8° N, 22.2° E	6.3	2021. 03. 03.
(라)	37.5° S, 179.4° E	7.3	2021. 03. 04.
(마)	38.2° N, 141.6° E	6.8	2021. 05. 01.

① (가)는 불의 고리에 속한 지역이다.
② (나)는 대륙판과 해양판이 만나는 지역이다.
③ (다)는 새로운 지각이 형성되어 분리되는 지역이다.
④ (라)는 알프스 – 히말라야 조산대에 속한 지역이다.
⑤ (마)는 두 개의 대륙판이 충돌하는 지역이다.

184

⊙, ⓒ에 대한 옳은 설명만을 〈보기〉에서 고른 것은?

> **아프리카 동부 지역의 국가 경계**
> ⊙ 거대한 호수들과 이에 인접한 국가로 구성된 이 지역은 나일 – 수단 계통의 투치족과 반투 계통의 후투족이 대립하는 종족 분규의 장인 동시에, 프랑스어 사용 지역과 영어 사용 지역의 경계 지역이다.
>
> **남부 아시아와 동아시아의 국가 경계**
> 세계 인구의 1, 2위를 차지하는 두 나라에서 최근 국경 갈등이 심각하다. 양국의 경계는 과거 영국 측량사들이 설정한 것으로, 지형이 워낙 ⓒ 험준한 산인데다 기후가 매우 혹독하여 경계가 분명하지 않았다. 이러한 문제로 1962년에는 양국 간 한 달 동안의 국경 분쟁이 있었다.

【 보기 】
ㄱ. ⊙은 단층 활동의 영향을 받아 형성되었다.
ㄴ. ⓒ은 주로 화산 활동의 결과로 형성되었다.
ㄷ. ⊙은 판의 확산 경계, ⓒ은 판의 충돌 경계에 해당한다.
ㄹ. ⊙은 신생대, ⓒ은 고생대에 형성되었다.

① ㄱ, ㄴ ② ㄱ, ㄷ ③ ㄴ, ㄷ
④ ㄴ, ㄹ ⑤ ㄷ, ㄹ

185

A~C에 대한 설명으로 옳은 것은?

— A — B --- C

① A는 지각이 불안정하여 지진과 화산 활동이 활발하다.
② B는 판이 어긋나 미끄러지는 경계에 해당한다.
③ C는 지열 발전의 잠재력이 큰 편이다.
④ A는 C보다 형성 시기가 이르다.
⑤ A, B, C는 모두 현재 판의 경계부에 해당한다.

186

다음은 중국 ○○○ 지역의 지형 A~C 지형을 나타낸 것이다. 이에 대한 옳은 설명만을 〈보기〉에서 고른 것은?

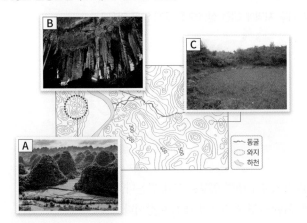

【 보기 】
ㄱ. A의 봉우리는 용암의 분출로 형성되었다.
ㄴ. B 동굴은 기반암이 용식되면서 형성되었다.
ㄷ. C는 화구가 함몰하면서 형성된 지형이다.
ㄹ. A~C는 주로 석회암이 분포하는 곳에 형성되는 지형이다.

① ㄱ, ㄴ   ② ㄱ, ㄷ   ③ ㄴ, ㄷ
④ ㄴ, ㄹ   ⑤ ㄷ, ㄹ

187

(가), (나)에서 설명하는 지형이 위치하는 국가를 지도의 A~D에서 고른 것은?

(가) 마사이어로 '큰 구멍'을 의미하는 응고롱고로는 면적이 약 160㎢인 거대한 칼데라이다. 250만 년 전 화산이 분화한 후 분화구의 함몰로 형성되었으며, 이곳에 서식하는 다양한 야생 동물의 보존을 위해 거주와 방목이 금지되어 있다.

(나) 석회암은 탄산 칼슘이 주성분인 암석으로, 탄산 가스를 포함한 빗물이나 지하수에 잘 녹아 독특한 카르스트 지형을 형성한다. 이곳에서는 탑 모양의 아름다운 봉우리들을 볼 수 있으며, 유네스코는 이곳을 세계 유산으로 지정하였다.

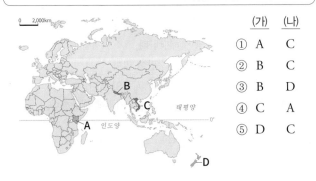

	(가)	(나)
①	A	C
②	B	C
③	B	D
④	C	A
⑤	D	C

188

A~C 지형에 대한 옳은 설명만을 〈보기〉에서 고른 것은? (단, A~C는 갯벌, 사주, 석호 중 하나임.)

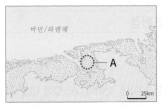 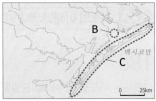

【 보기 】
ㄱ. A는 파랑 에너지가 집중되는 지역에서 주로 발달한다.
ㄴ. B는 사주가 만의 입구를 막아 형성된다.
ㄷ. C는 주로 조류에 의한 퇴적으로 형성된다.
ㄹ. A는 C보다 퇴적물의 평균 입자 크기가 작다.

① ㄱ, ㄴ   ② ㄱ, ㄷ   ③ ㄴ, ㄷ
④ ㄴ, ㄹ   ⑤ ㄷ, ㄹ

189

A~D 지형에 대한 옳은 설명만을 〈보기〉에서 고른 것은?

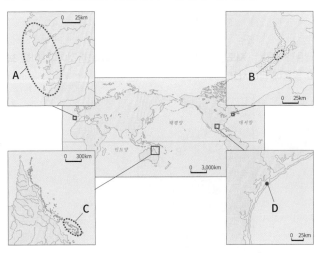

【 보기 】
ㄱ. A: 빙하의 침식으로 만들어진 계곡에 바닷물이 들어와 만들어졌다.
ㄴ. B: 주로 조류에 의한 운반 및 퇴적 작용으로 형성되었다.
ㄷ. C: 석회질의 유해가 쌓여 형성된 산호초 해안이다.
ㄹ. D: 파랑의 차별 침식으로 형성된 지형이다.

① ㄱ, ㄴ   ② ㄱ, ㄷ   ③ ㄴ, ㄷ
④ ㄴ, ㄹ   ⑤ ㄷ, ㄹ

단원 마무리 문제
Ⅱ 세계의 자연환경과 인간 생활

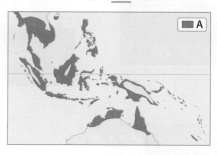

02 기후의 이해와 열대 기후 환경

190

그래프는 위도별 강수량과 증발량을 나타낸 것이다. A~C에 대한 옳은 설명만을 〈보기〉에서 고른 것은?

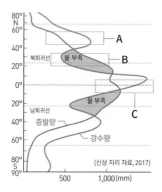

(신상 지리 자료, 2017)

【 보기 】

ㄱ. A는 극동풍과 편서풍이 만나는 한대 전선대에 해당한다.
ㄴ. B는 연중 상승 기류가 나타나는 저압대에 속한다.
ㄷ. C는 북동 무역풍과 남동 무역풍이 수렴하는 지역이다.
ㄹ. 연교차는 C>B>A 순으로 크다.

① ㄱ, ㄴ ② ㄱ, ㄷ ③ ㄴ, ㄷ
④ ㄴ, ㄹ ⑤ ㄷ, ㄹ

[191~192] 지도는 세계의 연평균 기온을 나타낸 것이다. 이를 보고 물음에 답하시오.

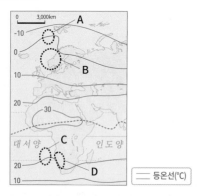

191

A, C 지역의 등온선이 휘어 있는 것과 주로 관련된 기후 인자를 쓰시오.

192 🖊 서술형

191에서 쓴 기후 인자를 중심으로 B, D 지역의 강수량 특성을 서술하시오.

193

A 기후 지역에 대한 설명으로 옳지 <u>않은</u> 것은?

① 적도 수렴대의 영향을 크게 받는다.
② 최한월 평균 기온이 18℃ 이상이다.
③ 기온의 연교차가 기온의 일교차보다 크다.
④ 나무가 자랄 수 있는 수목 기후에 해당한다.
⑤ 강한 일사로 상승 기류가 발달하여 대류성 강수가 빈번하다.

194

지도는 두 시기 아프리카의 주요 풍향을 나타낸 것이다. 이에 대한 옳은 설명만을 〈보기〉에서 고른 것은? (단, (가), (나)는 1월, 7월 중 하나임.)

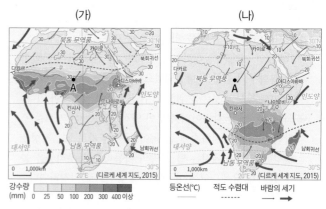

(디르케 세계 지도, 2015)

【 보기 】

ㄱ. (가)는 1월, (나)는 7월에 해당한다.
ㄴ. (가)보다 (나) 시기에 A의 강수량이 많다.
ㄷ. (나)보다 (가) 시기에 A의 월평균 기온이 높다.
ㄹ. A는 건기와 우기가 뚜렷한 사바나 기후에 해당한다.

① ㄱ, ㄴ ② ㄱ, ㄷ ③ ㄴ, ㄷ
④ ㄴ, ㄹ ⑤ ㄷ, ㄹ

195

(가)~(다)에서 설명하는 지역의 기후 그래프를 A~C에서 고른 것은?

> (가) 연중 월 강수량이 60㎜ 이상이며, 강한 일사로 오후에 대류성 강수인 스콜이 자주 내린다. 아프리카의 콩고 분지, 남아메리카의 아마존 분지 등에서 나타난다.
>
> (나) 최한월 평균 기온 18℃ 이상이지만, 월 강수량이 60㎜를 넘지 않는 달이 존재한다. 아열대 고압대의 영향과 적도 수렴대의 영향을 번갈아 받는다.
>
> (다) 계절풍의 영향을 받아 연 강수량이 많지만 월 강수량이 60㎜를 넘지 않는 달도 존재한다. 다습한 여름 계절풍의 영향을 받는 시기에 강수량이 집중된다.

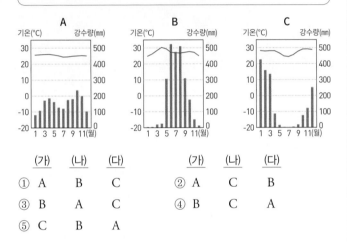

	(가)	(나)	(다)		(가)	(나)	(다)
①	A	B	C	②	A	C	B
③	B	A	C	④	B	C	A
⑤	C	B	A				

196

A 기후 지역에 대한 설명으로 옳은 것은?

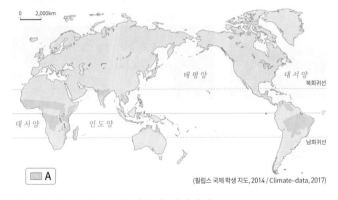

(필립스 국제 학생 지도, 2014 / Climate-data, 2017)

① 연중 봄과 같은 고산 기후가 나타난다.
② 편서풍의 영향으로 기온의 연교차가 작다.
③ 연중 강수량이 풍부하여 열대 우림이 나타난다.
④ 상품 작물을 재배하는 플랜테이션 농업이 발달하였다.
⑤ 겨울철에 전선대의 영향을 받아 강수량이 많은 편이다.

---

03 온대 기후 환경과 건조 및 냉·한대 기후 환경

197

(가), (나) 기후 그래프가 나타나는 지역에 대한 설명으로 옳지 **않은** 것은?

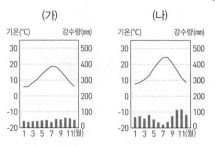

① (가)는 연중 봄과 같은 날씨가 나타난다.
② (나)는 겨울이 여름보다 강수량이 많다.
③ (가)는 (나)보다 기온의 연교차가 작다.
④ (나)는 (가)보다 저위도에 위치한다.
⑤ (가), (나) 모두 북반구에 위치한다.

[198~199] 기후 분포 지도를 보고 물음에 답하시오.

198 ✍ 서술형

A, B 기후 지역의 특징을 제시된 내용을 모두 포함하여 비교 서술하시오.

> • 겨울 강수 비율   • 최한월 평균 기온

199 ✍ 서술형

A, B 기후 지역에서 발달한 농업의 특징을 서술하시오.

200

A~C 기후 지역에 대한 설명으로 옳은 것은?

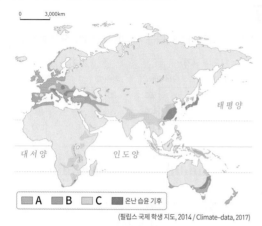

0 ____ 3,000km

| A | B | C | ■ 온난 습윤 기후 |

(필립스 국제 학생 지도, 2014 / Climate-data, 2017)

① A는 계절풍의 영향을 주로 받는다.
② B는 여름철에 편서풍 및 전선대의 영향을 주로 받는다.
③ C는 여름보다 겨울의 강수량이 많다.
④ A는 B보다 수목 농업이 활발하다.
⑤ B는 C보다 여름철이 건조하다.

201

(가), (나)의 특징이 나타나는 지역의 기후 그래프를 A~C에서 고른 것은?

> (가) 서늘한 여름에 잘 자라는 밀과 보리 등의 곡물을 재배하면서, 목초지를 따로 조성하여 가축을 함께 기르는 혼합 농업이 발달하였다. 도시 주변 지역을 중심으로 낙농업과 화훼 농업도 활발하다.
>
> (나) 고온 건조한 여름에도 자랄 수 있는 코르크·올리브·오렌지 나무 등 경엽수를 이용한 수목 농업이 활발하다. 기온이 온화하고 강수량이 비교적 많은 겨울철에는 밀, 보리 등의 곡물을 재배한다.

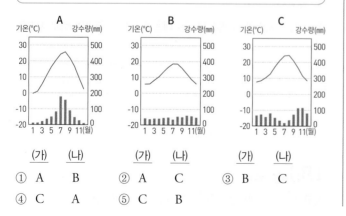

	(가)	(나)		(가)	(나)		(가)	(나)
①	A	B	②	A	C	③	B	C
④	C	A	⑤	C	B			

202

그래프는 지도에 표시된 세 지역의 기온과 강수량을 나타낸 것이다. (가)~(다) 지역에 대한 설명으로 옳은 것은?

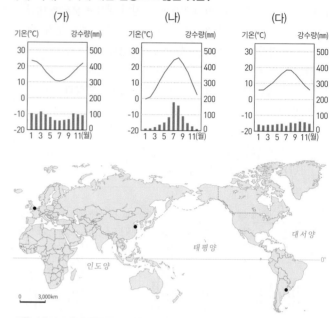

0 ____ 3,000km

① (가)는 경엽수림을 이용한 농업이 발달하였다.
② (나)는 양, 염소 등의 가축을 주로 유목의 형태로 사육한다.
③ (다)는 강수량이 풍부하여 벼농사가 활발하다.
④ (가)는 (나)보다 1월의 낮 길이가 길다.
⑤ (다)는 (나)보다 계절풍의 영향을 크게 받는다.

[203~204] 사진을 보고 물음에 답하시오.

(가)	(나)	(다)

203

(가)~(다)와 같은 경관이 나타나는 지역의 기후를 쓰시오. (단, (가)~(다)는 온대 기후에 속함.)

204 ✅ 서술형

(나)와 같은 가옥의 특징을 해당 지역의 기후와 연관지어 서술하시오.

205

(가)~(다)의 원인으로 형성된 사막이 분포하는 지역을 지도의 A~C에서 고른 것은?

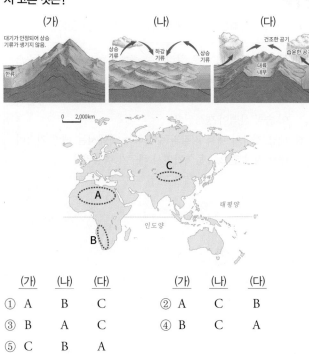

	(가)	(나)	(다)		(가)	(나)	(다)
①	A	B	C	②	A	C	B
③	B	A	C	④	B	C	A
⑤	C	B	A				

206

㉠~㉣에 대한 설명으로 옳지 <u>않은</u> 것은?

> 건조 기후는 연 강수량을 기준으로 250㎜ 미만의 (㉠)와 250~500㎜의 (㉡)로 구분한다. ㉢건조 기후 지역은 매우 건조하여 식생의 생장이 어려우며 기온의 일교차가 크다. (㉡)는 사막 주변에 분포하고 짧은 우기가 나타나며, ㉣키가 작은 풀이 자라는 초원을 이룬다.

① ㉠은 사막 기후이다.
② ㉡은 스텝 기후이다.
③ ㉢에서는 화학적 풍화 작용이 활발하다.
④ ㉣은 밀·목화 등의 상업적 농업이 발달하기도 한다.
⑤ ㉠, ㉡은 모두 연 강수량보다 연 증발량이 많다.

[207~208] 그림은 건조 기후에 발달하는 지형을 모식적으로 나타낸 것이다. 이를 보고 물음에 답하시오.

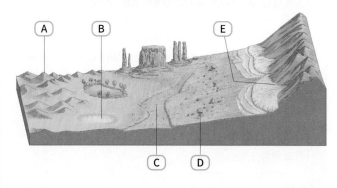

207

건조 지형 A~E의 명칭을 각각 쓰시오.

208 ✍ 서술형

A, E 지형의 형성 과정을 각각 서술하시오.

209

(가), (나) 기후 지역에 대한 옳은 설명만을 〈보기〉에서 고른 것은?

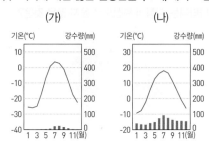

[보기]
ㄱ. (가)는 지표면이 연중 눈과 얼음으로 덮여 있다.
ㄴ. (나)는 타이가라고 불리는 침엽수림대가 분포한다.
ㄷ. (가)는 (나)보다 고위도에 위치한다.
ㄹ. (나)는 (가)보다 사육하는 가축의 종류가 다양하다.

① ㄱ, ㄷ   ② ㄴ, ㄹ   ③ ㄷ, ㄹ
④ ㄱ, ㄴ, ㄹ   ⑤ ㄴ, ㄷ, ㄹ

210

⊙~ⓔ에 대한 옳은 설명만을 〈보기〉에서 고른 것은?

(⊙)은/는 계곡 상류에 형성된 반원 모양의 와지로 여러 개의 (⊙)이/가 만나면 호른이 형성된다. 빙하가 이동하면서 만들어진 골짜기에 만들어진 협만을 (ⓛ)(이)라고 하는데 관광 자원으로 활용된다. 빙력토 평원에는 빙하 이동 방향을 따라 발달한 타원형의 (ⓒ)이/가 집단을 이루어 분포하고, 빙하 녹은 물이 고여 형성된 (ⓔ)이/가 나타나기도 한다.

[보기]

ㄱ. ⊙은 빙하의 침식 작용에 의해 형성된다.
ㄴ. ⓛ은 후빙기 해수면 상승의 영향을 받았다.
ㄷ. ⓒ은 빙하의 밑을 흐르면서 퇴적물이 쌓여 만들어진 제방 모양의 지형이다.
ㄹ. ⓔ은 염도가 높아 농업용수로 사용하기에 부적합하다.

① ㄱ, ㄴ　　② ㄱ, ㄷ　　③ ㄴ, ㄷ
④ ㄴ, ㄹ　　⑤ ㄷ, ㄹ

211

A 지역에서 나타나는 지형의 특성으로 옳지 않은 것은?

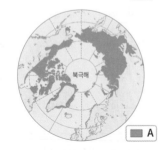

① 기하학적인 모양의 구조토가 발달한다.
② 여름에도 녹지 않는 영구 동토층이 존재한다.
③ 겨울철에 솔리플럭션 현상이 활발하게 나타난다.
④ 동결과 융해에 따른 물리적 풍화 작용이 활발하다.
⑤ 여름철에 활동층이 녹으면서 만들어진 연못이 나타나기도 한다.

04 세계의 주요 대지형과 독특한 지형들

212

(가)~(다)에 해당하는 지역을 지도의 A~C에서 고른 것은?

(가) 두 대륙 지각이 서로 갈라지는 곳에서는 마그마의 상승으로 지각들이 반대 방향으로 이동하며 지구대가 형성된다.
(나) 대륙 지각이 대륙 지각과 수렴하는 곳에서는 서로 충돌하여 습곡 산맥이 형성된다.
(다) 해양 지각이 대륙 지각과 수렴하는 곳에서는 해양 지각이 대륙 지각 밑으로 들어가면서 해구가 형성된다.

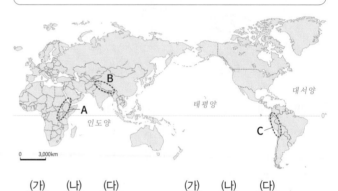

	(가)	(나)	(다)		(가)	(나)	(다)
①	A	B	C	②	A	C	B
③	B	A	C	④	B	C	A
⑤	C	B	A				

[213~214] 지도는 세계의 대지형을 나타낸 것이다. 이를 보고 물음에 답하시오.

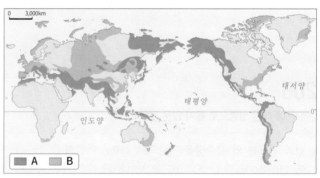

213

A, B에 해당하는 대지형 명칭을 쓰시오.

214 ✍ 서술형

A에 대한 B의 상대적 특징을 제시된 용어를 모두 포함하여 서술하시오.

• 형성 시기　　• 해발 고도　　• 석유 매장 가능성

215

자료는 미국 동서 단면도를 나타낸 것이다. 이에 대한 설명으로 옳은 것은?

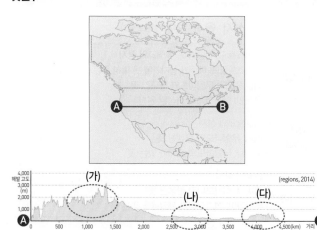

① (가)는 고생대 조산 운동으로 형성되었다.

② (나)는 지각이 불안정하여 지진이 발생한다.

③ (다)는 석유, 천연가스 자원의 매장량이 풍부하다.

④ (가)는 (나)보다 판 경계와의 거리가 멀다.

⑤ (나)는 (다)보다 형성 시기가 이르다.

216

지도는 세계의 지형 단원 수업에서 학생이 발표한 자료 중 일부이다. ㉠에 들어갈 말로 가장 적절한 것은?

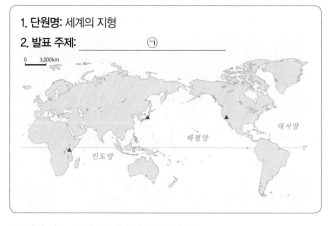

① 석탄이 풍부하게 매장된 평야 지형

② 고생대에 형성된 아름다운 산지 지형

③ 환경 보존의 가치가 있는 카르스트 지형

④ 관광지로 주목받고 있는 세계의 화산 지형

⑤ 지각판이 서로 충돌하는 경계를 따라 발달한 지형

[217~218] 그림은 석회암을 기반암으로 하는 지역의 지형 형성 과정을 나타낸 것이다. 이를 보고 물음에 답하시오.

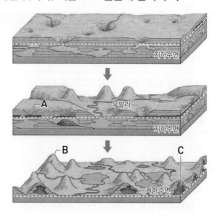

217

A~C에 해당하는 지형의 명칭을 각각 쓰시오.

218 ✅ 서술형

B와 같은 지형이 나타나는 대표적인 지역을 두 곳 쓰고, 이 지형을 해당 지역에서 어떻게 활용하는지 서술하시오.

219

(가), (나) 해안 지형에 대한 옳은 설명만을 〈보기〉에서 고른 것은?

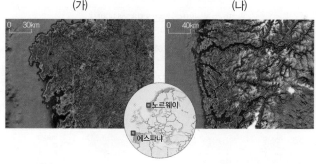

[보기]

ㄱ. (가)의 해안선은 하천 침식에 의한 골짜기를 따라 형성된 것이다.

ㄴ. (나)의 복잡한 해안선을 리아스 해안이라고 부른다.

ㄷ. (가), (나)는 후빙기 해수면 상승의 영향을 받았다.

ㄹ. (가), (나) 해안 주변에는 산호초가 분포한다.

① ㄱ, ㄴ   ② ㄱ, ㄷ   ③ ㄴ, ㄷ

④ ㄴ, ㄹ   ⑤ ㄷ, ㄹ

05 Ⅲ 세계의 인문 환경과 인문 경관

주요 종교의 전파와 종교 경관

☑ 출제 포인트　　☑ 주요 종교의 특징과 전파 과정　　☑ 주요 종교의 경관

1. 세계의 주요 종교와 전파 과정

1 보편 종교와 민족 종교

보편 종교	전 인류를 포교 대상으로 삼고 교리를 전파 예 크리스트교, 이슬람교, 불교 등
민족 종교	일부 민족의 범위 내에서 교리를 전파 예 힌두교, 유대교 등

★2 주요 종교의 특징 ◎ 49쪽 237번 문제로 확인

크리스트교	• 하느님을 유일신으로 섬김, 그의 아들 예수를 구원자로 믿음 • 서구 사회 생활 전반에 큰 영향, 세계에서 신자가 가장 많음
이슬람교	• 유일신 알라, 경전인 쿠란에 따른 신앙 실천의 5대 의무 • 술과 돼지고기를 금기시함, 여성은 의복으로 얼굴·몸을 가림
불교	• 석가모니의 가르침을 전하고 실천 • 개인의 깨달음을 얻기 위한 수행과 자비를 중시
힌두교	• 다신교, 수련을 중시함, 윤회 사상을 믿음 • 소를 신성시함, 카스트 제도에 기반한 생활 양식이 나타남

3 세계 주요 종교의 기원과 전파 과정

크리스트교	• 유대교를 모체로 서남아시아의 팔레스타인에서 발생 • 로마의 국교로 지정되면서 지중해 일대로 전파 • 유럽의 신항로 개척 시대를 거치며 세계로 확산
이슬람교	• 아랍의 원시 신앙 + 유대교 → 서남아시아의 메카에서 발생 • 군사적 정복 활동과 상업 활동을 바탕으로 북부 아프리카, 서남아시아 전역, 동남 및 남부 아시아 일대로 급속히 전파 • 건조 기후 지역의 중요한 문화 요소
불교	• 인도 북부 지역에서 발생 • 개인 또는 대중 구제의 교리를 바탕으로 함 • 동남 및 동아시아 일대로 전파
힌두교	• 브라만교를 바탕으로 고대 인도에서 발생 • 인도 주변의 일부 지역으로 전파 • 신도의 대부분이 인도에 분포

자료 세계 주요 종교의 전파 과정과 분포 ◎ 50쪽 239번 문제로 확인

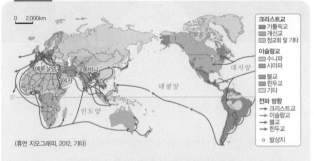

분석 크리스트교는 주로 아메리카와 유럽에서, 이슬람교는 서남아시아와 북부 아프리카에서 신자 수의 비중이 높다. 불교는 인도차이나반도와 동아시아에, 힌두교는 인도반도에 집중 분포한다. 종교는 인간의 행동 규범과 가치관 등 사회 전반에 영향을 주기 때문에 종교의 전파는 문화권 형성에 영향을 미친다.

2. 세계 주요 종교의 성지와 경관

★1 주요 종교의 성지 ◎ 51쪽 243번 문제로 확인

예루살렘	• 크리스트교, 이슬람교, 유대교의 성지 • 크리스트교도: 예수가 십자가에 못 박혀 죽은 성스러운 곳 • 이슬람교도: 무함마드가 다녀간 곳 • 유대인: 민족의식이 형성된 원천
메카, 메디나	• 이슬람교의 성지 • 메카: 무함마드가 탄생한 곳 • 메디나: 무함마드의 묘지가 있는 곳
룸비니, 부다가야	• 불교의 성지 • 룸비니: 석가모니가 탄생한 곳 • 부다가야: 석가모니가 깨달음을 얻은 곳
갠지스강, 바라나시	• 힌두교도의 성지 • 갠지스강: 신성시하는 강, 이곳에서 몸을 닦으면 죄를 씻을 수 있다고 믿음 • 바라나시: 갠지스강 유역에 위치, 대표적인 성지

2 주요 종교의 경관과 상징

크리스트교	• 종탑과 십자가가 보편적이지만, 종파별로 생김새가 다름 • 십자가: 인류의 구원이라는 상징성을 지님
이슬람교	• 모스크: 중앙의 돔형 지붕과 주변의 첨탑이 어우러짐 • 아라베스크 문양: 우상 숭배를 금지하는 교리 → 사람·동물 대신 식물의 덩굴·줄기를 기하학적으로 배치한 것
불교	• 불당: 불상을 모시는 곳 • 수레바퀴 문양: 윤회를 상징 • 탑: 사리를 안치한 곳, 부처가 영원히 머무르는 곳을 의미
힌두교	• 다양한 신들이 조각된 힌두 사원 • 신들이 땅에 내려와 머무는 곳을 상징

자료 주요 종교의 경관 ◎ 52쪽 247번 문제로 확인

분석 종교마다 추구하는 가치관과 세계관이 다르므로 종교와 관련된 상징적 의미를 담은 종교 경관도 다양하게 나타난다. 크리스트교는 종파별로 예배 건물의 규모와 형태가 다양하며, 이슬람 사원인 모스크는 집단 예배와 공공 행사가 진행되어 규모가 크다. 불교 사원은 전파된 지역에 따라 재료와 형태가 다양하며, 힌두 사원은 신이 거주하는 곳으로 여겨져 내외부의 장식이 매우 정교하다.

분석 기출 문제

» 바른답·알찬풀이 22쪽

•• 빈칸에 들어갈 용어를 쓰시오.

220 (　　　　　) 종교는 전 인류를 대상으로 교리를 전파하며 크리스트교, 이슬람교, 불교가 이에 해당한다.

221 불교와 (　　　　　)는 모두 인도에서 기원하였다.

222 (　　　　　)는 돼지고기를, 힌두교는 소고기를 금기시 한다.

•• 다음 내용이 옳으면 ○표, 틀리면 ×표를 하시오.

223 크리스트교와 이슬람교의 발원지는 서남아시아에 위치한다. 　　　　(　　)

224 힌두교는 유럽 국가의 식민지 지배를 통해 동남아시아로 확산되었다. 　　　　(　　)

225 이슬람교의 여성들은 천으로 머리나 몸을 가리는 경우가 많다. 　　　　(　　)

•• 다음 종교와 특징을 바르게 연결하시오.

226 불교 • ・㉠ 민족 종교에 해당함

227 힌두교 • ・㉡ 알라를 유일신으로 섬김

228 이슬람교 • ・㉢ 세계에서 신자 수가 가장 많음

229 크리스트교 • ・㉣ 주요 성지는 룸비니와 부다가야임

•• ㉠, ㉡ 중 알맞은 것을 고르시오.

230 (㉠힌두교, ㉡이슬람교)는 쿠란을 설파한 무함마드를 성인으로 추앙한다.

231 (㉠바라나시, ㉡예루살렘)은/는 힌두교도가 신성시하는 갠지스강 유역에 있으며, 힌두교도들은 갠지스강에서 몸을 닦으면 죄를 씻을 수 있다고 믿는다.

232 (㉠이슬람교, ㉡크리스트교)의 대표적인 종교 경관으로는 종탑과 십자가가 있다.

•• 다음 내용과 관련 있는 종교를 〈보기〉에서 고르시오.

233 로마의 국교로 지정되면서 지중해 일대로 전파되었고, 유럽의 신항로 개척 시대를 거치며 세계로 확산되었다. 　　　　(　　)

234 사찰에서 흔히 볼 수 있는 수레바퀴 모양은 윤회를 상징하며, 부처의 사리가 모셔진 탑은 부처가 영원히 머무르는 곳을 의미한다. 　　　　(　　)

[보기]
ㄱ. 불교　　　ㄴ. 이슬람교　　　ㄷ. 크리스트교

[235~236] 그래프는 세계의 종교 인구 구성을 나타낸 것이다. 이를 보고 물음에 답하시오.

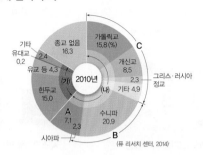

(퓨 리서치 센터, 2014)

235

A~C 종교로 옳은 것은?

	A	B	C
①	불교	이슬람교	크리스트교
②	불교	크리스트교	이슬람교
③	이슬람교	크리스트교	불교
④	크리스트교	불교	이슬람교
⑤	크리스트교	이슬람교	불교

236

그래프에 대한 설명으로 옳은 것은?

① (가)는 전 인류를 포교 대상으로 삼는다.

② (나)는 일부 민족의 범위에서 교리를 전파한다.

③ A는 신에 대한 신앙보다 개인의 깨달음을 중시한다.

④ B는 예수를 구원자로 믿고 이웃 사랑을 실천한다.

⑤ C는 쿠란을 설파한 무함마드를 성인으로 추앙한다.

⭐빈출
237

그래프는 세 국가의 종교별 신자 수 비중을 나타낸 것이다. A~C 종교에 대한 설명으로 옳은 것은?

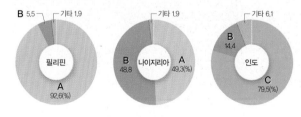

① A는 남부 아시아에서 기원하였다.

② B는 식민지 개척 시기에 신대륙으로 전파되었다.

③ C는 아랍의 원시 신앙과 유대교를 바탕으로 발생했다.

④ B, C 모두 유일신을 믿는 종교이다.

⑤ A는 보편 종교, C는 민족 종교에 해당한다.

238

그림은 (가), (나) 종교에서 금기하는 음식을 나타낸 것이다. 이에 대한 설명으로 옳은 것은?

(가) ▲ 술과 돼지고기를 먹지 않음

(나) ▲ 소고기를 먹지 않음

① (가)는 민족 종교에 해당한다.

② (가)는 성지로 여기는 강가에서 목욕과 기도를 하는 의식이 있다.

③ (나)의 대표적인 종교 경관은 첨탑과 둥근 지붕이 있는 모스크이다.

④ (가)는 (나)보다 아프리카에서 신자 수가 많다.

⑤ (가), (나)의 발원지는 모두 서남아시아이다.

★빈출 239

지도는 A~C 종교의 발원지와 전파 경로를 나타낸 것이다. 이에 대한 설명으로 옳은 것은?

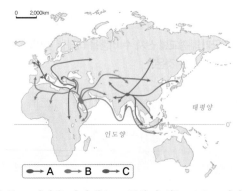

← → A ● → B ← → C

① A의 종교 경관은 아라베스크 문양이 있는 모스크이다.

② B의 수행자들은 소를 신성시하고 소고기를 먹지 않는다.

③ C의 신자들은 하루에 다섯 번 성지를 향해 기도한다.

④ A는 B보다 발생 시기가 이르다.

⑤ C는 A보다 세계 신자 수가 많다.

240

㉠ 종교에 대한 설명으로 옳은 것은?

《 (㉠)의 세력 확장 과정》

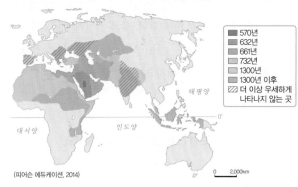

570년
632년
661년
732년
1300년
1300년 이후
더 이상 우세하게 나타나지 않는 곳

(피어슨 에듀케이션, 2014)

① 세계 4대 종교 중 신자 수가 가장 많다.

② 로마의 국교로 지정되면서 지중해 일대로 전파되었다.

③ 카스트 제도와 브라만교에 대한 개혁 운동으로 시작되었다.

④ 건조 기후 지역의 중요한 문화 요소로 알라를 유일신으로 섬긴다.

⑤ 신에 대한 신앙보다는 개인의 깨달음을 얻기 위한 수행과 자비를 중시한다.

241

그래프는 지도에 표시된 네 국가의 종교별 신자 수 비중을 나타낸 것이다. 이에 대한 설명으로 옳은 것은?

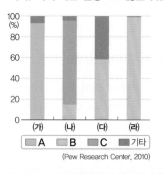

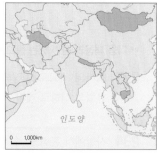

A B C 기타

(Pew Research Center, 2010)

① A는 소를 신성시하며, 화장(火葬) 풍습이 나타난다.

② B의 여성들은 차도르, 히잡 등의 복장을 착용한다.

③ C의 종교 경관은 아라베스크 문양이 있는 모스크이다.

④ (가)는 (다)보다 고위도에 위치한다.

⑤ (나)는 (다)보다 B의 발원지로부터 지리적으로 인접해 있다.

242

⊙~⑩에 대한 설명으로 옳지 <u>않은</u> 것은?

> ⊙ 종교 성지에는 ⓒ 해당 종교와 관련된 건축물과 숭배의 공간 등이 어우러진 독특한 종교 경관이 나타나며, 신자들은 성지 순례를 통해 신앙심을 고취한다. 종교 성지의 대표적인 곳으로는 ⓒ 예루살렘과 ⓒ 메디나 등이 있다. 바라나시는 힌두교도가 신성시하는 ⑩ 갠지스강 유역에 있다.

① ⊙은 대체로 종교의 발원지인 경우가 많다.
② ⓒ의 사례로는 이슬람교의 카바 신전이 있다.
③ ⓒ은 크리스트교, 이슬람교, 유대교의 성지이다.
④ ⓒ은 이슬람교의 성지로 무함마드가 탄생한 곳이다.
⑤ 힌두교도들은 ⑩에서 몸을 닦으면 죄를 씻을 수 있다고 믿는다.

★빈출 243

(가), (나) 종교에 대한 설명으로 옳은 것은?

(가)	(나)

▲ 석가모니가 깨달음을 얻은 부다가야에 있는 마하보디 사원	▲ 무함마드가 태어난 메카에 있는 카바 신전

① (가)의 신자들은 소를 신성시한다.
② (가)의 성지로는 예루살렘이 있다.
③ (나)는 특정 민족과 지역에서 신봉되는 민족 종교이다.
④ (나)의 대표적인 종교 경관은 첨탑과 둥근 지붕이 있는 모스크이다.
⑤ (가), (나)의 발원지는 모두 습윤 기후 지역이다.

244

⊙ 종교에 대한 옳은 설명만을 〈보기〉에서 고른 것은?

《 (⊙)의 여성 신도들이 착용하는 의복의 종류》

▲ 부르카	▲ 니캅	▲ 히잡

[보기]
> ㄱ. 윤회 사상을 믿으며 해탈을 중요시한다.
> ㄴ. 메카로의 성지 순례가 종교적 의무이다.
> ㄷ. 사원에는 다양한 모습의 신들이 조각되어 있다.
> ㄹ. 신자들은 성지를 향해 하루에 다섯 번 기도를 한다.

① ㄱ, ㄴ　　　② ㄱ, ㄷ　　　③ ㄴ, ㄷ
④ ㄴ, ㄹ　　　⑤ ㄷ, ㄹ

245

⊙~ⓒ 중 옳게 표시된 답을 고른 것은?

> 〈형성 평가〉
> ○학년 ◇반 김미래
>
> ◎ 다음은 (가), (나) 지역을 여행하면서 기록한 종교 관련 내용의 일부이다. 이에 대한 설명이 옳으면 '예', 틀리면 '아니요'에 ✔표를 하시오.
>
> | (가) | 햄버거 가게 입구에는 100% 할랄 재료를 사용한 제품을 사용한다는 안내문이 적혀 있었다. |
> |---|---|
> | (나) | 바라나시의 가트라고 불리는 계단에서 많은 사람이 몸을 씻고 있었다. 그 이유는 갠지스강이 영혼을 정화하는 능력이 있다고 믿기 때문이다. |
>
> • (가)의 대표적인 종교 성지는 룸비니와 부다가야이다.
> 　　　　　　　예 (　), 아니요 (✔) ……⊙
> • (나)의 사원은 다양한 신들이 땅에 내려와 머무는 곳이라는 상징이 있다.　　예 (✔), 아니요 (　) ……ⓒ
> • (나)의 종교 경관에는 종탑과 십자가가 있다.
> 　　　　　　　예 (✔), 아니요 (　) ……ⓒ
> • (가)는 보편 종교, (나)는 민족 종교이다.
> 　　　　　　　예 (　), 아니요 (✔) ……ⓒ

① ⊙, ⓒ　　　② ⊙, ⓒ　　　③ ⓒ, ⓒ
④ ⓒ, ⓒ　　　⑤ ⓒ, ⓒ

246

㉠, ㉡ 종교에 대한 옳은 설명만을 〈보기〉에서 고른 것은?

사우디아라비아의 국기에는 오른쪽에서 왼쪽으로 '알라 외에는 신이 없고 무함마드는 알라의 사도'라고 적혀 있으며, 문자 밑의 칼은 정의를 상징한다. 이는 (㉠)와/과 관련 있다.

타이의 국기에서 중앙의 파란색 부분은 국왕을 의미하고, 다음의 흰색은 (㉡)을/를, 제일 바깥쪽의 빨간색은 국민의 피를 나타낸다.

【 보기 】
ㄱ. ㉠의 신자 수가 가장 많은 국가는 동남아시아에 위치한다.
ㄴ. ㉡의 성지에는 모스크와 카바 신전이 있다.
ㄷ. ㉠은 ㉡보다 세계에서 신자 수가 많다.
ㄹ. ㉠과 ㉡의 발원지는 서남아시아에 위치한다.

① ㄱ, ㄴ   ② ㄱ, ㄷ   ③ ㄴ, ㄷ
④ ㄴ, ㄹ   ⑤ ㄷ, ㄹ

★빈출 247

(가), (나) 경관이 나타나는 종교에 대한 설명으로 옳은 것은?

(가)

(나)

▲ 독일, 쾰른 성당

▲ 미얀마, 쉐다곤 파고다

① (가) 종교의 경관에서 볼 수 있는 수레바퀴 문양은 윤회를 상징한다.
② (가) 종교의 신자들은 갠지스강에서 몸을 닦으면 죄를 씻을 수 있다고 믿는다.
③ (나) 종교의 성지로는 룸비니와 부다가야 등이 있다.
④ (나) 종교의 사원은 신들이 땅에 내려와 머무는 곳을 상징하며, 외관의 장식이 매우 정교하다.
⑤ (가), (나) 종교의 공통적인 성지로는 예루살렘이 있다.

◈ 1등급을 향한 서답형 문제

[248~249] 그래프는 주요 종교의 지역(대륙)별 분포를 나타낸 것이다. 이를 보고 물음에 답하시오.

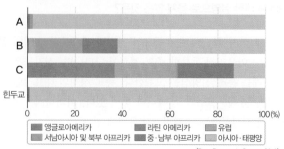

(Pew Research Center, 2010)

248

A~C 종교의 명칭을 각각 쓰시오.

249

A~C 종교의 공통점과 각 종교의 전파 과정 특징을 서술하시오.

[250~251] 사진은 (가), (나) 종교의 경관을 나타낸 것이다. 이를 보고 물음에 답하시오.

(가)

(나)

▲ 블루모스크(터키)

▲ 스리미낙시 사원(인도)

250

(가), (나) 경관이 주로 나타나는 종교의 명칭을 쓰시오.

251

(가), (나) 종교의 주요 특징을 제시된 내용을 모두 포함하여 비교 서술하시오.

• 보편 종교   • 민족 종교
• 신자들의 생활 모습

252

자료는 (가)~(다) 국가의 신자 수 상위 3개 종교를 나타낸 것이다. A~D 종교에 대한 설명으로 옳은 것은? (단, A~D는 불교, 힌두교, 이슬람교, 크리스트교 중 하나임.)

순위 \ 국가	(가)	(나)	(다)
1위	A	B	D
2위	B	A	B
3위	C	C	A

① A의 대표적 종교 경관은 십자가와 종탑이다.
② B는 돼지고기 먹는 것을 금기시한다.
③ C는 서남아시아의 메카에서 발생하였다.
④ C는 A보다 발생 시기가 이르다.
⑤ D는 B보다 세계 신자 수가 많다.

253

그래프는 세 종교의 지역별 신자 수 비율을 나타낸 것이다. (가)~(다) 종교에 대한 설명으로 옳은 것은? (단, (가)~(다)는 힌두교, 이슬람교, 크리스트교 중 하나임.)

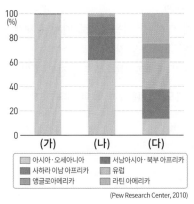

(Pew Research Center, 2010)

① (가)의 신자들은 하루에 다섯 번씩 성지를 향해 예배를 드린다.
② (나)는 로마의 국교가 되면서 급성장하였다.
③ (다)는 소를 신성시하여 소고기 섭취를 금기시한다.
④ (가)는 유일신교, (나)는 다신교에 해당한다.
⑤ 전 세계 신자 수는 (다)>(나)>(가) 순으로 많다.

254

표는 (가), (나) 종교 경관을 둘러보고 정리한 것이다. 이에 대한 옳은 설명만을 〈보기〉에서 고른 것은?

구분	(가)	(나)
경관		
특징	술탄의 권력을 상징하는 첨탑, 평화를 상징하는 돔형 지붕 등이 있는 모스크가 있다.	다양한 신들이 조각된 사원인 이곳은 신들이 땅에 내려와 머무는 곳이라는 상징성이 있다.

[보기]
ㄱ. (가)는 성지 순례를 의무시한다.
ㄴ. (나)는 보편 종교에 해당한다.
ㄷ. (가)는 (나)보다 전 세계 신자 수가 많다.
ㄹ. (나)는 (가)보다 북부 아프리카에서 신자 수가 많다.

① ㄱ, ㄴ   ② ㄱ, ㄷ   ③ ㄴ, ㄷ
④ ㄴ, ㄹ   ⑤ ㄷ, ㄹ

255

그래프는 세 국가의 A, B 종교 신자 수를 나타낸 것이다. 이에 대한 설명으로 옳은 것은? (단, (가)~(다)는 지도에 표시된 세 국가 중 하나임.)

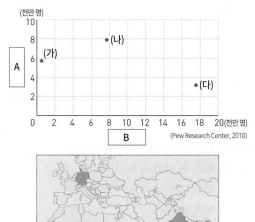

(Pew Research Center, 2010)

① (가)는 아프리카에 위치한다.
② (다)에서 신자 수가 가장 많은 종교는 다신교이다.
③ (나)는 (다)보다 총인구가 많다.
④ A의 대표적 종교 경관으로 사리가 봉안된 탑과 불상이 있다.
⑤ B의 발상지는 남부 아시아에 위치한다.

06 세계의 인구와 도시

Ⅲ 세계의 인문 환경과 인문 경관

✓ 출제 포인트　　✓ 지역(대륙)별 인구 변천의 차이 비교　　✓ 지역(대륙)별 도시화의 진행과 원인 비교

1. 세계의 인구 변천과 인구 이주

1 세계의 인구 성장
(1) **양상**　산업 혁명 이후 빠르게 증가
(2) **요인**　의학 기술의 발달, 공공 위생 시설의 개선으로 사망률 감소, 생활 수준의 향상으로 인구 부양 능력 향상 등

2 세계의 인구 변천
(1) **인구 변천 모형**　출생률과 사망률 변화에 따라 인구 성장을 단계별로 나타낸 것

> **자료**　인구 변천 모형　ⓒ 55쪽 270번 문제로 확인

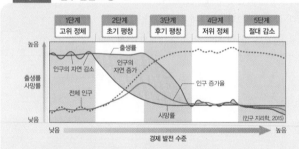

> **분석**　경제 발전 수준이 낮은 시기에는 출생률과 사망률이 모두 높아 인구 증가율이 낮으며, 산업화가 진전되면서 인구 증가율이 높아진다. 이후 경제 발전 수준이 높은 4단계에서는 출생률과 사망률이 모두 낮아져 인구 증가율이 낮아지고, 5단계에서는 저출산에 따라 인구가 자연 감소한다.

⭐(2) **지역별 인구 변천의 차이**　ⓒ 55쪽 272번 문제로 확인
① 아프리카: 인구의 자연 증가율이 세계 평균보다 높음
② 아시아, 라틴 아메리카: 인구의 자연 증가율이 높았던 1950년대 이후 경제 발전 및 산아 제한 정책 등의 시행으로 출생률이 감소하여 인구의 자연 증가율도 낮아짐
③ 유럽, 앵글로아메리카: 출생률의 지속적인 감소 → 낮은 인구의 자연 증가율, 인구 고령화와 노동력 부족 등의 문제 발생

3 세계의 인구 이주
⭐(1) **인구 이주의 요인과 유형**　ⓒ 57쪽 276번 문제로 확인
① 이주 동기에 따라: 자발적 이주, 강제적 이주
② 이주 기간에 따라: 일시적 이주, 영구적 이주
③ 이주 원인에 따라

경제적 이주	소득과 고용 기회가 적은 개발 도상국에서 소득과 고용 기회가 많은 선진국으로 이동 ⑩ 멕시코인의 미국으로의 이동
종교적 이주	종교적 자유를 찾아 이동하거나 성지 순례를 위해 이동 ⑩ 영국 청교도들의 아메리카로의 이주
환경적 이주	기후 변화나 지진 등의 자연재해를 피해 이동 ⑩ 지구 온난화에 따른 해수면 상승으로 발생한 투발루 난민

(2) **최근 인구의 국제 이주**　경제적 요인에 따른 국제 이주 활발, 내전과 테러 등에 따른 난민의 이동

2. 세계의 도시화와 세계 도시 체계

1 세계의 도시화
(1) **도시화**　도시에 거주하는 인구가 증가하는 현상, 도시 수가 증가하거나 촌락에 도시적 생활 양식이 확대되는 현상
(2) **선진국과 개발 도상국의 도시화**

선진국	산업 혁명 이후 점진적 진행
개발 도상국	제2차 세계 대전 이후 산업화와 함께 급속한 진행

> **자료**　지역(대륙)별 도시화율　ⓒ 58쪽 280번 문제로 확인

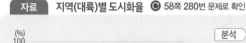
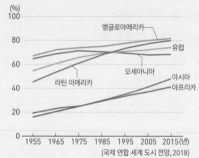

> **분석**　도시화는 19세기 중반까지 유럽이나 앵글로아메리카의 선진국에서 주로 진행되었으나, 최근에는 아시아나 라틴 아메리카의 개발 도상국에서 빠르게 진행되고 있다.

2 세계 도시
(1) **의미**　세계화 시대에 국가의 경계를 넘어 세계적인 중심지 역할을 하는 대도시 → 세계 경제의 중심지 역할, 세계 자본이 집중·축적되는 중심지, 세계의 다양한 정보·문화가 생산되고 전달되는 핵심적인 결절지
(2) **특징**　다국적 기업의 본사 및 관련 기능 집중, 통신·교통 체계 발달, 국제기구의 본부 입지, 생산자 서비스업 성장 등

3 세계 도시 체계
(1) **의미**　세계 도시 간 기능적으로 연계된 체계 → 교통·통신 기술의 발달로 계층성 강화
(2) **계층**　최상위 세계 도시는 주로 선진국에 위치

> **자료**　세계 도시의 계층 체계　ⓒ 59쪽 284번 문제로 확인

> **분석**　세계적인 관리·통제·중추 기능이 집중하는 최상위 세계 도시는 그 수가 적으나 기능과 영향력이 크며, 도시 간 평균 거리가 멀다.

●● 빈칸에 들어갈 용어를 쓰시오.

256 출생률과 사망률 변화에 따라 인구 성장을 단계별로 나타낸 (　　　　)은/는 국가별 경제 발전 수준에 따른 인구 성장 과정을 파악하는 데 이용된다.

257 (　　　　)은/는 도시에 거주하는 인구가 증가하는 현상이다.

258 (　　　　)은/는 세계화 시대에 국가의 경계를 넘어 세계적인 중심지 역할을 하는 대도시이다.

●● 다음 내용이 옳으면 ○표, 틀리면 ×표를 하시오.

259 선진국은 개발 도상국보다 인구의 자연 증가율이 높다. (　　　)

260 유럽은 아프리카보다 인구 고령화 현상이 심각하다. (　　　)

261 최근 교통·통신의 발달로 개발 도상국에서 선진국으로 경제적 요인에 따른 국제 이주가 활발하다. (　　　)

262 선진국은 제2차 세계 대전 이후 산업화와 함께 도시화가 급속히 진행되었다. (　　　)

263 최상위 세계 도시는 주로 선진국에 위치한다. (　　　)

●● ㉠～㉣ 중 알맞은 것을 고르시오.

264 인구 변천 모형의 3단계에서는 가족계획 및 여성의 사회 진출 증가로 (㉠ 사망률, ㉡ 출생률)이 감소한다.

265 아시아, 아프리카, 라틴 아메리카는 공통적으로 (㉠ 인구 유입, ㉡ 인구 유출) 지역에 해당한다.

266 (㉠ 종교적, ㉡ 환경적) 이주의 사례로는 지구 온난화에 따른 해수면 상승 과정에서 발생한 투발루 난민의 이동이 대표적이다.

267 하위 세계 도시에서 최상위 세계 도시로 갈수록 도시 수는 (㉠ 적어지고, ㉡ 많아지고), 영향력은 (㉢ 커진다, ㉣ 작아진다).

●● 다음과 관련 있는 개념을 〈보기〉에서 고르시오.

268 세계 도시 간 상호 작용으로 형성되는 도시 간 계층성 (　　　)

269 상품이나 서비스업의 생산 및 유통 과정에 투입되는 서비스업 (　　　)

[보기]
ㄱ. 세계 도시 체계　　　ㄴ. 생산자 서비스업

★빈출
270

다음은 인구 변천 모형을 나타낸 것이다. (가)～(라) 단계에 대한 옳은 설명만을 〈보기〉에서 고른 것은?

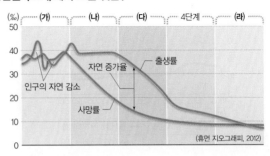

[보기]
ㄱ. (다)의 인구 변화는 가족계획 및 여성의 사회 진출이 증가한 것과 관련 있다.
ㄴ. (라)에서는 저출산에 따른 인구의 자연적 감소가 나타난다.
ㄷ. (가) 단계의 국가는 (다) 단계의 국가보다 인구 증가율이 높다.
ㄹ. (나) 단계의 국가는 (라) 단계의 국가보다 경제 발전 수준이 높다.

① ㄱ, ㄴ　　　② ㄱ, ㄷ　　　③ ㄱ, ㄹ
④ ㄴ, ㄷ　　　⑤ ㄷ, ㄹ

271

그래프는 세계의 지역(대륙)별 인구 비중 변화를 나타낸 것이다. (가)～(다) 지역으로 옳은 것은?

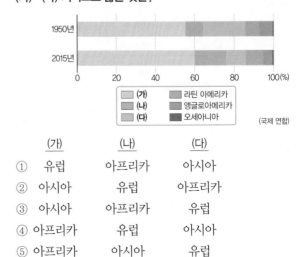

	(가)	(나)	(다)
①	유럽	아프리카	아시아
②	아시아	유럽	아프리카
③	아시아	아프리카	유럽
④	아프리카	유럽	아시아
⑤	아프리카	아시아	유럽

★ 빈출
272

그래프의 (가) 국가에 대한 (나) 국가의 상대적 특성을 그림의 A~E에서 고른 것은?

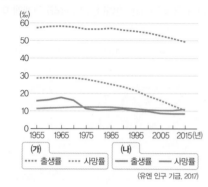

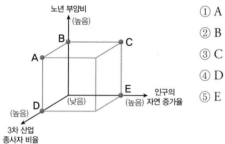

① A
② B
③ C
④ D
⑤ E

273

그래프는 지역(대륙)별 인구 특징을 나타낸 것이다. (가)~(라) 지역에 대한 옳은 설명만을 〈보기〉에서 고른 것은? (단, 아메리카는 앵글로아메리카와 라틴 아메리카로 구분함.)

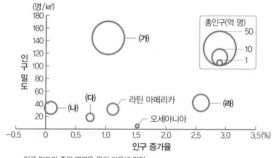

[보기]
ㄱ. 유럽은 아시아보다 인구 증가율이 높다.
ㄴ. 앵글로아메리카는 아프리카보다 인구 밀도가 높다.
ㄷ. (가)는 (다)보다 지역(대륙) 내 국가 수가 많다.
ㄹ. (라)는 (나)보다 합계 출산율이 높다.

① ㄱ, ㄴ   ② ㄱ, ㄷ   ③ ㄴ, ㄷ
④ ㄴ, ㄹ   ⑤ ㄷ, ㄹ

274

(가)~(다) 국가에 대한 설명으로 옳은 것은? (단, (가)~(다)는 핀란드, 에티오피아, 인도네시아 중 하나임.)

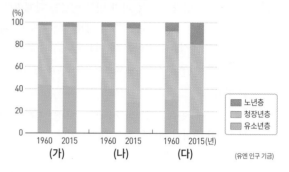

① (가)는 (나)보다 2015년에 유소년 부양비가 낮다.
② (나)는 (다)보다 2015년에 노령화 지수가 높다.
③ 1960년에 (가), (나) 모두 인구 변천 모형 4단계에 진입하였다.
④ 2015년에 (가)는 종형, (다)는 피라미드형 인구 구조가 나타난다.
⑤ (가)는 아프리카, (나)는 아시아, (다)는 유럽에 위치한다.

275

그래프는 경제 발전 수준에 따른 인구 특성을 나타낸 것이다. (가), (나) 국가군에 대한 옳은 설명만을 〈보기〉에서 고른 것은?

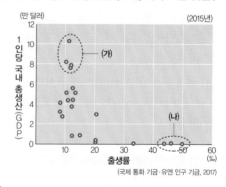

[보기]
ㄱ. (가)는 (나)보다 인구의 자연 증가율이 높다.
ㄴ. (가)는 (나)보다 노령화 지수가 낮다.
ㄷ. (나)는 (가)보다 유아 사망률이 높다.
ㄹ. (나)는 (가)보다 노년 부양비가 낮다.

① ㄱ, ㄴ   ② ㄱ, ㄷ   ③ ㄴ, ㄷ
④ ㄴ, ㄹ   ⑤ ㄷ, ㄹ

㉠~㉤에 대한 설명으로 옳지 **않은** 것은?

인구 이주의 유형은 ㉠이주 동기, ㉡이주 기간, 이주 원인 등에 따라 구분할 수 있다. 이주 원인에 따라서는 정치적, 경제적, 문화(종교)적, 환경적 이주 등으로 구분할 수 있다. 경제적 이주는 ㉢소득 수준이 낮고 고용 기회가 적은 개발 도상국에서 소득 수준이 높고 고용 기회가 많은 선진국으로 이동하는 것이며, 종교적 이주는 종교적 자유를 찾아 이동하거나 ㉣성지 순례를 위해 이동하는 것을 말한다. ㉤환경적 이주에는 기후 변화나 지진 등과 같은 자연재해를 피해 이동하는 것 등이 있다.

① ㉠에 의해 자발적 이주와 강제적 이주로 구분한다.
② ㉡에 의해 일시적 이주와 영구적 이주로 구분한다.
③ ㉢은 시리아인의 터키로의 이동이 대표적이다.
④ ㉣에는 이슬람교 신자들의 메카로의 이동이 있다.
⑤ ㉤에는 투발루 난민의 이동이 있다.

277

(가), (나) 인구 이주에 대한 옳은 설명만을 〈보기〉에서 고른 것은?

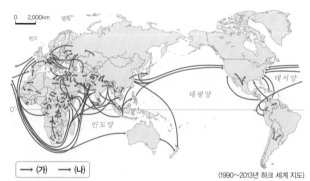

(1990~2013년 하크 세계 지도)

[보기]
ㄱ. (가)는 내전, 경제난 등을 겪는 국가에서 주로 발생한다.
ㄴ. (나)는 개발 도상국에서 선진국으로의 이주가 많다.
ㄷ. (나)의 유출이 발생하는 지역은 유입이 발생하는 지역보다 출생률이 낮다.
ㄹ. 최근 경제 세계화의 확대로 (나)보다 (가)의 이주가 활발해지고 있다.

① ㄱ, ㄴ   ② ㄱ, ㄷ   ③ ㄴ, ㄷ
④ ㄴ, ㄹ   ⑤ ㄷ, ㄹ

278

자료에 대한 설명으로 옳은 것은? (단, A~C는 (가)~(다) 중 하나임.)

〈대륙별 인구 증가율 및 유입·유출 인구〉　　〈대륙 간 인구 이동〉

* 유입·유출 인구는 대륙 내 국가 간 이동도 포함됨
** 인구 증가율은 2010~2015년 평균이며, 인구 이동은 2015년 조사 자료임

① A에서 B로 이동한 인구는 B에서 C로 이동한 인구보다 적다.
② 유럽은 앵글로아메리카보다 인구 순 유입이 많다.
③ (가)는 (나)보다 인구 증가율이 높다.
④ (나)는 (다)보다 유출 인구가 많다.
⑤ A는 (가), B는 (다), C는 (나)에 해당한다.

279

그래프는 두 국가로 유입된 이민자들의 출신 국가별 비중을 나타낸 것이다. (가), (나) 국가를 지도의 A~C에서 고른 것은?

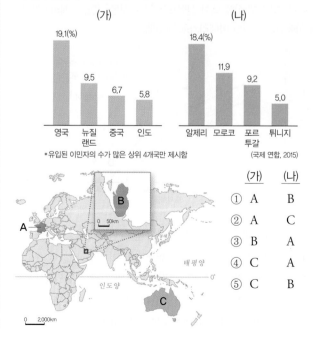

* 유입된 이민자의 수가 많은 상위 4개국만 제시함　　(국제 연합, 2015)

	(가)	(나)
①	A	B
②	A	C
③	B	A
④	C	A
⑤	C	B

2. 세계의 도시화와 세계 도시 체계

빈출 280

그래프는 지역(대륙)별 도시화율 변화를 나타낸 것이다. A~D 지역(대륙)에 대한 옳은 설명만을 〈보기〉에서 고른 것은? (단, 아메리카는 앵글로아메리카와 라틴 아메리카로 구분함.)

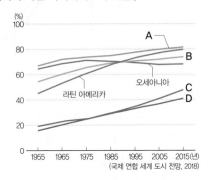

(국제 연합 세계 도시 전망, 2018)

[보기]
ㄱ. A는 C보다 2015년에 도시 인구가 많다.
ㄴ. B는 D보다 2015년에 3차 산업 종사자 비율이 높다.
ㄷ. C와 D는 1955년에 도시 인구보다 촌락 인구가 많았다.
ㄹ. A는 앵글로아메리카, B는 유럽, C는 아시아, D는 아프리카이다.

① ㄱ, ㄴ   ② ㄱ, ㄹ   ③ ㄷ, ㄹ
④ ㄱ, ㄴ, ㄷ   ⑤ ㄴ, ㄷ, ㄹ

281

그래프는 지역(대륙)별 도시화율과 도시 인구 증가율을 나타낸 것이다. A~D 지역(대륙)에 대한 설명으로 옳은 것은? (단, 아메리카는 앵글로아메리카와 라틴 아메리카로 구분함.)

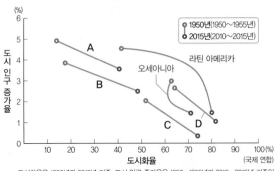

* 도시화율은 1950년과 2015년 기준, 도시 인구 증가율은 1950~1955년과 2010~2015년 기준임

① A는 B보다 2015년에 촌락 인구가 많다.
② B는 C보다 3차 산업 종사자 비중이 높다.
③ 최근 D는 C보다 라틴 아메리카로부터의 인구 유입이 많다.
④ 유럽은 앵글로아메리카보다 1950년에 도시화율이 높다.
⑤ 아시아는 아프리카보다 1950년에 도시 인구 증가율이 높다.

282

그래프는 지도에 표시된 세 국가의 도시화율 변화를 나타낸 것이다. (가)~(다) 국가에 대한 설명으로 옳은 것은?

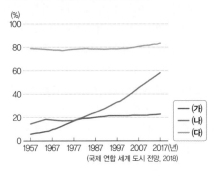

(국제 연합 세계 도시 전망, 2018)

① (나)는 1997년에 도시 인구가 촌락 인구보다 많다.
② (다)의 수도는 최상위 세계 도시 중 하나이다.
③ (가)는 (나)보다 2017년에 촌락 인구가 많다.
④ (나)는 (다)보다 1차 산업 종사자 비율이 낮다.
⑤ (다)는 (가)보다 1인당 국내 총생산(GDP)이 적다.

283

㉠~㉤ 중 옳지 않은 것은?

〈서술형 문제〉
◎ (가)에 들어갈 도시와 그 의미, 선정 방법 등에 관해 서술하시오.

[(가)]은/는 세계화 시대에 국가의 경계를 넘어 세계적인 중심지 역할을 하는 대도시를 의미한다.

학생 답안 [(가)]은/는 ㉠ 전 세계의 지역과 국가의 경제를 하나로 통합하는 세계 경제의 중심지이다. [(가)]은/는 세계 경제의 중요한 의사 결정이 이루어지는 곳으로, ㉡ 세계 자본이 집중·축적되는 중심지이며, ㉢ 세계의 다양한 정보·문화가 생산되고 전달되는 핵심적인 결절지이다. ㉣ [(가)]을/를 선정하는 기준으로는 세계적인 경제 활동, 연구·개발, 문화 교류, 정보 교류, 접근성, 거주 환경 등이 있으며, ㉤ 기준이 달라져도 [(가)](으)로서의 영향력을 나타내는 순위는 변하지 않는다.

① ㉠   ② ㉡   ③ ㉢   ④ ㉣   ⑤ ㉤

지도는 세계 도시의 계층 체계를 나타낸 것이다. (가), (나)에 대한 설명으로 옳은 것은?

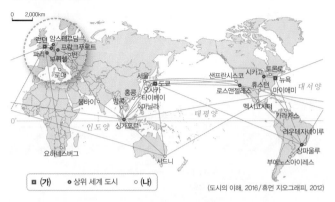

(도시의 이해, 2016 / 휴먼 지오그래피, 2012)

① (가)는 (나)보다 생산자 서비스업 종사자의 비중이 낮다.
② (나)는 (가)보다 도시당 다국적 기업 본사의 수가 많다.
③ (나)는 (가)보다 동일 계층의 도시 간 평균 거리가 멀다.
④ (가)와 (나)를 구분하는 가장 중요한 기준은 인구 규모이다.
⑤ 교통·통신이 발달할수록 (나)에 대한 (가)의 영향력이 커진다.

285

(가), (나)에 해당하는 도시를 지도의 A~D에서 고른 것은?

> (가) 아시아 허브 도시로 성장하기 위해 각종 규제를 완화하고 금융 부문의 투자를 촉진하여 세계 도시로 성장하였다. 2018년 6월에는 북미 정상 회담이 개최되었다.
> (나) 세계 각 지역 시각의 기준이 되는 곳으로, 과거 유럽뿐만 아니라 아프리카, 아시아 등 세계 각지에 영향력을 행사하던 중추적 위상을 유지하고 있다. 특히 오늘날 국제 자본 시장에 영향을 주는 주요 금융 회사와 각종 기관이 자리 잡고 있어 국제 자본의 네트워크를 형성하고 있다.

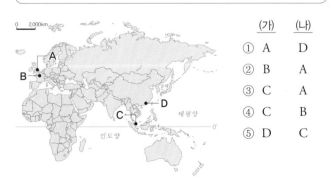

	(가)	(나)
①	A	D
②	B	A
③	C	A
④	C	B
⑤	D	C

[286~287] 그래프는 지역(대륙)별 인구의 자연 증가율 변화를 나타낸 것이다. 이를 보고 물음에 답하시오.

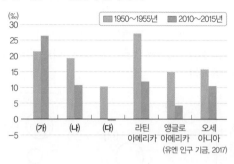

(유엔 인구 기금, 2017)

286

(가)~(다)에 해당하는 지역(대륙)을 쓰시오.

287

(가)~(다) 지역의 인구 특징을 제시된 용어를 모두 포함하여 서술하시오.

> • 총인구　　• 유소년 부양비　　• 노년 부양비

[288~289] 지도는 세계 도시의 항목별 순위를 나타낸 것이다. 이를 보고 물음에 답하시오.

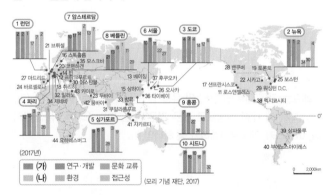

(2017년)

■ (가)	■ 연구·개발	■ 문화 교류
■ (나)	■ 환경	■ 접근성

(모리 기념 재단, 2017)

288

(가), (나)에 들어갈 항목을 쓰시오.

289

뭄바이(인도)와 비교한 런던(영국)의 상대적 특성을 제시된 내용을 모두 포함하여 서술하시오.

> • 생산자 서비스업　　　• 국제기구 본부의 수
> • 다국적 기업 본사의 수

적중 1등급 문제

» 바른답·알찬풀이 26쪽

290

그래프는 세 지역(대륙)별 인구 특성을 나타낸 것이다. (가)~(다) 지역(대륙)에 대한 설명으로 옳은 것은? (단, (가)~(다)는 유럽, 아시아, 아프리카 중 하나임.)

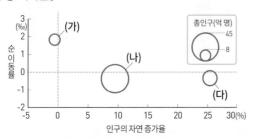

* 순 이동률 = $\dfrac{\text{유입 인구} - \text{유출 인구}}{\text{전체 인구}} \times 1,000$

** 전체 인구 증가율과 인구의 자연 증가율은 2015~2020년 값이고 원의 가운데 값이며, 총 인구는 2019년 값임. (국제 연합)

① (가)는 유입 인구보다 유출 인구가 많다.

② (가)는 (다)보다 전체 인구 증가율이 높다.

③ (나)는 (가)보다 중위 연령이 높다.

④ (다)는 (나)보다 인구 밀도가 높다.

⑤ (가)는 유럽, (나)는 아시아, (다)는 아프리카이다.

291

그래프는 지역(대륙)별 유입 및 유출 인구를 나타낸 것이다. (가)~(라) 지역(대륙)에 대한 설명으로 옳은 것은? (단, (가)~(라)는 유럽, 아시아, 아프리카, 앵글로아메리카 중 하나임.)

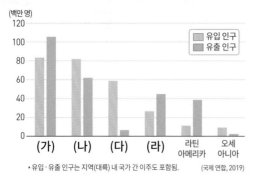

* 유입·유출 인구는 지역(대륙) 내 국가 간 이주도 포함됨. (국제 연합, 2019)

① (가)는 (나)보다 총인구가 적다.

② (나)는 (다)보다 노년 부양비가 높다.

③ (다)는 (라)보다 도시화율이 낮다.

④ (라)는 (나)보다 지역(대륙) 내 3차 산업 종사자 비율이 높다.

⑤ (가)~(라) 중 인구의 자연 증가율은 (가)가 가장 높다.

292

(가)~(다) 국가에 대한 설명으로 옳은 것은? (단, (가)~(다)는 멕시코, 세네갈, 프랑스 중 하나임.)

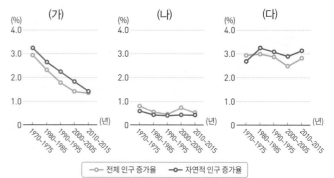

* 전체 인구 증가율 = 자연적 인구 증가율 + 순 이동률

① (가)는 유럽에 위치한다.

② (가)는 1970년 이후 지속적으로 인구가 감소하고 있다.

③ (나)는 (다)보다 합계 출산율이 높다.

④ 2010~2015년에 (나), (다)는 모두 인구 순 유출이 나타난다.

⑤ 1990년 이후 (가)는 (다)보다 미국으로의 이주 인구가 많다.

293

그래프는 두 국가에 거주하는 이주자의 출신 국가별 비율을 나타낸 것이다. (가), (나) 국가를 지도의 A~C에서 고른 것은?

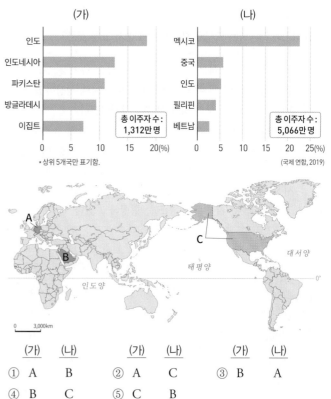

* 상위 5개국만 표기함. (국제 연합, 2019)

	(가)	(나)		(가)	(나)		(가)	(나)
①	A	B	②	A	C	③	B	A
④	B	C	⑤	C	B			

294

그래프는 (가)~(다) 지역(대륙)별 도시 인구 상위 5개국의 도시 관련 지표를 나타낸 것이다. 이에 대한 설명으로 옳은 것은? (단, (가)~(다)는 유럽, 아프리카, 라틴 아메리카 중 하나임.)

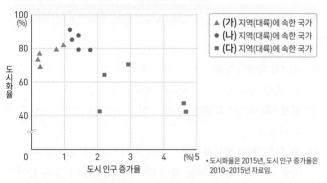

*도시화율은 2015년, 도시 인구 증가율은 2010~2015년 자료임.

① (가)는 도시 인구보다 촌락 인구가 많다.

② (나)에는 최상위 계층 세계 도시가 있다.

③ (가)는 (다)보다 도시화의 가속화 단계에 진입한 시기가 이르다.

④ (나)는 (가)보다 산업화의 시작 시기가 이르다.

⑤ 2015년 총인구는 (나)>(가)>(다) 순으로 많다.

295

그래프는 네 지역(대륙)별 도시화율과 도시 인구 증가율을 나타낸 것이다. A~D 지역(대륙)에 대한 설명으로 옳은 것은? (단, A~D는 유럽, 아시아, 아프리카, 앵글로아메리카 중 하나임.)

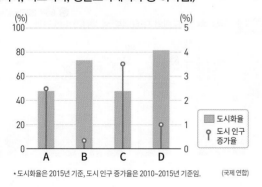

*도시화율은 2015년 기준, 도시 인구 증가율은 2010~2015년 기준임. (국제 연합)

① A는 아프리카이다.

② B는 C보다 촌락 인구 증가율이 높다.

③ C는 D보다 지역 내 총생산이 많다.

④ D는 A보다 1차 산업 종사자가 많다.

⑤ A~D 중 도시 인구는 A가 가장 많다.

296

그래프는 지역(대륙)별 인구 밀도 변화와 도시 및 촌락 인구를 나타낸 것이다. 이에 대한 설명으로 옳은 것은? (단, 아메리카는 라틴 아메리카와 앵글로아메리카로 구분함.)

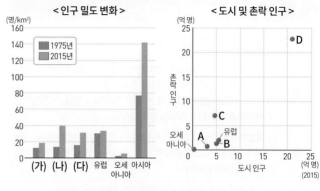

① (가)는 (나)보다 국가 수가 많다.

② (나)는 (다)보다 도시화율이 높다.

③ A는 B보다 2015년에 인구 밀도가 높다.

④ C는 A보다 1975~2015년에 인구 증가율이 높다.

⑤ (가)는 A, (나)는 B, (다)는 C이다.

297

다음은 세계 도시 체계를 나타낸 모식도이다. 이에 대한 설명으로 옳은 것은? (단, (가), (나)는 하위 세계 도시, 최상위 세계 도시 중 하나임.)

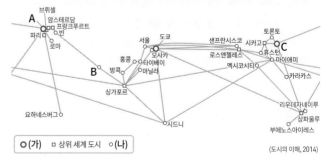

(도시의 이해, 2014)

① A에는 국제 연합 본부가 있다.

② B는 A보다 공항 이용객 중 내국인 이용 비율이 높다.

③ C는 B보다 도시 인구의 자연 증가율이 높다.

④ (가)는 (나)보다 생산자 서비스업의 발달 수준이 낮다.

⑤ (나)는 (가)보다 동일 계층 도시와의 평균 거리가 멀다.

07 주요 식량 및 에너지 자원과 국제 이동

☑ 출제 포인트　　☑ 주요 곡물 자원의 생산과 이동 특징 비교　　☑ 주요 에너지 자원의 지역(대륙)별 생산과 소비 특징 비교

1. 주요 식량 자원과 국제 이동

1 주요 곡물 자원의 특징과 이동

쌀	• 동아시아의 온대 계절풍 기후 지역, 동남 및 남부 아시아의 열대 몬순 기후 지역의 충적 평야에서 주로 재배 • 단위 면적당 생산량이 많음 → 인구 부양력이 높음 → 전통적인 벼농사 지역은 인구 밀도가 높게 나타남
밀	• 비교적 기온이 낮고 건조한 지역에서도 잘 자람 → 세계적으로 재배 • 미국, 캐나다, 오스트레일리아 등: 기계화된 영농 방식으로 밀을 대량 생산하여 수출함
옥수수	• 기후 적응력이 뛰어남 → 다양한 기후 지역에서 재배됨 • 육류 소비가 늘어나면서 가축의 사료로 많이 사용됨 • 최근 바이오에탄올의 원료로 이용되면서 수요가 급증함

자료 쌀과 밀의 생산과 이동 ⓒ 63쪽 314번 문제로 확인

대서양

태평양

인도양

쌀의 이동(만 톤, 2013년)
100 미만　100~300　300 이상
▒ 쌀 생산지(1점 10만 톤)
밀의 이동(만 톤, 2013년)
100 미만　100~300　300 이상
▨ 밀 생산지(1점 5만 톤)

0　　3,000km

(구드 세계 지도, 2016 / 유엔 식량 농업 기구, 2017)

분석 쌀은 대체로 생산지와 소비지가 일치하여 국제 이동량이 적고, 밀은 주요 생산지와 소비지가 다른 경우가 많아 국제 이동량이 많다.

2 주요 가축의 특징과 이동

(1) 목축업 경제 성장으로 육류 소비량 증가 → 오세아니아·아메리카 등의 목축 지역 확대, 축산물의 국제 이동량 증가

(2) 주요 가축의 특징 ⓒ 64쪽 317번 문제로 확인

소	고기와 유제품 제공, 신대륙에서 기업적 목축 형태로 사육
양	고기와 젖을 제공, 양털의 수요 증가, 건조 기후 지역에서 주로 사육됨
돼지	• 번식력이 강함 → 유럽과 아시아 전역에서 사육함 • 돼지고기를 금기시하는 이슬람교 신자의 비중이 높은 서남아시아에서는 거의 사육하지 않음

3 식량의 국제 교역 증가와 이동

(1) 식량 자원의 생산과 수요 각 지역의 자연환경, 경제 발전 수준, 사회 조건 등에 따라 식량 생산이 다름 → 지역별 식량 생산 및 수요의 차이로 식량 자원의 국제 이동 발생

(2) 식량 자원의 교역 증가 세계화와 자유 무역 확대로 교역 증가

① 주요 곡물 수출국: 미국, 프랑스, 브라질, 아르헨티나 등

② 주요 곡물 수입국: 일본(사료용 옥수수), 사우디아라비아와 중국(밀, 쌀)

2. 주요 에너지 자원과 국제 이동

1 에너지 자원의 특성 ⓒ 65쪽 321번 문제로 확인

(1) 에너지 자원의 종류 화석 에너지(석탄, 석유, 천연가스 등)와 신·재생 에너지(수력, 태양광, 풍력, 지열 등)

(2) 세계 1차 에너지 자원별 소비량 석유 > 석탄 > 천연가스 > 수력 > 원자력

(3) 에너지 자원의 생산과 이동 지역별 화석 에너지의 생산량·소비량 차이 → 국제 이동 발생 예 자원 생산량이 많은 곳에서 경제 발전 수준이 높거나 공업이 발달한 곳으로 자원 이동

2 주요 에너지 자원

(1) 석탄

① 특징: 산업 혁명 시기에 증기 기관의 연료로 이용됨, 산업용·발전용 등으로 이용

② 매장: 고기 조산대 주변, 비교적 여러 지역에 고르게 분포

③ 이동: 석유보다 국제 이동량이 적음, 오스트레일리아·인도네시아 등에서 수출, 중국·인도·일본·우리나라 등에서 수입

(2) 석유

① 특징: 내연 기관 발명과 자동차의 보급 확산으로 수요 급증, 수송용 및 화학 공업 등에서 이용

② 매장: 신생대 제3기층의 배사 구조, 서남아시아 페르시아만 연안에 전 세계 매장량의 약 47%가 분포

③ 이동: 매장 지역의 편재성이 큼 → 국제 이동량이 많음

(3) 천연가스

① 특징: 냉동 액화 기술의 개발로 소비량 급증, 석탄·석유보다 연소 시 대기 오염 물질 배출량이 적음

② 매장: 주로 석유가 매장된 지역에서 산출됨

③ 이동: 러시아·카타르 등에서 수출, 일본·독일 등에서 수입

ⓒ 66쪽 326번 문제로 확인

자료 주요 에너지 자원의 지역(대륙)별 생산과 소비 변화

	석탄		석유		천연가스	
	생산	소비	생산	소비	생산	소비

1981　2016(년)

■ 아시아·오세아니아　■ 아프리카　■ 서남아시아　□ 유럽　■ 중앙·남아메리카　■ 북아메리카

※ 러시아는 유럽에 포함함.　　(BP, 2017)

분석 석탄의 생산과 소비를 보면 아시아·오세아니아는 증가, 유럽과 북아메리카는 감소하고 있다. 석유의 생산은 서남아시아의 비중이 높으며, 소비는 아시아·오세아니아에서 증가하고 있다. 천연가스는 선진국이 많은 유럽과 북아메리카에서 높은데, 이는 연소 시 상대적으로 대기 오염 물질 배출량이 적기 때문이다.

분석 기출 문제

>> 바른답·알찬풀이 28쪽

•• 빈칸에 들어갈 용어를 쓰시오.

298 곡물 작물인 (　　　　)은/는 바이오에탄올의 원료로 이용되면서 수요가 급증하였다.

299 이슬람교 신자의 비중이 높은 서남아시아에서 거의 사육되지 않는 가축은 (　　　　)이다.

300 주요 에너지 자원인 (　　　　)은/는 18세기 산업 혁명 시기에 증기 기관의 연료로 이용되면서 소비량이 급증하였다.

•• 다음 내용이 옳으면 ○표, 틀리면 ×표를 하시오.

301 양은 소보다 강수량이 풍부한 지역에서 주로 사육된다.
(　　　)

302 아시아와 아프리카는 인구 규모에 비해 식량 생산 비중이 낮아 곡물 순 유입이 나타난다.
(　　　)

303 세계 1차 에너지 자원별 소비량은 석유>석탄>천연가스>수력>원자력 순으로 나타난다.
(　　　)

•• 식량 작물과 주요 특징을 바르게 연결하시오.

304 밀　　•　　• ㉠ 가축의 사료로 많이 이용됨

305 쌀　　•　　• ㉡ 아시아 계절풍 지역에서 주로 재배함

306 옥수수　•　　• ㉢ 재배 범위가 넓고 국제 이동량이 많음

•• ㉠, ㉡ 중 알맞은 것을 고르시오.

307 (㉠ 밀, ㉡ 쌀)은 단위 면적당 생산량이 많아 인구 부양력이 높다.

308 대표적인 곡물 (㉠ 수입국, ㉡ 수출국)으로는 미국, 프랑스, 브라질, 아르헨티나 등이 있다.

309 천연가스는 석탄 및 석유보다 연소 시 대기 오염 물질의 배출량이 (㉠ 많다, ㉡ 적다).

•• 다음과 관련 있는 자원을 〈보기〉에서 고르시오.

310 고기 조산대 주변에 주로 매장된 에너지 자원
(　　　)

311 러시아, 카타르 등에서 주로 수출하는 에너지 자원
(　　　)

312 페르시아만 연안에 주로 매장되어 있으며, 수송용 및 화학 공업 등에 이용하는 에너지 자원　(　　　)

[보기]
ㄱ. 석유　　　　ㄴ. 석탄　　　　ㄷ. 천연가스

313

그래프는 주요 식량 작물의 국가별 생산 비중을 나타낸 것이다. (가)~(다) 작물로 옳은 것은?

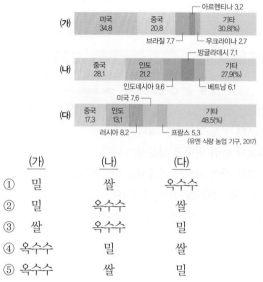

	(가)	(나)	(다)
①	밀	쌀	옥수수
②	밀	옥수수	쌀
③	쌀	옥수수	밀
④	옥수수	밀	쌀
⑤	옥수수	쌀	밀

★빈출
314

지도는 A, B 식량 작물의 생산과 이동을 나타낸 것이다. 이에 대한 옳은 설명만을 〈보기〉에서 고른 것은?

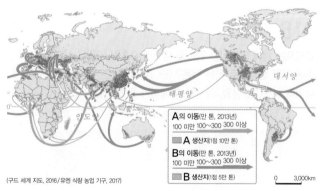

(구드 세계 지도, 2016/유엔 식량 농업 기구, 2017)

[보기]
ㄱ. A는 B보다 단위 면적당 생산량이 많다.
ㄴ. A는 내한성과 내건성이 강해 B보다 재배 범위가 넓다.
ㄷ. B는 A보다 국제 이동량이 많다.
ㄹ. A의 최대 생산국은 아시아, B의 최대 생산국은 아메리카에 위치한다.

① ㄱ, ㄴ　　　② ㄱ, ㄷ　　　③ ㄴ, ㄷ
④ ㄴ, ㄹ　　　⑤ ㄷ, ㄹ

315

그래프는 세계 3대 식량 작물의 대륙별 생산량 비중을 나타낸 것이다. 이에 대한 설명으로 옳은 것은? (단, A~C는 유럽, 아시아, 아메리카 중 하나임.)

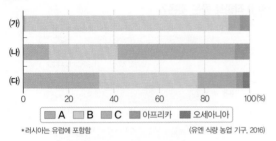

*러시아는 유럽에 포함함 (유엔 식량 농업 기구, 2016)

① (가)는 (다)보다 국제 이동량이 많다.

② (다)는 (가)보다 단위 면적당 생산량이 많다.

③ (다)는 (나)보다 가축 사료로 이용되는 비중이 높다.

④ (가), (다)의 최대 생산국은 B에 위치한다.

⑤ (나)의 기원지는 A, (다)의 기원지는 C에 위치한다.

316

그래프는 세계 3대 식량 작물의 대륙별 수출량 비중을 나타낸 것이다. 이에 대한 설명으로 옳은 것은? (단, (가)~(다)는 밀, 쌀, 옥수수 중 하나이며, A~C는 유럽, 아시아, 아메리카 중 하나임.)

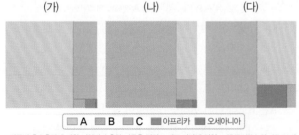

*작물별 총수출량에 대한 지역별 수출량 비중을 면적 크기로 나타낸 것임 (유엔 식량 농업 기구, 2016)

① (가)는 아시아 계절풍 기후 지역에서 주로 생산된다.

② (나)는 (다)보다 단위 면적당 생산량이 많다.

③ (다)는 (가)보다 가축의 사료로 이용되는 비중이 높다.

④ (다)는 B에서 수입량보다 수출량이 많다.

⑤ A는 아시아, B는 아메리카, C는 유럽이다.

★빈출 317

그래프는 (가)~(다) 가축의 대륙별 사육 두수를 나타낸 것이다. 이에 대한 설명으로 옳은 것은? (단, (가)~(다)는 소, 양, 돼지 중 하나임.)

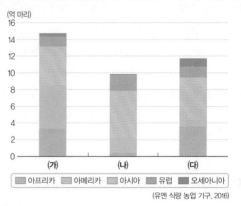

(유엔 식량 농업 기구, 2016)

① (가)는 주로 아시아에서 유목의 형태로 사육된다.

② (나)는 이슬람교에서 식용을 금기시한다.

③ (가)는 (다)보다 건조 기후 지역에서 사육되는 비중이 높다.

④ (나)는 (다)보다 털을 공업의 원료로 이용하는 비중이 높다.

⑤ (다)는 (가)보다 가축의 힘을 농경에 활용하는 비중이 높다.

318

그래프는 세 국가의 가축 사육 두수의 비율을 나타낸 것이다. 이에 대한 설명으로 옳은 것은? (단, (가), (나)는 중국, 오스트레일리아 중 하나임.)

*각 국가별 소, 양, 돼지의 사육 두수 합을 100%로 한 각 가축별 비율을 나타낸 것임
(유엔 식량 농업 기구, 2014)

① (가)는 중국, (나)는 오스트레일리아이다.

② (가)에서 B는 주로 대찬정 분지에서 사육된다.

③ (나)에서 C는 주로 유목 형태로 사육된다.

④ B는 C보다 털을 공업의 원료로 이용하는 비중이 높다.

⑤ C는 A보다 강수량이 많은 곳에서 주로 사육된다.

319

그래프는 주요 가축의 국가별 사육 두수 변화를 나타낸 것이다. (가), (나)로 옳은 것은?

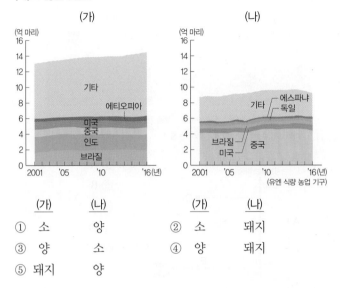

(가)

(나)

	(가)	(나)		(가)	(나)
①	소	양	②	소	돼지
③	양	소	④	양	돼지
⑤	돼지	양			

320

지도는 식량 작물의 국가별 수출과 수입 현황을 나타낸 것이다. 이에 대한 옳은 설명만을 〈보기〉에서 고른 것은?

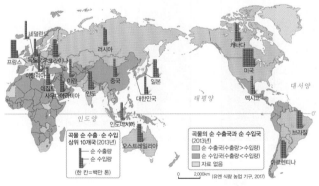

[보기]

ㄱ. 일본은 중국보다 곡물 순 수입량이 많다.

ㄴ. 곡물 순 수출량이 가장 많은 국가는 유럽에 위치한다.

ㄷ. 미국, 프랑스, 브라질은 공통적으로 곡물 수출국이다.

ㄹ. 앵글로아메리카는 아프리카보다 곡물 순 수출이 많다.

① ㄱ, ㄴ   ② ㄱ, ㄷ   ③ ㄴ, ㄹ

④ ㄱ, ㄷ, ㄹ   ⑤ ㄴ, ㄷ, ㄹ

빈출
321

그래프는 1차 에너지 소비량 상위 4개국의 화석 에너지원별 소비량을 나타낸 것이다. (가)~(다) 에너지로 옳은 것은?

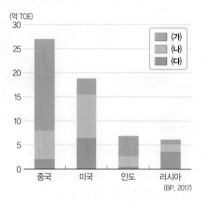

	(가)	(나)	(다)
①	석유	석탄	천연가스
②	석유	천연가스	석탄
③	석탄	석유	천연가스
④	석탄	천연가스	석유
⑤	천연가스	석유	석탄

322

그래프는 1차 에너지 소비량 상위 5개 국가의 에너지 소비 구조를 나타낸 것이다. 이에 대한 설명으로 옳은 것은? (단, A~C는 석유, 석탄, 천연가스 중 하나임.)

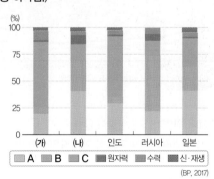

① (가)는 미국, (나)는 중국이다.

② A의 최대 생산국은 (가)이다.

③ A는 B보다 세계 1차 에너지 소비량에서 차지하는 비중이 높다.

④ A는 C보다 국제 이동량이 적다.

⑤ C는 B보다 개발 도상국에서의 소비량이 적다.

323

그래프는 (가), (나) 에너지 자원의 국가별 생산 비중을 나타낸 것이다. 이에 대한 설명으로 옳은 것은?

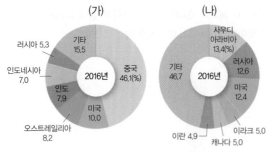

(가)   (나)

* (가), (나) 에너지 자원별 세계 총생산량에서 각 국가가 차지하는 비중을 나타낸 것임
** 러시아는 유럽에 포함함
(BP, 2017)

① (가)의 최대 수출 국가는 아시아에 위치한다.
② (나)를 가장 많이 수입하는 국가는 일본이다.
③ (가)는 (나)보다 상용화된 시기가 늦다.
④ (나)는 (가)보다 국제 이동량이 많다.
⑤ 유럽은 (나)보다 (가)의 소비량이 많다.

324

그래프는 국가별 화석 에너지의 소비 비중 변화를 나타낸 것이다. 이에 대한 옳은 설명만을 〈보기〉에서 고른 것은? (단, A~C는 미국, 인도, 중국 중 하나임.)

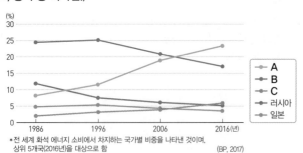

* 전 세계 화석 에너지 소비에 차지하는 국가별 비중을 나타낸 것이며, 상위 5개국(2016년)을 대상으로 함
(BP, 2017)

[보기]

ㄱ. A는 B보다 천연가스 소비량이 많다.
ㄴ. B는 A보다 2000년 이후 화석 에너지의 소비량 증가율이 높다.
ㄷ. A, C는 아시아에 위치한다.
ㄹ. 2016년 화석 에너지 소비량 상위 5개국이 전 세계 화석 에너지 소비량의 50% 이상을 차지한다.

① ㄱ, ㄴ   ② ㄱ, ㄷ   ③ ㄴ, ㄷ
④ ㄴ, ㄹ   ⑤ ㄷ, ㄹ

325

그래프는 (가), (나) 화석 에너지의 용도별 소비 비중을 나타낸 것이다. (가)에 대한 (나)의 상대적 특성을 그림의 A~E에서 고른 것은?

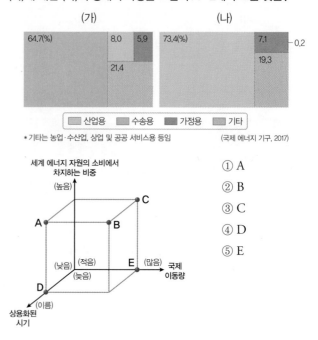

* 기타는 농업·수산업, 상업 및 공공 서비스용 등임
(국제 에너지 기구, 2017)

① A
② B
③ C
④ D
⑤ E

326

그래프는 (가), (나) 화석 에너지 자원의 지역(대륙)별 생산 비중 변화를 나타낸 것이다. (가)와 비교한 (나)의 상대적 특징을 그림의 A~E에서 고른 것은?

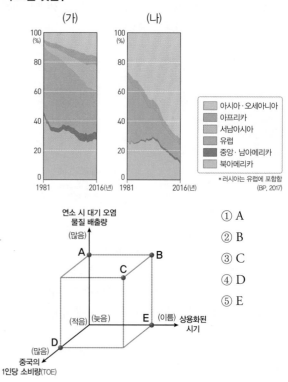

* 러시아는 유럽에 포함함
(BP, 2017)

① A
② B
③ C
④ D
⑤ E

327

그래프는 화석 에너지 (가)~(다)의 지역(대륙)별 생산 및 소비 비중을 나타낸 것이다. 이에 대한 설명으로 옳은 것은?

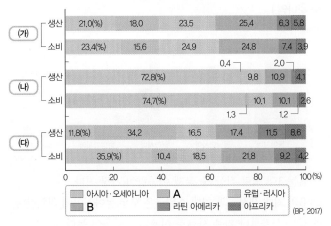

(가)	생산	21.0(%)	18.0	23.5	25.4	6.3	5.8
	소비	23.4(%)	15.6	24.9	24.8	7.4	3.9

(나) 생산 72.8(%) 0.4 9.8 10.9 2.0 4.1
(나) 소비 74.7(%) 10.1 10.1 2.6 1.3 1.2

(다) 생산 11.8(%) 34.2 16.5 17.4 11.5 8.6
(다) 소비 35.9(%) 10.4 18.5 21.8 9.2 4.2

0 20 40 60 80 100(%)

아시아·오세아니아 A 유럽·러시아
B 라틴 아메리카 아프리카
(BP, 2017)

① (가)는 산업 혁명 초기의 주요 에너지 자원이었다.
② (나)는 냉동 액화 기술의 발달로 소비량이 급증하였다.
③ (나)는 (다)보다 국제 이동량이 많다.
④ (다)의 생산량 대비 수출량은 A가 B보다 많다.
⑤ 세계 에너지 자원의 소비량은 (다)>(가)>(나) 순으로 많다.

328

그래프는 세계에서 차지하는 세 에너지 자원의 국가별 비중을 나타낸 것이다. (가)~(다)로 옳은 것은?

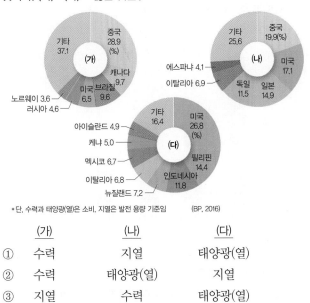

(가) 중국 28.9(%), 기타 37.1, 캐나다 9.7, 브라질 9.6, 미국 6.5, 러시아 4.6, 노르웨이 3.6

(나) 중국 19.9(%), 기타 25.6, 미국 17.1, 일본 14.9, 독일 11.5, 이탈리아 6.9, 에스파냐 4.1

(다) 미국 26.8(%), 기타 16.4, 필리핀 14.4, 인도네시아 11.8, 뉴질랜드 7.2, 이탈리아 6.8, 멕시코 6.7, 케냐 5.0, 아이슬란드 4.9

*단, 수력과 태양광(열)은 소비, 지열은 발전 용량 기준임 (BP, 2016)

	(가)	(나)	(다)
①	수력	지열	태양광(열)
②	수력	태양광(열)	지열
③	지열	수력	태양광(열)
④	지열	태양광(열)	수력
⑤	태양광(열)	수력	지열

[329~330] 그래프는 지역(대륙)별 인구 분포 및 곡물 생산 현황을 나타낸 것이다. 이를 보고 물음에 답하시오.

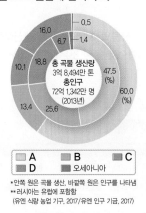

총 곡물 생산량 3억 8,494만 톤
총인구 72억 1,342만 명 (2013년)

0.5, 16.0, 6.7, 1.4, 10.1, 18.8, 47.5(%), 13.4, 25.6, 60.0(%)

A B C
D 오세아니아

*안쪽 원은 곡물 생산, 바깥쪽 원은 인구를 나타냄
**러시아는 유럽에 포함함
(유엔 식량 농업 기구, 2017/유엔 인구 기금, 2017)

329

A~D에 해당하는 지역(대륙)을 쓰시오.

330

그래프를 통해 알 수 있는 식량의 국제 교역이 발생하는 까닭을 서술하시오.

[331~332] 지도는 A 에너지 자원의 주요 생산지와 이동을 나타낸 것이다. 이를 보고 물음에 답하시오.

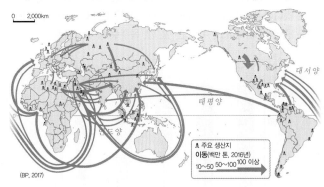

0 2,000km

대서양 태평양 인도양

주요 생산지
이동(백만 톤, 2016년)
10~50 50~100 100 이상
(BP, 2017)

331

A 에너지 자원의 명칭을 쓰시오.

빈출
332

A 에너지 자원의 특징을 제시된 용어를 모두 포함하여 서술하시오.

• 내연 기관   • 이용 분야   • 편재성

적중 1등급 문제

» 바른답·알찬풀이 30쪽

333

그래프는 주요 식량 작물의 지역(대륙)별 생산량을 나타낸 것이다. (가)~(다)에 대한 설명으로 옳은 것은? (단, (가)~(다)는 밀, 쌀, 옥수수 중 하나임.)

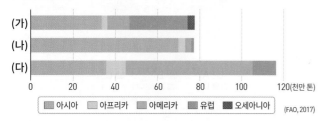

(FAO, 2017)

① (가)는 대부분 가축의 사료로 이용된다.
② (나)의 기원지는 아메리카이다.
③ (다)의 최대 생산국은 중국이다.
④ (가)는 (다)보다 단위 면적당 생산량이 적다.
⑤ (나)는 (가)보다 국제 이동량이 많다.

334

그래프는 곡물 생산량 상위 5개국의 A~C 식량 작물 생산 현황을 나타낸 것이다. 이에 대한 설명으로 옳은 것은? (단, (가)~(다)는 미국, 인도, 중국 중 하나이고, A~C는 밀, 쌀, 옥수수 중 하나임.)

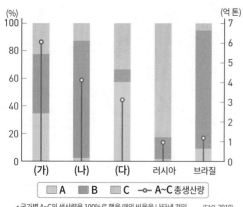

* 국가별 A~C의 생산량을 100%로 했을 때의 비율을 나타낸 것임. (FAO, 2019)

① (가)는 (나)보다 곡물 자원 순 수출량이 많다.
② (나)는 (다)보다 밀 생산량이 많다.
③ A는 B보다 가축의 사료로 이용되는 비율이 높다.
④ C는 A보다 국제 이동량이 많다.
⑤ 단위 면적당 생산량은 A>B>C 순으로 많다.

335

그래프는 세 식량 작물의 아시아 대륙 내 지역별 생산량을 나타낸 것이다. A~C에 대한 설명으로 옳은 것은? (단, A~C는 밀, 쌀, 옥수수 중 하나임.)

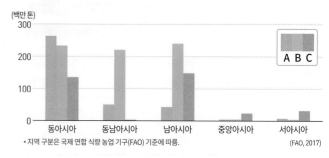

* 지역 구분은 국제 연합 식량 농업 기구(FAO) 기준에 따름. (FAO, 2017)

① A는 3대 식량 작물 중 국제 이동량이 가장 적다.
② B의 최대 생산국과 최대 소비국은 모두 동아시아에 위치한다.
③ C는 식량보다 가축 사료로 이용되는 비율이 높다.
④ A는 B보다 세계 총생산량이 적다.
⑤ B는 C보다 내한성·내건성이 높다.

336

그래프는 지역(대륙)별 가축 사육 두수를 나타낸 것이다. A~C에 대한 설명으로 옳은 것은? (단, (가)~(다)는 유럽, 아시아, 아메리카 중 하나이고, A~C는 소, 양, 돼지 중 하나임.)

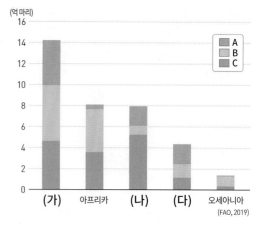

(FAO, 2019)

① (다)는 돼지보다 양 사육 두수가 많다.
② (가)는 (나)보다 소 사육 두수가 많다.
③ A로 만든 음식은 이슬람교를 믿는 사람들이 금기시한다.
④ B의 사육 두수가 가장 많은 국가는 브라질이다.
⑤ C는 모직 공업의 발달로 인해 기업적 사육이 활발해졌다.

337

그래프는 A~C 화석 에너지의 (가)~(다) 지역(대륙)별 소비량을 나타낸 것이다. 이에 대한 설명으로 옳은 것은? (단, (가)~(다)는 서남아시아, 앵글로아메리카, 아시아·오세아니아 중 하나임.)

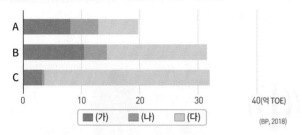

(BP, 2018)

① A는 주로 고기 습곡 산지 주변에 매장되어 있다.

② B는 산업 혁명 시기에 주요 동력원으로 사용되었다.

③ C는 냉동 액화 기술의 발달로 소비량이 급증하였다.

④ (나)는 B의 수출량 대비 수입량이 많다.

⑤ A의 최대 소비국은 (가), C의 최대 생산국은 (다)에 위치한다.

338

그래프는 지도에 표시된 네 국가의 1차 에너지원별 소비 구조 및 1차 에너지 총 소비량을 나타낸 것이다. 이에 대한 설명으로 옳은 것은? (단, A~D는 석유, 석탄, 수력, 천연가스 중 하나임.)

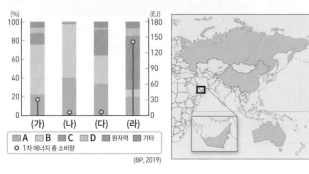

(BP, 2019)

① (가)는 (나)보다 천연가스 소비량이 적다.

② (다)는 (라)보다 C의 수출량이 많다.

③ A는 B보다 세계 1차 에너지 소비에서 차지하는 비율이 낮다.

④ B는 C보다 개발 도상국에서 소비되는 비율이 높다.

⑤ C는 D보다 고갈 가능성이 낮다.

339

그래프는 네 국가의 1차 에너지원별 공급량을 나타낸 것이다. A~C 자원에 대한 설명으로 옳은 것은? (단, A~C는 석유, 석탄, 천연가스 중 하나임.)

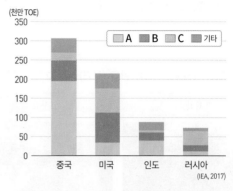

(IEA, 2017)

① A는 세계 1차 에너지 소비에서 차지하는 비율이 가장 높다.

② B는 수송용 연료로 가장 많이 이용된다.

③ A는 C보다 상용화된 시기가 늦다.

④ C는 A보다 연소 시 대기 오염 물질 배출량이 많다.

⑤ 네 국가 중 국가 내 천연가스 소비 비율은 미국이 가장 높다.

340

다음 자료는 네 국가의 신·재생 에너지원별 전력 생산 비율을 나타낸 것이다. A~D 자원에 대한 설명으로 옳은 것은? (단, A~D는 수력, 지열, 풍력, 태양광(열) 중 하나임.)

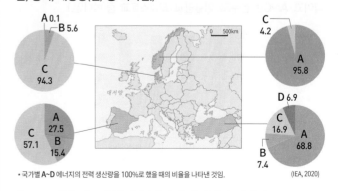

• 국가별 A~D 에너지의 전력 생산량을 100%로 했을 때의 비율을 나타낸 것임.

(IEA, 2020)

① A는 연간 일조량이 많은 지역이 생산에 유리하다.

② B는 지각판의 경계 지역에 입지하는 것이 유리하다.

③ C는 낙차가 크고 유량이 풍부한 지역이 생산에 유리하다.

④ D는 바람이 지속적으로 많이 부는 지역이 생산에 유리하다.

⑤ 세계 신·재생 에너지원별 전력 생산 비율 중 A가 가장 높다.

05 주요 종교의 전파와 종교 경관

341

(가), (나) 종교에 대한 옳은 설명만을 〈보기〉에서 고른 것은?

(가)	(나)
신자들이 갠지스강의 가트라고 불리는 계단에서 목욕 의식을 준비하고 있다.	산티아고 순례길로, 이곳은 1993년에 유네스코 세계유산에 등재되었다.

┌ [보기] ─────────────────────
│ ㄱ. (가)는 메카로의 성지 순례를 종교적 의무로 한다.
│ ㄴ. (나)의 주요 성지로는 예루살렘과 바티칸 등이 있다.
│ ㄷ. (가)는 (나)보다 세계 신자 수가 많다.
│ ㄹ. (가)는 민족 종교, (나)는 보편 종교이다.
└──────────────────────────────

① ㄱ, ㄴ   ② ㄱ, ㄷ   ③ ㄴ, ㄷ
④ ㄴ, ㄹ   ⑤ ㄷ, ㄹ

342

그래프는 네 국가의 종교별 신자 수 비율을 나타낸 것이다. 이에 대한 설명으로 옳은 것은? (단, (가)~(다)는 네팔, 필리핀, 인도네시아 중 하나이고, A~C는 힌두교, 이슬람교, 크리스트교 중 하나임.)

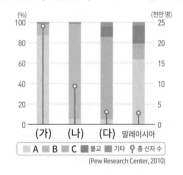

(%) / (천만 명)
A ▨ B ▨ C ▨ 불교 ▨ 기타 ♀ 총 신자 수
(Pew Research Center, 2010)

① (가)는 (나)보다 국가 내 크리스트교 신자 수 비율이 높다.
② (가)는 남부 아시아, (다)는 동남아시아에 위치한다.
③ A의 대표적인 종교 경관은 십자가와 종탑이다.
④ B는 C보다 세계 신자 수가 많다.
⑤ A, C 모두 서남아시아에서 기원하였다.

343

자료는 두 국가의 국장과 관련된 것이다. ㉠, ㉡에 해당하는 종교를 그래프의 A~D에서 고른 것은?

이란	스리랑카
아랍 문자로 '알라'를 형상화한 것으로, 네 개의 초승달은 알라에 대한 믿음과 (㉠)를 상징한다.	이 법륜은 스리랑카의 대표 종교인 (㉡)와 관련 있고, 연꽃잎은 순수함을 뜻한다.

<세계 주요 종교의 신자 수 비율>

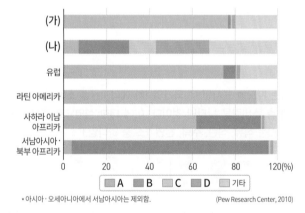

기타 6.9
종교 없음 16.3
A 31.5(%)
D 7.1
C 15.0
B 23.2
(Pew Research Center, 2014)

	㉠	㉡
①	A	D
②	B	C
③	B	D
④	C	A
⑤	D	C

[344~345] 그래프는 각 지역의 종교별 신자 수 비율을 나타낸 것이다. 이를 보고 물음에 답하시오. (단, (가), (나)는 앵글로아메리카, 아시아 · 오세아니아 중 하나임.)

(가)
(나)
유럽
라틴 아메리카
사하라 이남 아프리카
서남아시아 · 북부 아프리카

0 20 40 60 80 120(%)
▨ A ▨ B ▨ C ▨ D ▨ 기타

* 아시아 · 오세아니아에서 서남아시아는 제외함.
(Pew Research Center, 2010)

344

(가), (나) 지역과 A~D 종교의 명칭을 쓰시오.

345 ✐ 서술형

A~D 종교 경관의 주요 특징을 서술하시오.

○6 세계의 인구와 도시

346

그래프는 세계의 지역(대륙)별 인구 변화를 나타낸 것이다. (가)~(다) 지역(대륙)으로 옳은 것은?

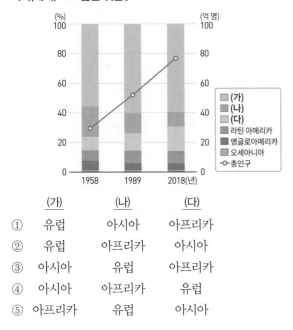

	(가)	(나)	(다)
①	유럽	아시아	아프리카
②	유럽	아프리카	아시아
③	아시아	유럽	아프리카
④	아시아	아프리카	유럽
⑤	아프리카	유럽	아시아

347

그래프는 네 지역(대륙)별 유소년 및 노년 부양비를 나타낸 것이다. (가)~(라) 대륙에 대한 옳은 설명만을 〈보기〉에서 고른 것은? (단, (가)~(라)는 유럽, 아시아, 아프리카, 앵글로아메리카 중 하나임.)

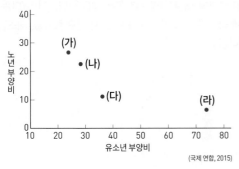

(국제 연합, 2015)

[보기]

ㄱ. (가)는 (다)보다 노령화 지수가 높다.
ㄴ. (나)는 (라)보다 합계 출산율이 높다.
ㄷ. (다)는 (나)보다 1인당 지역 내 총생산이 적다.
ㄹ. (라)는 (가)보다 청장년층 인구 비율이 높다.

① ㄱ, ㄴ   ② ㄱ, ㄷ   ③ ㄴ, ㄷ
④ ㄴ, ㄹ   ⑤ ㄷ, ㄹ

348

그래프는 지도에 표시된 세 국가의 인구 특성을 나타낸 것이다. (가)~(다) 국가에 대한 설명으로 옳은 것은?

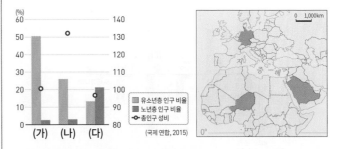

(국제 연합, 2015)

① (가)는 유럽에 위치한다.
② (가)는 (나)보다 1인당 국내 총생산(GDP)이 많다.
③ (나)는 (다)보다 석유 수출량이 많다.
④ (다)는 (가)보다 중위 연령이 낮다.
⑤ (가)~(다) 중 인구 밀도는 (나)가 가장 높다.

349

(가), (나) 인구 이주의 특징으로 가장 적절한 것을 그림의 A~D에서 고른 것은?

(가) 국토 대부분이 해발 고도 2m 미만인 남태평양의 투발루가 국토 포기 선언을 하면서, 이곳 주민들은 이웃 나라 뉴질랜드로 대거 이주하였다.

(나) 최근 아메리칸 드림을 안고 미국으로 이주했던 멕시코인들이 멕시코 경기 호황에 따른 일자리 증가로 다시 고국으로 돌아가는 현상이 나타나고 있다.

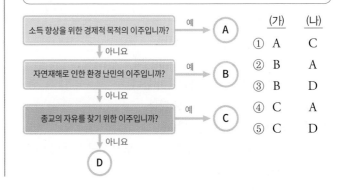

	(가)	(나)
①	A	C
②	B	A
③	B	D
④	C	A
⑤	C	D

[350~351] 그래프는 지역(대륙)별 인구 순 이동 변화를 나타낸 것이다. 이를 보고 물음에 답하시오. (단, (가)~(라)는 유럽, 아시아, 라틴 아메리카, 앵글로아메리카 중 하나임.)

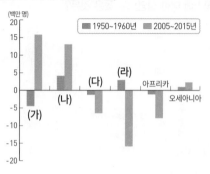

350

(가)~(라) 지역(대륙)의 명칭을 쓰시오.

351 ✍ 서술형

(가), (라) 지역(대륙)의 특징을 제시된 용어를 모두 사용해 비교하여 서술하시오.

> • 총인구   • 노년 부양비   • 인구의 자연 증가율

352

그래프는 (가)~(다) 대륙별 인구 상위 5개 국가의 도시화 특성을 나타낸 것이다. 이에 대한 설명으로 옳은 것은? (단, (가)~(다)는 유럽, 아시아, 아프리카 중 하나임.)

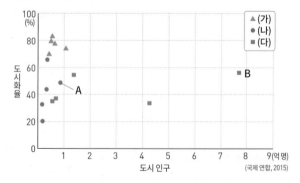

① (나)에는 최상위 계층 세계 도시가 있다.

② (가)는 (나)보다 촌락 인구 증가율이 높다.

③ 총인구는 (다)>(나)>(가) 순으로 많다.

④ A는 B보다 국내 총생산이 많다.

⑤ 아시아는 도시 인구 상위 5개국 모두 도시 인구가 촌락 인구보다 많다.

353

그래프는 세 국가의 도시화율 변화를 나타낸 것이다. (가)~(다) 국가에 대한 옳은 설명만을 〈보기〉에서 고른 것은? (단, (가)~(다)는 영국, 중국, 케냐 중 하나임.)

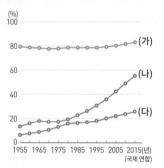

> [보기]
> ㄱ. (가)는 (나)보다 국가 내 1차 산업 종사자 비율이 높다.
> ㄴ. (나)는 (가)보다 도시화의 가속화 단계에 진입한 시기가 늦다.
> ㄷ. (다)는 (가)보다 1인당 국내 총생산(GDP)이 많다.
> ㄹ. (가)는 영국, (나)는 중국, (다)는 케냐이다.

① ㄱ, ㄴ   ② ㄱ, ㄷ   ③ ㄴ, ㄷ

④ ㄴ, ㄹ   ⑤ ㄷ, ㄹ

354

(가)~(다) 국가에 대한 설명으로 옳은 것은? (단, (가)~(다)는 지도에 표시된 세 국가 중 하나이고, A, B는 도시 인구 증가율, 제조업 종사자 수 중 하나임.)

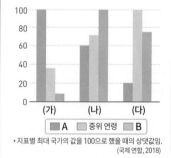

* 지표별 최대 국가의 값을 100으로 했을 때의 상댓값임.
(국제 연합, 2018)

① (나)는 아프리카에 위치한다.

② (가)는 (다)보다 도시화율이 높다.

③ (나)는 (다)보다 최근 시리아로부터의 난민 유입이 많았다.

④ A는 최근 선진국보다 개발 도상국에서 낮게 나타난다.

⑤ B는 도시 인구 증가율이다.

[355~356] 그래프는 세계 도시의 경쟁력 순위를 나타낸 것이다. 이를 보고 물음에 답하시오. (단, A, B는 런던, 멕시코시티 중 하나임.)

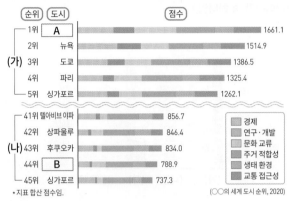

*지표 합산 점수임. (○○의 세계 도시 순위, 2020)

355

A, B 도시의 명칭을 쓰시오.

356 ✅ 서술형

(가), (나) 도시군의 특징을 제시된 용어를 모두 사용해 비교하여 서술하시오.

• 생산자 서비스업의 발달 정도   • 국제 금융에 끼치는 영향

07 주요 식량 및 에너지 자원과 국제 이동

357

그래프는 세 식량 작물의 국가별 생산 현황을 나타낸 것이다. (가)~(다) 작물로 옳은 것은?

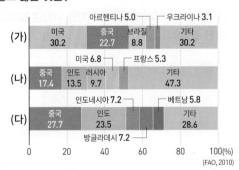

	(가)	(나)	(다)
①	밀	쌀	옥수수
②	밀	옥수수	쌀
③	쌀	밀	옥수수
④	옥수수	밀	쌀
⑤	옥수수	쌀	밀

358

그래프는 지역(대륙)별 A~C 작물의 재배 면적을 나타낸 것이다. 이에 대한 설명으로 옳은 것은? (단, (가)~(다)는 유럽, 아시아, 아메리카 중 하나이고, A~C는 밀, 쌀, 옥수수 중 하나임.)

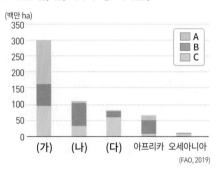

(FAO, 2019)

① (가)는 (다)보다 곡물 자원 수출량 대비 수입량이 많다.
② A의 기원지는 (나)에 있다.
③ B의 최대 생산국은 (가)에 있다.
④ A는 B보다 가축 사료용으로 많이 이용된다.
⑤ C는 A보다 국제 이동량이 적다.

359

그래프는 세 식량 작물의 용도별 소비 비율을 나타낸 것이다. (가)~(다) 작물에 대한 옳은 설명만을 〈보기〉에서 고른 것은?

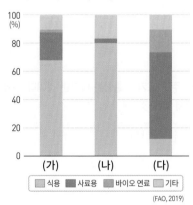

(FAO, 2019)

【 보기 】
ㄱ. (나)의 기원지는 아시아 대륙이다.
ㄴ. (나)는 주로 계절풍 기후의 충적 평야에서 재배된다.
ㄷ. (가)는 (다)보다 단위 면적당 생산량이 많다.
ㄹ. 아메리카는 (가)보다 (나)의 생산량이 많다.

① ㄱ, ㄴ   ② ㄱ, ㄷ   ③ ㄴ, ㄷ
④ ㄴ, ㄹ   ⑤ ㄷ, ㄹ

360

그래프는 두 가축의 국가별 사육 두수 비율을 나타낸 것이다. (가), (나)에 대한 옳은 설명만을 〈보기〉에서 있는 대로 고른 것은? (단, (가), (나)는 소, 양, 돼지 중 하나임.)

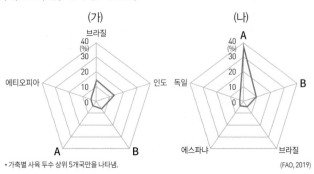

*가축별 사육 두수 상위 5개국만을 나타냄.   (FAO, 2019)

[보기]
ㄱ. A는 중국, B는 미국이다.
ㄴ. (가)는 벼농사 지역에서 노동력 대체 효과가 크다.
ㄷ. (나)는 이슬람교 신자들이 섭취를 금기시한다.
ㄹ. (나)는 (가)보다 세계 총 사육 두수가 많다.

① ㄱ, ㄴ   ② ㄱ, ㄹ   ③ ㄷ, ㄹ
④ ㄱ, ㄴ, ㄷ   ⑤ ㄴ, ㄷ, ㄹ

361

표는 세 국가의 주요 고기 수출량을 나타낸 것이다. (가)~(다) 국가를 지도의 A~C에서 고른 것은?

육류	(가)	(나)	(다)
소	1,912	1,711	1,407
돼지	42	526	2,859
양	537	0.003	10

(단위: 천 톤)   (FAO, 2019)

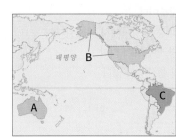

	(가)	(나)	(다)
①	A	B	C
②	A	C	B
③	B	C	A
④	C	A	B
⑤	C	B	A

[362~363] 그래프는 지역(대륙)별 곡물 수출 및 수입량을 나타낸 것이다. 이를 보고 물음에 답하시오. (단, (가)~(다)는 아시아, 아프리카, 아메리카 중 하나임.)

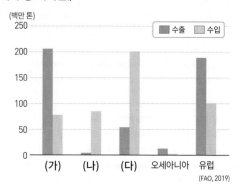

(FAO, 2019)

362

(가)~(다) 지역(대륙)의 명칭을 쓰시오.

363 ✍ 서술형

(가)~(다)의 곡물 수출 및 수입의 특징과 이와 같은 현상이 나타나게 된 원인을 서술하시오.

364

그래프는 화석 에너지의 지역(대륙)별 소비량을 나타낸 것이다. (가)~(다) 자원에 대한 설명으로 옳은 것은?

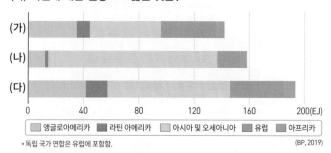

*독립 국가 연합은 유럽에 포함함.   (BP, 2019)

① (가)는 산업 혁명 당시 주요 에너지원이었다.
② (나)는 냉동 액화 기술의 발달로 소비량이 급증하였다.
③ (가)는 (나)보다 연소 시 대기 오염 물질 배출량이 많다.
④ (나)는 (다)보다 상용화된 시기가 늦다.
⑤ (다)는 (나)보다 국제 이동량이 많다.

365

그래프는 화석 에너지의 국가별 소비 비율을 나타낸 것이다. 이에 대한 설명으로 옳은 것은? (단, A~C는 미국, 중국, 러시아 중 하나임.)

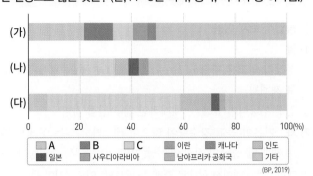

(BP, 2019)

① A는 C보다 1인당 에너지 소비량이 많다.
② C는 B보다 천연가스 소비량이 많다.
③ (가)는 발전용 및 제철용 연료로 주로 이용된다.
④ (다)는 (나)보다 세계 1차 에너지 소비에서 차지하는 비율이 높다.
⑤ (가)는 석탄, (나)는 석유, (다)는 천연가스이다.

366

그래프는 세 화석 에너지의 용도별 소비 비율을 나타낸 것이다. (가)~(다) 자원으로 옳은 것은?

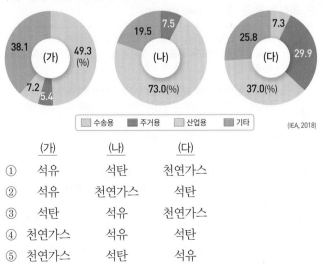

(IEA, 2018)

	(가)	(나)	(다)
①	석유	석탄	천연가스
②	석유	천연가스	석탄
③	석탄	석유	천연가스
④	천연가스	석유	석탄
⑤	천연가스	석탄	석유

367

자료는 네 국가의 A~D 자원별 발전량 비율을 나타낸 것이다. 이에 대한 설명으로 옳은 것은? (단, A~D는 수력, 지열, 풍력, 태양광 중 하나임.)

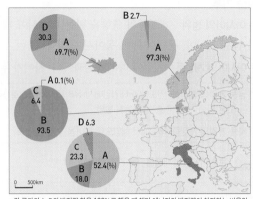

*각 국가의 A~D의 발전량 합을 100%로 했을 때 해당 에너지의 발전량이 차지하는 비율임.
(IEA, 2018)

① A는 바람이 지속적으로 부는 지역이 생산에 유리하다.
② B는 연간 일사량이 많은 지역이 생산에 유리하다.
③ C는 판의 경계 지역이 개발 잠재력이 높다.
④ A는 D보다 기후에 대한 의존성이 낮다.
⑤ 뉴질랜드는 C보다 D를 이용한 전력 생산량이 많다.

[368~369] 그래프는 경제 발전 수준에 따른 화석 에너지원별 소비량 변화를 나타낸 것이다. 이를 보고 물음에 답하시오. (단, (가)~(다)는 석유, 석탄, 천연가스 중 하나임.)

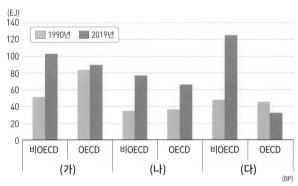

(BP)

368

(가)~(다) 자원의 명칭을 쓰시오.

369 ✅ 서술형

경제 발전 수준에 따른 화석 에너지의 소비 변화 특징을 서술하시오.

자연환경에 적응한 생활 모습

☑ 출제 포인트   ☑ 몬순 아시아의 시기별 계절풍 특징   ☑ 농업적 토지 이용과 주요 재배 작물

1. 자연환경 특성

1 계절풍 기후

(1) 몬순 아시아의 범위   계절풍의 영향을 받는 유라시아 대륙 동안의 남부 아시아, 동남아시아, 동아시아 지역

(2) 몬순 아시아의 계절풍   계절에 따라 풍향과 강수 차이가 뚜렷함

여름	남풍 계열의 계절풍: 인도양과 태평양에서 유라시아 대륙으로 불어옴 → 고온 다습 → 잦은 홍수, 벼농사 발달
겨울	북풍 계열의 계절풍: 대륙에서 해양으로 불어옴 → 한랭 건조

자료   **몬순 아시아의 계절풍**   ⓒ 77쪽 386번 문제로 확인

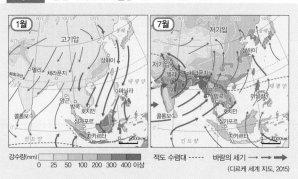

강수량(mm)
0 25 50 100 200 300 400 이상
적도 수렴대 ----   바람의 세기 →→→
(디르케 세계 지도, 2015)

분석   계절풍은 대륙과 해양의 비열 차이로 발생한다. 몬순 아시아는 겨울(1월)에 대체로 건조하고, 여름(7월)에 강수량이 많다. 특히 여름철에 인도양에서 내륙 쪽으로 수증기를 많이 머금은 바람이 히말라야산맥을 만나 바람받이 지역인 네팔과 부탄 등의 강수량이 많다.

2 다양한 지형

산맥, 고원	대규모 습곡 작용으로 형성된 히말라야산맥, 티베트고원
화산 지형	지각판 경계에 있는 인도네시아, 필리핀, 일본 등지에 분포 → 화산재가 토양을 비옥하게 하여 농업 발달
하천	강수량이 많아 갠지스강, 메콩강, 창장강 등의 대하천 발달
충적 평야	여름철 홍수로 하천이 자주 범람하여 비옥한 평야 발달
건조 지형	대륙 내부의 타클라마칸 사막, 고비 사막, 몽골의 초원 지대 등

자료   **몬순 아시아의 다양한 지형**   ⓒ 78쪽 390번 문제로 확인

분석   내륙 지역에는 사막과 고원이 분포하고, 해안이나 큰 하천 주변에는 넓은 평야가 발달하였다. 다양한 지형의 영향으로 주민 생활 모습도 다르게 나타난다.

2. 전통적 생활 모습

1 농업적 토지 이용

(1) 쌀

① 성장기에 고온 다습하고 수확기에 건조한 충적 평야에서 주로 재배됨

② 인구 부양력이 높음 → 세계적인 인구 밀집 지역

(2) 차   기온이 높고 강수량이 많으며 배수가 잘되는 곳에서 주로 재배 ⓔ 중국의 창장강 이남, 인도의 북동부, 스리랑카 등

(3) 커피   플랜테이션 형태로 재배 ⓔ 베트남, 인도네시아 등

(4) 목화   중국의 화중 지방, 인도의 데칸고원 등지에서 재배

자료   **몬순 아시아의 농업적 토지 이용**   ⓒ 79쪽 391번 문제로 확인

☐	화전
☐	유목
☐	벼농사
☐	밭농사
☐	낙농업
☐	혼합 농업
■	원예 농업
■	플랜테이션
☐	기업적 목축업
☐	기업적 곡물 농업
☐	비농업 지역

(피어슨 에듀케이션, 2014)

분석   몬순 아시아는 계절풍의 영향으로 여름 강수량이 풍부한 곳에서 벼농사가 이루어진다. 또한 동남 및 남부 아시아 지역은 노동력이 풍부하고 상품 작물의 재배에 유리하여 일찍부터 플랜테이션이 발달하였으며, 주로 커피·카카오·차 등의 기호 작물을 생산한다.

★2 의식주 문화   ⓒ 79쪽 394번 문제로 확인

의복 문화	• 여름에는 통풍이 잘되고 겨울에는 보온이 잘되는 옷을 입음 • 치파오(중국), 아오자이(베트남), 사리와 도티(인도), 론지(미얀마), 바롱(필리핀) 등
음식 문화	• 쌀로 만든 음식 문화 발달 ⓔ 동아시아 지역의 떡(우리나라)과 스시(일본) 등, 동남 및 남부 아시아의 쌀국수(베트남)와 나시고렝(인도네시아) 등 • 북쪽으로 갈수록 기온이 낮아지고 강수량이 적기 때문에 밀이나 잡곡으로 만든 음식을 먹기도 함
가옥 문화	• 고상 가옥: 동남아시아 열대 기후 지역의 전통 가옥, 호우에 대비하여 지붕의 경사를 급하게 함, 지면의 열과 해충 차단을 위해 가옥의 바닥을 지면에서 띄움 • 사합원: 중국 화북 지방의 전통 가옥, 'ㅁ' 형태의 폐쇄적 구조, 방어에 유리, 겨울철 추위에 대비한 구조 • 합장 가옥: 일본 다설 지역의 전통 가옥, 폭설에 대비한 급경사의 지붕

1. 자연환경 특성

●● ㉠, ㉡ 중 알맞은 것을 고르시오.

370 몬순 아시아는 여름에 인도양과 태평양에서 유라시아 대륙으로 (㉠ 남풍, ㉡ 북풍) 계열의 계절풍이 분다.

371 화산 지형이 분포하는 인도네시아, 필리핀, 일본 등지는 화산재로 인해 농업이 (㉠ 발달하였다, ㉡ 발달하지 못하였다).

372 쌀은 단위 면적당 생산량이 많아 인구 부양력이 (㉠ 낮은, ㉡ 높은) 작물로, 경작 과정에서 많은 노동력이 필요하다.

373 중국의 화중 지방과 인도의 데칸고원에서는 (㉠ 목화, ㉡ 커피)가 많이 생산되고 있다.

●● 빈칸에 들어갈 용어를 쓰시오.

374 몬순 아시아는 (   )의 영향을 받는 동아시아, 동남아시아, 남부 아시아에 해당하는 지역이다.

375 인도와 중국의 접경 지대에는 대규모 습곡 작용으로 형성된 (   )산맥과 티베트고원이 분포한다.

376 몬순 아시아는 풍부한 강수량과 비옥한 토양을 이용하여 (   )농사가 발달하였다.

377 (   )은/는 동남아시아의 전통 가옥으로, 호우에 대비하고 지면의 열기와 습기를 피할 수 있는 구조가 나타난다.

●● 몬순 아시아의 토지 이용과 해당 지역을 바르게 연결하시오.

378 쌀 • • ㉠ 아열대 환경에서 플랜테이션 형태로 재배

379 차 • • ㉡ 기온이 높고 강수량이 많으며 배수가 잘 되는 곳

380 커피 • • ㉢ 성장기에 고온 다습하고 수확기에 건조한 충적 평야

●● 다음 설명에 해당하는 것을 〈보기〉에서 고르시오.

381 중국의 치파오에서 유래한 베트남 전통 의복 (   )

382 폐쇄적 구조가 나타나는 중국 화북 지방의 가옥 (   )

383 다양한 재료와 향신료를 넣은 인도네시아 볶음밥 (   )

384 폭설에 대비한 지붕의 경사가 가파른 일본의 가옥 (   )

[보기]
ㄱ. 사합원   ㄴ. 나시고렝
ㄷ. 아오자이   ㄹ. 합장 가옥

385

사진은 인도 뉴델리에서 촬영한 것이다. 이를 토대로 적절하게 추론한 내용만을 〈보기〉에서 고른 것은?

[보기]
ㄱ. 여름 계절풍이 부는 시기일 것이다.
ㄴ. 집중 호우로 저지대가 침수되었을 것이다.
ㄷ. 대륙에서 바다 쪽으로 바람이 부는 시기일 것이다.
ㄹ. 매일 밤마다 스콜이 반복적으로 발생하였을 것이다.

① ㄱ, ㄴ   ② ㄱ, ㄷ   ③ ㄴ, ㄷ
④ ㄴ, ㄹ   ⑤ ㄷ, ㄹ

★ 빈출
386

지도는 두 시기 몬순 아시아 지역의 강수 분포를 나타낸 것이다. (가), (나)에 대한 옳은 설명만을 〈보기〉에서 고른 것은? (단, (가), (나)는 1월과 7월 중 하나임.)

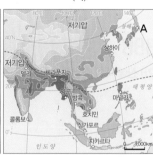

강수량(mm)
0 25 50 100 200 300 400 이상
적도 수렴대 ----- (디르케 세계 지도, 2015)

[보기]
ㄱ. (가)는 (나)보다 A의 월평균 기온이 높다.
ㄴ. (가)는 (나)보다 A의 밤 시간의 길이가 길다.
ㄷ. (나)는 (가)보다 A의 북서풍 발생 비중이 높다.
ㄹ. (나)는 (가)보다 A의 열대 저기압의 영향 빈도가 높다.

① ㄱ, ㄴ   ② ㄱ, ㄷ   ③ ㄴ, ㄷ
④ ㄴ, ㄹ   ⑤ ㄷ, ㄹ

387

자료는 인도의 강수 분포를 나타낸 것이다. (가)~(다) 지역의 연 강수량을 그래프의 A~C에서 고른 것은?

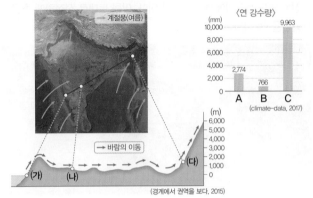

	(가)	(나)	(다)		(가)	(나)	(다)
①	A	B	C	②	A	C	B
③	B	A	C	④	B	C	A
⑤	C	B	A				

388

(가) 산에 대한 설명으로 옳지 않은 것은?

① 화산 활동이 활발하다.
② 성층(成層) 화산을 이룬다.
③ 환태평양 조산대에 위치하고 있다.
④ 산꼭대기가 뾰족한 호른을 이룬다.
⑤ 산지 주변 지역의 토양은 비옥하다.

389

(가) 하천에 대한 설명으로 옳지 않은 것은?

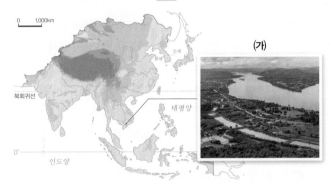

① 하천의 계절별 유량 변동이 크다.
② 우기에는 하천 범람의 위험성이 크다.
③ 하천 하구 일대에는 삼각주가 발달하였다.
④ 하천 주변에서는 벼농사가 활발히 이루어진다.
⑤ 하천의 발원지와 하구가 동일한 국가에 속한다.

★빈출
390

A 지역에 대한 옳은 설명만을 〈보기〉에서 고른 것은?

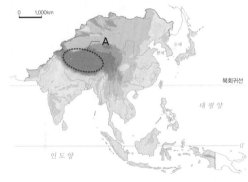

【 보기 】
ㄱ. 활화산이 많이 분포한다.
ㄴ. 지역 간 교류의 장애가 된다.
ㄷ. 연 강수량이 2,000mm 이상이다.
ㄹ. 두 개의 지각판이 충돌하는 지역이다.

① ㄱ, ㄴ   ② ㄱ, ㄷ   ③ ㄴ, ㄷ
④ ㄴ, ㄹ   ⑤ ㄷ, ㄹ

빈출
391

A~C 지역에서 이루어지는 농업적 토지 이용 유형으로 옳은 것은?

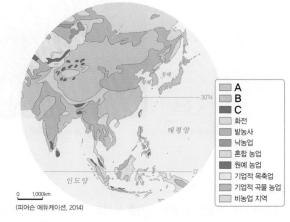

	A	B	C
①	유목	벼농사	플랜테이션
②	유목	플랜테이션	벼농사
③	벼농사	유목	플랜테이션
④	벼농사	플랜테이션	유목
⑤	플랜테이션	벼농사	유목

392

㉠을 지도의 A~E에서 고른 것은?

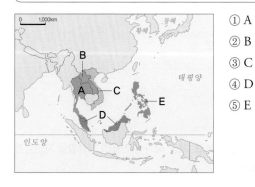

(㉠)은/는 환태평양 조산대에 위치한 나라로 화산과 함께 해발 고도가 높은 산이 많으며, 그에 따라 산사면의 경사도가 크다. 이러한 지형 환경에 적응하여 주민들은 산지의 급경사지에 계단식 논을 조성하였는데, 계단식 논은 유네스코 세계 문화유산으로 등재되어 있다.

① A
② B
③ C
④ D
⑤ E

393

㉠ 작물에 대한 설명으로 옳은 것은?

〈주요 국가별 (㉠) 생산 비중〉

기타 16.8
터키 4.0
베트남 4.1
스리랑카 5.9
케냐 7.9
인도 21.0
중국 40.3(%)
총생산량 597만 톤 (2016년)

(㉠)은/는 주요 기호 작물로, 아시아 주요 국가의 생산량이 세계 전체 생산량의 약 75%를 생산한다. 특히 중국과 인도의 생산량은 세계 생산량의 절반 이상을 차지한다.

(국제 연합 식량 농업 기구, 2018)

① 기원지는 아메리카 대륙이다.
② 초콜릿을 만드는 데 원료로 이용한다.
③ 1인당 소비량은 미국이 영국보다 많다.
④ 작물의 잎을 가공하여 음료수를 만든다.
⑤ 기호 작물 중 국가 간 이동이 가장 활발하다.

빈출
394

(가), (나) 음식에 대한 설명으로 옳은 것은?

(가)   (나)

① (가)는 베트남의 대표 음식이다.
② (나)는 일본의 대표 음식이다.
③ (가)는 쌀, (나)는 옥수수로 만들었다.
④ (가)는 주로 국물이 차가운 상태로 먹는다.
⑤ (나)를 먹을 때는 포크와 나이프를 주로 사용한다.

395

㉠ 국가로 옳은 것은?

(㉠)에서 가장 유명한 관광지는 앙코르 유적 단지이다. 이곳에서는 붉은색 라테라이트 벽돌로 지어진 사원을 볼 수 있다.

① 타이   ② 미얀마   ③ 라오스
④ 필리핀   ⑤ 캄보디아

분석 기출 문제 ≫ 바른답·알찬풀이 35쪽

396

다음은 몬순 아시아의 전통 의복을 조사한 것이다. ㉠~㉢에 들어갈 내용으로 옳은 것은?

- 이름: (㉠)
- 주재료: 비단
- 특징: 중국의 (㉡)에서 유래 하였으나 (㉢)의 무더운 기후에 맞게 얇은 비단을 사용한다. '농'이라고 불리는 모자는 햇빛을 가리는 데 유용하다.

	㉠	㉡	㉢
①	사리	치파오	인도
②	기모노	아오자이	일본
③	기모노	아오자이	베트남
④	아오자이	기모노	인도
⑤	아오자이	치파오	베트남

397

사진은 중국 화북 지방에서 볼 수 있는 전통 가옥이다. 이 가옥에 대한 옳은 설명만을 〈보기〉에서 고른 것은?

[보기]
ㄱ. 지붕의 재료로 풀과 나무를 이용하였다.
ㄴ. 폐쇄적인 가옥 구조로 방어에 유리하다.
ㄷ. 집의 바닥을 땅으로부터 떨어뜨려 지었다.
ㄹ. 겨울 추위에 대비하여 남쪽에 문을 만들었다.

① ㄱ, ㄴ   ② ㄱ, ㄷ   ③ ㄴ, ㄷ
④ ㄴ, ㄹ   ⑤ ㄷ, ㄹ

[398~399] 다음은 몬순 아시아의 계절풍과 물 축제를 나타낸 것이다. 이를 보고 물음에 답하시오.

적도 수렴대 -----   바람의 세기 ⟶
(디르케 세계 지도, 2015)

▲ 타이의 송끄란 축제

398

지도에서와 같은 계절풍이 부는 시기를 쓰시오. (단, 시기는 1월과 7월 중 하나임.)

399

타이의 송끄란 축제가 열리는 시기를 이 지역의 계절풍과 관련지어 서술하시오.

[400~401] 다음은 몬순 아시아에 위치한 어느 지역의 전통 가옥 모습이다. 이를 보고 물음에 답하시오.

가옥의 규모가 크며, 겨울철 (㉠)에 대비하기 위해 삼각형 형태로 급경사 지붕을 만들었다.

400

㉠에 들어갈 내용을 쓰시오.

401

자료의 국가가 어디인지 쓰고, 해당 국가 주민들의 식생활을 자연환경과 관련지어 서술하시오.

적중 1등급 문제

 바른답·알찬풀이 36쪽

402

다음은 두 국가의 전통적인 주민 생활을 설명한 것이다. ㉠, ㉡ 국가의 상대적 특성으로 옳은 것은?

- (㉠)의 수도 하노이에서는 기후와 풍토에 맞게 얇은 비단이나 나일론과 같은 천으로 만들어 통풍이 잘되는 옷을 입는다. 전통 음식으로는 쌀로 만든 국수인 '퍼'가 있다.
- (㉡)의 수도 리야드에서는 뜨거운 햇볕으로부터 피부를 보호하기 위해 남성들은 흰색 옷에 머리 두건을 착용하며, 여성들은 검은색 옷에 검은색 스카프를 머리에 두른다. 즐겨 먹는 음식으로는 말린 대추야자가 있다.

①
②
③
④
⑤

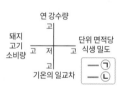

* 고(저)는 많음(적음), 큼(작음), 높음(낮음)을 의미함.

403

지도는 (가) 시기의 몬순 아시아 일대 풍향을 나타낸 것이고, 그래프는 지도에 표시된 세 지역의 누적 강수량을 나타낸 것이다. 이에 대한 설명으로 옳은 것은? (단, (가) 시기는 1월, 7월 중 하나임.)

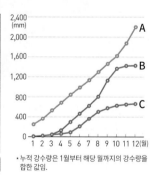

* 누적 강수량은 1월부터 해당 월까지의 강수량을 합한 값임.

① B는 (가) 시기 대륙성 기단의 영향을 주로 받는다.
② A는 B보다 여름 강수 집중률이 높다.
③ B는 C보다 기온의 연교차가 크다.
④ 연 강수량은 C>B>A 순으로 많다.
⑤ (가) 시기에 A는 C보다 밤의 길이가 길다.

404

다음은 두 국가의 음식을 설명한 것이다. (가) 국가에 대한 (나) 국가의 상대적 특징만을 〈보기〉에서 고른 것은?

(가)	(나)
나시르막은 코코넛밀크를 넣고 지은 쌀밥이다. 삼발 소스(고추, 양파, 소금, 설탕 등으로 만드는 매운 양념)나 고기 등을 넣어 뭉쳐 먹는데 바나나 잎으로 싸서 팔기도 한다.	허르헉은 양고기, 당근, 감자 등을 넣고 뜨겁게 달군 돌의 열기로 찐 요리이다. 따로 물을 넣지 않고 음식 재료의 수분을 그대로 이용하는 것은 물이 귀한 건조 기후와 관련 있다.

[보기]
ㄱ. 기온의 연교차가 크다.
ㄴ. 최한월 평균 기온이 높다.
ㄷ. 강수량 대비 증발량이 많다.
ㄹ. 단위 면적당 수목 밀도가 높다.

① ㄱ, ㄴ
② ㄱ, ㄷ
③ ㄴ, ㄷ
④ ㄴ, ㄹ
⑤ ㄷ, ㄹ

405

그래프는 몬순 아시아와 오세아니아의 지역별 네 작물의 생산량 비율을 나타낸 것이다. 이에 대한 설명으로 옳은 것은? (단, (가), (나)는 동아시아, 동남아시아 중 하나이고, A~D는 밀, 쌀, 차, 커피 중 하나임.)

* 작물별 전 세계 생산량 대비 비율임. (FAO, 2018)

① (가)는 남부 아시아보다 차 생산량이 많다.
② (나)는 (가)보다 커피 생산량이 적다.
③ B는 A보다 국제 이동량이 많다.
④ B는 기호 작물, C는 식량 작물이다.
⑤ C, D 작물의 세계 생산량 1위 국가는 모두 중국이다.

Ⅳ 몬순 아시아와 오세아니아

09 주요 자원 및 산업 구조와 민족 및 종교

☑️ 출제 포인트   ☑️ 자원의 분포와 이동 특징 비교   ☑️ 민족과 종교의 분포와 이에 따른 갈등 양상 파악

1. 주요 자원의 분포 및 이동과 산업 구조

1 지하자원의 분포와 이동

석탄	• 생산: 중국, 인도, 오스트레일리아 등 • 소비: 산업용 연료 → 공업이 발달한 국가의 수요가 많음 • 이동: 오스트레일리아에서 동아시아 지역으로 주로 수출
철광석	• 생산: 오스트레일리아, 중국, 인도 등 • 이동: 중화학 공업이 발달한 중국, 일본, 대한민국 등지로 수출
천연가스	• 생산: 중국, 오스트레일리아, 인도네시아 등 • 이동: 인도네시아에서 동아시아 지역으로 주로 수출

자료 자원의 분포와 이동 ⓒ 83쪽 421번 문제로 확인

분석 동남 및 남부 아시아와 오스트레일리아에서 생산된 자원은 상대적으로 산업과 제조업이 발달한 우리나라, 중국, 일본 등 동아시아로 수출된다.

2 농축산물의 분포와 이동

쌀	• 전 세계 생산량의 90% 이상을 몬순 아시아에서 생산함 • 생산지에서 주로 소비 → 국제적 이동량이 적음
밀	• 인도, 중국, 오스트레일리아 등지에서 많이 생산함 • 오스트레일리아의 밀은 동남아시아, 동아시아 지역으로 수출됨
기호 작물	몬순 아시아에서 커피, 사탕수수 등이 생산됨
축산물	오스트레일리아와 뉴질랜드에서 생산된 양모, 소고기, 유제품 등이 동아시아 지역으로 수출됨

⭐3 주요 국가의 산업 구조 ⓒ 85쪽 427번 문제로 확인

중국	• 1970년대 말부터 개방 정책을 통해 산업 육성 • 풍부한 노동력과 자원을 바탕으로 세계적인 공업국으로 성장
대한민국, 일본	원료의 해외 의존도가 높음 → 임해 지역을 중심으로 제철, 기계, 조선 등 중화학 공업 발달
인도	• 세계 2위 인구 대국 → 노동 집약형 산업 발달 • 벵갈루루, 하이데라바드 등을 중심으로 정보 통신 기술 발달
타이, 베트남, 인도네시아	• 1차 산업의 비중이 높음 • 저렴한 노동력, 풍부한 자원을 바탕으로 최근 2차 산업 성장 → 다국적 기업의 생산 공장이 입지하면서 신흥 공업 국가로 성장
오스트 레일리아	• 기업적 농목업 발달 → 육류, 양모, 유제품, 밀 등을 수출 • 석탄, 금, 구리, 철광석 등의 지하자원 수출

4 상호 보완성이 큰 몬순 아시아와 오세아니아

(1) **높은 상호 보완성** 지하자원의 종류와 산업 구조의 차이가 큼 → 활발한 교역 발생

(2) **지리적 인접성** 몬순 아시아는 오세아니아의 지하자원을 수입하여 공업 발달 → 생산한 공산품을 오세아니아로 수출

2. 민족(인종) 및 종교적 차이

⭐1 다양한 민족(인종) ⓒ 85쪽 429번 문제로 확인

남부 아시아	• 남부에는 드라비다족, 중·북부에는 아리안족이 주로 분포 • 타밀족, 안드라족 등 700개 이상의 민족 분포
동남아시아	인도양과 태평양을 잇는 해상 교통의 요지 → 다양한 민족 거주
중국	한족(인구의 약 93%)과 55개의 소수 민족으로 구성
오세아니아	• 유럽계 백인과 원주민(애버리지니, 마오리족) 거주 • 오스트레일리아: 적극적인 이민 정책으로 다문화 사회 형성

2 다양한 종교

힌두교	남부 아시아의 인도에서 주로 믿음
불교	• 스리랑카, 타이, 라오스, 미얀마 등 • 대한민국, 중국, 일본: 전통적으로 불교와 유교의 영향을 받음
이슬람교	파키스탄, 방글라데시, 인도네시아, 말레이시아 등
크리스트교	필리핀, 오스트레일리아, 뉴질랜드 등

자료 몬순 아시아와 오세아니아의 종교 분포 ⓒ 86쪽 433번 문제로 확인

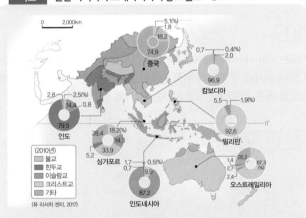

분석 아시아와 오세아니아의 종교는 지역에 따라 다양하고 복잡하여 종교적 차이에 따른 갈등의 원인이 되기도 한다.

⭐3 지역 갈등과 해결 노력 ⓒ 87쪽 441번 문제로 확인

갈등	• 카슈미르 지역: 이슬람교(파키스탄)와 힌두교(인도) • 필리핀의 민다나오섬: 다수의 크리스트교와 소수의 이슬람교 • 중국: 한족과 소수 민족 간의 갈등 ⑩ 시짱 자치구(티베트족), 신장웨이우얼 자치구(위구르족)에서 중국으로부터 독립 주장 • 미얀마: 불교 국가인 미얀마에서 이슬람교를 믿는 로힝야족 탄압
노력	대화와 타협, 평화 협정, 문화와 종교의 다양성 존중

분석 기출 문제

» 바른답·알찬풀이 37쪽

●● 빈칸에 들어갈 알맞은 말을 쓰시오.

406 오스트레일리아 서북부의 안정육괴 지대에서는 (　　　　)이 많이 생산되고, 동부의 그레이트디바이딩산맥 주변에서는 (　　　　)이 많이 생산된다.

407 (　　　　)은/는 석탄·석유·천연가스·철광석 등의 지하자원이 비교적 풍부하게 매장되어 있으며, 특히 석탄과 희토류의 생산량이 세계적인 수준이다.

408 식량 작물인 (　　　　)은/는 전 세계 생산량의 90% 이상이 몬순 아시아에서 생산되며, 생산지에서 주로 소비되어 국제적 이동량이 적다.

●● 다음 설명이 옳으면 ○표, 틀리면 ×표를 하시오.

409 오스트레일리아와 뉴질랜드는 축산물을 생산하여 동아시아 지역으로 수출하고 있다.　　　　(　)

410 동남아시아 국가들은 1차 산업 비중이 높은 편이나, 최근 노동 집약적 제조업이 발달하고 있다.　　(　)

411 카슈미르 지역에서는 파키스탄의 힌두교도와 인도의 이슬람교도가 첨예하게 대립하고 있다.　　(　)

●● 국가별 신자 수 비중이 가장 높은 종교를 바르게 연결하시오.

412 타이　　　•　　　　　　• ㉠ 불교

413 필리핀　　　•　　　　　　• ㉡ 이슬람교

414 인도네시아 •　　　　　　• ㉢ 크리스트교

●● ㉠, ㉡ 중 알맞은 것을 고르시오.

415 (㉠ 인도, ㉡ 일본)은/는 자본과 기술이 풍부하나 부존자원이 부족하여 가공 무역을 중심으로 발달하였다.

416 (㉠ 불교, ㉡ 이슬람교)는 타이, 라오스, 미얀마, 스리랑카에서 주로 믿으며, (㉠ 불교, ㉡ 이슬람교)는 파키스탄, 말레이시아, 인도네시아, 방글라데시에서 주로 믿는다.

417 중국의 시짱 자치구에서는 (㉠ 위구르족, ㉡ 티베트족)이 분리 독립을 주장하고 있다.

●● 다음에서 설명하는 종족을 〈보기〉에서 고르시오.

418 뉴질랜드에 거주하는 원주민　　　　　(　)

419 오스트레일리아에 거주하는 원주민　　　(　)

[보기]
ㄱ. 마오리족　　　　　　ㄴ. 애버리지니

420

㉠, ㉡에 들어갈 내용으로 옳은 것은?

(㉠)은/는 주로 산업용 연료로 사용되므로 공업이 발달한 국가에서 수요가 많으며, 특히 (㉡)에서 생산되어 동아시아 지역으로 많이 수출된다. 중국은 (㉠) 매장량이 풍부하지만, 국내 사용량이 많아서 (㉡) 등지에서 수입하고 있다.

	㉠	㉡
①	석탄	뉴질랜드
②	석탄	오스트레일리아
③	석유	인도
④	석유	오스트레일리아
⑤	천연가스	인도네시아

IV

★빈출
421

지도는 오스트레일리아로에서 생산된 자원의 이동을 나타낸 것이다. A, B 자원으로 옳은 것은?

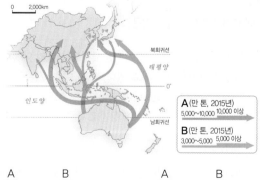

	A	B			A	B
①	석탄	금		②	석탄	철광석
③	철광석	석탄		④	철광석	천연가스
⑤	알루미늄	석탄				

422

그래프는 몬순 아시아와 오세아니아의 국가별 자원 생산량 변화를 나타낸 것이다. (가), (나)에 대한 옳은 설명만을 〈보기〉에서 고른 것은?

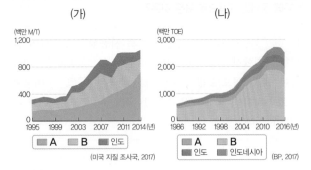

(가)   (나)

(미국 지질 조사국, 2017)   (BP, 2017)

【 보기 】
ㄱ. (가)는 철광석, (나)는 석탄이다.
ㄴ. A는 오스트레일리아, B는 중국이다.
ㄷ. A는 B보다 철강 제품의 생산량이 많다.
ㄹ. (나)의 소비량은 A가 B보다 많다.

① ㄱ, ㄴ   ② ㄱ, ㄷ   ③ ㄴ, ㄷ   ④ ㄴ, ㄹ   ⑤ ㄷ, ㄹ

423

다음 국가들의 공통점만을 〈보기〉에서 고른 것은?

• 타이   • 베트남   • 인도네시아

【 보기 】
ㄱ. 일본보다 1차 산업 비중이 높다.
ㄴ. 사회주의 경제 체제를 지니고 있다.
ㄷ. 철광석, 석탄의 매장량이 많은 자원 부국이다.
ㄹ. 다국적 기업의 생산 공장이 많이 증가하고 있다.

① ㄱ, ㄷ   ② ㄱ, ㄹ   ③ ㄴ, ㄷ
④ ㄱ, ㄴ, ㄹ   ⑤ ㄴ, ㄷ, ㄹ

424

㉠, ㉡에 대한 설명으로 옳은 것은?

주요 식량 자원인 (㉠)은/는 전 세계 생산량의 90% 이상이 몬순 아시아에서 생산되고 있다. (㉡)은/는 중국, 인도, 오스트레일리아의 생산량이 많은데, 오스트레일리아에서 생산된 (㉡)은/는 동아시아 등지로 수출된다.

① ㉠의 원산지는 아메리카이다.
② ㉠은 멕시코 전통 음식인 토르티야를 만들 때 사용한다.
③ ㉠은 ㉡보다 세계의 재배 면적이 넓다.
④ ㉡은 ㉠보다 단위 면적당 생산량이 적다.
⑤ 우리나라는 ㉠보다 ㉡의 자급률이 높다.

425

(가), (나) 농목업 활동이 이루어지는 지역을 지도의 A~C에서 고른 것은?

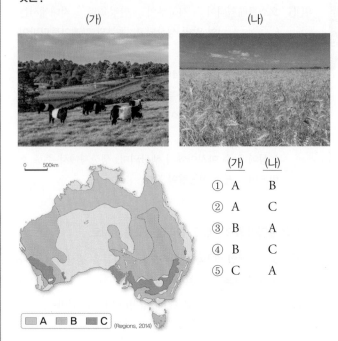

(가)   (나)

	(가)	(나)
①	A	B
②	A	C
③	B	A
④	B	C
⑤	C	A

A ▨ B ▨ C (Regions, 2014)

426

그래프는 몬순 아시아 세 국가의 무역 구조를 나타낸 것이다. (가)~(다) 국가에 대한 설명으로 옳은 것은? (단, (가)~(다)는 인도, 일본, 중국 중 하나임.)

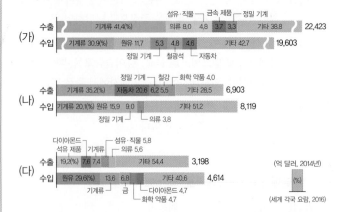

① (가)는 (나)보다 1인당 국내 총생산이 많다.
② (가)는 (다)보다 인구 증가율이 높다.
③ (나)는 (가)보다 영토 면적이 넓다.
④ (나)는 (다)보다 노년층 인구 비중이 높다.
⑤ (다)는 (가)보다 쌀과 밀 생산량이 많다.

★빈출
427

그래프는 세 국가의 무역 구조를 나타낸 것이다. (가)~(다) 국가에 대한 옳은 설명만을 〈보기〉에서 고른 것은? (단, (가)~(다)는 인도, 중국, 오스트레일리아 중 하나임.)

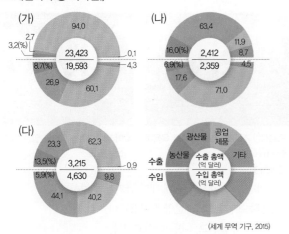

(세계 무역 기구, 2015)

[보기]
ㄱ. (가)는 (나)보다 상품 무역 흑자액이 많다.
ㄴ. (나)는 (다)보다 1인당 국내 총생산이 많다.
ㄷ. (다)는 (가)보다 제조업 종사자 수 비중이 높다.
ㄹ. (가)~(다) 모두 인구 순유입 국가에 속한다.

① ㄱ, ㄴ   ② ㄱ, ㄷ   ③ ㄴ, ㄷ   ④ ㄴ, ㄹ   ⑤ ㄷ, ㄹ

428

그래프는 오스트레일리아의 주요 무역 상대국을 나타낸 것이다. 이에 대한 설명으로 옳은 것은?

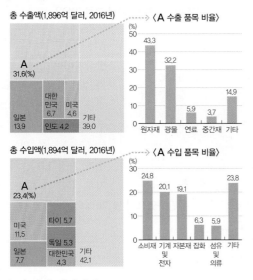

① A국은 유럽에 위치한다.
② A국은 오스트레일리아보다 1인당 국내 총생산이 많다.
③ A국은 오스트레일리아와의 무역에서 흑자가 나타난다.
④ 오스트레일리아는 미국보다 일본과의 무역액이 더 많다.
⑤ 오스트레일리아는 A국으로부터 원자재와 광물 등을 주로 수입한다.

2. 민족(인종) 및 종교적 차이

[429~430] 지도는 몬순 아시아와 오세아니아의 민족 분포를 나타낸 것이다. 이를 보고 물음에 답하시오.

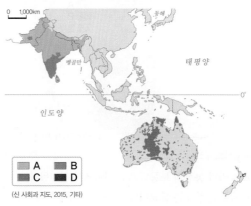

(신 사회과 지도, 2015, 기타)

★빈출
429

A, B 민족에 대한 설명으로 옳지 않은 것은?

① A는 아리안족이다.
② B는 드라비다족이다.
③ A는 B보다 피부색이 밝다.
④ A, B 민족이 거주하는 지역은 힌두교 신자들이 많다.
⑤ 남부 아시아에는 A가 B보다 먼저 거주하고 있었다.

430

C, D 민족의 명칭으로 옳은 것은?

	C	D		C	D
①	마오리족	파푸아인	②	마오리족	애버리지니
③	파푸아인	마오리족	④	애버리지니	마오리족
⑤	애버리지니	파푸아인			

431

㉠ 소수 민족이 거주하는 지역을 지도의 A~E에서 고른 것은?

(㉠)은 중국뿐만 아니라 파키스탄, 카자흐스탄 등지에도 거주하며, 주로 이슬람교를 믿고 터키계 언어를 사용한다.

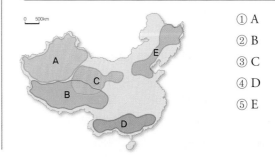

① A
② B
③ C
④ D
⑤ E

432

지도는 스리랑카의 민족 분포를 나타낸 것이다. 이에 대한 옳은 설명만을 〈보기〉에서 고른 것은?

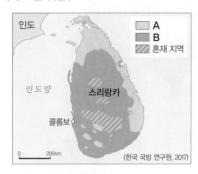

[보기]

ㄱ. A는 커피 농장의 노동력으로 인도에서 건너왔다.

ㄴ. B의 주된 종교는 불교이다.

ㄷ. A는 타밀족, B는 신할리즈족이다.

ㄹ. A는 아리안족에 속하고, B는 드라비다족에 속한다.

① ㄱ, ㄴ   ② ㄱ, ㄷ   ③ ㄴ, ㄷ

④ ㄴ, ㄹ   ⑤ ㄷ, ㄹ

★ 빈출 433

A~C에 해당하는 종교로 옳은 것은?

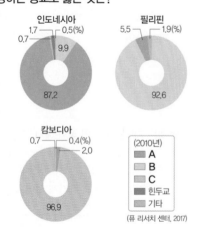

(2010년)
- A
- B
- C
- 힌두교
- 기타

(퓨 리서치 센터, 2017)

	A	B	C
①	불교	이슬람교	크리스트교
②	이슬람교	불교	크리스트교
③	이슬람교	크리스트교	불교
④	크리스트교	불교	이슬람교
⑤	크리스트교	이슬람교	불교

434

(가), (나)의 경관이 나타나는 종교에 대한 옳은 설명만을 〈보기〉에서 고른 것은?

(가)   (나)

▲ 종교적인 정화를 위해 강에서 목욕하는 사람들   ▲ 머리를 가리는 의복을 입은 후 기도하는 사람들

[보기]

ㄱ. (가)는 돼지고기 섭취에 대한 금기가 엄격하다.

ㄴ. (나)는 아라베스크 문양을 사용한다.

ㄷ. (가)는 유일신교, (나)는 다신교이다.

ㄹ. (나)는 (가)보다 신자 분포의 공간적 범위가 넓다.

① ㄱ, ㄴ   ② ㄱ, ㄷ   ③ ㄴ, ㄷ

④ ㄴ, ㄹ   ⑤ ㄷ, ㄹ

435

자료에 대한 옳은 설명만을 〈보기〉에서 고른 것은?

A는 (가) 와 (나) 의 발상지이며, (나) 의 신자 수가 가장 많다. A와 국경을 접하고 있는 B의 경우 (㉠), C의 경우 (㉡)을/를 믿는 신자 수가 가장 많다. 차 생산지로 유명한 D는 1948년 영국으로부터 독립하였으며 약 70%의 주민들이 (㉡)를 믿고 있다.

[보기]

ㄱ. (가)는 불교, (나)는 힌두교이다.

ㄴ. ㉠은 이슬람교, ㉡은 힌두교이다.

ㄷ. B는 D보다 ㉠의 신자 수 비중이 높다.

ㄹ. ㉠, ㉡ 세력 간 내전이 발생했던 국가는 C이다.

① ㄱ, ㄴ   ② ㄱ, ㄷ   ③ ㄴ, ㄷ

④ ㄴ, ㄹ   ⑤ ㄷ, ㄹ

436

⊙ 국가에 대한 설명으로 가장 적절한 것은?

> 매년 4월 13일~15일에 (⊙)에서 열리는 송끄란 축제는 새해맞이를 기념하는 전통이다. 이 시기는 농작물의 수확을 마친 건기의 끝 무렵으로, 일 년 중 기온이 가장 높다. 곧 다가올 우기에 비가 충분히 내려 농사가 잘되기를 기원하고, 더위를 잠시나마 식히는 의미에서 서로에게 물을 뿌린다.

① 주민의 대부분이 불교를 신봉한다.

② 유럽인이 유입되면서 원주민과의 갈등이 있었다.

③ 힌두교도와 이슬람교도가 첨예하게 대립하고 있다.

④ 남부에는 드라비다족이, 중부와 북부에는 아리안족이 주로 거주한다.

⑤ 소수 민족의 전통을 보호하기 위해 자치구를 설정하여 각 민족의 고유성을 인정하고 있다.

437

다음 여행기의 내용을 볼 수 있는 지역을 지도의 A~E에서 고른 것은?

> 힌두교와 이슬람교를 각각 믿는 두 나라의 국경 지대에서 군인들이 국기 하강식을 하고 있는 것을 보았다. 두 나라의 군인들은 경쟁적으로 다리를 높이 들어 올렸고, 이를 보려고 많은 관광객들이 모여 있었다.

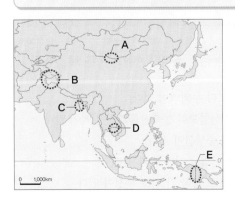

① A
② B
③ C
④ D
⑤ E

1등급을 향한 서답형 문제

[438~439] 그래프는 세 국가의 국내 총생산(GDP)과 산업 구조를 나타낸 것이다. 이를 보고 물음에 답하시오. (단, (가)~(다)는 일본, 인도네시아, 오스트레일리아 중 하나임.)

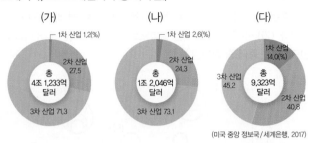

(미국 중앙 정보국 / 세계은행, 2017)

438

(가)~(다) 국가의 이름을 쓰시오.

439

(가), (나) 국가의 경제적 협력 관계를 제시된 용어를 모두 사용하여 서술하시오.

> • 지하자원   • 공산품

[440~441] 지도는 몬순 아시아 및 오세아니아 지역의 종교 분포를 나타낸 것이다. 이를 보고 물음에 답하시오.

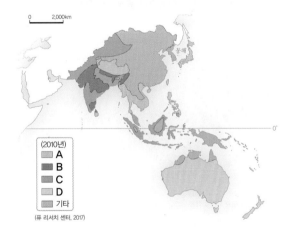

(퓨 리서치 센터, 2017)

(2010년)
A
B
C
D
기타

440

지도에 표시된 A~D 종교를 쓰시오.

★빈출
441

B와 C 간에 갈등이 발생하는 지역과 해당 국가 및 종교를 서술하시오.

적중1등급 문제

>> 바른답·알찬풀이 39쪽

442

그래프는 세 국가의 국내 총생산과 2·3차 산업 생산액 비율을 나타낸 것이다. (가)~(다) 국가에 대한 설명으로 옳은 것은? (단, (가)~(다)는 인도, 일본, 중국 중 하나임.)

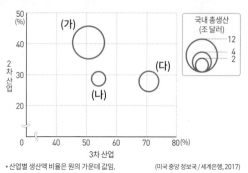

* 산업별 생산액 비율은 원의 가운데 값임. (미국 중앙 정보국 / 세계은행, 2017)

① (가)는 남부 아시아에 위치한다.
② (가)는 (나)보다 제조업 생산액이 많다.
③ (나)는 (다)보다 총인구가 적다.
④ (다)는 (가)보다 1차 산업 생산액이 많다.
⑤ 쌀 생산량은 (가)>(다)>(나) 순으로 많다.

443

지도는 몬순 아시아와 오세아니아의 주요 자원 분포 및 이동을 나타낸 것이다. A~C 자원에 대한 설명으로 옳은 것은? (단, A~C는 석유, 석탄, 철광석 중 하나임.)

① A는 주로 안정육괴에 매장되어 있다.
② B는 '산업의 쌀'로 불리는 금속 광물 자원이다.
③ C는 주로 신생대 제3기층에 매장되어 있다.
④ A는 B보다 국제 이동량이 많다.
⑤ A, B의 최대 생산국은 모두 중국이다.

444

그래프는 지도에 표시된 세 국가의 산업별 종사자 비율을 나타낸 것이다. (가)~(다) 국가에 대한 옳은 설명만을 〈보기〉에서 고른 것은?

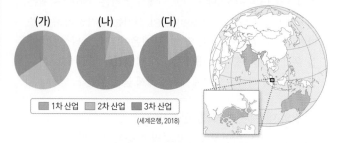

(세계은행, 2018)

[보기]
ㄱ. (가)는 오세아니아에 위치한다.
ㄴ. (가)는 (다)보다 국토 면적이 넓다.
ㄷ. (나)는 (가)보다 인구 밀도가 낮다.
ㄹ. (다)는 (나)보다 철광석 수출량이 많다.

① ㄱ, ㄴ   ② ㄱ, ㄷ   ③ ㄴ, ㄷ
④ ㄴ, ㄹ   ⑤ ㄷ, ㄹ

445

그래프는 세 국가의 무역 구조를 나타낸 것이다. (가)~(다) 국가에 대한 설명으로 옳은 것은? (단, (가)~(다)는 중국, 뉴질랜드, 인도 중 하나임.)

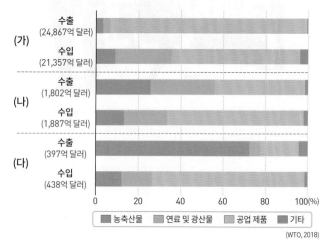

(WTO, 2018)

① 인도는 뉴질랜드보다 무역액이 적다.
② 중국은 연료 및 광산물보다 농축산물의 수입액이 많다.
③ (가)는 (나)보다 국내 총생산이 적다.
④ (나)는 (다)보다 3차 산업 종사자 수가 적다.
⑤ (가), (나)는 인접국으로 양국 간 영토 분쟁이 있다.

446

A∼D 종교에 대한 설명으로 옳은 것은? (단, A∼D는 불교, 힌두교, 이슬람교, 크리스트교 중 하나임.)

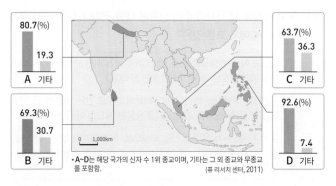

*A∼D는 해당 국가의 신자 수 1위 종교이며, 기타는 그 외 종교와 무종교를 포함함.
(퓨 리서치 센터, 2011)

① A는 술과 돼지고기를 금기시한다.

② B의 대표적 종교 경관은 첨탑과 둥근 지붕이 있는 모스크이다.

③ C의 사원에는 다양한 신들의 모습이 조각되어 있다.

④ A는 B보다 전 세계의 신자 수가 많다.

⑤ A, B, D는 모두 보편 종교에 해당한다.

447

그래프는 세 국가의 상품별 수출액 비율을 나타낸 것이다. (가)∼(다) 국가를 지도의 A∼C에서 고른 것은?

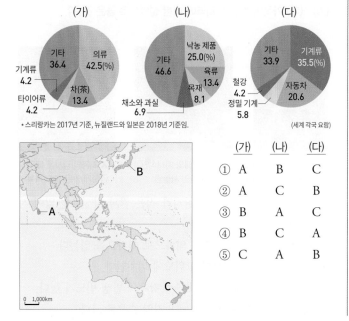

*스리랑카는 2017년 기준, 뉴질랜드와 일본은 2018년 기준임.

(세계 각국 요람)

	(가)	(나)	(다)
①	A	B	C
②	A	C	B
③	B	A	C
④	B	C	A
⑤	C	A	B

448

A∼D 지역에서 나타나는 분쟁에 대한 설명으로 옳지 <u>않은</u> 것은?

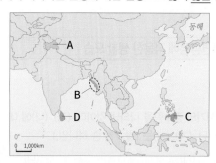

① A에서는 이슬람교 신자와 힌두교 신자 간의 갈등이 발생하고 있다.

② B의 로힝야족은 불교 국가에서 이슬람교를 믿는다는 이유로 차별을 받고 있다.

③ C는 이슬람교 신자보다 크리스트교 신자가 많다.

④ D 지역 분쟁의 주요 원인은 종교가 다른 민족 간의 갈등이다.

⑤ A∼D 모두 지역 분쟁 원인과 관련된 종교에 힌두교가 있다.

449

㉠ 국가를 지도의 A∼E에서 고른 것은?

(㉠)의 국장 가운데 방패에 그려진 선박은 해상 무역의 중요성을 의미하고, 금색 양모는 축산업을 의미한다. 방패 왼쪽에는 국기를 든 유럽계 여성, 오른쪽에는 창을 든 마오리족 추장이 그려져 있다.

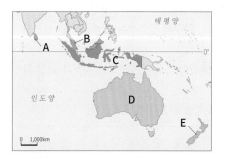

① A
② B
③ C
④ D
⑤ E

단원 **마무리 문제** Ⅳ 몬순 아시아와 오세아니아

08 자연환경에 적응한 생활 모습

450

지도는 두 시기의 강수량을 나타낸 것이다. (가), (나)에 대한 설명으로 옳은 것은? (단, (가), (나)는 1월, 7월 중 하나임.)

(가)   (나)

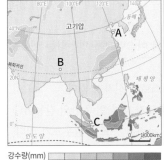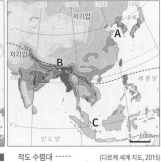

강수량(mm) 0 25 50 100 200 300 400 이상
적도 수렴대 ----- (디르케 세계 지도, 2015)

① A는 B보다 지형적 요인에 의한 강수가 많다.
② B는 C보다 기온의 연교차가 작다.
③ (나) 시기 A는 C보다 낮 길이가 짧다.
④ A는 (나)보다 (가) 시기에 평균 풍속이 강하다.
⑤ C는 B보다 (가), (나) 시기 강수 편차가 크다.

451

A~E 지형에 대한 옳은 설명만을 〈보기〉에서 고른 것은?

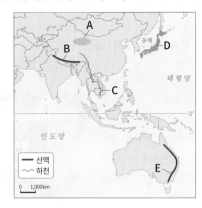

[보기]
ㄱ. A는 아열대 고압대의 영향으로 사막이 형성되었다.
ㄴ. C는 국제 하천으로, 하구의 삼각주는 세계적인 쌀 생산지이다.
ㄷ. D는 대륙판과 대륙판이 충돌하는 곳으로 지진과 화산 활동이 활발하다.
ㄹ. E는 B보다 조산 운동을 받은 시기가 이르다.

① ㄱ, ㄴ ② ㄱ, ㄷ ③ ㄴ, ㄷ ④ ㄴ, ㄹ ⑤ ㄷ, ㄹ

452

표는 몬순 아시아 세 국가의 주민 생활에 대한 것이다. (가)~(다) 국가를 지도의 A~C에서 고른 것은?

(가)	소금과 식초, 설탕으로 간을 한 밥 위에 얇게 저민 생선을 얹거나 김으로 말아 만드는 '스시'가 대표적인 음식이다.
(나)	주민들은 마닐라삼, 바나나, 파인애플의 섬유로 만든 '바롱'을 즐겨입니다. 이곳은 에스파냐의 소시지를 응용한 '모르콘'이 유명하다.
(다)	중국 치파오에서 유래한 전통 의상으로 '아오자이'가 있다. '아오'는 '옷', '자이'는 '길다'라는 뜻이다. 이곳은 또한 '퍼'라고 불리는 쌀국수가 유명하다.

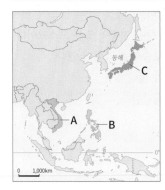

	(가)	(나)	(다)
①	A	B	C
②	B	A	C
③	B	C	A
④	C	A	B
⑤	C	B	A

453

(가)~(다) 가옥이 발달한 지역에 대한 설명으로 옳은 것은?

(가)   (나)   (다)

▲ 가옥 바닥을 지면에 띄워서 지은 고상 가옥 ▲ 'ㅁ' 형태의 폐쇄적인 가옥 구조인 사합원 ▲ 지붕의 경사를 매우 급하게 만든 합장 가옥

① (가) 지역의 전통 음식은 찰기가 적은 쌀과 향신료를 많이 사용한다.
② (다) 지역의 주민들은 전통 의복으로 치파오를 입는다.
③ (가) 지역은 (나) 지역보다 고위도에 위치한다.
④ (나) 지역은 (가) 지역보다 대류성 강수의 발생 빈도가 높다.
⑤ 기온의 연교차는 (가)>(다)>(나) 지역 순으로 크다.

90 Ⅳ. 몬순 아시아와 오세아니아

454

그래프는 (가)~(다) 작물의 몬순 아시아 지역 생산량 상위 5개국을 나타낸 것이다. 이에 대한 설명으로 옳은 것은? (단, (가)~(다)는 쌀, 차, 커피 중 하나이고, A, B는 중국, 베트남 중 하나임.)

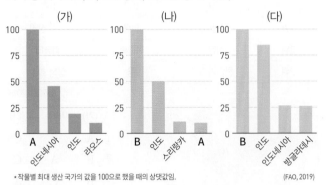

• 작물별 최대 생산 국가의 값을 100으로 했을 때의 상댓값임. (FAO, 2019)

① A의 수도는 B의 수도보다 연평균 기온이 낮다.
② B는 A보다 제조업 생산액이 적다.
③ (가)의 최대 생산국은 아시아에 위치한다.
④ (다)는 세계 3대 식량 작물 중 하나이다.
⑤ (나)는 (가)보다 국제 이동량이 많다.

455

다음은 세 국가와 관련된 해시태그 중 일부이다. (가)~(다)에 대한 설명으로 옳은 것은? (단, (가)~(다)는 몽골, 인도, 타이 중 하나임.)

① (가)의 전통 가옥은 고상 가옥 형태가 많다.
② (나)는 동남아시아에 위치한다.
③ (다)는 국토 대부분이 건조 기후에 속한다.
④ (가)는 (나)보다 국내 총생산이 많다.
⑤ (다)는 (나)보다 주민 중 불교 신자 수 비율이 높다.

09 주요 자원 및 산업 구조와 민족 및 종교

456

지도는 두 자원의 이동을 나타낸 것이다. A, B 자원에 대한 옳은 설명만을 〈보기〉에서 고른 것은?

[보기]
ㄱ. A는 산업 혁명 당시 주요 에너지원이었다.
ㄴ. B는 안정육괴에 주로 매장되어 있다.
ㄷ. B의 최대 생산국과 소비국 모두 중국이다.
ㄹ. A는 금속 광물 자원, B는 에너지 자원에 해당한다.

① ㄱ, ㄴ   ② ㄱ, ㄷ   ③ ㄴ, ㄷ
④ ㄴ, ㄹ   ⑤ ㄷ, ㄹ

457

다음은 두 국가 간 수출 품목을 나타낸 것이다. (가), (나) 국가에 대한 설명으로 옳은 것은? (단, (가), (나)는 중국, 오스트레일리아 중 하나임.)

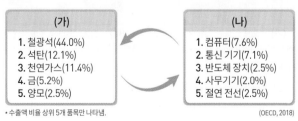

• 수출액 비율 상위 5개 품목만 나타냄. (OECD, 2018)

① (가)는 북반구에 위치한다.
② (가)는 (나)보다 1차 산업 종사자 수가 많다.
③ (가)는 (나)보다 1인당 국내 총생산(GDP)이 많다.
④ (나)는 (가)보다 무역 규모가 작다.
⑤ (나)는 (가)보다 주민 중 영어 사용자의 비율이 높다.

458

그래프는 지도에 표시된 네 국가의 2·3차 산업 종사자 비율 및 총 종사자를 나타낸 것이다. 이에 대한 설명으로 옳은 것은?

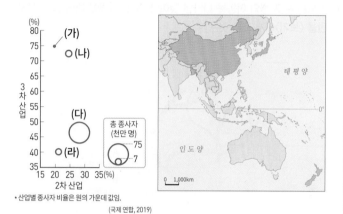

• 산업별 종사자 비율은 원의 가운데 값임.
(국제 연합, 2019)

① (가)의 주민들은 대부분 돼지고기와 술을 금기시한다.
② (나)에는 원주민인 마오리족이 있다.
③ (나)는 (라)보다 1차 산업 종사자가 많다.
④ (다)는 (가)보다 수출품 중 낙농 제품이 차지하는 비율이 높다.
⑤ (가)~(라) 중 국내 총생산은 (다)가 가장 많다.

459

그래프는 오스트레일리아의 수출액 비율 상위 5개국을 나타낸 것이다. 이에 대한 옳은 설명만을 〈보기〉에서 고른 것은? (단, (가), (나)는 영국, 중국 중 하나임.)

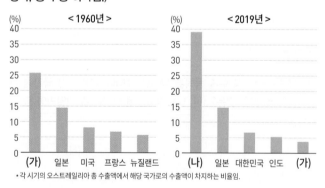

• 각 시기의 오스트레일리아 총 수출액에서 해당 국가로의 수출액이 차지하는 비율임.

【 보기 】
ㄱ. (가)는 (나)보다 국내 총생산이 많다.
ㄴ. (나)는 (가)보다 도시화율이 높다.
ㄷ. 오스트레일리아는 과거 (가)의 식민 지배를 받았다.
ㄹ. 오스트레일리아는 1960년보다 2019년에 몬순 아시아에 대한 수출 의존도가 높다.

① ㄱ, ㄴ   ② ㄱ, ㄷ   ③ ㄴ, ㄷ
④ ㄴ, ㄹ   ⑤ ㄷ, ㄹ

460

표는 세 국가의 수출액 상위 3개 품목을 나타낸 것이다. (가)~(다) 국가를 지도의 A~C에서 고른 것은?

순위 \ 국가	(가)	(나)	(다)
1위	철광석	의류	방송 장비
2위	석탄	귀금속	컴퓨터
3위	천연가스	금	집적 회로

(OECD, 2018)

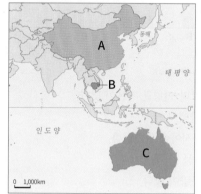

	(가)	(나)	(다)
①	A	B	C
②	B	A	C
③	B	C	A
④	C	A	B
⑤	C	B	A

461

그래프는 지도에 표시된 세 국가의 종교별 신자 수 비율을 나타낸 것이다. 이에 대한 설명으로 옳은 것은? (단, A~C는 불교, 이슬람교, 크리스트교 중 하나임.)

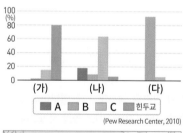

(Pew Research Center, 2010)

① A는 뉴질랜드 내에서 신자 수 비율이 가장 높다.
② B는 카슈미르 지역의 종교 갈등과 관련 있다.
③ C는 필리핀의 모로족이 주로 믿는 종교이다.
④ A는 C보다 기원 시기가 늦다.
⑤ (가)는 인도, (나)는 필리핀, (다)는 말레이시아이다.

462

지도는 남부 아시아 어느 지역의 종교 분포를 나타낸 것이다. A, B 종교에 대한 옳은 설명만을 〈보기〉에서 고른 것은?

[보기]
ㄱ. A는 보편 종교에 해당한다.
ㄴ. B의 대표적 종교 경관에는 첨탑이 있는 모스크가 있다.
ㄷ. A는 B보다 세계 신자 수가 많다.
ㄹ. 네팔은 B보다 A의 신자 수가 많다.

① ㄱ, ㄴ   ② ㄱ, ㄷ   ③ ㄴ, ㄷ
④ ㄴ, ㄹ   ⑤ ㄷ, ㄹ

463

㉠, ㉡ 국가를 지도의 A∼D에서 고른 것은?

• 유럽인들이 (㉠)(으)로 진출하면서 원주민인 애버리지니와의 갈등이 시작되었다. 유럽인은 합의나 계약 없이 무단으로 이곳을 점령하였고, 건조하거나 기온이 높아 거주 환경이 열악한 오지로 원주민을 강제 이주시켰다.
• 로힝야족은 (㉡)의 라카인주에 거주하며 주로 이슬람교를 신봉한다. 이들은 19세기 식민 지배를 하던 영국이 인도 동부 주민을 이주시키면서 유입되었다. (㉡) 정부는 로힝야족을 불법 이민자로 규정하고 탄압하고 있다.

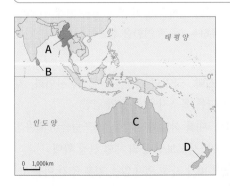

	㉠	㉡
①	A	D
②	B	A
③	C	A
④	C	B
⑤	D	B

464

㉠∼㉤에 대한 설명으로 옳지 <u>않은</u> 것은?

(㉠)에서는 힌두교도인 타밀족과 불교도인 신할리즈족 간의 갈등이 지속되고 있다. 이슬람교를 주로 믿는 (㉡)은/는 영토가 많은 섬으로 이루어져 다양한 문화가 나타나며, 아체 지역은 석유와 천연가스의 이권을 둘러싸고 정부와 반군과의 갈등이 발생하고 있다. 크리스트교가 다수를 이루는 (㉢)도 소수 이슬람교도와의 갈등이 발생하고 있다. 민다나오섬에 거주하는 이슬람교도인 모로족은 정부의 차별에 대항하며 오랫동안 무장 투쟁을 이어 오고 있다. 다민족 국가인 중국은 한족과 소수 민족 간의 갈등이 나타나고 있다. 티베트족이 거주하는 ㉣ 시짱 자치구와 위구르족이 거주하는 ㉤ 신장웨이우얼 자치구는 중국으로부터의 독립을 주장하고 있다.

① ㉠은 환태평양 조산대에 위치해 지진·화산 활동이 활발하다.
② ㉠은 ㉢보다 차 생산량이 많다.
③ ㉠은 남부 아시아, ㉡은 동남아시아에 위치한다.
④ ㉣은 ㉤보다 불교 신자 수 비율이 높다.
⑤ ㉤은 ㉣보다 고위도에 위치한다.

[465∼466] 지도는 몬순 아시아의 종교 분포를 나타낸 것이다. 이를 보고 물음에 답하시오.

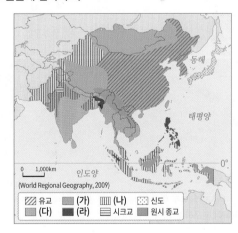

465

(가)∼(라) 종교의 명칭을 쓰시오.

466 ✔ 서술형

(가), (다) 간에 갈등이 발생하는 대표적인 지역을 쓰고, 갈등의 원인을 서술하시오.

10

자연환경에 적응한 생활 모습

✓ **출제 포인트**　✓ 건조 아시아와 북부 아프리카의 지역별 지형 특색　✓ 건조 기후의 특징이 반영된 의식주와 토지 이용

1. 자연환경 특성

1 기후 특성

(1) **건조 기후**　강수량보다 증발량이 많고, 일교차가 큼 → 인간 거주에 불리함, 물을 얻을 수 있는 곳을 중심으로 사람들이 거주함

✪ (2) **지역에 따라 다른 기후**　ⓒ 95쪽 481번 문제로 확인

사막 기후	연중 건조, 북부 아프리카 및 아라비아반도 일대
스텝 기후	사막 주변 지역, 터키와 이란의 고원 지대, 카자흐스탄 등지
지중해성 기후	지중해와 흑해 연안 지역

2 지형 특성

(1) **대산맥**　높고 험준한 산지 분포 → 지각이 불안정하고 지진이 잦음, 구릉지에 마을 형성 예 아틀라스산맥, 아나톨리아고원, 이란고원 등

(2) **대하천과 충적 평야**　고대 문명의 발상지, 농경 발달, 인구 밀집
① 나일강: 하구에 비옥한 삼각주 평야 형성
② 티그리스·유프라테스강: 메소포타미아 평원 형성

(3) **해안 평야**　지중해와 흑해 연안에 부분적으로 발달

(4) **사막**　북부 아프리카의 중남부와 아라비아반도 일대에 넓게 분포 예 사하라 사막, 리비아 사막, 룹알할리 사막 등

> **자료**　건조 아시아와 북부 아프리카의 지형　ⓒ 96쪽 482번 문제로 확인

> **분석** 〉 아시아와 북부 아프리카는 대부분 건조 기후에 속하여 세계적으로 큰 사막이 분포하며, 사막 주변 지역에는 초원이 분포한다.

2. 전통적인 생활 모습

1 의식주 문화

(1) **의복**　헐렁하게 늘어지는 천으로 온몸을 감싸는 형태의 옷 → 강한 햇볕과 모래바람으로부터 피부를 보호함, 통풍이 잘 되고 보온 기능이 뛰어나 일교차가 큰 환경에 적합함

(2) **음식**　밀로 만든 빵, 고기와 유제품, 대추야자, 케밥 등

(3) 가옥

흙집	• 사막 기후 지역, 나무를 구하기 어려워 흙을 이용함 • 그늘이 생기도록 집들을 촘촘하게 붙여 지음 • 큰 기온의 일교차, 강한 일사, 모래바람을 막기 위한 특징이 나타남 → 작은 창문, 두꺼운 벽, 평평한 지붕 • 바드기르: 서남아시아 전통 가옥의 탑 모양 환풍구, 카나트의 지하수가 더운 공기를 냉각시켜 내부 열기를 배출함
천막집	스텝 기후 지역, 초원에서 유목을 할 때 편리한 이동식 가옥

> **자료**　의복과 전통 가옥　ⓒ 96쪽 485번 문제로 확인

▲ 의복　　▲ 사막 기후 지역의 흙집　　▲ 스텝 기후 지역의 천막집

> **분석** 〉 건조 아시아와 북부 아프리카의 주민들은 온몸을 감싸는 형태의 옷을 주로 입는다. 사막 기후 지역에서는 흙집이, 스텝 기후 지역에서는 천막집이 나타난다.

2 토지 이용 방식

(1) **농업**
① 오아시스 농업: 외래 하천이나 오아시스를 중심으로 마을을 이루고 대추야자, 밀, 보리 등을 재배함
② 관개 농업: 지하수를 이용하여 작물 경작, 지하 관개 수로 설치

> **자료**　지하 관개 수로(카나트)　ⓒ 98쪽 495번 문제로 확인

> **분석** 〉 높은 산지 부근에서는 수분 증발을 막기 위해 지하 관개 수로(카나트)를 설치하여 농업 및 생활 용수로 활용한다.

(2) **유목**　물과 풀을 찾아 이동하며 양과 낙타 등의 가축 사육, 가축의 털과 가죽·젖과 고기를 이용함

(3) **대상 무역**　여러 지역의 소식을 알려 주고 상품 거래 → 다양한 문화가 서로 교류하는 데 큰 역할을 함

3 주민 생활의 변화

(1) **유목과 대상 무역의 쇠퇴**　국경의 설정, 도시화와 산업화, 자원 개발, 사막화에 따른 목초지 감소 등의 영향

(2) **관개 농업 지역 확대**　내륙 사막까지 가능, 스프링클러 활용

(3) **생태 관광**　낙타 타기, 샌드보딩 등의 체험 관광 확대

(4) **태양열·태양광 발전**　비가 자주 오지 않는 기후 조건 이용

분석 기출 문제

» 바른답·알찬풀이 42쪽

•• ㉠, ㉡ 중 알맞은 것을 고르시오.

467 건조 아시아와 북부 아프리카는 대부분 (㉠ 건조 기후, ㉡ 열대 기후)에 속한다.

468 건조 기후 지역의 전통 음식은 주로 (㉠ 양고기, ㉡ 돼지고기)를 활용한 것이 많다.

469 유목민들은 이동 생활에 편리하도록 조립과 분해가 쉬운 (㉠ 흙집, ㉡ 천막집)에서 생활한다.

•• 다음 내용이 옳으면 ○표, 틀리면 ×표를 하시오.

470 나일강 유역, 티그리스·유프라테스강 유역은 고대 문명의 발상지이며, 인구 밀도가 높다. ( )

471 건조 아시아와 북부 아프리카의 주민은 강한 일사로부터 몸을 보호하기 위해 전신을 가리는 옷을 입는다. ( )

472 사막 기후 지역의 주민들은 물을 쉽게 얻을 수 있는 외래 하천이나 오아시스 주변에 주로 거주한다. ( )

•• 빈칸에 들어갈 용어를 쓰시오.

473 건조 기후가 주로 나타나는 아프리카 대륙의 북쪽에는 세계 최대의 사막인 ( )이/가 분포한다.

474 사막 기후 지역에서는 가옥의 재료로 나무를 구하기 힘들어 ( )을/를 짓는다.

475 생으로 먹거나 말려서 먹는 ( )은/는 건조 기후 지역 주민들의 대표적인 식량 자원 중 하나이다.

•• 건조 아시아와 북부 아프리카의 전통적인 생활 모습을 바르게 연결하시오.

476 케밥 • • ㉠ 전통 가옥의 냉방 시설

477 바드기르 • • ㉡ 얇은 고기를 꼬챙이에 끼워 구운 요리

•• 다음에서 설명하는 용어를 〈보기〉에서 고르시오.

478 무리를 지어 이동하며 물건을 팔거나 교환하는 상인 ( )

479 높은 산지 부근에서 수분 증발을 막기 위해 지하에 설치한 관개 수로 ( )

┌【 보기 】
│ ㄱ. 대상(隊商)   ㄴ. 카나트
└

480

표는 세 도시의 기후 특성을 나타낸 것이다. (가)~(다) 도시를 지도의 A~C에서 고른 것은?

구분	1월		7월		연 강수량 (mm)
	평균 기온 (℃)	강수량 (mm)	평균 기온 (℃)	강수량 (mm)	
(가)	10.4	123	27.2	10	655
(나)	13.1	5	27.6	0	18
(다)	-2.9	40	23.2	7	362

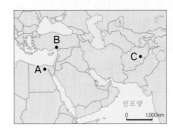

	(가)	(나)	(다)
①	A	B	C
②	A	C	B
③	B	A	C
④	B	C	A
⑤	C	A	B

✪빈출 481

(나) 지역과 비교한 (가) 지역의 상대적 특징을 그림의 A~E에서 고른 것은?

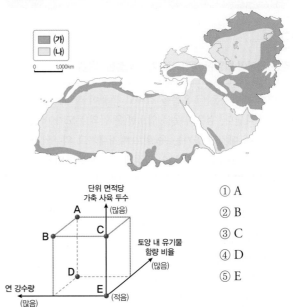

① A
② B
③ C
④ D
⑤ E

★ 빈출
482

A~F 지형에 대한 설명으로 옳은 것은?

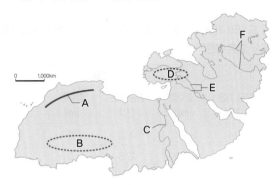

① A는 아시아와 유럽 문명을 연결하는 다리 역할을 한다.
② B는 탁월풍의 비그늘 지역에 위치한다.
③ F의 하구에는 비옥한 삼각주가 형성되어 있다.
④ A, D는 지각이 비교적 안정된 상태이다.
⑤ C, E 유역에는 일찍부터 도시가 발달하였다.

2. 전통적인 생활 모습

483

㉠과 같은 의복이 발달한 까닭으로 가장 적절한 것은?

이 지역의 주민들은 ㉠온몸을 감싸고 통풍이 잘되는 검은색 옷을 입고 다닌다. 검은색 옷을 입으면 옷 안의 온도가 더 높아지지만, 이때 데워진 공기는 옷 위로 빠져나가고 외부의 공기가 옷 아래를 통해 들어온다. 이 과정에서 땀이 증발되어 옷 안의 온도를 낮춰 몸을 시원하게 해 주는 것이다.

① 습도가 높아서
② 증발량이 많아서
③ 강수량이 매우 많아서
④ 기온의 일교차가 작아서
⑤ 강수 시기가 매우 불규칙해서

484

(가), (나) 음식에 대한 설명으로 옳은 것은?

(가)	(나)
(㉠)으로 만든 반죽을 둥글고 평평하게 빚은 다음 화덕에 구워 향신료를 뿌려 먹는 발효 빵이다.	'꼬챙이에 끼워 불에 구운 고기'라는 의미로, 얇게 자른 (㉡)을/를 꼬챙이에 끼워 굽는 요리이다.

[보기]
ㄱ. (가)는 요리 과정에서 물 소비가 적고 잘 상하지 않는다.
ㄴ. (나)는 식생의 밀도가 높은 지역에서 발달하였다.
ㄷ. (가), (나) 모두 유목민의 이동 생활에 적합한 음식이다.
ㄹ. ㉠은 옥수수, ㉡은 돼지고기가 들어갈 수 있다.

① ㄱ, ㄴ   ② ㄱ, ㄷ   ③ ㄴ, ㄷ
④ ㄴ, ㄹ   ⑤ ㄷ, ㄹ

★ 빈출
485

그림은 지도에 표시된 지역의 전통 가옥을 나타낸 것이다. (가), (나)에 대한 옳은 설명만을 〈보기〉에서 고른 것은?

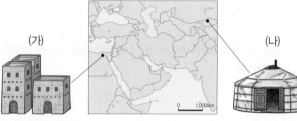

[보기]
ㄱ. (가)는 기온의 일교차보다 연교차가 큰 기후에 대비하기 위한 가옥이다.
ㄴ. (나)는 가축 사육 중심의 생활 지역에서 가축의 가죽을 가옥의 주요 재료로 사용한다.
ㄷ. (가)는 (나)보다 주민의 거주지 이동 빈도가 높은 지역의 가옥이다.
ㄹ. (나)는 (가)보다 증발량 대비 강수량 비율이 높은 지역의 가옥이다.

① ㄱ, ㄴ   ② ㄱ, ㄷ   ③ ㄴ, ㄷ
④ ㄴ, ㄹ   ⑤ ㄷ, ㄹ

486

㉠이 설치된 지역에 대한 옳은 설명만을 〈보기〉에서 고른 것은?

(㉠)은/는 자연 바람을 활용하여 공간을 서늘하게 만드는 친환경 공법의 장치이다. 탑을 통해 내려간 공기가 관상수나 분수 혹은 카나트의 지하수에 의해 냉각되고, 상대적으로 더워진 공기는 밖으로 배출되면서 실내 온도를 낮추는 원리이다.

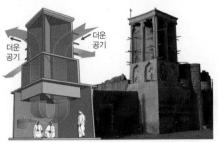

더운 공기

더운 공기

[보기]

ㄱ. 증발량이 강수량보다 많다.

ㄴ. 소, 돼지의 사육이 활발하다.

ㄷ. 연중 아열대 고압대의 영향을 받는다.

ㄹ. 잦은 강수로 인한 홍수 피해의 우려가 크다.

① ㄱ, ㄴ   ② ㄱ, ㄷ   ③ ㄴ, ㄷ

④ ㄴ, ㄹ   ⑤ ㄷ, ㄹ

★빈출 487

문학 작품의 일부 중 ㉠~㉣에 대한 옳은 설명만을 〈보기〉에서 고른 것은?

나는 엘 카이룸 근처에 살았소. …(중략)… 그러던 어느 날이었지. 갑자기 땅이 흔들리기 시작하더니 ㉠나일강이 범람하지 않겠소. …(중략)… ㉡대상(帶商)의 행로를 줄곧 지켜보고 있던 그들은 사막에 사는 ㉢베두인족이었다. 그들은 강도 때와 야만인에 대한 정보를 흘려주었다. 두 눈만 내놓고 검은색 ㉣젤라바로 온몸을 휘감은 그들은 그렇게 소리 없이 접근했다가 말없이 가버렸다.

[보기]

ㄱ. ㉠ – 비옥한 충적층을 침식하기 때문에 토양의 비옥도가 감소하므로 농경에 불리하다.

ㄴ. ㉡ – 여러 지역의 소식을 알려 주고 상품을 거래한다.

ㄷ. ㉢ – 가축과 함께 초지를 찾아 이동하며 살아온 유목민이다.

ㄹ. ㉣ – 낮에는 뜨거운 햇볕과 모래바람을 막아 주고, 밤에는 몸을 따뜻하게 해 준다.

① ㄱ, ㄹ   ② ㄴ, ㄷ   ③ ㄱ, ㄴ, ㄷ

④ ㄱ, ㄴ, ㄹ   ⑤ ㄴ, ㄷ, ㄹ

★빈출 488

㉠~㉤에 대한 설명으로 옳은 것은?

〈건조 아시아와 북부 아프리카 지역의 주민 생활 모습〉

• 의복: 머리에 케피에를 쓰고, ㉠전신을 가리는 옷을 입는다.

• 전통 음식: 밀로 만든 납작한 빵과 삶은 ㉡양고기로 만든 요리를 먹고, ㉢고기를 얇게 썰어 꼬챙이에 꽂아 구워 먹기도 한다. ㉣대추야자의 나무는 목재와 땔감으로, 열매는 식량으로 이용한다.

• 전통 가옥: 지붕이 평평하며, ㉤벽이 두껍고 창문은 작다.

① ㉠ – 강한 일사로부터 몸을 보호하기 위해서이다.

② ㉡ – 대부분 기업적 방목으로 사육된다.

③ ㉢ – 식생이 잘 자라는 자연환경이 반영되었다.

④ ㉣ – 대부분 이동식 경작으로 재배한다.

⑤ ㉤ – 기온의 일교차가 작고 습도가 높기 때문이다.

489

지도의 지역에서 볼 수 있는 적절한 모습만을 〈보기〉에서 고른 것은?

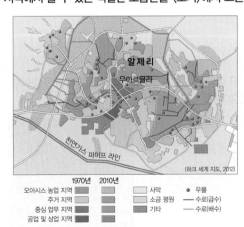

알제리

우아르글라

천연가스 파이프 라인

(하크 세계 지도, 2012)

	1970년	2010년		
오아시스 농업 지역			사막	● 우물
주거 지역			소금 평원	— 수로(급수)
중심 업무 지역			기타	— 수로(배수)
공업 및 상업 지역				

[보기]

ㄱ. 대추야자 열매를 판매하는 가게

ㄴ. 통풍이 잘되는 긴 옷을 입은 사람들

ㄷ. 낙엽 활엽수와 침엽수가 섞여 있는 공원

ㄹ. 습기를 차단하기 위한 개방적인 고상 가옥

① ㄱ, ㄴ   ② ㄱ, ㄷ   ③ ㄴ, ㄷ

④ ㄴ, ㄹ   ⑤ ㄷ, ㄹ

490

여행기 중 ㉠~㉣에 대한 옳은 설명만을 〈보기〉에서 고른 것은?

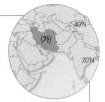

(가) 지역에서 ㉠ 보리나 밀은 11월에 파종해서 3월에 거둬들인다. 이 시기가 지나면 5월에 수확하는 ㉡ 대추야자를 제외하고는 ㉢ 지상에서는 무엇 하나 푸른 잎을 볼 수가 없다. 모든 것을 말라버리게 하는 맹렬한 더위 탓인 것이다. …(중략)… ㉣ 신선한 물이 땅 밑으로 흐르는 수로에 도달하게 되는데, 이 수로를 따라 연이어 조성된 수직굴이 있어 물이 지나가는 것을 볼 수 있다.
— 『동방견문록』 —

[보기]
ㄱ. ㉠ – 풍부한 강수량을 이용하여 재배된다.
ㄴ. ㉡ – 주민들의 식량 자원으로 이용된다.
ㄷ. ㉢ – 아열대 고압대의 영향이 강한 시기에 나타난다.
ㄹ. ㉣ – 수로의 물은 인근의 외래 하천으로부터 공급된다.

① ㄱ, ㄴ   ② ㄱ, ㄷ   ③ ㄴ, ㄷ
④ ㄴ, ㄹ   ⑤ ㄷ, ㄹ

491

사진은 (가) 국가에서 볼 수 있는 농업 경관을 나타낸 것이다. 이에 대한 설명으로 옳은 것은?

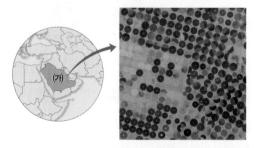

▲ 원형 경작지

① 지하에서 끌어 올린 물을 활용한다.
② 대추야자 등의 작물을 대규모로 재배한다.
③ 물과 풀을 찾아 이동하는 생활에 적합하다.
④ 이 시설의 발달로 경작지가 줄어들고 있다.
⑤ 연 증발량보다 연 강수량이 많은 지역에서 이루어진다.

[492~493] 다음 글을 읽고 물음에 답하시오.

건조 기후 지역 중에서 비교적 강수량이 많은 스텝 기후 지역의 주민들은 (㉠)에서 생활한다. (㉠)은/는 대개 나무로 된 뼈대를 설치하고, 동물의 가죽이나 털로 짠 두꺼운 천을 두르는 형태이다. 한편, 정착 생활을 하는 주민은 벽이 두껍고 창문이 작으며 지붕은 평평한 (㉡)에 거주하는 경우가 많다.

492

㉠, ㉡에 들어갈 알맞은 가옥의 명칭을 쓰시오.

493

㉠, ㉡ 가옥의 특징을 한 가지씩 서술하시오.

[494~496] 그림은 어떤 지역의 전통 농업 방식을 나타낸 것이다. 이를 보고 물음에 답하시오.

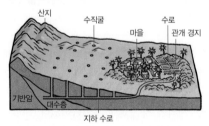

494

위 그림의 지하 수로에 해당하는 시설물을 이란에서 무엇이라고 부르는지 쓰시오.

⭐빈출
495

위 그림에서 수로를 지하에 설치한 까닭을 서술하시오.

496

위 그림과 같은 농업이 발달하기에 유리한 지형 조건과 그 까닭을 서술하시오.

497

(가)~(다)에 해당하는 국가를 지도의 A~C에서 고른 것은?

(가)	(나)	(다)

이슬람교 최대 성지가 있는 나라의 국기로, 쿠란 구절을 포함한 문구가 아랍어로 쓰여 있다.	초승달과 오각별은 이슬람교의 상징이며 달과 별의 노란색은 사하라 사막을 의미한다.	전통적으로 유목이 발달한 나라로, 이동식 가옥인 '유르트'를 형상화한 문양이 그려져 있다.

	(가)	(나)	(다)
①	A	B	C
②	B	A	C
③	B	C	A
④	C	A	B
⑤	C	B	A

498

다음은 여행 상품 안내 중 일부이다. (가), (나)에 해당하는 지역을 지도의 A~D에서 고른 것은?

(가) 여행 상품	(나) 여행 상품
• 세계에서 가장 높은 빌딩의 전망대 관람 • 사막 위에 세운 기적의 도시 관광 • 대추야자 객실당 1박스 증정	• 만년설을 품고 있는 산맥 트레킹 • 현지인의 원형 이동식 가옥에서 숙박 체험 • 말젖을 발효시켜 만든 전통 음료인 쿠미스 시음

	(가)	(나)
①	A	D
②	C	B
③	C	B
④	C	D
⑤	D	A

499

(가), (나) 기후가 나타나는 지역의 주민 생활 모습에 대한 옳은 설명만을 〈보기〉에서 고른 것은?

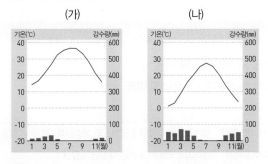

[보기]
ㄱ. (가)에서는 강한 햇볕과 모래바람을 피하기 위해 온몸을 감싸는 형태의 옷을 입는다.
ㄴ. (나)는 나무를 구하기 쉬워 가옥을 지을 때 나무로 뼈대를 세우고 가축의 털이나 가죽 등으로 덮는다.
ㄷ. (가)는 (나)에 비해 마을의 가옥 간 거리가 가깝다.
ㄹ. (가), (나) 모두 거주에 가장 중요한 조건은 물의 분포이다.

① ㄱ, ㄹ　　　② ㄴ, ㄷ　　　③ ㄷ, ㄹ
④ ㄱ, ㄷ, ㄹ　　⑤ ㄴ, ㄷ, ㄹ

500

(가), (나) 하천에 해당하는 내용을 그림의 A~D에서 고른 것은?

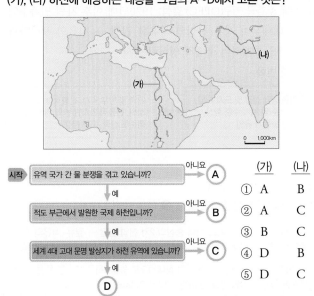

	(가)	(나)
①	A	B
②	A	C
③	B	C
④	D	B
⑤	D	C

Ⓥ 건조 아시아와 북부 아프리카

주요 자원과 산업 구조 및 사막화

☑️ 출제 포인트　　☑️ 주요 자원의 분포와 이에 따른 산업 구조 특징 비교　　☑️ 사막화가 심각한 지역과 그 원인 파악

1. 주요 자원의 분포 및 산업 구조

1 주요 자원의 분포와 이동

(1) 화석 에너지 자원의 분포 및 이동

① 분포

페르시아만 연안	세계적으로 석유와 천연가스의 매장량과 생산량이 많음
북부 아프리카	알제리와 리비아에 석유 매장량이 많음
카스피해 연안	석유와 천연가스 매장량이 풍부함

② 특징: 유전이 지표 가까운 곳에 위치하여 생산비가 저렴함, 유전의 규모가 크고 품질이 우수하여 개발에 유리함

③ 이동: 주로 송유관(파이프라인)과 유조선 이용 → 유럽, 북아메리카, 동아시아 등으로 수출됨

> **자료**　석유 및 천연가스 분포　ⓒ 101쪽 513번 문제로 확인
>
>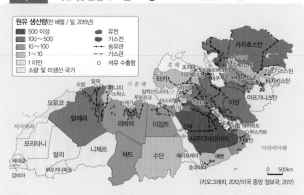
>
> **분석** 전 세계 석유와 천연가스의 절반 정도가 매장되어 있으며, 생산량의 비중도 매우 높다. 특히 페르시아만 연안, 지중해 연안, 카스피해 연안에 석유와 천연가스가 집중적으로 분포하고 있다.

(2) 화석 에너지 자원의 개발과 영향

① 석유 수출국 기구(OPEC) 결성: 1970년대 이후 자원 민족주의를 내세우며 석유 산업의 국유화 진행 → 석유의 생산량과 가격을 통제하며 국제적 영향력 행사

② 지역 변화

급격한 경제 성장 및 도시 개발, 생활 수준 및 복지 수준 향상, 외국인 노동자 유입	↔	지역 및 빈부 격차, 전통적 농목업 쇠퇴, 전통적 가치관 변화, 해외 경제 의존도 심화, 지역 분쟁

2 주요 국가의 산업 구조

⭐**(1) 주요 국가의 산업 구조 특성** ⓒ 102쪽 515번 문제로 확인

자원이 풍부한 국가	원유·가스 산업 중심의 2차 산업 발달 → 원유·석유의 수출 비중 높음 ⓔ 사우디아라비아, 아랍 에미리트, 카자흐스탄 등
자원이 부족한 국가	1차 산업의 비중이 상대적으로 높음, 최근 제조업 육성, 관광 산업 발달 ⓔ 이집트, 터키, 이스라엘 등

(2) 지역 발전을 위한 노력

① 배경: 에너지 시장을 둘러싼 구조적 변화 ⓔ 신흥 국가들의 원유 수요 감소, 비전통 석유의 생산 증가, 전기차 상용화, 각종 신·재생 에너지 활용 확대

② 경제 구조 다변화를 위한 노력: 정부 재정 수입원 다변화, 세계 여러 나라와의 협력 추진 등

2. 사막화

1 사막화의 원인과 진행 지역

(1) 의미　건조 또는 반건조 지역에서 자연적·인위적 요인으로 식생이 감소하고 토양이 황폐화되는 현상

(2) 원인　기후 변화에 따른 기상 이변으로 장기간 가뭄 지속, 무분별한 벌목, 경작지와 방목지의 확대, 지나친 관개로 토지의 염도 상승 등

(3) 주요 진행 지역　사헬 지대, 아랄해 연안

> **자료**　건조 아시아와 북부 아프리카의 사막화　ⓒ 104쪽 522번 문제로 확인
>
>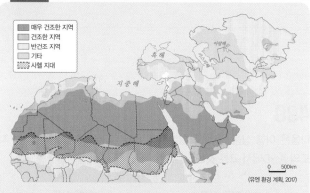
>
> **분석** 사헬 지대는 인구 급증, 가축의 과다 방목, 삼림 벌채 등으로 토양 침식과 초원의 황폐화가 진행되고 있다. 아랄해 연안은 과도한 관개 농업과 수자원의 남용으로 사막화와 함께 토양의 황폐화가 진행되고 있다.

⭐**2 사막화에 따른 지역 문제** ⓒ 105쪽 525번 문제로 확인

(1) 생물 종 감소　삼림·초원 훼손 → 생태계 파괴 → 생물 종 감소

(2) 토양의 황폐화　토양 침식의 가속화로 황무지 확대 → 큰 모래 먼지가 자주 발생함 → 호흡기 질환 등의 질병 증가

(3) 물 부족과 기근　경작지의 황폐화 → 토양의 식량 생산 능력 저하 → 식량 확보를 둘러싼 갈등, 기후(환경) 난민 발생

3 사막화 해결을 위한 노력

(1) 국제 연합　사막화 방지 협약(UNCCD) 체결 → 사막화 방지와 사막화가 진행 중인 개발 도상국 지원

(2) 각국 정부와 기업　사막화 진행 지역의 주민 지원, 조림 사업

분석 기출 문제

》 바른답·알찬풀이 45쪽

•• 다음 내용이 옳으면 ○표, 틀리면 ×표를 하시오.

501 전 세계 석유 매장량의 절반 이상이 카스피해 연안을 중심으로 매장되어 있다. ( )

502 자원이 풍부한 국가는 부족한 국가보다 도시화율이 높고, 1인당 국내 총생산(GDP)이 많다. ( )

503 사막화가 빠르게 진행되는 지역에서는 많은 사람이 물과 식량 부족으로 굶주리고, 환경 난민이 되기도 한다. ( )

504 페르시아만에서 생산된 석유는 대부분 거대한 송유관을 통해 페르시아만 주변 지역과 홍해 및 지중해 연안으로 이동한다. ( )

•• ㉠, ㉡ 중 알맞은 것을 고르시오.

505 (㉠ 터키, ㉡ 카자흐스탄)은/는 자원 매장량이 적어 에너지 자원을 대부분 수입에 의존하며, 최근 저렴한 노동력 바탕으로 제조업이 발달하고 있다.

506 (㉠ 요르단, ㉡ 사우디아라비아)은/는 석유 자본으로 일자리 창출이 많아 외국인 노동자가 많이 유입되면서 청장년층의 남성 비율이 매우 높아졌다.

•• 빈칸에 들어갈 용어를 쓰시오.

507 ( )은/는 경제 구조 다변화를 위해 두바이를 중심으로 관광 및 물류 산업 등을 주력 산업으로 육성하고 있다.

508 사하라 사막 남쪽의 ( )은/는 인구 증가와 가축의 과다한 방목, 삼림 벌채 등으로 토양이 황폐해져 심각한 사막화가 진행 중이다.

509 중앙아시아의 ( )은/는 관개 농업의 확대로 인해 호수로 유입하는 하천의 수량이 감소하여 호수 면적이 크게 축소되었다.

•• 다음에서 설명하는 용어를 <보기>에서 고르시오.

510 1960년 5대 석유 생산·수출국 대표가 모여 결성한 정부 간 협의체 ( )

511 심각한 가뭄이나 사막화를 겪고 있는 국가들의 사막화 방지 및 개선을 위해 1994년 6월 채택한 국제 환경 협약 ( )

[보기]
ㄱ. 사막화 방지 협약   ㄴ. 석유 수출국 기구

512

그래프는 두 화석 에너지의 지역별 매장량 비중을 나타낸 것이다. (가), (나) 자원으로 옳은 것은?

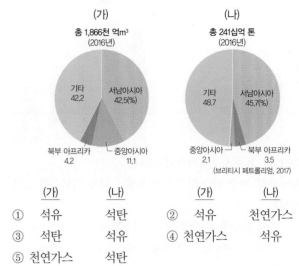

(브리티시 페트롤리엄, 2017)

	(가)	(나)		(가)	(나)
①	석유	석탄	②	석유	천연가스
③	석탄	석유	④	천연가스	석유
⑤	천연가스	석탄			

⭐빈출
513

지도는 건조 아시아와 북부 아프리카의 주요 화석 에너지 분포와 이동을 나타낸 것이다. 이에 대한 분석으로 옳지 않은 것은?

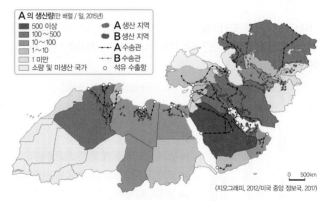

(지오그래피, 2012/미국 중앙 정보국, 2017)

① A는 서남아시아가 세계의 소비에서 차지하는 비중이 가장 높다.

② B는 서남아시아의 생산량이 북부 아프리카의 생산량보다 많다.

③ A는 석유, B는 천연가스이다.

④ A는 B보다 세계 총 생산량에서 건조 아시아와 북부 아프리카가 차지하는 비중이 높다.

⑤ A와 B는 수출항까지 파이프라인을 이용한 운송이 활발하다.

514

그래프는 건조 아시아와 북부 아프리카의 화석 에너지 자원 (가), (나)의 지역 내 상위 5개 생산국을 나타낸 것이다. 이에 대한 설명으로 옳은 것은?

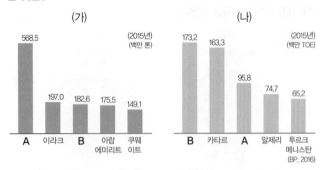

① A는 이란, B는 사우디아라비아이다.
② (가)는 액화 기술 발달과 수송관 건설로 국제 이동량이 증가하였다.
③ (나)는 주로 수송용 및 산업용으로 사용된다.
④ (가)는 (나)보다 지역 내 상위 5개국 중 페르시아만 연안 국가의 수가 많다.
⑤ (가), (나)는 주로 고생대 지층에 매장되어 있다.

★빈출 515

그래프는 국가별 도시화율과 산업 구조를 나타낸 것이다. 이에 대한 설명으로 옳지 않은 것은? (단, (가)~(다)는 터키, 카자흐스탄, 사우디아라비아 중 하나임.)

① (가)는 (나)보다 1차 산업 종사자 비중이 높다.
② (가)는 (나)보다 2015년에 도시 인구 비중이 높다.
③ (나)는 (다)보다 제조업 종사자 비중이 높다.
④ (나)는 (다)보다 1970~2015년의 도시 인구 증가율이 높다.
⑤ (다)는 (가)보다 3차 산업 종사자 비중이 높다.

516

세계지리 수업 장면에서 ㉠ 답변으로 가장 적절한 것은?

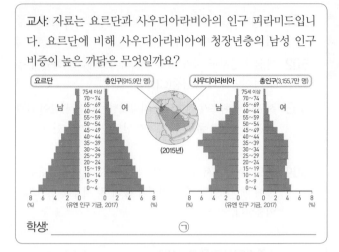

① 지역 분쟁으로 주변국의 난민이 유입되었기 때문입니다.
② 종교의 성지(聖地)로 순례자들이 유입되었기 때문입니다.
③ 사막화로 주변 국가의 기후 난민이 유입되었기 때문입니다.
④ 다양한 종교 경관을 보기 위해 관광객이 유입되었기 때문입니다.
⑤ 대규모 개발 사업이 이루어지면서 주변 국가의 인구가 유입되었기 때문입니다.

517

(가), (나) 국가군의 상대적 특성을 그래프와 같이 나타낼 때 A, B 항목으로 가장 적절한 것은?

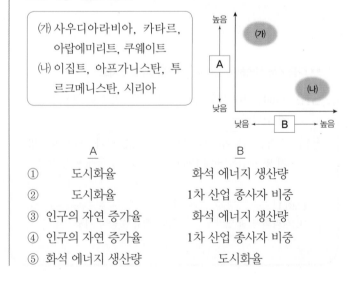

	A	B
①	도시화율	화석 에너지 생산량
②	도시화율	1차 산업 종사자 비중
③	인구의 자연 증가율	화석 에너지 생산량
④	인구의 자연 증가율	1차 산업 종사자 비중
⑤	화석 에너지 생산량	도시화율

518

그래프는 (가)~(다) 국가의 주요 수출 품목 비중을 나타낸 것이다. 이에 대한 추론으로 가장 적절한 것은? (단, (가)~(다)는 터키, 아프가니스탄, 사우디아라비아 중 하나임.)

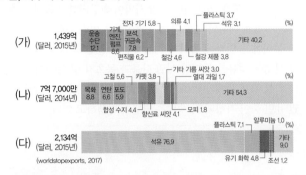

(worldstopexports, 2017)

① 터키는 아프가니스탄보다 공업 제품의 수출 비중이 클 것이다.
② 터키는 사우디아라비아보다 1인당 국민 소득이 높을 것이다.
③ 아프가니스탄은 터키보다 서비스업 종사자 수 비율이 높을 것이다.
④ 아프가니스탄은 사우디아라비아보다 원자재 및 연료의 수출 비율이 높을 것이다.
⑤ 사우디아라비아는 아프가니스탄보다 식료품의 수출 비중이 클 것이다.

519

그래프는 건조 아시아와 북부 아프리카 국가의 화석 에너지 생산량과 1인당 국내 총생산을 나타낸 것이다. (나) 국가군과 비교한 (가) 국가군의 상대적 특징을 그림의 A~E에서 고른 것은?

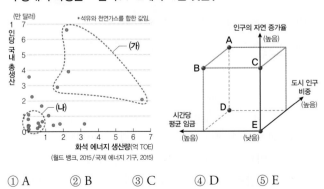

(월드 뱅크, 2015/국제 에너지 기구, 2015)

① A ② B ③ C ④ D ⑤ E

520

다음은 (가)~(다) 국가의 지역 개발 정책을 나타낸 것이다. 이에 대한 옳은 설명만을 〈보기〉에서 고른 것은?

> (가) 이집트는 2020년까지 신·재생 에너지를 통해 전력의 20%를 확보한다는 목표를 세웠다.
> (나) 아랍 에미리트는 두바이를 중심으로 관광 산업을 육성하기 위해 대형 관광 레저 프로젝트를 실행하고 있다.
> (다) 사우디아라비아는 원유 정제 시설 확충을 통해 부가 가치가 높은 석유 제품을 만들어 직접 수출하는 전략을 추진 중이다.

【 보기 】
ㄱ. (가)는 일조량이 풍부하여 태양광 발전에 적합하다.
ㄴ. (나)는 풍부한 고대 문화 유적을 관광 산업에 활용한다.
ㄷ. (다)는 비전통 석유의 생산 증가에 대비하기 위한 정책이다.
ㄹ. (가)~(다) 모두 화석 에너지 생산 위주의 산업 구조에서 벗어나기 위한 정책이다.

① ㄱ, ㄷ   ② ㄴ, ㄹ   ③ ㄱ, ㄴ, ㄷ
④ ㄱ, ㄷ, ㄹ   ⑤ ㄴ, ㄷ, ㄹ

2. 사막화

521

신문 기사의 ㉠에 들어갈 옳은 내용만을 〈보기〉에서 고른 것은?

> ○○신문 　　　　　　　　　○○○○년 ○월 ○일
>
> 사헬 지대는 1900년대 들어 가뭄이 지속되면서 많은 인명과 재산 피해가 발생하였으며, 사막화가 촉진되어 사하라 사막이 확장되었다. 초기에는 가뭄이 사막화의 주요 원인으로 여겨졌으나, 이후에 진행된 연구에서는 _____㉠_____ 이/가 사막화를 가속화한 것으로 나타났다.

【 보기 】
ㄱ. 과도한 삼림 벌채 및 방목
ㄴ. 인구 증가에 따른 과도한 경작
ㄷ. 도시화에 따른 인공열 발생 감소
ㄹ. 대기 중 이산화 탄소 농도의 감소

① ㄱ, ㄴ   ② ㄱ, ㄷ   ③ ㄴ, ㄷ
④ ㄴ, ㄹ   ⑤ ㄷ, ㄹ

>> 바른답·알찬풀이 45쪽

★빈출
522

지도는 북부 아프리카의 곡물 생산량 변화를 예측한 것이다. A 지역에 대한 옳은 설명만을 〈보기〉에서 고른 것은?

곡물 생산량 변화 예측(2000~2080년)
■ 50% 이상 감소 ■ 25~50% 감소 □ 5~25% 감소
■ 생산량 증가 □ 현재 사막 지역
(르몽드 환경 아틀라스, 2011)

[보기]

ㄱ. 대체로 곡물 생산량 감소율이 25% 미만이다.

ㄴ. 사하라 사막 북부 지역보다 곡물 생산량 감소율이 높다.

ㄷ. 사막 기후와 사바나 기후의 점이적 특성이 나타나는 지역이다.

ㄹ. A의 남부 지역은 다른 지역보다 곡물 생산량 감소율이 낮게 나타난다.

① ㄱ, ㄴ   ② ㄱ, ㄷ   ③ ㄴ, ㄷ
④ ㄴ, ㄹ   ⑤ ㄷ, ㄹ

523

지도의 지역에 대한 적절한 추론만을 〈보기〉에서 고른 것은?

□ 사막
□ 사바나
□ 경지
□ 시가지
□ 삼림 벌채와 연중 방목으로 인한 사막화 지역
◉ 유목민 정착촌
● 우물
○ 웅덩이
---- 와디

가축 사육 두수(*GVE/km²)
■ 실제 사육 두수
□ 적정 사육 두수

*GVE(대가축 단위): 종류가 다른 가축의 총 수를 계산할 때 사용하는 단위로, 1GVE는 낙타 1마리, 소 1.5마리, 양·염소 7마리에 해당함.
**1mm = 2GVE

[보기]

ㄱ. 알 파시르는 스텝 기후 지역에 해당한다.

ㄴ. 물과 목초지를 둘러싼 부족 간 갈등이 감소하였다.

ㄷ. 삶의 터전을 잃은 주민들은 다른 지역으로 떠났다.

ㄹ. 모래 먼지의 양이 줄어들면서 호흡기 질환자가 늘어났다.

① ㄱ, ㄴ   ② ㄱ, ㄷ   ③ ㄴ, ㄷ
④ ㄴ, ㄹ   ⑤ ㄷ, ㄹ

524

다음 글에 나타난 지역 문제가 발생하고 있는 국가를 지도의 A~E에서 고른 것은?

다르푸르 분쟁은 1980년대 초반 사막이 확장되면서 물이 부족해진 아랍계 베두인 유목 부족이 남쪽으로 밀려 내려와 비아랍계 누비아 농민과 충돌하기 시작하면서 발생하였다. 이후 종족 분쟁에 석유를 둘러싼 이권 다툼과 목초지 및 농경지 확보를 위한 경제 문제가 얽히면서 현재까지도 무자비한 학살과 인권 유린 등이 자행되고, 수많은 난민이 발생하고 있다.

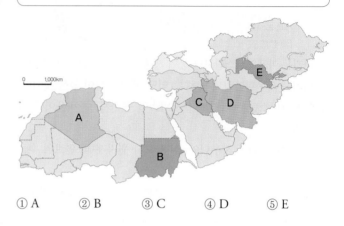

① A   ② B   ③ C   ④ D   ⑤ E

★빈출
525

지도의 지역에서 나타난 환경 변화에 대한 추론으로 적절하지 않은 것은?

인구(단위: 천 명)
👤 2014년
👤 1980년

가축 사육 두수(단위: 천 마리)
🐄 2014년
🐄 1980년

니제르 19,114 26,000 / 5,963 14,547
말리 17,086 34,506 / 7,090 13,000
차드 13,587 10,100 / 4,513 5,234

(유엔. 각도. 연도 / 유엔 식량 농업 기구. 각 연도)

① 토양 황폐화가 심화되었을 것이다.

② 생물 종 다양성이 감소하였을 것이다.

③ 식품 및 영양 상태의 위험도가 높아졌을 것이다.

④ 주변 지역으로 이동하는 난민의 수가 증가하였을 것이다.

⑤ 토양의 결합력이 강해져 모래 먼지가 자주 발생할 것이다.

526

지도는 A 환경 문제가 나타나는 지역을 표시한 것이다. 이를 해결하기 위한 세계 각국의 정부와 기업의 노력으로 가장 적절한 것은?

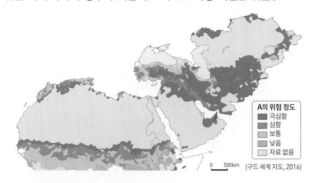

① 경지 면적을 확대한다.

② 육류 소비량을 증대시킨다.

③ 대규모 조림 사업을 실시한다.

④ 건축물의 내진 설계를 강화한다.

⑤ 화석 연료 사용량 증대 방안을 마련한다.

527

㉠ 현상을 방지하기 위한 노력으로 적절하지 않은 것은?

> (㉠)은/는 토양에 수분이 부족해져 토지가 황폐해지는 현상으로, 건조 아시아와 북부 아프리카의 사막 주변과 같은 건조 지역에서 빠르게 확산되고 있다. (㉠)은/는 1992년 브라질의 리우에서 개최된 '환경과 개발에 관한 유엔 회의'에서 기후 변화 및 생물 다양성 손실과 함께 지속 가능한 발전에 가장 큰 도전으로 규명되었다. 이에 따라 국제 사회에서도 (㉠)을/를 방지하기 위해 큰 힘을 쏟고 있다.

① 사막화 방지 협약을 통한 국제 협력을 추진한다.

② 방풍림을 설치한 대규모의 경작지와 목장을 조성한다.

③ 연료용 목재 채취 감소를 위한 태양광 시설을 보급한다.

④ 물 효율을 높이기 위한 관개 방식 개선 사업을 확대한다.

⑤ 토양 침식을 막기 위한 재래종 풀 보존 사업을 추진한다.

[528~529] 그래프를 보고 물음에 답하시오.

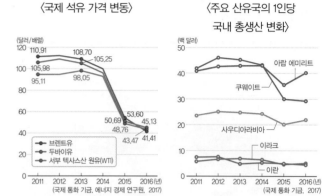

528

국제 석유 가격 변동과 주요 산유국의 1인당 국내 총생산 변화와의 관계를 서술하시오.

529

위의 두 그래프를 보고 알 수 있는 주요 산유국의 산업 구조와 이에 따른 문제점 및 대응 방안을 서술하시오.

[530~532] 다음 글을 읽고 물음에 답하시오.

> 사막화는 기후적 요인과 ㉠ 인위적 요인으로 식생이 감소하고 토양이 황폐화되는 현상이다. 사막화는 사막 주변과 스텝 지역에서 주로 나타나는데, 그중 널리 알려진 사막화 지역은 아프리카의 (㉡)(이)다. 사막화를 방지하기 위해 국제 사회와 세계 각국의 정부 및 민간단체는 다양한 노력을 기울이고 있다. 그 사례로 국제 사회는 _____㉢_____.

530

㉠에 해당하는 내용을 세 가지 쓰시오.

531

㉡에 들어갈 지역명을 쓰시오.

532

㉢에 들어갈 내용을 서술하시오.

적중1등급문제

》 바른답·알찬풀이 47쪽

533

그래프는 지도에 표시된 두 국가의 산업 구조와 인구 구조를 나타낸 것이다. (가), (나) 국가에 대한 옳은 설명만을 〈보기〉에서 고른 것은?

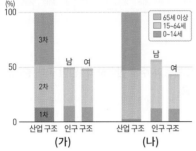

[보기]
ㄱ. (가)는 (나)보다 외국인 비율이 높다.
ㄴ. (나)는 (가)보다 석유 생산량이 적다.
ㄷ. (나)는 (가)보다 1인당 국내 총생산(GDP)이 많다.
ㄹ. (가)는 지중해, (나)는 홍해에 접해 있다.

① ㄱ, ㄴ　　　② ㄱ, ㄷ　　　③ ㄴ, ㄷ
④ ㄴ, ㄹ　　　⑤ ㄷ, ㄹ

534

A 자원에 대한 설명으로 옳은 것은?

〈A 자원의 지역(대륙)별 생산 및 매장량〉

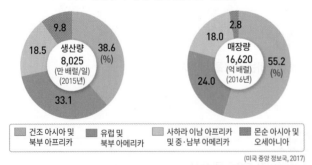

■ 건조 아시아 및 　■ 유럽 및 　□ 사하라 이남 아프리카 　■ 몬순 아시아 및
　북부 아프리카 　　북부 아메리카 　　및 중·남부 아메리카 　　오세아니아

(미국 중앙 정보국, 2017)

① 주로 고생대 지층에 매장되어 있다.
② 제철 공업의 주된 원료에 해당한다.
③ 화석 에너지 중 상용화된 시기가 가장 이르다.
④ 액화 수송 기술의 발달로 생산량이 크게 증가하였다.
⑤ 주요 수출국을 중심으로 한 범국가 단체가 조직되어 있다.

535

지도는 아프리카의 환경 문제 발생 지역을 나타낸 것이다. A, B 환경 문제에 대한 설명으로 옳은 것은? (단, A, B는 사막화, 열대림 파괴 중 하나임.)

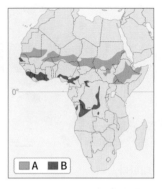

① A는 남부 아메리카에서는 나타나지 않는다.
② A는 원목 확보를 위한 대규모 개발로 발생한다.
③ B 문제 해결을 위해 바젤 협약이 체결되었다.
④ B는 주로 대기 오염 물질을 흡수한 비에 따른 피해를 일으킨다.
⑤ A와 B의 결과로 토양 침식이 심화된다.

536

(가)~(다) 국가를 지도의 A~D에서 고른 것은?

(가) 두바이와 아부다비 등에 국제 공항 대규모 쇼핑몰과 휴양 시설 등을 건설하여 국제 금융 및 물류 중심지, 관광 중심지로 변모하고 있다.

(나) 다르푸르 분쟁이 있었던 국가로, 사헬 지대의 사막화 문제 해결을 위해 그레이트 그린 월(Great Green Wall)프로젝트에 참여하고 있다.

(다) 세계 석유 수출 순위 1위 국가로 석유의 생산·수출이 국가 경제에서 가장 큰 비중을 차지하고 있다. 파키스탄, 방글라데시, 인도, 필리핀 등 외국인 근로자의 비율이 높다.

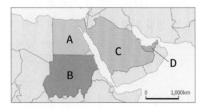

	(가)	(나)	(다)		(가)	(나)	(다)
①	A	C	B	②	B	D	A
③	C	A	D	④	D	B	C
⑤	D	C	A				

537

A, B 지역에 위치한 호수에서 공통으로 나타나는 환경 문제에 대한 설명으로 옳지 <u>않은</u> 것은?

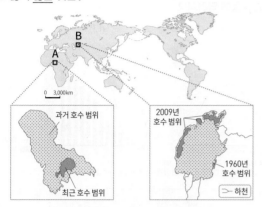

① 호수의 생태계 변화로 어획량이 감소하였다.
② 호수 주변 지역에서는 토양 염류화가 진행되었다.
③ 주변 지역의 과도한 경지 확대가 주요 발생 원인이다.
④ 국제 사회는 문제 해결을 위해 런던 협약을 체결하였다.
⑤ 호수 주변 지역에 모래 먼지가 자주 발생하여 주민 건강이 악화되었다.

538

그래프는 국가별 무역액을 나타낸 것이다. (가)~(다) 국가를 지도의 A~C에서 고른 것은?

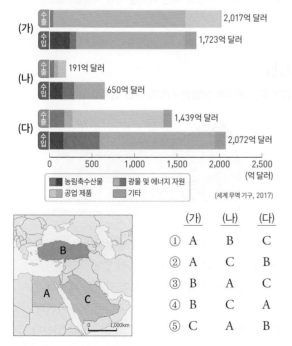

539

A~C 국가에 대한 설명으로 옳지 <u>않은</u> 것은?

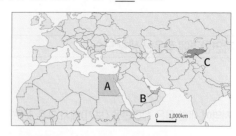

① B는 A, C에 비해 이주민의 비중이 높다.
② A는 아프리카에, B, C는 아시아에 위치한다.
③ A는 B보다 도시화율이 높다.
④ B는 C보다 성비가 높다.
⑤ C는 A보다 1차 산업 종사자 비중이 높다.

540

㉠~㉣에 대한 옳은 설명만을 〈보기〉에서 고른 것은?

지도에 표시된 선은 황폐해진 ㉠ 사헬 지대를 복구하기 위한 '㉡ 그레이트 그린 월(Great Green Wall)' 프로젝트 시행 지역을 나타낸 것이다. 아프리카를 동서로 관통하는 이 녹색 장벽에 2017년 기준으로 ㉢ 370만 그루의 나무가 심어졌다. 원주민들이 숲 사이로 통행할 수 있도록 일정한 간격을 둔 ㉣ 블록 형태의 숲을 조성하고 있다.

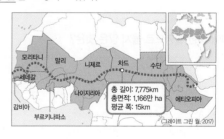

[보기]
ㄱ. ㉠은 사하라 사막의 경계 지역을 의미한다.
ㄴ. ㉡의 시행으로 식량 증산 및 고용 창출을 기대할 수 있다.
ㄷ. ㉢은 토양 침식량의 증가에 기여할 것이다.
ㄹ. ㉣은 주로 동일한 수종의 침엽수로 구성되어 있다.

① ㄱ, ㄴ   ② ㄱ, ㄷ   ③ ㄴ, ㄷ
④ ㄴ, ㄹ   ⑤ ㄷ, ㄹ

10 자연환경에 적응한 생활 모습

541

(가), (나) 지역에 대한 옳은 설명만을 〈보기〉에서 고른 것은?

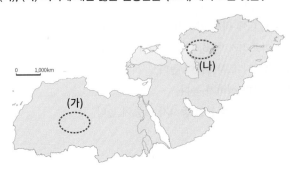

【 보기 】
ㄱ. (가)는 강수량보다 증발량이 많다.
ㄴ. (나)는 전통적으로 유목이 발달하였다.
ㄷ. (가)는 (나)보다 연 강수량이 많다.
ㄹ. (나)는 (가)보다 식생의 밀도가 높다.

① ㄱ, ㄷ   ② ㄴ, ㄹ   ③ ㄷ, ㄹ
④ ㄱ, ㄴ, ㄹ   ⑤ ㄱ, ㄷ, ㄹ

542

A~D 지역에 대한 설명으로 옳지 않은 것은?

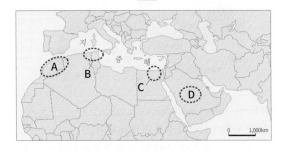

① A의 농경지는 주로 산맥 남쪽에 위치한다.
② B의 해안 지역은 지중해성 기후가 나타난다.
③ C를 통과하는 하천의 하구에는 삼각주가 발달하였다.
④ D는 연중 아열대 고압대의 영향을 받는다.
⑤ C는 D에 비해 인구 밀도가 높다.

[543~545] (가), (나)는 지도에 표시된 지역의 기후 그래프이다. 이를 보고 물음에 답하시오.

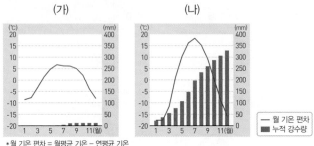

*월 기온 편차 = 월평균 기온 − 연평균 기온
**누적 강수량: 해당 월 강수량에 그 이전 월까지의 강수량을 더한 값

— 월 기온 편차
■ 누적 강수량

543

(가), (나)의 기후를 각각 쓰시오.

544

(가), (나)에 해당하는 지역을 지도의 A, B에서 골라 쓰시오.

545 ✔ 서술형

(가), (나) 지역의 강수량이 적은 까닭을 각각 서술하시오.

546

그림과 같은 시설이 발달한 지역의 주민 생활로 옳은 것은?

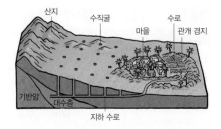

① 관개 시설을 이용하여 벼농사가 발달하였다.
② 벽이 두껍고 지붕이 평평한 가옥이 발달하였다.
③ 화전 농업을 통해 얌, 카사바 등의 작물을 재배한다.
④ 순록의 목초지를 찾아 이동하는 유목이 이루어진다.
⑤ 더위를 피하기 위하여 신체를 드러내는 옷을 입는다.

547

A~C 농업 지역에 대한 설명으로 옳은 것은?

(디르케 세계 지도, 2015)

① A 지역에서는 올리브, 포도 등의 수목 농업이 발달하였다.
② B 지역에서는 관개용수를 이용하여 주로 대추야자를 재배한다.
③ C 지역에서는 식량 작물을 자급적으로 재배한다.
④ A 지역은 B 지역보다 곡물의 재배 비중이 높다.
⑤ B 지역은 C 지역보다 유목 종사자의 비중이 높다.

[548~549] 자료를 보고 물음에 답하시오.

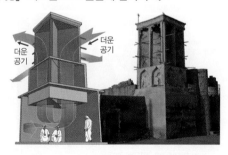

548

자료와 같은 구조물의 명칭을 쓰고, 이와 같은 구조물이 분포하는 지역과 그 지역의 기후를 쓰시오.

549 ✔ 서술형

자료와 같은 구조물이 어떠한 역할을 하는지 서술하시오.

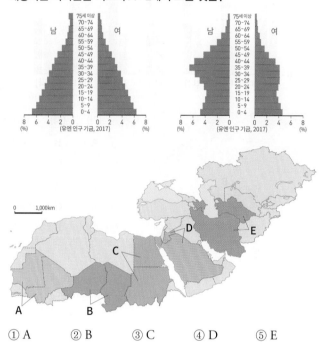

11 주요 자원과 산업 구조 및 사막화

550

다음 인구 그래프는 인접한 두 국가의 인구 피라미드이다. 그래프에 해당하는 국가군을 지도의 A~E에서 고른 것은?

① A   ② B   ③ C   ④ D   ⑤ E

551

표는 (가), (나) 화석 에너지 자원의 국가별 생산량 비중을 나타낸 것이다. (가), (나)에 대한 설명으로 옳은 것은?

구분	(가)	(나)
알제리	1.4	2.2
이집트	0.7	1.6
리비아	1.3	0.2
사우디아라비아	12.4	2.8
아랍 에미리트	4.0	1.6
이라크	5.2	0.3
이란	3.6	6.1
쿠웨이트	3.2	0.5
카타르	1.8	4.5
예멘	0.8	-

(단위 : %)   (BP, 2020)

① (가)는 생산량과 가격을 통제하는 국제기구가 있다.
② (나)는 주로 제철 공업의 원료로 활용한다.
③ (가)는 (나)보다 연소 시 오염 물질의 발생량이 적다.
④ (나)는 (가)보다 1차 에너지 소비 구조에서 차지하는 비중이 높다.
⑤ (가), (나)는 대부분 생산 지역에서 소비된다.

552

그래프는 국가별 도시화율의 변화를 나타낸 것이다. (가)~(다)를 지도의 A~C에서 고른 것은?

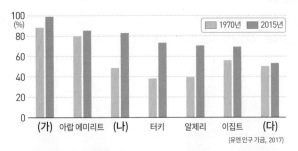

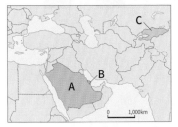

	(가)	(나)	(다)
①	A	B	C
②	A	C	B
③	B	A	C
④	B	C	A
⑤	C	B	A

553

㉠, ㉡ 국가에 대한 설명으로 옳지 않은 것은? (단, ㉠, ㉡은 터키, 이집트 중 하나임.)

> 자원 매장량이 부족한 국가는 전체 산업 구조에서 농업의 비중이 높지만, 최근에는 경제 발전을 위해 제조업을 육성하고 있다. (㉠)와 (㉡)는 자원 매장량이 적어 에너지 자원을 대부분 수입에 의존하며, 국가 수입의 많은 부분을 관광 산업을 통해 얻고 있다. 최근 (㉠)는 석유와 천연가스가 생산되면서 경제가 성장하고 있으며, 주로 원유와 석유 정제품을 수출하고 있다. (㉡)는 저렴한 노동력을 바탕으로 섬유와 자동차 등 제조업이 발달하고 있으며, 목화와 과일 등의 농산물 생산량도 많은 편이다.

① ㉠은 나일강 유역에서 관개 농업이 발달하였다.
② ㉡은 사막이 국토의 대부분을 차지한다.
③ ㉠은 ㉡보다 1차 산업 종사자 비율이 높다.
④ ㉡은 ㉠보다 총 무역액이 많다.
⑤ ㉠, ㉡은 지중해를 접하고 있다.

554

그래프는 지도에 표시된 세 국가의 산업 구조와 인구 특성을 나타낸 것이다. (가)~(다) 국가를 지도의 A~C에서 고른 것은?

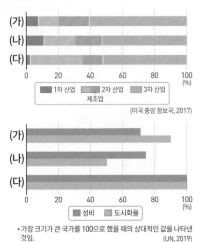

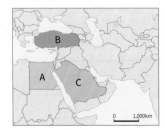

	(가)	(나)	(다)
①	A	B	C
②	A	C	B
③	B	A	C
④	B	C	A
⑤	C	B	A

[555~556] 그래프는 지역(대륙)별 석유 생산량 변화를 나타낸 것이다. 이를 보고 물음에 답하시오.

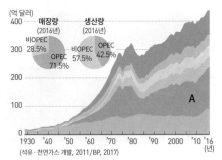

555

A 지역(대륙)의 이름을 쓰시오.

556 ✍ 서술형

석유 생산량 증가로 나타난 A 지역(대륙)의 변화를 제시된 용어를 모두 사용하여 서술하시오.

> • 도시화　　　• 외국인 노동자 유입

557

⑤에 해당하는 지역을 지도의 A~E에서 고른 것은?

(⑤)에 살던 야사네 가족은 토마토와 땅콩 농사를 하며 가축을 길렀다. 넉넉하지는 않지만 손님이 오면 한 끼를 대접할 수 있는 행복한 삶이었다고 했다. 그러나 10년 전부터 가뭄이 맹렬해지면서 가축들이 죽어 나갔다. 가뭄을 피해 남쪽으로 밀려드는 주민들이 늘어났고 토박이 주민들과의 갈등이 심화하였다. 그러나 이러한 갈등의 원인이 사막화 때문만은 아니다. 그 갈등 뒤에는 인종(민족) 간 차이, 그리고 영국의 식민 통치로 거슬러 올라가는 제국주의가 자리 잡고 있다.

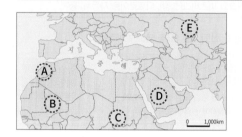

① A
② B
③ C
④ D
⑤ E

558

세계지리 수업 장면 중 ⑤에 대한 옳은 설명만을 〈보기〉에서 고른 것은?

교사: 환경 문제가 나타나는 (⑤) 지역은 어디일까요?
갑: 건조 기후 지역에 위치하고 있나요?
교사: 예.
을: 호수의 면적 축소와 관계가 있나요?
교사: 예.
병: 호수가 국가의 경계에 위치하고 있나요?
교사: 예.
정: 아프리카에 위치한 곳인가요?
교사: 아니요.

【 보기 】
ㄱ. 사헬 지대에 위치한 호수의 연안 지역이다.
ㄴ. 과도한 관개 농업으로 사막화가 진행되었다.
ㄷ. 호수로 유입하는 강의 물을 농업에 이용하고 있다.
ㄹ. 사막화를 막기 위해 그레이트 그린 월 사업을 시행하였다.

① ㄱ, ㄴ   ② ㄱ, ㄷ   ③ ㄴ, ㄷ
④ ㄴ, ㄹ   ⑤ ㄷ, ㄹ

[559~560] 지도를 보고 물음에 답하시오.

559 ✐ 서술형

지도의 호수 면적이 줄어든 까닭을 서술하시오.

560 ✐ 서술형

호수 면적의 축소에 따른 A, B 지역의 변화를 두 가지 서술하시오.

561

환경 문제에 관한 수업 장면에서 교사의 질문에 옳게 답한 학생을 고른 것은?

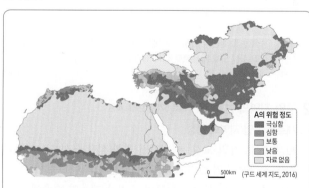

교사: 지도가 나타내는 환경 문제에 대해 말해 보세요.
세은: 오염 물질이 편서풍을 타고 이동하면서 피해가 확산합니다.
수영: 대기 중 산화물이 산성비로 내려 작물에 피해를 주고 있습니다.
유나: 열대림 파괴로 생물 종의 다양성이 감소하고 있습니다.
정연: 과도한 목축에 따른 사막화로 토지가 황폐해졌습니다.
채연: 기후 변화로 인한 해수면 상승으로 저지대가 침수되었습니다.

① 세은   ② 수영   ③ 유나   ④ 정연   ⑤ 채연

12 주요 공업 지역의 형성과 최근 변화

☑ **출제 포인트**　☑ 유럽과 북부 아메리카의 전통적 공업 지역과 입지 특징 비교　☑ 유럽과 북부 아메리카의 공업 지역 이동의 원인 파악

1. 유럽의 공업 지역 형성과 변화

1 주요 공업 지역

(1) 산업 혁명의 발상지인 서부 유럽

① 자원 매장지 중심의 공업 지역 형성: 석탄, 철광석 등

② 교통로로서의 하천: 라인강, 다뉴브강 등은 계절적 유량 변동이 적어 교통로 역할을 함

③ 주요 공업 지역: 랭커셔·요크셔 지방(영국), 루르·자르 지방(독일), 로렌 지방(프랑스), 슐레지엔(폴란드)

(2) 전통적 공업 지역의 쇠퇴

> • 오랜 채굴에 따른 석탄 및 철광석의 고갈
> • 채광 시설 노후화에 따른 채굴 비용 상승
> • 값싼 해외 자원의 수입량 증가
> • 석유, 천연가스 등 새로운 에너지 자원 이용

→ 서부 유럽의 전통적 공업 지역 쇠퇴

자료 유럽 주요 공업 지역의 형성과 쇠퇴 ⓒ 113쪽 576번 문제로 확인

분석 석탄 및 철광석 산지 주변에 입지해 있던 전통적인 공업 지역은 자원 고갈과 시설 노후화 등으로 점차 쇠퇴하였다.

⭐2 공업 지역의 변화 ⓒ 114쪽 578번 문제로 확인

(1) 새로운 공업 지역의 형성

① 배경: 원료 자원 고갈, 에너지원 변화(석탄→석유), 해외의 값싼 철광석 수입 증가 등→원료의 해외 의존도 증가

② 입지 변화: 원료 산지→원료의 수입과 제품의 수출에 편리한 임해 지역, 내륙 수로 등 교통이 편리한 지역 ⓔ 카디프·미들즈브러(영국), 리옹·됭케르크(프랑스), 로테르담(네덜란드), 쾰른·슈투트가르트(독일) 등

(2) 첨단 산업 지역의 성장

① 배경: 새로운 지식과 기술 창출을 통한 산업 경쟁력 강화

② 입지: 기업·대학·연구소 등이 인접하여 협력하는 첨단 산업 클러스터 형성 ⓔ 케임브리지 사이언스파크(영국), 소피아 앙티폴리스(프랑스), 시스타 사이언스 시티(스웨덴), 오울루 테크노폴리스(핀란드) 등

2. 북부 아메리카의 공업 지역 형성과 변화

1 주요 공업 지역

(1) 공업 지역의 형성 미국 북동부와 오대호 연안에 집중

뉴잉글랜드 공업 지역	유럽과의 인접성 + 이민자들의 저렴한 노동력 → 소비재 경공업 발달
오대호 연안 공업 지역	• 축적된 자본과 기술을 바탕으로 중화학 공업 발달 • 메사비 광산의 철광석 + 애팔래치아 탄전의 석탄 + 오대호의 편리한 수운 + 저렴하고 풍부한 노동력 + 배후의 넓은 소비 시장 → 주요 공업 지역으로 성장 • 시카고와 피츠버그(철강), 디트로이트(자동차) 등

⭐(2) 전통적 공업 지역의 쇠퇴 ⓒ 115쪽 583번 문제로 확인

> • 오랜 채굴에 따른 고품질의 철광석 고갈
> • 해외 자원의 수입 증가
> • 공업의 지나친 집적으로 인한 환경 오염 및 시설 노후화
> • 제2차 세계 대전 이후 동아시아 신흥 공업국의 성장

→ 오대호 연안 공업 지역이 러스트벨트로 전락

2 공업 지역의 변화

(1) 중화학 공업의 경쟁력 약화

① 원인: 인건비가 저렴한 동아시아 신흥 공업 국가들의 등장

② 영향: 미국의 자동차·화학·철강 산업의 공업 경쟁력 약화, 오대호 중심의 미국 북동부 중화학 공업 지역 쇠퇴

(2) 기술 집약적 첨단 산업 성장

① 배경: 온화한 기후, 풍부한 노동력, 넓은 공업 용지, 풍부한 석유 자원, 정부의 각종 세금 혜택 등

② 입지: 남부·남서부의 선벨트를 중심으로 기술 집약적 첨단 산업 성장 ⓔ 태평양 연안 공업 지역(실리콘밸리, IT 산업), 멕시코만 연안 공업 지역(석유 화학, 전자, 항공·우주 산업)

(3) 신산업 및 지식 기반 산업 육성 북동부의 러스트벨트 지역에서 전통적인 제조업의 경험에 신기술 접목 ⓔ 기존 자동차 기업과 신생 벤처 기업의 협업 등

자료 서부 유럽과 미국 공업 지역의 변화 ⓒ 116쪽 586번 문제로 확인

분석 서부 유럽은 원료 수입과 제품 수출이 편리한 항구 도시나 내륙 수로 연안에, 미국은 선벨트 지역에 새로운 공업 지역이 형성되었다.

분석 기출 문제

>> 바른답·알찬풀이 51쪽

•• 다음 내용이 옳으면 ○표, 틀리면 ×표를 하시오.

562 영국의 랭커셔·요크셔 지방, 독일의 루르 지방은 철광석 산지에 입지한 공업 지역이다. ( )

563 제2차 세계 대전 이후 유럽의 전통적 공업 지역은 점차 대량의 원료 수입과 제품 수출에 유리한 내륙 지역으로 이동하였다. ( )

564 미국의 뉴잉글랜드 공업 지역은 메사비 광산의 철광석과 애팔래치아 탄전의 석탄, 오대호의 편리한 수운과 저렴하고 풍부한 노동력을 바탕으로 성장하였다. ( )

•• ㉠, ㉡ 중 알맞은 것을 고르시오.

565 유럽의 공업 지역은 (㉠ 석유, ㉡ 석탄)이/가 공업의 에너지원으로 이용되면서 교통이 편리한 지역을 중심으로 새로운 공업 지역이 형성되었다.

566 영국의 미들즈브러, 프랑스의 됭케르크, 네덜란드의 로테르담 등의 공업 지역은 (㉠ 원료 산지, ㉡ 임해 지역)에 발달한 대표적 공업 지역이다.

567 미국의 (㉠ 피츠버그, ㉡ 디트로이트)는 자동차 공업이 발달하였으나, 신흥 공업 국가와의 경쟁에서 뒤처지면서 쇠퇴하였다.

•• 빈칸에 들어갈 용어를 쓰시오.

568 유럽의 전통적 공업 지역은 ( )이/가 풍부한 지역을 중심으로 형성되었다.

569 케임브리지 사이언스파크와 소피아 앙티폴리스 등지에는 ( ) 클러스터가 형성되어 있다.

570 제2차 세계 대전 이후 미국은 ( ) 지역을 중심으로 기술 집약적 첨단 산업이 성장하였다.

571 샌프란시스코 남부의 ( )은/는 반도체, 컴퓨터, 정보 통신 기술 산업 등이 발달한 세계적인 첨단 산업 단지이다.

•• 다음에서 설명하는 용어를 〈보기〉에서 고르시오.

572 미국 제조업의 중심지였으나 제조업의 쇠퇴로 쇠락한 미국 북동부의 공장 지대 ( )

573 연관이 있는 산업의 기업과 연구소, 대학, 정부 기관 등이 지리적으로 집적하여 긴밀하게 연계하는 지역 ( )

[보기]
ㄱ. 클러스터   ㄴ. 러스트벨트

[574~575] 다음 글을 읽고 물음에 답하시오.

> 북서부 유럽은 세계적인 공업 지역으로 근대의 산업 발달을 이끌었다. 그러나 점차 ㉠석탄 및 철광석 산지의 전통적 공업 지역은 쇠퇴하였다.

574

㉠의 원인으로 적절하지 <u>않은</u> 것은?

① 값싼 해외 자원의 수입량 증가
② 채광 시설 노후화에 따른 채굴 비용 상승
③ 오랜 채굴에 따른 석탄 및 철광석의 고갈
④ 석유, 천연가스 등 새로운 에너지 자원 이용
⑤ 저렴한 노동력 확보를 위한 생산 공장의 이전

575

㉠에 해당하는 공업 지역만을 〈보기〉에서 고른 것은?

[보기]
ㄱ. 북해 연안   ㄴ. 라인강 하구
ㄷ. 루르·자르 지방   ㄹ. 랭커셔·요크셔 지방

① ㄱ, ㄴ   ② ㄱ, ㄷ   ③ ㄴ, ㄷ
④ ㄴ, ㄹ   ⑤ ㄷ, ㄹ

★ 빈출
576

A 지역에 대한 설명으로 옳은 것은?

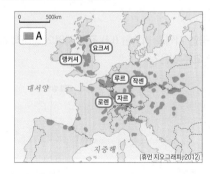

① 우수한 연구 인력 확보에 용이하다.
② 원료 수입과 제품 수출에 유리하다.
③ 주로 고부가 가치의 첨단 산업이 발달하였다.
④ 기업, 대학, 연구소 등이 산업 클러스터를 형성하였다.
⑤ 석탄, 철광석 등 주요 자원의 매장지 근처에 해당한다.

577

⊙의 적절한 원인만을 〈보기〉에서 고른 것은?

○○ 신문　　　　　　　　　　　　　2022년 △월 △일

루르 공업 지역의 변화

200년 가까이 독일의 산업 중심지였던 루르는 세계에서 ⊙ 가장 중요한 공업 지대 가운데 하나였으나, 현재는 그 명맥을 유지하지 못하고 있다. 1956년 당시에는 약 50만 명의 사람들이 광업에 종사했으나, 2019년 마지막 갱도가 문을 닫고 나면 300명 정도가 남게 되어 광업의 정리가 불가피하다.

[보기]
ㄱ. 석유가 새로운 에너지원으로 각광받았기 때문이다.
ㄴ. 동아시아 신흥 공업국의 제철 공업이 성장했기 때문이다.
ㄷ. 채광량의 증가로 석탄의 가격 경쟁력이 높아졌기 때문이다.
ㄹ. 신·재생 에너지 및 친환경 주택 단지가 조성되었기 때문이다.

① ㄱ, ㄴ　　　② ㄱ, ㄷ　　　③ ㄴ, ㄷ
④ ㄴ, ㄹ　　　⑤ ㄷ, ㄹ

★빈출
578

지도의 (가) 공업 지역과 비교한 (나) 공업 지역의 상대적 특성을 그림의 A~E에서 고른 것은?

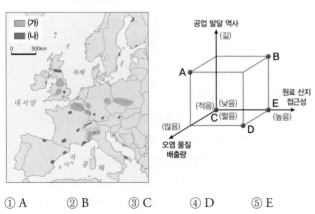

① A　　② B　　③ C　　④ D　　⑤ E

579

⊙에 해당하는 공업 지역을 지도의 A~E에서 고른 것은?

과거에는 석탄이 풍부한 지역이 유럽의 중요 공업 지역으로 성장하였다. 그러나 석탄의 중요도가 감소하고, 제2차 대전 이후 석유와 철광석 등 해외 자원에 대한 의존도가 높아지면서 점차 ⊙ 원료 수입에 유리한 지역으로 공업 지역이 확대되고 있다.

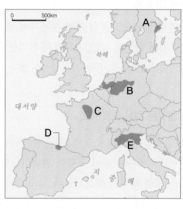

① A　　② B　　③ C　　④ D　　⑤ E

580

(가), (나)에 해당하는 도시를 지도의 A~D에서 고른 것은?

㈎ 알퐁스 도데의 단편 소설 『마지막 수업』의 공간적 배경이 된 곳으로, 산업 혁명 이후 풍부한 석탄과 철광석으로 주목받은 지역이다. 독일과 프랑스는 이 지역의 자원을 확보하기 위해 끊임없이 충돌하였다.

㈏ 석유의 주요 수입항으로 석유 화학 산업이 발달하였으며, 조선·기계·식품 공업도 발달하였다. 라인강 하구에 있어 중·상류 지역에 위치한 여러 나라의 소비 시장을 배후로 발전할 수 있었다.

	(가)	(나)
①	A	B
②	B	C
③	C	A
④	C	D
⑤	D	C

581

지도에 표시된 공업 지역에 대한 설명으로 옳은 것은?

① 중화학 공업이 발달하였다.
② 저렴한 노동력이 풍부하다.
③ 자원을 바탕으로 형성되었다.
④ 기업과 연구소 및 대학이 근접해 있다.
⑤ 원료의 수입에 유리한 곳에 입지하였다.

2. 북부 아메리카의 공업 지역 형성과 변화

582

A 공업 지역에 대한 설명으로 옳은 것은?

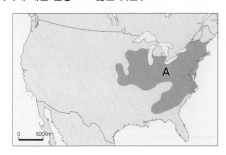

① 신흥 공업 국가와의 경쟁에서 우위를 차지하고 있다.
② 항공·우주, 전자, 정보 통신 등의 산업이 발달하였다.
③ 미국을 세계 제1의 공업 국가로 만들어 주는 바탕이 되었다.
④ 기술 집약적 첨단 산업이 발달하면서 선벨트로 전락하였다.
⑤ 최근 온화한 기후, 각종 세금 혜택 등을 바탕으로 공업이 크게 성장하고 있다.

★ 빈출
583

그래프는 A 지역의 실업률 변화를 나타낸 것이다. 2000년대 이후 실업률의 변화 원인으로 가장 적절한 것은?

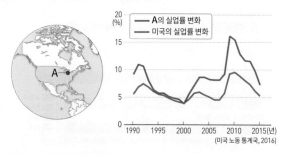

① 지역 내 자원 생산량 감소
② 외국인 노동자의 대거 유입
③ 생산 공정의 자동화 설비 확충
④ 지역 내 신생 벤처 기업의 발달
⑤ 다른 지역으로의 생산 공장 이전

584

㉠~㉲에 대한 설명으로 옳지 <u>않은</u> 것은?

> 북부 아메리카에서 가장 먼저 공업이 발달한 지역은 보스턴을 중심으로 한 ㉠뉴잉글랜드 지방이다. 이후 ㉡오대호 연안 지역을 중심으로 중화학 공업이 발달하였으나, ㉢제2차 세계 대전 이후 제조업이 쇠퇴하면서 ㉣미국 남부 및 남서부 지역을 중심으로 ㉲기술 집약적 첨단 산업이 성장하였다.

① ㉠-유럽과의 지리적 인접성이 공업 발달에 영향을 주었다.
② ㉡-주변에 원료 산지가 위치하고 수운이 편리한 지역이다.
③ ㉢-동아시아 신흥 공업 국가들이 성장하였기 때문이다.
④ ㉣-온화한 기후, 정부의 각종 세금 혜택 등을 바탕으로 공업이 성장하고 있다.
⑤ ㉲-원료 접근성이 중요하여 해안을 따라 성장하고 있다.

585

그래프는 미국의 지역별 제조업 생산액 비중 변화를 나타낸 것이다. 이와 같은 변화의 적절한 원인만을 〈보기〉에서 고른 것은?

1965년(4,919억 달러)
| 27.1(%) | 37.4 | 23.4 | 12.1 |

1980년(1조 8,457억 달러)
| 20.9(%) | 31.8 | 32.0 | 15.3 |

1995년(3조 5,817억 달러)
| 16.4(%) | 32.2 | 34.8 | 16.6 |

2010년(4조 9,029억 달러)
| 13.3(%) | 30.6 | 39.2 | 16.9 |

2014년(2조 820억 달러)
| 13.8(%) | 27.9 | 36.4 | 21.9 |

■ 북동부
■ 중서부
□ 남부
□ 서부

*제조업 출하액 기준, 알래스카와 하와이는 제외함. (미국 제조업 협회, 2016)

【 보기 】
ㄱ. 선벨트 지역으로의 생산 공장 이전
ㄴ. 태평양 연안 지역의 첨단 산업 발달
ㄷ. 러스트벨트의 신산업 및 지식 기반 산업 육성
ㄹ. 동아시아 신흥 공업국의 제철·자동차 공업 성장

① ㄱ, ㄴ　　　② ㄱ, ㄷ　　　③ ㄱ, ㄹ
④ ㄱ, ㄴ, ㄹ　　　⑤ ㄴ, ㄷ, ㄹ

★빈출
586

㉠, ㉡ 지역을 지도의 A~C에서 고른 것은?

• (㉠)은/는 20세기 초 ○○사의 공장 설립 이후, 자동차 공업이 빠르게 성장하면서 자동차 생산 도시로서의 위상이 높아졌다. 그러나 1970년대 이후 우리나라와 일본에서 생산된 자동차를 수입하면서 (㉠)에서 생산된 자동차의 판매량이 감소하였고, 이에 따라 지역 경제가 악화되었다.

• (㉡)은/는 1950년대에 △△ 연구 단지가 조성된 이후 실리콘을 소재로 한 반도체 생산 기업들이 들어서면서 붙여진 이름이다. 이곳은 주변에 명문 대학이 많아 우수한 연구 인력을 확보하기에 유리하고, 주 정부가 첨단 산업과 관련된 회사에 세금 감면 등의 혜택을 제공하여 세계 유수의 첨단 산업체들이 모인 첨단 기술 연구 지역으로 성장할 수 있었다.

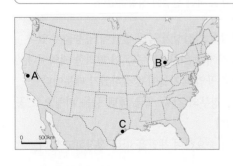

	㉠	㉡
①	A	B
②	A	C
③	B	A
④	B	C
⑤	C	A

[587~588] 지도를 보고 물음에 답하시오.

587

A 공업 지역에 대한 B 공업 지역의 상대적 특성을 제시된 용어를 모두 사용하여 서술하시오.

• 공업 발달의 역사	• 제품의 부가 가치

588

다음 글에서 설명하는 용어를 쓰시오.

B 공업 지역 경쟁력의 원천으로, 기업과 연구소·대학·정부 기관 등이 지리적으로 인접하여 긴밀하게 연계하는 전문화된 산업 집적지를 말한다.

[589~590] 지도를 보고 물음에 답하시오.

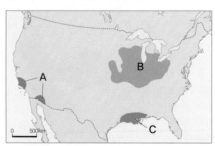

589

A~C 지역에서 발달한 대표적인 공업을 쓰시오.

590

공업 발달에 있어 A, C 지역의 장점을 B 지역과 비교하여 서술하시오.

적중 1등급 문제

>> 바른답·알찬풀이 53쪽

591

A~C 공업 지역에 대한 옳은 설명만을 〈보기〉에서 고른 것은?

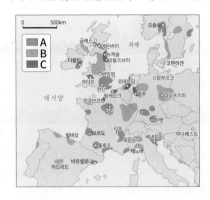

【 보기 】

ㄱ. A에는 첨단 산업 클러스터가 형성되어 있다.

ㄴ. B는 원료 수입과 제품 수출에 유리한 입지이다.

ㄷ. C는 석탄과 철광석 산지로, 중화학 공업이 발달하였다.

ㄹ. C는 B보다 공업 지역의 형성 시기가 늦다.

① ㄱ, ㄷ   ② ㄱ, ㄹ   ③ ㄴ, ㄷ

④ ㄱ, ㄴ, ㄹ   ⑤ ㄴ, ㄷ, ㄹ

592

(가), (나)에 해당하는 공업 지역을 지도의 A~D에서 고른 것은?

(가) 라인강 하구에 위치한 유럽의 주요 무역항으로, 석유 화학 클러스터가 형성되어 있다. 항구로 대규모의 석유가 수입되고, 인접 국가 대도시권까지 연결된 파이프라인과 석유 화학 업체, 바이오 연료 플랜트, 저장 탱크 등이 입지해 있다.

(나) 과거에 연어 수출항으로 유명했고, 현재는 정보 통신 기술 중심의 첨단 산업 클러스터로 발전했다. 세계적 기업의 연구 개발 부서와 지역 내 대학 및 기술 연구 센터와의 협력이 원활하며, 정부의 정책적 지원도 활발하다.

	(가)	(나)
①	A	C
②	B	A
③	B	C
④	D	A
⑤	D	C

593

지도는 미국의 주요 공업 지역을 나타낸 것이다. A~D에 대한 설명으로 옳은 것은?

① A는 D보다 공업 발달의 역사가 오래되었다.

② B는 C보다 석유 자원을 바탕으로 한 석유 화학 공업 단지의 규모가 크다.

③ C는 A보다 컴퓨터 및 전자 품목의 생산액이 많다.

④ A, B는 러스트벨트 지역에 속한다.

⑤ 철강 산업의 중심은 최근 D에서 원료 산지 주변인 C로 이동하였다.

594

(가), (나) 산업 지역을 지도의 A~D에서 고른 것은?

(가) 1960년대 후반 이후 기업, 대학, 연구소 등이 입지하여 혁신 클러스터를 형성하였다. 니스와 칸 사이에 위치하며 지중해성 기후가 나타나는 쾌적한 환경, 다양한 문화 시설 등 전문 인력이 거주하기 좋은 환경을 갖추었다.

(나) 러스트벨트에 위치한 도시로, 1970년대까지 자동차 산업의 중심지였으나 자동차의 수입과 임금 상승 등으로 경쟁력이 약화되어 쇠퇴하였다. 최근에는 기존 산업과 연관된 신산업을 유치하는 등 경제 회복을 위해 노력하고 있다.

(가)	(나)		(가)	(나)		(가)	(나)
① C	A		② C	B		③ D	A
④ D	B		⑤ D	C			

Ⅵ 유럽과 북부 아메리카

현대 도시의 내부 구조 및 지역의 통합과 분리

✔ 출제 포인트　✔ 현대 주요 도시의 내부 구조 비교　✔ 분리의 움직임이 나타나는 지역과 원인 파악

1. 현대 도시의 내부 구조와 특징

⭐1 세계적 대도시의 발달 과정 ◎ 119쪽 610번 문제로 확인

(1) 유럽 주요 도시의 발달

런던 (영국)	• 18세기 산업 혁명의 중심지 • 항공 교통의 중심지, 금융의 중심지(시티 오브 런던): 국제 자본 네트워크의 핵심적 위치
파리 (프랑스)	• 19세기 이후 산업화를 통해 크게 성장 • 파리 개조 사업을 통해 근대적 도시로 발돋움함 • 역사적 건축물과 유명 미술품이 많음 → 세계 문화·예술의 중심지

(2) 북부 아메리카 주요 도시의 발달

뉴욕 (미국)	• 오대호의 운하가 개통되면서 내륙 농산물의 유럽 수출항으로 성장 • 세계 경제·정치의 중심: 국제 금융 기관 밀집(월가), 국제 연합 본부 입지
시카고 (미국)	• 오대호와 미시시피강을 연결하는 거점 도시 • 미국의 동부와 서부를 연결하는 수상 및 내륙 철도 교통의 요충지 • 무역, 금융, 엔터테인먼트, 미디어 등의 서비스업 발달

⭐2 현대 도시의 특성과 내부 구조 ◎ 120쪽 615번 문제로 확인

(1) 현대 도시의 내부 구조

① 도시 내부 구조의 공간 분화: 접근성·지대·지가에 따라 분화됨

도심	지대와 접근성이 가장 높음 → 중심 업무 지구(CBD) 형성, 고층 빌딩 밀집, 인구 공동화 현상
중간 지대	• 도심의 외곽 지역에 위치, 저급 주택과 공업 기능 혼재 • 교통의 발달로 교외화 진행 → 고소득층은 외곽 지역으로 이동, 저소득층의 거주 비율 증가, 건물 노후화에 따른 슬럼화
외곽 지역	교외화로 대규모 주거 지역 형성, 중심지에 첨단 산업·연구 개발 산업 등이 발달, 대형 물류 창고·쇼핑센터 등이 입지

② 도심 재활성화(젠트리피케이션)

원인	정보 통신 기술의 발달, 지식 기반 산업 성장 → 사무 공간 수요 증가
영향	낙후된 도심·중간 지대에 업무용 빌딩 건축, 주거·여가·문화 공간으로 재개발 → 고소득층 인구의 유입으로 원주민이 다른 곳으로 이동

(2) 유럽과 북부 아메리카 주요 도시의 내부 구조

유럽	북부 아메리카
• 도시화 역사가 깊 → 토지 이용의 차이가 명확하게 드러나지 않음 • 시가지 범위와 도로의 폭이 좁음 • 집약적 토지 이용 • 도심과 멀지 않은 곳에 고소득층의 주거지가 형성됨 • 도심 인근 지역의 재활성화로 새로운 업무 중심지 형성 ◎ 런던의 카나리워프, 파리의 라 데팡스	• 도시화 역사가 짧음 → 토지 이용의 차이가 명확하게 드러남 • 시가지 범위와 도로의 폭이 넓음 • 조방적 토지 이용 • 도심과 먼 교외 지역에 고소득층의 주거지가 형성됨 • 교통이 편리한 교외 지역에 오피스 빌딩, 쇼핑 센터 등 건설 → 에지시티(edge city) 형성

자료 유럽과 북부 아메리카의 도시 구조 ◎ 121쪽 616번 문제로 확인

유럽의 도시 구조

주거 지역　신흥 업무 지역　오래된 도심　근대 도시 구역　공업 지역

미국의 도시 구조

근교 지역　공업 지역　도심　주거 지역　근교 지역

분석 유럽의 도시들은 평면적으로 확대되어 도심과 주변 지역 간 건물의 높이 차이가 작은 편이다. 이에 비해 북부 아메리카의 도시들은 도심에서 외곽 지역으로 갈수록 건물의 높이가 점차 낮아진다.

2. 지역의 통합과 분리 운동

⭐1 통합을 모색하는 지역 ◎ 121쪽 618번 문제로 확인

(1) 유럽 마스트리흐트 조약에 따라 유럽 연합(EU) 결성

성격	경제적·정치적 통합 → 유럽 중앙은행 설립, 단일 화폐 유로 사용, 독자적인 법령 체계, 솅겐 조약으로 국가 간 자유롭게 이동 등
당면 문제	동부·서부 유럽 간 경제 격차, 남부 유럽의 재정 적자 등

(2) 북부 아메리카 북아메리카 자유 무역 협정(NAFTA) 체결

배경	유럽의 세계 최대 경제 블록 형성, 동아시아 경제권 성장
성격	3개국 간 관세와 투자 장벽 철폐, 미국의 자본과 기술 + 캐나다의 자본과 자원 + 멕시코의 노동력과 자원 결합
당면 문제	미국의 제조업 해외 이전에 따른 일자리 감소, 멕시코의 생산 공장 주변 환경 오염 문제와 농업 부문의 소득 감소 등

2 분리의 움직임이 나타나는 지역

(1) 독자적인 종교, 민족, 언어 등 고유의 문화적 전통 보유한 곳 ◎ 영국의 스코틀랜드, 에스파냐의 카탈루냐·바스크, 벨기에의 플랑드르 지역, 캐나다의 퀘벡주 등

(2) 국가 내에서 다른 지역보다 경제적 수준이 높아 소속 국가로부터 분리를 원하는 곳 ◎ 이탈리아의 파다니아 등

자료 유럽과 북부 아메리카의 분리 독립 ◎ 123쪽 625번 문제로 확인

분석 유럽과 북부 아메리카에서는 문화적 차이와 경제적 상황에 따른 분리 독립의 움직임이 나타나고 있다.

•• 세계의 주요 대도시별 특징을 바르게 연결하시오.

595 뉴욕 •   • ㉠ 세계 문화·예술의 중심지

596 런던 •   • ㉡ 세계 정치·경제의 중심지

597 파리 •   • ㉢ 항공 교통과 금융의 중심지

•• 빈칸에 들어갈 용어를 쓰시오.

598 (   )은/는 쇠퇴한 공업 지역이나 저소득층이 거주하던 낙후된 지역을 고급 주택 단지나 상업 시설, 문화·예술 시설 등으로 새롭게 개발하는 것이다.

599 유럽은 단일 통화권 형성과 동시에 정치적 통합까지 실현하기 위해 1992년 (   ) 조약을 체결하였다.

600 미국, 캐나다, 멕시코가 체결한 (   )은/는 시장 단일화를 목적으로 한다.

•• 다음 내용이 옳으면 ○표, 틀리면 ×표를 하시오.

601 유럽 도시의 도심은 토지의 집약적 이용을 위해 고층 건물이 밀집하는 데 비해, 북부 아메리카 도시의 도심은 과거에 만들어진 낮은 역사적 건축물들이 많은 편이다. (   )

602 북부 아메리카의 도시는 도로 교통의 발달에 따라 교외화가 진전되어 외곽에 주거 지역이 형성되었다. (   )

603 유럽 연합이 출범하면서 역내의 노동력·자본·상품·서비스 등의 이동이 자유로워졌고, 국제 사회에서 유럽의 영향력이 증대되었다. (   )

604 이탈리아 파다니아는 유럽의 여러 국가 중 문화적 차이로 분리 독립을 요구하는 지역이다. (   )

•• ㉠~㉣ 중 알맞은 것을 고르시오.

605 유럽의 도시들은 도심과 주변 지역 간 건물의 높이 차이가 (㉠ 큰, ㉡ 작은) 편이다.

606 북부 아메리카 도시의 고급 주택지는 주로 (㉠ 도시 외곽, ㉡ 도심 주변부)에 위치한다.

607 캐나다 퀘벡주에서는 주로 (㉠ 영어, ㉡ 프랑스어)를 사용한다.

608 벨기에의 북부 플랑드르 지역은 (㉠ 프랑스어, ㉡ 네덜란드어)를 사용하며 남부 왈로니아 지역보다 상대적으로 소득 수준이 (㉢ 낮다, ㉣ 높다).

609

자료는 유럽의 도시 단원 학습 내용을 정리한 것이다. ㉠~㉤ 중 옳지 않은 것은?

〈역사와 전통을 간직한 도심〉

1. 대표 도시: 아테네, 로마, 파리, 런던 등 ·············· ㉠
2. 형성 시기: 북부 아메리카의 도시보다 이름 ·········· ㉡
3. 특징
   • 도심과 주변 지역 건물의 높이 차가 작음 ·········· ㉢
   • 도심에 역사적 건축물들이 많음 ·················· ㉣
   • 북부 아메리카의 도시보다 도로의 폭이 넓음 ········ ㉤

① ㉠   ② ㉡   ③ ㉢   ④ ㉣   ⑤ ㉤

★빈출
610

(가), (나)에서 설명하는 도시를 지도의 A~D에서 고른 것은?

(가) 세계 3대 금융 중심지의 하나이다. 금융 회사들의 진출이 급증하면서 기존 중심지 외에 '카나리 워프'라는 새로운 금융 중심 지구를 개발하여, 최고의 국제 금융 도시라는 위상을 공고히 하였다.

(나) 오대호의 운하가 개통되면서 내륙 농산물의 유럽 수출항으로 성장하였다. 제2차 세계 대전 이후에는 월가를 중심으로 세계 경제의 중심지가 되었으며, 국제 연합 본부가 설치되면서 정치적 영향력도 커졌다.

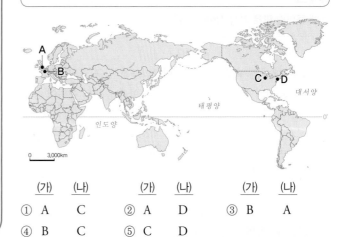

	(가)	(나)		(가)	(나)		(가)	(나)
①	A	C	②	A	D	③	B	A
④	B	C	⑤	C	D			

611

(가), (나) 도시에 대한 설명으로 옳지 않은 것은?

> (가) 역사적 중심인 시티 오브 런던은 전 세계적으로 유명한 금융 회사들의 본사, 회계 법인, 로펌, 컨설팅 회사 등이 집결된 세계적인 금융 중심지로 고풍스러운 건물과 현대식 건물이 조화를 이룬다.
>
> (나) 중심 업무 지구인 맨해튼은 세계에서 지가가 가장 비싼 곳 중 하나로, 격자형 가로 체계로 정비하여 공간의 효율성을 높였다. 초고층 건물이 몰려 있으며 세계 금융의 중심지 역할을 수행하고 있다.

① (가)는 토지를 집약적으로 이용한다.
② (나)는 도시 외곽의 고급 주택 비율이 높다.
③ (가)는 (나)보다 도로의 평균 폭이 좁다.
④ (나)는 (가)보다 도시화의 역사가 길다.
⑤ (가), (나) 모두 최상위 세계 도시에 해당한다.

612

다음 글은 어떤 지역을 여행하고 작성한 기행문이다. ㉠에 대한 추론으로 옳은 것은?

> 광장 방향으로 걸으면서 세계적인 뮤지컬 공연을 하는 극장과 미술관, 박물관을 볼 수 있었다. 구불구불한 도로를 따라 크고 작은 공원이 있었으며, 다양한 상점들이 눈길을 끌었다. 특히 (㉠)은/는 오래전에 만들어진 역사적인 건축물들과 새롭게 만들어진 높은 첨단 건물이 대조를 이루고 있었다.

① 인구 공동화가 나타날 것이다.
② 북부 아메리카의 도시일 것이다.
③ 주로 저소득층이 거주할 것이다.
④ 도시의 외곽 지역에 해당할 것이다.
⑤ 주로 도시의 공업 기능이 발달한 지역일 것이다.

613

㉠에 들어갈 말로 가장 적절한 것은?

> 뉴욕의 (㉠)
>
> 할렘은 맨해튼 북부의 대규모 아프리카계 인구 밀집 지역이다. 1980년대 이후에 히스패닉과 아시아계 주민의 유입이 증가하면서 할렘은 오랫동안 빈곤과 범죄의 지역으로 인식되었다. 그러나 최근에는 주거 환경이 개선되고, 문화 공연 시설이 들어서면서 다양한 아프리카계 문화를 접할 수 있는 문화 지구로 변화하고 있다.

① 교외화   ② 거주지 분리   ③ 인구 공동화
④ 도심 재활성화   ⑤ 중심 업무 지구

614

자료는 미국 어느 지역의 인구 분포를 나타낸 것이다. 이 지역에 대한 설명으로 옳지 않은 것은?

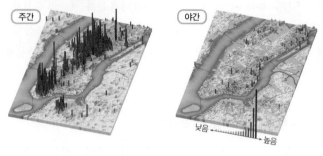

① 중심 업무 지구(CBD)가 나타난다.
② 업무용 고층 빌딩이 밀집되어 있다.
③ 상주인구에 비해 유동 인구가 많다.
④ 외곽 지역에 비해 평균 지가가 높다.
⑤ 저급 주택 지구와 공업 기능이 섞여 있다.

★빈출 615

지도는 런던의 도시 구조를 나타낸 것이다. A 지역의 특징으로 옳지 않은 것은?

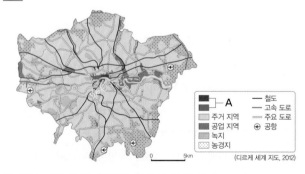

① 주로 대규모 주거 단지가 자리 잡고 있다.
② 과거에 만들어진 역사적 건축물이 위치한다.
③ 도시의 역사가 가장 오래된 지역에 해당한다.
④ 세계적인 규모의 금융 서비스업이 발달하였다.
⑤ 상업과 서비스업이 발달한 중심 업무 지구이다.

★빈출 616

그림은 유럽과 북부 아메리카의 도시 구조를 나타낸 것이다. (가)와 비교한 (나)의 상대적 특성을 그림의 A~E에서 고른 것은?

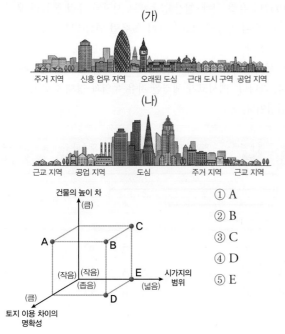

(가)

주거 지역　신흥 업무 지역　오래된 도심　근대 도시 구역　공업 지역

(나)

근교 지역　공업 지역　도심　주거 지역　근교 지역

① A
② B
③ C
④ D
⑤ E

617

다음은 유럽 및 북부 아메리카의 도시 단원 수업 시간에 스무고개를 하는 장면이다. ㉠에 해당하는 도시를 지도의 A~E에서 고른 것은?

학생	교사
한 고개: 전 세계적으로 경제적·정치적 영향을 미칩니까? →	예
두 고개: 국제 연합 본부가 위치해 있습니까? →	아니요
세 고개: 도심에 중세의 역사적 건축물이 많습니까? →	예
네 고개: 대표 랜드마크는 철로 만들어진 탑입니까? →	예
다섯 고개: 이 도시는 (㉠)입니까? →	예

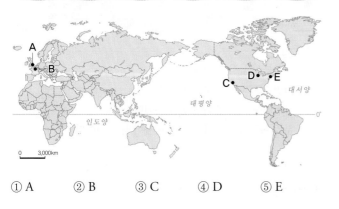

① A　　② B　　③ C　　④ D　　⑤ E

---

2 지역의 통합과 분리 운동

★빈출 618

㉠과 관련된 경제 협력체에 대한 설명으로 옳지 않은 것은?

> 유럽은 국가들이 서로 인접해 있으면서도 언어, 문화, 화폐 등이 서로 달라 무역조차도 쉽지 않았다. 또한 두 차례의 세계 대전을 겪으며 폐허가 된 삶의 터전을 복구하고 국가 간 적대 요인을 해소하기 위한 유럽의 결속과 통합의 필요성이 대두되었다. 초기 자원을 공동 관리하고자 시작된 ㉠유럽의 통합은 경제적 협력, 정치적 통합으로 확대되었다.

① 공동 외교 안보 정책을 실시하고 있다.
② 모든 가입국이 단일 통화를 사용하고 있다.
③ 중앙은행이 설립되었으며, 의회가 구성되었다.
④ 회원국 간 무역에 있어 관세는 부과되지 않는다.
⑤ 회원국 내 회원국 국민의 자유로운 이동이 가능하다.

619

A~C 국가군에 대한 옳은 설명만을 〈보기〉에서 고른 것은?

[보기]
ㄱ. A는 B보다 유럽 연합 가입 연도가 빠르다.
ㄴ. B가 유럽 연합에 가입한 이후, 이전보다 A로의 노동력 이동이 증가하였다.
ㄷ. C는 국가 단일 통화로 유로화를 사용하고 있다.
ㄹ. C는 유럽 연합 출범 시기부터 회원국 지위를 유지하고 있다.

① ㄱ, ㄴ　　　② ㄱ, ㄷ　　　③ ㄴ, ㄷ
④ ㄴ, ㄹ　　　⑤ ㄷ, ㄹ

620

㉠에 들어갈 적절한 내용만을 〈보기〉에서 고른 것은?

> 북아메리카 자유 무역 협정(NAFTA)으로 미국의 자본과 기술, 캐나다의 자본과 자원, 멕시코의 노동력과 자원이 결합되면서 북부 아메리카는 국제 시장에서 막강한 경쟁력을 갖추게 되었다. 그러나 멕시코에서는 (㉠)와/과 같은 문제가 나타났다.

[보기]
ㄱ. 제조업의 해외 이전
ㄴ. 노동 인구 유입 증가
ㄷ. 농업 부문의 소득 감소
ㄹ. 생산 공장 주변의 환경 오염

① ㄱ, ㄴ   ② ㄱ, ㄷ   ③ ㄴ, ㄷ
④ ㄴ, ㄹ   ⑤ ㄷ, ㄹ

621

A, B 국가군에 대한 옳은 설명만을 〈보기〉에서 고른 것은?

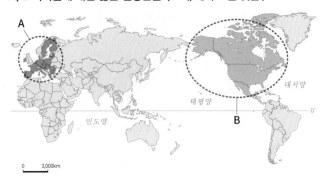

[보기]
ㄱ. B는 역내 관세와 무역 장벽을 폐지하였다.
ㄴ. A는 B보다 통합의 역사가 짧다.
ㄷ. B는 A보다 통합의 수준이 낮다.
ㄹ. A, B는 모두 역외 공동 관세를 부과한다.

① ㄱ, ㄴ   ② ㄱ, ㄷ   ③ ㄴ, ㄷ
④ ㄴ, ㄹ   ⑤ ㄷ, ㄹ

622

㉠, ㉡의 통합 수준을 그림의 A~D에서 고른 것은?

> • 1952년 유럽 석탄·철강 공동체로 시작된 유럽 통합의 움직임은 유럽 공동체(EC)를 거쳐 ㉠유럽 연합(EU)의 결성으로 이어졌다.
> • ㉡북아메리카 자유 무역 협정(NAFTA)은 1994년 발효된 미국, 캐나다, 멕시코가 체결한 자유 무역과 경제 통합에 관한 협정이다.

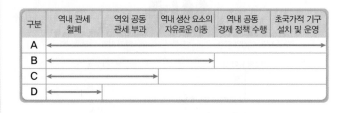

구분	역내 관세 철폐	역외 공동 관세 부과	역내 생산 요소의 자유로운 이동	역내 공동 경제 정책 수행	초국가적 기구 설치 및 운영
A	←————————————————————————————→				
B	←————————————————→				
C	←————————→				
D	←——→				

   ㉠   ㉡   ㉠   ㉡
① A   C   ② A   D
③ B   C   ④ B   D
⑤ C   D

623

지도를 보고 이탈리아의 남부 지역과 비교한 북부 지역의 특징만을 〈보기〉에서 고른 것은?

[보기]
ㄱ. 실업률이 높을 것이다.
ㄴ. 산업 인프라가 풍부할 것이다.
ㄷ. 농업 인구가 집중되어 있을 것이다.
ㄹ. 분리 독립을 요구하는 주민 비율이 높을 것이다.

① ㄱ, ㄴ   ② ㄱ, ㄷ   ③ ㄴ, ㄷ
④ ㄴ, ㄹ   ⑤ ㄷ, ㄹ

624

(가), (나) 지역을 포함하는 국가를 지도의 A~D에서 고른 것은?

> ㈎ 서로 다른 언어를 사용하고 있는 주민들 간에 오랜 긴장과 갈등이 나타나고 있다. 프랑스어 사용자가 많은 이곳의 분리 독립을 두고 두 차례 주민 투표가 실시되었다.
>
> ㈏ 이 지역의 자치 정부는 분리 독립을 시도했지만, 주민 투표 결과 무산되었다. 앵글로·색슨족에 대한 켈트족의 민족적 반감보다는 경제적 요인이 투표에 크게 반영되었기 때문이다.

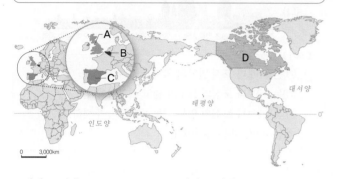

	(가)	(나)		(가)	(나)
①	A	C	②	B	A
③	B	C	④	D	A
⑤	D	B			

★빈출
625

㉠에 들어갈 말로 가장 적절한 것은?

〈 (㉠) 차이에 따른 분리 독립운동〉

① 언어 ② 인종 ③ 종교
④ 경제 수준 ⑤ 정치 이념

1등급을 향한 서답형 문제

[626~627] 자료를 보고 물음에 답하시오.

> 센강을 중심으로 성장한 (㉠)은/는 역사적인 건축물과 유명한 미술품이 많아 세계 문화·예술의 중심지로 불린다. 부유한 사람들은 역사적 건축물이 많은 곳을 중심으로 거주하며, 이민자들은 공영 거주 지구에 거주한다. 공영 거주 지구는 부유층 주거지보다 거주 밀도가 높은 편이다.

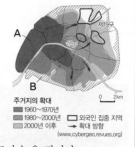

주거지의 확대
■ 1960~1970년
■ 1980~2000년 □ 외국인 집중 지역
□ 2000년 이후 → 확대 방향
(www.cybergeo.revues.org)

626

㉠ 도시가 어디인지 쓰고, A와 B가 부유층 주거지와 서민 주거지 중 어디인지 쓰시오.

627

㉠ 도시의 특징을 제시된 내용을 모두 포함하여 서술하시오.

> • 도시화의 역사 • 시가지의 범위 • 토지 이용의 집약도

[628~629] 자료를 보고 물음에 답하시오.

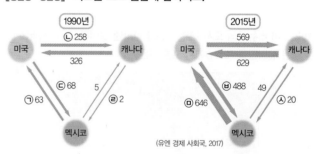

(유엔 경제 사회국, 2017)

628

1990년에 비해 2015년 3국간 무역 규모가 급증한 가장 큰 원인을 서술하시오.

629

무역을 통한 이익이 1990년에 비해 2015년 가장 많은 국가를 쓰시오. (단, 역내 무역만 고려함.)

630

(가), (나) 도시에 대한 설명으로 옳은 것은?

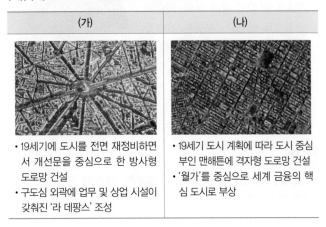

(가)	(나)
• 19세기에 도시를 전면 재정비하면서 개선문을 중심으로 한 방사형 도로망 건설 • 구도심 외곽에 업무 및 상업 시설이 갖춰진 '라 데팡스' 조성	• 19세기 도시 계획에 따라 도시 중심부인 맨해튼에 격자형 도로망 건설 • '월가'를 중심으로 세계 금융의 핵심 도시로 부상

① (가)에는 국제 연합(UN) 본부가 있다.

② (나)에는 '파벨라'라는 불량 주택 지구가 있다.

③ (가)는 (나)보다 도시 발달의 역사가 짧다.

④ (가)는 유럽, (나)는 라틴 아메리카에 위치한다.

⑤ (가), (나)는 모두 세계 도시에 해당한다.

631

지도는 미국 뉴욕의 도시 내부 구조를 나타낸 것이다. A, B 지역에 대한 옳은 설명만을 〈보기〉에서 고른 것은?

【 보기 】
ㄱ. A는 쇼핑·공연·업무 관련 기능이 발달하였다.
ㄴ. B는 통근 유입 인구가 통근 유출 인구보다 많다.
ㄷ. A는 B보다 시가지의 형성 시기가 이르다.
ㄹ. B는 A보다 집약적인 토지 이용이 나타난다.

① ㄱ, ㄴ   ② ㄱ, ㄷ   ③ ㄴ, ㄷ
④ ㄴ, ㄹ   ⑤ ㄷ, ㄹ

632

그림은 (가), (나) 지역(대륙)의 도시 구조를 나타낸 것이다. 이에 대한 옳은 설명만을 〈보기〉에서 고른 것은? (단, (가), (나)는 미국, 유럽 중 하나임.)

(가)

(나)

【 보기 】
ㄱ. (가)는 (나)보다 도시 발달의 역사가 길다.
ㄴ. (가)는 (나)보다 도심의 도로가 넓고 직교형이다.
ㄷ. (나)는 (가)보다 도심의 업무 기능 특화도가 뚜렷하다.
ㄹ. (가)는 미국, (나)는 유럽이다.

① ㄱ, ㄴ   ② ㄱ, ㄷ   ③ ㄴ, ㄷ
④ ㄴ, ㄹ   ⑤ ㄷ, ㄹ

633

㉠, ㉡ 도시를 지도의 A~C에서 고른 것은?

(㉠)의 특징	(㉡)의 특징
• 1900년대 초 주변에서 석유가 발견된 이후 석유 화학 산업의 중심지로 성장 • 항공 우주국을 중심으로 첨단 우주 항공 산업 발달	• 1950년대 △△연구 단지가 조성된 이후, 반도체 생산 중심지로 성장 • 인근 대학으로부터 전문 인력을 쉽게 확보할 수 있음

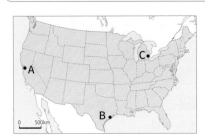

	㉠	㉡
①	A	C
②	B	A
③	B	C
④	C	A
⑤	C	B

634

(가)~(다)에 해당하는 국가를 지도의 A~C에서 고른 것은?

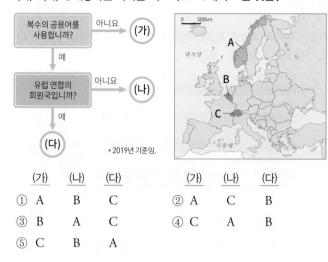

	(가)	(나)	(다)		(가)	(나)	(다)
①	A	B	C	②	A	C	B
③	B	A	C	④	C	A	B
⑤	C	B	A				

635

A~D 국가군에 대한 설명으로 옳은 것은?

① A의 국가 간에는 생산 요소의 자유로운 이동이 가능하다.
② B는 유로화를 사용한다.
③ C는 유럽 석탄 철강 공동체를 결성하였다.
④ D는 C보다 유럽 연합(EU)에 가입한 시기가 이르다.
⑤ 2020년 유럽 연합(EU)을 탈퇴한 국가는 D에 속해 있었다.

636

A~D 지역에 대한 옳은 설명만을 〈보기〉에서 고른 것은?

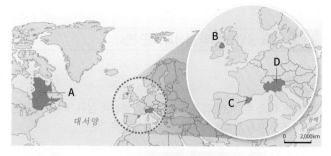

[보기]

ㄱ. A는 영어를 사용하는 주민의 비중이 높다.
ㄴ. B는 가톨릭교와 개신교 간의 갈등이 있다.
ㄷ. C는 서로 다른 종교를 믿는 지역 간에 갈등이 있다.
ㄹ. D는 주민들의 소득 수준이 남부 지역보다 높다.

① ㄱ, ㄴ   ② ㄱ, ㄷ   ③ ㄴ, ㄷ
④ ㄴ, ㄹ   ⑤ ㄷ, ㄹ

637

자료는 (가)~(다) 국가 간 수출액을 나타낸 것이다. 이에 대한 설명으로 옳은 것은? (단, (가)~(다)는 미국, 멕시코, 캐나다 중 하나임.)

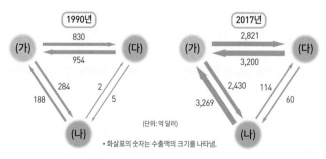

① (가)는 원자재와 중간재를 수입해 조립 가공하여 다시 수출하는 '마킬라도라'가 발달하였다.
② (나)와 (다)는 국경을 접하고 있다.
③ (나)는 (가)보다 항공·우주 산업이 발달하였다.
④ (가)는 노동 집약적 산업, (다)는 자원 산업을 특화하고 있다.
⑤ 2017년 멕시코의 대(對)미국 수출액이 미국의 대(對)캐나다 수출액보다 크다.

12 주요 공업 지역의 형성과 최근 변화

638

그래프는 미국 두 주(州)의 제조업 분야별 생산액 상위 3개를 나타낸 것이다. (가), (나) 지역을 지도의 A~C에서 고른 것은?

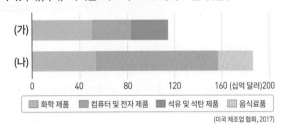

(미국 제조업 협회, 2017)

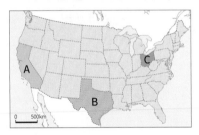

	(가)	(나)
①	A	B
②	A	C
③	B	A
④	B	C
⑤	C	A

639

지도의 (가)와 비교한 (나) 공업 지역의 상대적 특징을 그림의 A~E에서 고른 것은?

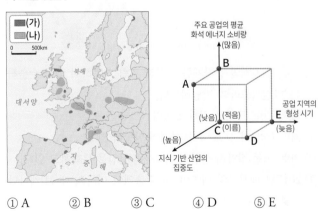

① A　　② B　　③ C　　④ D　　⑤ E

640

지도는 미국의 지역별 제조업 생산액 비중 변화를 나타낸 것이다. 이에 대한 옳은 설명만을 〈보기〉에서 고른 것은?

* 제조업 출하액 기준, 알래스카와 하와이는 제외함. (미국 제조업 협회, 2016)

【 보기 】
ㄱ. A는 서부, B는 중서부이다.
ㄴ. A는 B보다 금속 및 자동차 업종의 비중이 높다.
ㄷ. 선벨트 지역은 주로 남부와 B에 위치한다.
ㄹ. 중서부의 제조업 생산액은 1995~2014년에 감소하였다.

① ㄱ, ㄴ　　② ㄱ, ㄷ　　③ ㄴ, ㄷ
④ ㄴ, ㄹ　　⑤ ㄷ, ㄹ

641

지도는 유럽의 주요 공업 지역을 나타낸 것이다. A~C 지역에 대한 옳은 설명만을 〈보기〉에서 고른 것은? (단, A~C는 전통 공업 지역, 첨단 산업 지역, 수운 교통 발달 지역 중 하나임.)

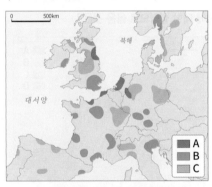

【 보기 】
ㄱ. A는 B보다 주요 공업의 대기 오염 물질 배출량이 많다.
ㄴ. B는 C보다 첨단 산업 생산액의 비율이 높다.
ㄷ. A는 석탄과 철광석 생산지, C는 원료 수입과 제품 수출에 유리한 항만에 공업이 입지한다.
ㄹ. 공업 지역의 형성 시기는 A → C → B 순으로 이르다.

① ㄱ, ㄴ　　② ㄱ, ㄷ　　③ ㄴ, ㄷ
④ ㄴ, ㄹ　　⑤ ㄷ, ㄹ

642

(가)~(다)에 해당하는 지역을 지도의 A~C에서 고른 것은?

> (가) 자동차 산업의 중심지였으나, 1970년대 제조업 사양화로
> 쇠퇴하였다. 최근에는 기존 산업과 연관된 신산업 및 지식
> 산업을 개척하고, 저렴해진 건물 등을 새로운 용도에 맞게
> 재활용하면서 신생 벤처 기업 붐이 일고 있다.
>
> (나) 주변 지역에 매장된 석탄과 철광석을 바탕으로 산업 혁명
> 기에 번성했던 철강 공업 중심지였다. 그러나 1980년대 이
> 후 경기가 침체하고 신흥 공업국과의 경쟁에서 밀리면서
> 산업이 쇠퇴하고 실업률이 증가하였다.
>
> (다) 정부가 지역 균형 개발을 위해 연구소와 선도 기업을 유치
> 하여 첨단 산업 연구 단지를 조성하였다. 또한 지방 분권
> 법을 만들어 대학과 국영 기업을 이전시켰다. 기후가 쾌적
> 한 이곳에는 천여 개의 첨단 기업이 입주해 있다.

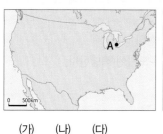 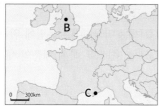

	(가)	(나)	(다)		(가)	(나)	(다)
①	A	B	C	②	A	C	B
③	B	A	C	④	B	C	A
⑤	C	B	A				

643

지도는 유럽과 북부 아메리카의 A, B 산업이 발달한 주요 지역을 나타낸 것이다. A 산업에 대한 B 산업의 상대적 특징으로 옳은 것은?

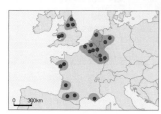 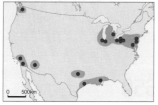

- ● A의 주요 입지 ● B의 주요 입지
- ▨ A가 발달한 공업 지역 ▨ B가 발달한 공업 지역

① 공업 발달의 역사가 짧다.
② 최종 제품의 수명 주기가 길다.
③ 최종 제품 단위당 부가 가치가 크다.
④ 생산비에서 운송비가 차지하는 비중이 작다.
⑤ 대학과 연계하여 전문 인력 확보가 유리한 곳에 입지한다.

[644~645] 지도를 보고 물음에 답하시오.

644

지도에 표시된 지역에 주로 입지하는 산업을 쓰시오.

645 ⓢ 서술형

지도에 표시된 산업 지역의 입지 요인과 산업 특징을 서술하시오.

---

13 현대 도시의 내부 구조 및 지역의 통합과 분리

646

㉠~㉤에 대한 설명으로 옳지 않은 것은?

> ㉠도심은 업무용 고층 빌딩이 밀집하고, ㉡중심 업무 지구가
> 형성되어 있어 상주인구가 적다. 중심 업무 지구의 외곽에는
> 저급 주택 지구와 공업 기능 등이 섞여 있는 ㉢중간 지대가 나
> 타난다. 이 지역은 원래 중산층이 거주하던 곳이었으나, 교통
> 의 발달로 ㉣교외화가 이루어지면서 저소득층의 거주 비율이
> 증가하였다. 정보 통신 기술의 발달과 지식 기반 산업의 성장
> 으로 도심과 중간 지대는 새로운 업무용 건물을 짓기 위한 공
> 간으로 주목받고 있다. 일부 도시에서는 ㉤낙후된 도심 지역
> 을 주거 및 여가 문화 공간으로 재개발하고 있다.

① ㉠에서는 인구 공동화 현상이 나타난다.
② ㉡은 도시에서 지대와 접근성이 가장 높은 지역이다.
③ ㉢에는 건물의 노후화로 슬럼화 현상이 나타난다.
④ ㉣은 상업 및 업무 기능이 주로 이동한다.
⑤ ㉤으로 도심 재활성화(젠트리피케이션) 현상이 나타난다.

647

(가)~(다)에 해당하는 도시를 지도의 A~D에서 고른 것은?

(가) 17세기 인도에 설치한 동인도 회사를 통한 독점 무역으로 성장하였고, 18세기 이후에는 산업 혁명의 중심지가 되었다. 현재 세계 항공 교통과 금융의 중심지로서, 국제 자본의 네트워크에서 핵심적인 위치를 차지하고 있다.

(나) 오대호 운하가 개통되면서 내륙 농산물의 수출항으로 성장하였다. 제2차 세계 대전 이후에는 월가(Wall Street)를 중심으로 세계 경제의 중심이 되었으며, 국제 연합 본부가 설치되면서 정치적 영향력도 커졌다.

(다) 19세기 이후 산업화를 통해 크게 성장하였고, 도시 개조 사업을 통해 근대적 도시로 발돋움하였다. 역사적인 건축물로 개선문과 에펠탑이 유명하며, 박물관과 미술관이 많아 세계 문화·예술의 중심지로 불린다.

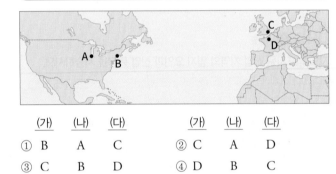

	(가)	(나)	(다)		(가)	(나)	(다)
①	B	A	C	②	C	A	D
③	C	B	D	④	D	B	C
⑤	D	B	A				

648

지도는 런던의 도시 구조를 나타낸 것이다. A 지역의 특징만을 〈보기〉에서 고른 것은?

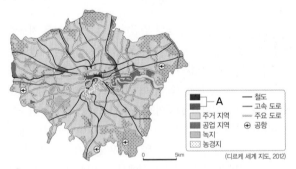

(디르케 세계 지도, 2012)

【 보기 】
ㄱ. 주간 인구에 비해 상주인구가 많다.
ㄴ. 역사적 건축물이 많아 관광객이 많다.
ㄷ. 평균 지가가 낮아 저소득층이 주로 거주한다.
ㄹ. 상업과 서비스업이 발달한 중심 업무 지구이다.

① ㄱ, ㄴ   ② ㄱ, ㄷ   ③ ㄴ, ㄷ
④ ㄴ, ㄹ   ⑤ ㄷ, ㄹ

649

지도는 두 도시의 토지 이용을 나타낸 것이다. (가), (나) 도시에 대한 설명으로 옳은 것은? (단, (가), (나)는 뉴욕, 런던 중 하나임.)

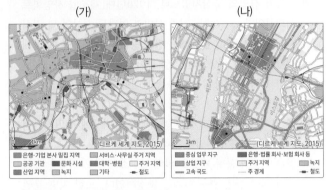

① (가)는 (나)보다 도시 발달의 역사가 짧다.
② (가)는 (나)보다 도심의 도로 폭이 넓고 직교 형태의 도로가 많다.
③ (나)는 (가)보다 도심과 주변 지역 간 건물의 평균 높이 차이가 크다.
④ (가)는 미국, (나)는 유럽에 위치한다.
⑤ (가), (나) 모두 하위 계층의 세계 도시에 해당한다.

[650~651] 지도를 보고 물음에 답하시오.

〈미국 동부의 도시권 확대 과정과 (㉠)의 형성〉

(휴먼 지오그래피, 2013)

650

㉠에 해당하는 용어를 쓰시오.

651   서술형

㉠의 형성 배경을 서술하시오.

652

그래프는 북부 아메리카 세 국가의 산업 특성을 나타낸 것이다. (가)~(다) 국가에 대한 설명으로 옳은 것은?

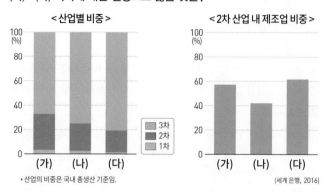

<산업별 비중>

<2차 산업 내 제조업 비중>

• 산업의 비중은 국내 총생산 기준임.

(세계 은행, 2016)

① (가)는 (나)보다 1인당 국내 총생산(GDP)이 높다.

② (가)는 (다)보다 에스파냐어를 사용하는 사람들의 비율이 낮다.

③ (나)는 (가)보다 저임금 노동력이 풍부하다.

④ (나)는 (다)보다 제조업의 생산액이 많다.

⑤ (가)에서 (다)로 인구의 경제적 이동이 많이 나타난다.

653

A~D 국가군에 대한 설명으로 옳은 것은?

(유럽 연합, 2021년 7월 기준)

① B는 유럽 석탄 철강 공동체(ECSC) 가입국이다.

② D는 유럽 연합 비회원국으로 유로화를 사용하지 않는다.

③ A는 B와 생산 요소의 자유로운 이동이 가능하다.

④ B는 C보다 유럽 연합의 가입 시기가 늦다.

⑤ D는 C보다 1인당 지역 내 총생산이 많다.

654

(가)~(다) 지역을 포함하는 국가를 지도의 A~D에서 고른 것은?

(가) 서로 다른 언어를 사용하고 있는 주민들 간에 오랜 긴장과 갈등이 나타난다. 프랑스어 사용자가 많은 이곳의 분리 독립을 두고 두 차례 주민 투표가 실시되었다.

(나) 이 지역은 국가 전체 면적의 10% 미만이지만, 국내 총생산의 약 20%를 차지한다. 카탈루냐어를 사용하고 문화와 역사가 다른 지역과 달라 꾸준히 독립을 요구해 왔다.

(다) 이 지역의 자치 정부는 분리 독립을 시도했으나 주민 투표 결과 무산되었다. 앵글로·색슨족에 대한 켈트족의 민족적 반감보다는 경제적 문제가 투표에 크게 반영된 것이다.

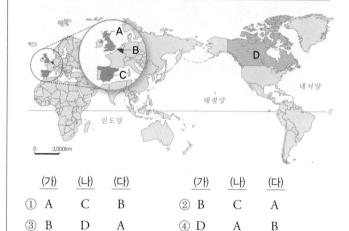

	(가)	(나)	(다)		(가)	(나)	(다)
①	A	C	B	②	B	C	A
③	B	D	A	④	D	A	B
⑤	D	C	A				

[655~656] 지도를 보고 물음에 답하시오.

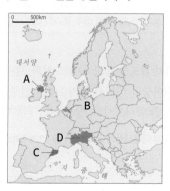

655 ✎ 서술형

A, B 지역에서 발생하는 문화적 갈등 양상을 서술하시오.

656 ✎ 서술형

B~D 지역에서 발생하는 분리 독립운동의 공통점을 서술하시오.

14 도시 구조에 나타난 도시화 과정의 특징

☑ 출제 포인트   ☑ 중·남부 아메리카의 대도시 분포와 특징   ☑ 중·남부 아메리카의 도시 내부 구조 특징

1. 중·남부 아메리카의 도시화 과정

1 유럽 문화의 전파와 식민 도시의 건설

(1) 라틴 문화의 영향

① 라틴계 유럽인의 식민지 건설 → 원주민 문명 파괴, 자원 수탈

② 노동력 보충을 위해 아프리카 노예 이주 → 혼혈 발생

③ 원주민 문화와 외래문화 혼합 → 다양성의 공존

(2) 식민 도시의 건설 넓은 도로, 광장, 성당 등이 나타남

자료 중·남부 아메리카의 언어와 민족(인종) ⓒ 131쪽 672번 문제로 확인

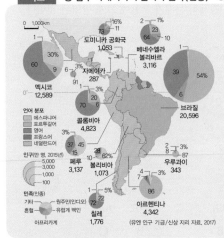

분석 과거 식민지 시대의 영향으로 대부분의 국가에서 에스파냐어를 사용한다. 또한 국가별로 민족(인종) 구성이 다양하며, 혼혈인은 중·남부 아메리카 전역에 걸쳐 거주하고 있다.

2 도시화 과정과 특성

(1) 도시화 과정

급격한 도시화	1990년대 이후 사망률 감소, 유럽계 백인의 도시 유입, 대규모 이촌향도 등 → 도시 인구 급증
공간적 불균형	각 나라의 수도, 식민 도시, 대도시를 중심으로 산업화와 경제 성장 진행 → 농촌 인구의 도시 이주, 소수의 대도시 급성장

(2) 도시화 특성

① 소수 대도시의 과도한 성장 → 과도시화, 종주 도시화 현상

② 1,000만 명 이상의 대도시에 거주하는 인구 비중이 다른 대륙보다 높음 예 멕시코시티, 상파울루, 리우데자네이루 등

자료 중·남부 아메리카의 도시 분포 ⓒ 132쪽 676번 문제로 확인

분석 중·남부 아메리카는 전체 도시화율이 약 80%로 경제 발전 수준보다 높은 편이며, 이는 유럽과 북아메리카의 도시화율과 비슷한 수준이다. 안데스 고산 지역과 해안 지역에 주요 도시가 분포한다.

2. 중·남부 아메리카의 도시 구조와 도시 문제

1 식민 지배와 도시 구조

(1) 식민 지배의 영향

① 주요 도시의 형성과 내부 구조에 영향 → 비슷한 도시 구조

② 식민 도시를 토대로 발전한 도시 → 불완전한 내부 지역 분화

(2) 도시 구조

① 도시 중심부에 광장 조성, 광장 주변에 격자망 도로를 건설하여 성당·관공서·상업 시설 등을 배치

② 도시 중심부에 상업 지구와 통치 핵심 기능 위치, 사회적 지위가 높은 사람들이 거주

2 도시 구조의 지역별 특징

도심부	· 고소득층을 이루는 유럽계 백인이 주로 거주 · 도시 발전 축을 따라 고급 주택 지구 확장
외곽 지역	· 저소득층을 이루는 원주민이나 아프리카계가 주로 거주 · 슬럼이나 저급 주택 지구 형성

자료 중·남부 아메리카의 도시 내부 구조 ⓒ 133쪽 678번 문제로 확인

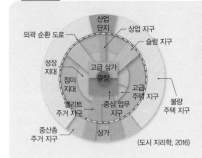

분석 중·남부 아메리카는 식민지 시대의 도시 계획에 따라 도시 중심에 광장이 있으며, 광장 주변에 상업 지구와 핵심 기능이 모여 있다. 도시 중심부에 고급 주택 지구가 있으며, 중심에서 멀어질수록 저급 주택 지구가 나타난다.

★3 도시 문제 ⓒ 134쪽 682번 문제로 확인

(1) 발생 배경 급속한 도시화에 따른 과도시화와 종주 도시화 → 사회 기반 시설 부족으로 각종 도시 문제 발생

(2) 다양한 도시 문제

① 도시 외곽에 불량 주택 지구 형성 → 고급 주택 지구보다 사회적 혜택 부족 → 주거 환경의 불평등 현상 심화

② 교통 혼잡, 위생 및 공공 서비스의 부족, 환경 오염 등

▲ 주택 문제(상파울루)

▲ 대기 오염(멕시코시티)

(3) 해결 방안 사회 기반 시설 보완, 빈부 격차 해소, 도시 재생 사업, 국토 균형 발전 등의 노력 필요

분석 기출 문제

≫ 바른답·알찬풀이 59쪽

●● ㉠, ㉡ 중 알맞은 것을 고르시오.

657 중·남부 아메리카에서 원주민은 (㉠ 안데스 산지, ㉡ 카리브해 연안)에 주로 거주한다.

658 중·남부 아메리카의 대부분 국가에서는 (㉠ 에스파냐어, ㉡ 포르투갈어)를 사용한다.

659 중·남부 아메리카 국가에서 상류층을 이루는 민족(인종)은 (㉠ 원주민, ㉡ 유럽계 백인)이며, 주로 도시의 중심부에 거주한다.

660 중·남부 아메리카의 도시에서는 중심에서 외곽으로 갈수록 (㉠ 고급, ㉡ 저급) 주택 지구가 분포한다.

661 중·남부 아메리카는 각 나라의 수도, 식민 도시, 대도시를 중심으로 산업화와 경제 성장이 진행되어 공간적 (㉠ 균형, ㉡ 불균형)이 나타난다.

●● 빈칸에 들어갈 용어를 쓰시오.

662 중·남부 아메리카는 라틴계 유럽인이 식민지를 건설하면서 ( ) 문화의 영향을 받았다.

663 라틴계 유럽인이 중·남부 아메리카의 부족한 노동력을 보충하기 위해 아프리카에서 많은 노예를 이주시키면서 원주민, 유럽인, 아프리카계 간의 ( )이/가 이루어졌다.

664 중·남부 아메리카의 주요 도시는 유럽의 식민 지배의 영향으로 도시 중앙에 ( )이/가 있으며, 주변에 성당·관공서·상업 시설이 배치되어 있다.

665 1위 도시의 인구 규모가 2위 도시 인구의 두 배 이상 되는 현상을 ( )라고 한다.

●● 다음 내용이 옳으면 ○표, 틀리면 ×표를 하시오.

666 중·남부 아메리카는 1,000만 명 이상이 대도시에 거주하는 인구 비중이 다른 대륙보다 낮다. ( )

667 중·남부 아메리카의 도시화는 식민 지배의 영향으로 점진적으로 이루어졌다. ( )

668 중·남부 아메리카의 도시 내부는 지역 분화가 완전하게 나타난다. ( )

669 중·남부 아메리카 도시에서는 경제적·민족(인종)적 차이에 따라 거주지의 분리가 나타난다. ( )

670 중·남부 아메리카는 도시 기반 시설보다 많은 인구가 도시에 집중되는 과도시화 현상이 나타난다. ( )

671

㉠ 지역의 특징으로 옳지 않은 것은?

> (㉠) 지역 대부분은 16세기부터 에스파냐와 포르투갈의 식민 지배를 받았다. 라틴계 유럽인들의 식민 지배는 (㉠) 지역 문화에 많은 영향을 주었다. 그 결과 (㉠) 지역은 몇몇 국가를 제외한 대부분 국가에서 에스파냐어를 사용하고 있다.

① 대부분의 국가에서 가톨릭교를 믿는다.
② 라틴계 유럽인이 이곳의 원주민 문명을 보존하였다.
③ 아프리카로부터 많은 노동력이 이곳으로 이동하였다.
④ 일찍부터 산지 지역을 중심으로 여러 도시가 발달하였다.
⑤ 넓은 도로, 광장, 성당 등이 나타나는 식민 도시가 분포한다.

★빈출 672

㉠~㉢에 해당하는 민족(인종)을 지도의 A~C에서 고른 것은?

> 현재 중·남부 아메리카는 식민지 시기의 계층 구조, 부의 불균등한 분배 등으로 쿠바, 우루과이, 아르헨티나를 제외한 대부분 국가에서 (㉠)들이 상류층, (㉡)들이 중간 계층, 아프리카계 및 (㉢)들이 하류층을 이루는 편이다.

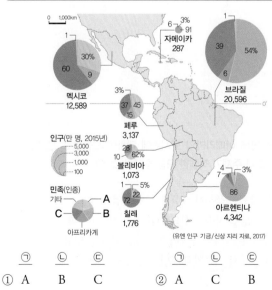

(유엔 인구 기금/신상 지리 자료, 2017)

	㉠	㉡	㉢			㉠	㉡	㉢
①	A	B	C		②	A	C	B
③	B	A	C		④	B	C	A
⑤	C	A	B					

673

지도는 (가), (나) 민족(인종)이 중·남부 아메리카 각 국가에서 차지하는 비율을 나타낸 것이다. 이에 대한 설명으로 옳은 것은?

① (가)는 잉카, 마야 등의 고대 문명을 발달시켰다.
② (나)는 플랜테이션 경영을 위해 이동하여 정착하였다.
③ (가)는 (나)보다 이 지역으로의 이주 시기가 늦다.
④ (가), (나)는 주로 믿고 있는 종교가 각기 다르다.
⑤ (가), (나) 모두 경제적으로 하류층을 이루고 있다.

674

다음은 중·남부 아메리카의 도시화에 대하여 모둠별로 선정한 조사 주제이다. 조사 주제가 적절한 모둠을 고른 것은?

- A 모둠: 자원이 풍부한 내륙 도시의 산업 성장
- B 모둠: 지방 도시를 중심으로 한 점진적인 도시화
- C 모둠: 농촌 경제의 몰락이 이촌 향도에 미친 영향
- D 모둠: 인구와 기능의 과도한 집중과 종주 도시화 현상

① A, B   ② A, C   ③ B, C
④ B, D   ⑤ C, D

675

그래프는 아메리카 주요 국가의 도시화율 변화를 나타낸 것이다. 이에 대한 옳은 분석만을 〈보기〉에서 고른 것은?

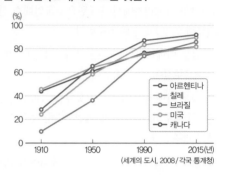

(세계의 도시, 2008 / 각국 통계청)

[보기]

ㄱ. 칠레의 도시 거주 인구는 브라질의 도시 거주 인구보다 많다.
ㄴ. 2015년 기준 경제 발전 수준이 높을수록 도시화율이 높다.
ㄷ. 1950~1990년에 도시화율 변화가 가장 큰 국가는 브라질이다.
ㄹ. 도시 인구 비율의 증가 속도는 중·남부 아메리카가 북부 아메리카보다 빠르다.

① ㄱ, ㄴ   ② ㄱ, ㄷ   ③ ㄴ, ㄷ
④ ㄴ, ㄹ   ⑤ ㄷ, ㄹ

★빈출
676

지도는 중·남부 아메리카의 도시 분포를 나타낸 것이다. 이에 대한 설명으로 옳지 않은 것은?

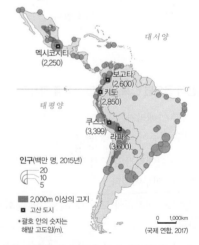

(국제 연합, 2017)

① 고산 도시는 대체로 해당 국가의 수도이다.
② 고산 도시가 해안 지역의 도시보다 먼저 발달하였다.
③ 대륙 내부 지역은 잦은 지진으로 도시 발달에 불리하다.
④ 인구 규모가 큰 도시는 주로 해안을 따라 분포하고 있다.
⑤ 온화한 기후가 나타나는 고산 지역에 도시가 발달하였다.

677

그림은 에스파냐의 식민 도시 계획을 나타낸 것이다. 이에 대한 설명으로 옳지 <u>않은</u> 것은?

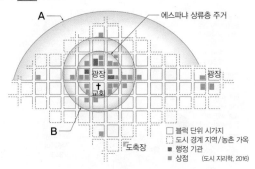

① B는 A보다 원주민 거주 비율이 높게 나타난다.

② 중앙에 광장이 있고, 격자망 도로망이 주로 나타난다.

③ 도시 계획으로 나타난 거주지 분리 현상이 현재에도 나타나고 있다.

④ 이 계획은 중·남부 아메리카 주요 도시 곳곳에 현재까지 영향을 미치고 있다.

⑤ 식민 지배를 공고히 하기 위해 도시 건설의 세세한 부분까지 법률로 정하였다.

★빈출
678

중·남부 아메리카의 도시 구조를 ㉠의 관점에서 파악할 때 조사해야 할 적절한 항목만을 〈보기〉에서 고른 것은?

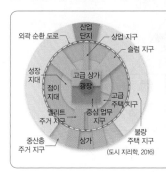

중·남부 아메리카의 주요 도시는 식민 도시를 토대로 발전한 형태가 많아 ㉠ 북부 아메리카의 도시와는 다른 도시 구조가 나타난다.

[보기]

ㄱ. 교통로를 따라 형성된 상업 지구

ㄴ. 인구 증가에 따른 도시의 범위 확대

ㄷ. 도시 중심부에 위치하는 광장과 성당

ㄹ. 도시 외곽에 분포하는 저급 주택 지구

① ㄱ, ㄴ   ② ㄱ, ㄷ   ③ ㄴ, ㄷ

④ ㄴ, ㄹ   ⑤ ㄷ, ㄹ

679

㉠~㉤에 대한 설명으로 옳지 <u>않은</u> 것은?

㉠ 중·남부 아메리카의 주요 도시는 에스파냐와 포르투갈의 ㉡ 식민 지배의 영향을 받아 형성되었거나 변화된 경우가 대부분이다. 식민 시기에 조성된 도시 구조에는 지역의 전통문화 요소와 ㉢ 유럽에서 전파된 문화 요소가 혼합되어 있다. ㉣ 식민 시기의 도시 구조가 매우 압축적이었던 것에 비해 독립 이후에 거주지가 확장되었는데, 이 과정에서 ㉤ 도시 양극화 현상이 심화되었다.

① ㉠ - 도시 내부의 지역 분화가 불완전하게 나타난다.

② ㉡ - 유럽과 식민지와의 연결을 목적으로 건설되었다.

③ ㉢ - 성당과 중앙 광장과 같은 종교 경관이 나타난다.

④ ㉣ - 도심부에는 매우 규칙적인 가로망이 나타난다.

⑤ ㉤ - 도심 지역에는 저급 주택 지구, 도시 외곽 지역에는 고급 주택 지구가 분포한다.

680

지도는 상파울루의 아프리카계 인구 비율과 불량 주택 지구인 파벨라의 분포를 나타낸 것이다. 이를 통해 추론한 아프리카계의 특성만을 〈보기〉에서 고른 것은?

〈아프리카계 인구 비율〉 〈파벨라 분포〉

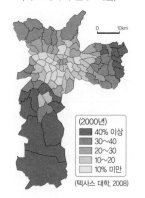 

[보기]

ㄱ. 사회적 지위가 낮을 것이다.

ㄴ. 도심부에 주로 거주할 것이다.

ㄷ. 주로 농촌에서 이주해왔을 것이다.

ㄹ. 불량 주거 지구를 형성했을 것이다.

① ㄱ, ㄴ   ② ㄱ, ㄷ   ③ ㄴ, ㄹ

④ ㄱ, ㄴ, ㄷ   ⑤ ㄱ, ㄷ, ㄹ

681

중·남부 아메리카 도시에 대한 옳은 설명만을 〈보기〉에서 고른 것은?

【 보기 】
ㄱ. 외곽으로 갈수록 상류층의 거주 비율이 높다.
ㄴ. 도시 간의 발전 격차가 북부 아메리카보다 적다.
ㄷ. 도심부와 도시 발전 축을 따라 고급 주택 지구가 형성된다.
ㄹ. 인구의 과도한 집중으로 각종 도시 문제가 발생하고 있다.

① ㄱ, ㄴ   ② ㄱ, ㄷ   ③ ㄴ, ㄷ
④ ㄴ, ㄹ   ⑤ ㄷ, ㄹ

★빈출 682

다음은 중·남부 아메리카에 대한 가로세로 퍼즐이다. ㉠에 들어갈 내용으로 적절한 것은?

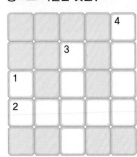

[가로 열쇠]
2. _____㉠_____

[세로 열쇠]
1. 중·남부 아메리카는 유럽의 식민 지배 및 아프리카계 노동력의 유입 등으로 ○○이 다양함
3. 한 국가에서 인구 규모가 가장 큰 도시
4. 국가 경제 발전이나 기술 혁신 등이 뒷받침되지 않은 상태에서 인구만 도시로 집중하는 현상

① 도시 기반이 갖추어지기 이전에 인구가 집중됨
② 도심 인근의 낙후 지역 개발로 원주민이 밀려나는 현상
③ 도시에서 농촌으로 인구가 이동하여 도시 인구가 감소함
④ 1위 도시의 인구 규모가 2위 도시 인구의 두 배 이상 되는 현상
⑤ 도시 기능이 외곽 지역으로 이전하여 도시의 기능적 범위가 확대되는 현상

683

(가), (나)에 해당하는 도시로 옳은 것은?

(가) 교통 체계를 개선하고 환경을 살리는 다양한 정책이 시행되어 세계적으로 유명한 생태 도시가 되었다.
(나) 해발 고도가 높아 산소가 부족하며, 분지 지형에 위치해 오염 물질의 이동이 제한되어 스모그가 빈번하게 발생하면서 많은 사람이 목숨을 잃고 있다.

	(가)	(나)
①	상파울루	라파스
②	상파울루	멕시코시티
③	쿠리치바	멕시코시티
④	쿠리치바	부에노스아이레스
⑤	리우데자네이루	라파스

[684~685] 지도는 중·남부 아메리카의 민족(인종) 및 언어 분포를 나타낸 것이다. 이를 보고 물음에 답하시오.

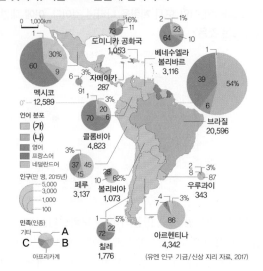

(유엔 인구 기금/신상 지리 자료, 2017)

684

(가), (나)에 해당하는 언어를 쓰시오.

685

A~C에 해당하는 민족(인종)을 쓰고, 민족(인종)별 거주 분포의 특징을 서술하시오.

[686~687] 자료를 보고 물음에 답하시오.

중·남부 아메리카의 도시는 사회적 신분에 따라 거주지가 다르다. 도시 건설 초기부터 도심 주변에는 (㉠)이/가, 도심에서 떨어진 주변 지역에는 (㉡)이/가 거주한다.

〈사회적 지위〉

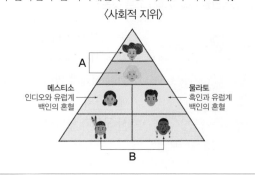

686

㉠, ㉡에 해당하는 민족(인종)을 A, B에서 골라 쓰시오.

687

사회 계층별 거주 지역 차이를 중심으로 북부 아메리카와 중·남부 아메리카의 도시 구조를 비교하여 서술하시오.

적중 1등급 문제

>> 바른답·알찬풀이 61쪽

688

(가)~(다)에 대한 옳은 설명만을 〈보기〉에서 고른 것은? (단, (가)~(다)는 칠레, 멕시코, 브라질의 수도 중 하나임.)

구분	인구(만 명)	해발 고도(m)	경도
(가)	2,158	2,215	99° 09′ W
(나)	447	1,092	47° 53′ W
(다)	668	638	70° 40′ W

[보기]
ㄱ. (가)는 유럽인들이 잉카 문명의 도시를 파괴하고 건설했다.
ㄴ. (나)는 수위 도시이다.
ㄷ. (나)는 (다)보다 동쪽에 위치한다.
ㄹ. (가), (다)가 속한 국가는 종주 도시화 현상이 나타난다.

① ㄱ, ㄴ　　② ㄱ, ㄷ　　③ ㄴ, ㄷ
④ ㄴ, ㄹ　　⑤ ㄷ, ㄹ

689

그래프는 두 지역의 인구 규모별 도시 비중 변화를 나타낸 것이다. 이에 대한 옳은 설명만을 〈보기〉에서 고른 것은? (단, (가), (나)는 유럽, 중·남부 아메리카 중 하나임.)

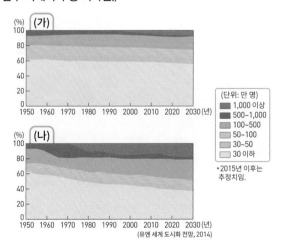

(유엔 세계 도시화 전망, 2014)

[보기]
ㄱ. (나)에는 최상위 계층에 속한 세계 도시가 위치한다.
ㄴ. (가)는 (나)보다 2015년에 100만 명 이상 도시 비중이 높다.
ㄷ. (가)는 (나)보다 1,000만 명 이상의 대도시 출현 시기가 늦다.
ㄹ. (나)는 (가)보다 도시화율의 증가 폭이 크다.

① ㄱ, ㄴ　　② ㄱ, ㄷ　　③ ㄴ, ㄷ
④ ㄴ, ㄹ　　⑤ ㄷ, ㄹ

690

다음 글은 중·남부 아메리카의 인종(민족)과 언어에 대한 것이다. 이에 대한 설명으로 옳지 않은 것은? (단, ㉠~㉢은 혼혈, 원주민, 유럽계 중 하나임.)

멕시코는 국내 인종(민족)별 인구 구성에서 (㉠)이/가 차지하는 비중이 가장 높고, 볼리비아의 인구 비중 상위 인종(민족)은 (㉡)이다. 브라질은 중·남부 아메리카 국가 중 아프리카계 인구가 가장 많은 나라이지만, 국내 인종(민족)별 인구 구성에서는 (㉢)이/가 차지하는 비중이 가장 높다. 유럽 국가의 식민 지배 영향으로 멕시코에서는 (㉣)을/를, 브라질에서는 (㉤)을/를 공용어로 사용하고 있다.

① ㉠은 ㉡보다 중·남부 아메리카 전체 인구에서 차지하는 비중이 높다.
② ㉡은 ㉢보다 중·남부 아메리카에서의 거주 역사가 길다.
③ ㉢은 ㉠보다 중·남부 아메리카에서 경제적 지위가 높다.
④ ㉢은 주로 ㉠과 ㉡ 간의 혼혈이다.
⑤ ㉣은 에스파냐어, ㉤은 포르투갈어이다.

691

지도는 중·남부 아메리카의 도시화율과 대도시 분포를 나타낸 것이다. 이에 대한 설명으로 옳은 것은?

(유엔 세계 도시화 전망, 2014)

① 멕시코는 촌락 인구가 도시 인구보다 많다.
② 아르헨티나는 종주 도시화 현상이 나타난다.
③ 브라질의 수도는 인구 1,000만 명 이상이다.
④ 해안 지역보다 내륙 지역에 도시의 인구가 집중해 있다.
⑤ 인구 1,000만 명 이상 도시는 대서양보다 태평양 연안에 많이 분포한다.

14. 도시 구조에 나타난 도시화 과정의 특징　**135**

지역 분쟁과 저개발 문제 및 자원 개발

1. 사하라 이남 아프리카의 지역 분쟁과 저개발

1 유럽의 식민지 지배

(1) 유럽인의 진출　15세기 이후 큰 변화를 겪음

진출 초기	서부 해안을 중심으로 금, 상아, 농산물 등의 대규모 반출
신대륙 발견 이후	노예 삼각 무역을 통해 아프리카계를 아메리카 지역의 플랜테이션 농장 노예로 이용
19세기	대부분 유럽의 식민지로 전락 → 자원과 노동력 착취

(2) 서구 열강으로부터의 독립　제2차 세계 대전 이후~1970년대 중반, 제3세계의 한 축을 이룸, 내전·빈곤 지속

2 사하라 이남 아프리카의 민족(인종) 및 종교 분포

(1) 민족(인종) 분포　높은 비중의 아프리카계, 부족 중심의 독특한 원시 문화 발달 → 다양한 종교와 언어

(2) 종교 분포

이슬람교	서남아시아와 인접한 북부 아프리카에서 주로 신봉
크리스트교	식민지 개척 과정에서 아프리카 남부 지역으로 전파
토속 신앙	• 외래 종교의 전파로 비중이 작아짐 • 부족의 일상생활에 여전히 많은 영향을 줌

> **자료**　아프리카의 종교 분포　◉ 137쪽 707번 문제로 확인

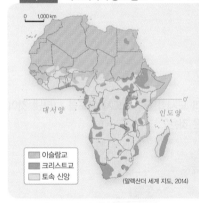

> **분석**　이슬람교는 서남아시아와 인접한 소말리아, 수단, 카메룬 등지에서 주로 신봉한다. 크리스트교는 아프리카의 남부 지역으로 넓게 전파되었고, 부족 중심의 토속 신앙은 아프리카 대부분 지역에서 많은 영향을 미치고 있다.

(알렉산더 세계 지도, 2014)

> 이슬람교
> 크리스트교
> 토속 신앙

✪3 민족(인종) 및 종교 간 갈등　◉ 138쪽 712번 문제로 확인

(1) 갈등 배경　유럽 열강이 식민 지배 과정에서 부족의 생활 공동체를 무시한 채 국경선 획정 → 부족 간 갈등 심화

(2) 갈등 발생

시에라리온	다이아몬드 채굴권을 둘러싼 정부와 반군과의 갈등
수단, 남수단	이슬람교를 믿는 북부의 아랍계 주민 VS. 크리스트교와 토속 신앙을 믿는 남부 아프리카계 주민
나이지리아	북부의 이슬람교도 VS. 남부의 크리스트교도
르완다	권력을 유지하려는 소수의 투치족 VS. 다수의 후투족
남아프리카 공화국	한때 아프리카계 인종 차별 정책인 아파르트헤이트를 시행하여 국제적으로 큰 비난을 받음

4 저개발의 현황 및 개발을 위한 노력

저개발 현황	• 농산물과 광물 위주의 수출 구조 → 국가 경쟁력 취약 • 만성적인 빈곤과 기아, 열악한 교육 환경과 아동 노동
개발 노력	천연자원과 풍부한 노동력을 활용하여 경제 성장 도모, 교육 투자 확대, 경제 발전과 협력 추구를 위한 아프리카 연합(AU) 설립

2. 자원 개발을 둘러싼 과제

1 자원 분포 및 개발

(1) 중·남부 아메리카의 자원 분포 및 개발

자원 분포	• 석유, 천연가스: 멕시코, 브라질, 베네수엘라 볼리바르, 에콰도르 • 철광석: 브라질　　　　　• 리튬: 볼리비아 • 은: 멕시코　• 구리: 칠레　• 주석: 볼리비아
자원 개발	• 자원 보유국에 경제적 이익 발생 • 부를 둘러싸고 빈부 격차가 심화되면 사회적 혼란 초래

(2) 사하라 이남 아프리카의 자원 분포 및 개발

자원 분포	• 석유, 천연가스: 나이지리아, 앙골라 • 구리, 코발트: 잠비아, 콩고 민주 공화국 → 코퍼 벨트 • 남아프리카 공화국: 석탄, 금, 다이아몬드, 망간, 크롬 등이 풍부함 → 아프리카에서 경제 규모가 가장 큼
자원 개발	중국, 일본, 러시아, 미국 등이 자원 채굴권 확보를 위해 산업 인프라, 각종 개발 기금 등을 제공

> **자료**　자원 분포와 수출 구조　◉ 139쪽 716번 문제로 확인

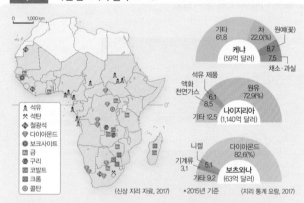

> 석유
> 석탄
> 철광석
> 다이아몬드
> 보크사이트
> 금
> 구리
> 코발트
> 크롬
> 콜탄

(신상 지리 자료, 2017)　*2015년 기준　(지리 통계 요람, 2017)

케냐 (59억 달러): 기타 61.8, 차 22.0(%), 원예(꽃) 8.7, 채소·과실 7.5

나이지리아 (1,140억 달러): 석유 제품, 액화 천연가스 6.1, 8.5, 원유 72.9(%), 기타 12.5

보츠와나 (63억 달러): 니켈, 기계류 3.1, 5.1, 다이아몬드 82.6(%), 기타 9.2

> **분석**　지하자원에 대한 의존도가 높으며, 광물과 농산물을 선진국으로 수출하고 벌어들인 외화로 선진국에서 자본재와 공산품을 수입한다.

✪2 환경 보존과 자원의 정의로운 분배　◉ 140쪽 717번 문제로 확인

(1) 자원 개발에 따른 문제　열대림 파괴, 석유 개발과 이동 중 유출에 따른 토양 및 수질 오염, 사회적 갈등 발생 등 → 환경 보존을 위해서는 지속 가능한 발전 필요

(2) 자원의 정의로운 분배　부정부패, 광산 이권을 둘러싼 내전, 다국적 기업의 자원 개발 등으로 소득 분배의 불평등과 빈부 격차 심화 → 부의 정의로운 분배 필요

분석 기출 문제

>> 바른답·알찬풀이 62쪽

•• 빈칸에 들어갈 용어를 쓰시오.

692 서하라 이남 아프리카는 (   ) 중심의 독특한 원시 문화가 발달하여 종교와 언어가 다양하다.

693 서남아시아와 인접한 북부 아프리카 지역의 주된 종교는 (   )이다.

694 아프리카 국가들은 공동 이익 추구와 경제 발전 및 협력 등을 위해 (   )을/를 설립하였다.

695 중·남부 아메리카와 사하라 이남 아프리카에서는 무분별한 벌채와 과도한 경지 개간, 광산 개발 등으로 (   ) 이/가 파괴되고 있다.

•• 다음 내용이 옳으면 ○표, 틀리면 ×표를 하시오.

696 사하라 이남 아프리카 지역의 부족 간 갈등은 유럽 열강이 임의로 획정한 국경선의 영향이 크다. (   )

697 중·남부 아메리카와 사하라 이남 아프리카 대부분의 국가는 광물과 농산물을 수출하고 부가 가치가 큰 공업 제품을 수입하고 있다. (   )

698 중·남부 아메리카와 사하라 이남 아프리카의 자원 개발은 다국적 기업이 주도하고 있다. (   )

699 사하라 이남 아프리카에서는 천연자원의 개발을 통해 얻은 이익이 공정하게 분배되고 있다. (   )

•• 다음 설명에 해당하는 국가를 〈보기〉에서 고르시오.

700 권력을 유지하려는 소수의 투치족과 이에 대항하는 다수의 후투족 간의 갈등이 발생하였다. (   )

701 백인 비중이 높으며, 한때 아프리카계 인종을 차별하는 아파르트헤이트 정책을 시행하였다. (   )

702 아프리카 최대의 산유국이지만, 석유 유출에 따른 환경 오염으로 많은 주민이 피해를 겪고 있다. (   )

[보기]
ㄱ. 르완다   ㄴ. 나이지리아   ㄷ. 남아프리카 공화국

•• ㉠, ㉡ 중 알맞은 것을 고르시오.

703 칠레는 세계 최대의 (㉠ 은, ㉡ 구리) 생산국이다.

704 볼리비아의 우유니 소금 사막에는 세계에서 가장 많은 (㉠ 리튬, ㉡ 콜탄)이 매장된 것으로 추정된다.

705 잠비아에서 콩고 민주 공화국으로 이어지는 코퍼 벨트에는 (㉠ 구리, ㉡ 석유)가 풍부하게 분포한다.

706

다음은 사하라 이남 아프리카에 대한 수업 장면이다. 교사의 질문에 적절한 답변을 한 학생을 고른 것은?

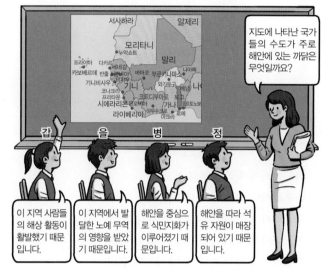

① 갑, 을   ② 갑, 병   ③ 을, 병
④ 을, 정   ⑤ 병, 정

⭐빈출
707

자료는 아프리카의 종교에 대한 것이다. 지도의 (가)~(다) 종교를 그래프의 A~C에서 고른 것은?

〈종교 분포〉

(알렉산더 세계 지도, 2014)

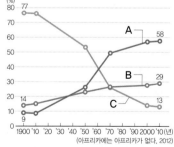

〈사하라 이남 아프리카의 종교 비중 변화〉

(아프리카에는 아프리카가 없다, 2012)

	(가)	(나)	(다)		(가)	(나)	(다)
①	A	B	C	②	A	C	B
③	B	A	C	④	B	C	A
⑤	C	A	B				

708

지도는 아프리카의 국가 경계와 민족(종족) 경계를 나타낸 것이다. 이 지도와 관련된 조사 주제로 가장 적절한 것은?

— 국가 경계
— 민족(종족) 경계
(경계에서 권역을 보다, 2015)

0 ___ 1,000km

① 아프리카의 지역별 종교 분포
② 아프리카의 빈곤 문제 해결을 위한 노력
③ 아프리카 해안 중심의 대규모 자원 반출
④ 아프리카 각국의 자원 분포와 경제 수준
⑤ 아프리카의 지역 간 갈등 및 내전의 원인

709

다음은 아프리카에 대한 정보 탐색 결과이다. ㉠에 들어갈 말로 적절한 것은?

> Q. 아프리카에는 왜 직선으로 된 국경선이 많을까요?
> A. (㉠) 때문입니다.

① 아무도 살지 않는 지역을 분할했기
② 유럽 열강들이 인위적으로 설정했기
③ 기존의 부족 경계를 최대한 반영했기
④ 경계로 삼을 수 있는 지리적 요소가 없기
⑤ 직선으로 흘러가는 하천을 기준으로 했기

710

다음 갈등의 공통적인 원인으로 가장 적절한 것은?

> • 소말리아와 에티오피아의 국경 분쟁
> • 르완다 투치족과 후투족의 민족 간 갈등

① 자원 매장지의 확보　　② 서로 다른 종교적 신념
③ 유럽 열강들의 식민 지배　　④ 하천을 둘러싼 물 자원 확보
⑤ 해양 진출을 위한 거점 확보

711

자료에 대한 옳은 추론만을 〈보기〉에서 고른 것은?

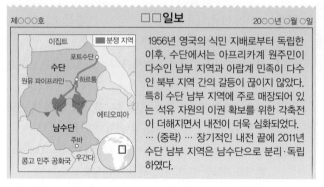

제○○○호　　□□일보　　20○○년 ○월 ○일

1956년 영국의 식민 지배로부터 독립한 이후, 수단에서는 아프리카계 원주민이 다수인 남부 지역과 아랍계 민족이 다수인 북부 지역 간의 갈등이 끊이지 않았다. 특히 수단 남부 지역에 주로 매장되어 있는 석유 자원의 이권 확보를 위한 각축전이 더해지면서 내전이 더욱 심화되었다. … (중략) … 장기적인 내전 끝에 2011년 수단 남부 지역은 남수단으로 분리·독립하였다.

[보기]
ㄱ. 분쟁은 이슬람교 종파 간의 대립이 주된 원인일 것이다.
ㄴ. 분쟁의 성격은 종교뿐만 아니라 자원 분쟁의 성격을 가질 것이다.
ㄷ. 내륙 국가인 남수단은 석유 수출을 위해 수단의 협력이 필요할 것이다.
ㄹ. 송유관과 정유 시설 대부분은 유전이 분포하는 남수단에 위치할 것이다.

① ㄱ, ㄴ　　② ㄱ, ㄷ　　③ ㄴ, ㄷ
④ ㄴ, ㄹ　　⑤ ㄷ, ㄹ

★빈출
712

(가), (나)에 해당하는 국가를 지도의 A~D에서 고른 것은?

> (가) 북부의 이슬람교를 믿는 민족과 남부의 크리스트교를 믿는 민족 간 종교 분쟁이 발생하고 있으며, 이 분쟁은 남부와 북부의 경제적 격차로 더욱 심화되었다.
> (나) 사람들을 네 인종으로 구분하고 거주지에 제한을 주는 등 인종 차별 정책의 상징인 아파르트헤이트가 1994년에 공식적으로 폐지되었지만, 아직도 인종별 주거지 분리 현상은 완화되지 않고 있다.

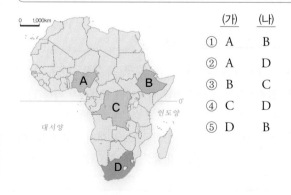

	(가)	(나)
①	A	B
②	A	D
③	B	C
④	C	D
⑤	D	B

713

표는 사하라 이남 아프리카 주요 국가의 수출 구조를 나타낸 것이다. (가)~(다)에 해당하는 국가를 지도의 A~C에서 고른 것은?

구분	수출액(억 달러)	1위(%)	2위(%)	3위(%)
(가)	59	차(22)	원예(8.7)	채소·과실(7.5)
(나)	1,140	원유(72.9)	LNG(8.5)	석유 제품(6.1)
(다)	63	다이아몬드(82.6)	니켈(5.1)	기계류(3.1)

(지리 통계 요람, 2015)

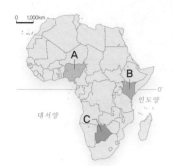

	(가)	(나)	(다)
①	A	B	C
②	A	C	B
③	B	A	C
④	B	C	A
⑤	C	A	B

714

㉠의 원인으로 옳지 <u>않은</u> 것은?

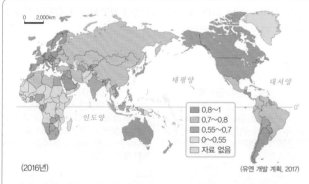

(2016년) (유엔 개발 계획, 2017)

인간 개발 지수는 유엔 개발 계획(UNDP)에서 평균 수명과 교육 수준, 국민 소득 등을 기준으로 국가별 국민의 삶의 질을 평가한 지표로, 0~1의 값을 가지며 1에 가까울수록 삶의 질이 높다. ㉠인간 개발 지수 하위 30개국 중 27개국이 사하라 이남 아프리카에 있다.

① 토지가 넓고 지하자원이 풍부하기 때문이다.

② 내전과 정치적 불안정이 지속되고 있기 때문이다.

③ 질병의 발생률이 높고, 보건 수준이 낮기 때문이다.

④ 기후 변화에 따른 가뭄과 사막화가 나타났기 때문이다.

⑤ 상품 작물을 주로 재배하여 식량 재배 농지가 감소하였기 때문이다.

빈출
715

자료는 베네수엘라 볼리바르의 경제 문제에 대한 것이다. ㉠에 들어갈 옳은 내용만을 〈보기〉에서 고른 것은?

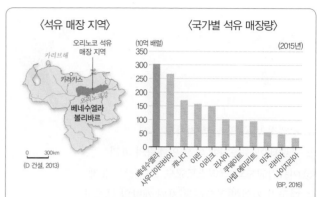

〈석유 매장 지역〉 〈국가별 석유 매장량〉

(D 건설, 2013) (BP, 2016)

최근 베네수엘라 볼리바르는 '자원의 저주'를 겪고 있다. 석유 매장량 세계 1위, 수출량 세계 9위인데도 경제난으로 곤경을 겪는다. 이와 같은 '자원의 저주'는 (㉠) 때문이다.

[보기]

ㄱ. 정부 및 정치권에 만연한 부정부패

ㄴ. 천연자원 수출에 의존하는 경제 구조

ㄷ. 자원으로 벌어들인 수입의 공정한 분배

ㄹ. 제조업 및 서비스업으로 산업 구조의 고도화 진행

① ㄱ, ㄴ 　② ㄱ, ㄷ 　③ ㄱ, ㄹ

④ ㄴ, ㄷ 　⑤ ㄷ, ㄹ

빈출
716

㉠ 자원에 대한 설명으로 옳지 <u>않은</u> 것은?

《(㉠) 자원의 대륙 및 아프리카 국가별 매장량 비중(2016)》

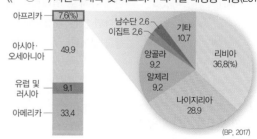

(BP, 2017)

① 수단과 남수단의 갈등에 영향을 준 자원이다.

② 아프리카에서는 기니만 연안에 주로 분포한다.

③ 베네수엘라 볼리바르의 주요 수출 자원에 해당한다.

④ 강바닥의 진흙에서 채취되며 휴대 전화 원료로 사용된다.

⑤ 에너지 자원으로 이 자원에 대한 국제기구가 결성되어 있다.

⭐빈출
717

(가), (나) 권역의 공통 학습 주제로 적절하지 <u>않은</u> 것은?

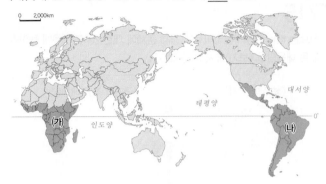

① 경제적 빈곤 및 빈부 격차의 문제

② 플랜테이션 농업에 따른 열대림의 파괴

③ 이슬람교도와 크리스트교도 간의 갈등 문제

④ 다국적 기업이 주도하는 자원 개발의 문제점

⑤ 수출 광물 생산을 위한 광산 개발과 환경 문제

718

㉠의 원인만을 〈보기〉에서 고른 것은?

㉠'지구의 허파'로 불리는 아마존 열대림은 국제 사회의 관심에도 불구하고 그 면적이 계속해서 줄어들고 있다. 현재 추세로 열대림이 사라진다면 많은 환경 문제가 발생할 것이다.

【 보기 】

ㄱ. 목초지 조성과 기업적 방목

ㄴ. 벌목 회사의 남벌 및 도로 건설

ㄷ. 산업 발달에 따른 산성비 피해 지역 확대

ㄹ. 이산화 탄소 방출량 증가에 따른 지구 온난화

① ㄱ, ㄴ   ② ㄱ, ㄷ   ③ ㄴ, ㄷ

④ ㄴ, ㄹ   ⑤ ㄷ, ㄹ

719

(가) 지역보다 (나) 지역에서 높게 나타나는 항목만을 〈보기〉에서 고른 것은?

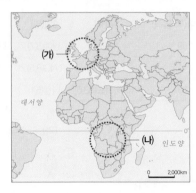

【 보기 】

ㄱ. 기대 수명   ㄴ. 영아 사망률

ㄷ. 소득 불평등 지수   ㄹ. 국가 청렴도 순위

① ㄱ, ㄴ   ② ㄱ, ㄷ   ③ ㄴ, ㄷ

④ ㄴ, ㄹ   ⑤ ㄷ, ㄹ

720

다음은 사하라 이남 아메리카 지역에 대한 보고서이다. (가)에 들어갈 내용으로 가장 적절한 것은?

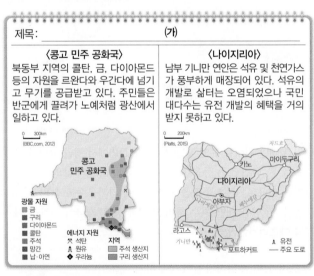

제목: (가)

〈콩고 민주 공화국〉
북동부 지역의 콜탄, 금, 다이아몬드 등의 자원을 르완다와 우간다에 넘기고 무기를 공급받고 있다. 주민들은 반군에게 끌려가 노예처럼 광산에서 일하고 있다.

〈나이지리아〉
남부 기니만 연안은 석유 및 천연가스가 풍부하게 매장되어 있다. 석유의 개발로 삶터는 오염되었으나 국민 대다수는 유전 개발의 혜택을 거의 받지 못하고 있다.

① 자원 개발에 따른 지역 분쟁

② 자원 개발에 따른 부정적 영향

③ 자원 개발을 위한 국가 간 협조

④ 자원 개발 이익의 공정한 분배 노력

⑤ 자원 개발을 위한 자본의 확보 노력

721

A 지역의 지니 계수가 높은 까닭만을 〈보기〉에서 고른 것은?

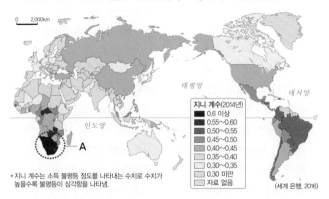

*지니 계수는 소득 불평등 정도를 나타내는 수치로 수치가 높을수록 불평등이 심각함을 나타냄.

(세계 은행, 2016)

[보기]
- ㄱ. 정부의 부정부패 문제가 심각하기 때문이다.
- ㄴ. 정부 예산을 교육에 우선 투자하는 정책 때문이다.
- ㄷ. 자원 개발의 이익이 소수 집단에 집중되었기 때문이다.
- ㄹ. 자원 개발이 주로 국내 자본에 의해 이루어졌기 때문이다.

① ㄱ, ㄴ   ② ㄱ, ㄷ   ③ ㄴ, ㄷ
④ ㄴ, ㄹ   ⑤ ㄷ, ㄹ

722

다음 수업 장면에서 교사의 질문에 적절한 답변을 한 학생만을 고른 것은?

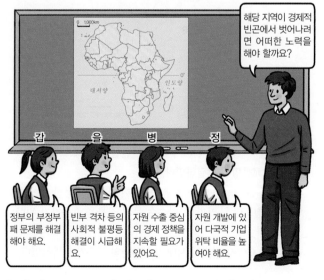

① 갑, 을   ② 갑, 병   ③ 을, 병
④ 을, 정   ⑤ 병, 정

[723~724] 지도를 보고 물음에 답하시오.

〈세계의 국가별 1인당 국내 총생산(GDP)〉

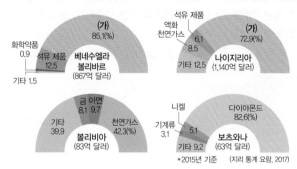

(국제 통화 기금, 2017)

723

1인당 국내 총생산(GDP)을 기준으로 세계에서 가장 빈곤한 지역을 쓰시오.

724

723에서 쓴 지역이 빈곤한 까닭을 제시된 내용을 모두 포함하여 서술하시오.

| • 분쟁 | • 기반 시설 |

[725~726] 그래프는 중·남부 아메리카와 사하라 이남 아프리카의 주요 국가별 수출 구조를 나타낸 것이다. 이를 보고 물음에 답하시오.

725

(가)에 해당하는 자원을 쓰시오.

726

중·남부 아메리카와 사하라 이남 아프리카의 발전 방안을 자원 및 부의 정의로운 분배와 관련지어 세 가지 서술하시오.

적중 1등급 문제

» 바른답·알찬풀이 64쪽

727

A~C 국가에 대한 옳은 설명만을 〈보기〉에서 고른 것은?

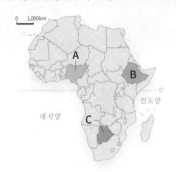

[보기]

ㄱ. A는 B보다 인구가 많다.
ㄴ. A는 C보다 이슬람교 신자 비율이 높다.
ㄷ. B는 C보다 광업·제조업 종사자 비율이 높다.
ㄹ. C는 A보다 1인당 국내 총생산이 많다.

① ㄱ, ㄹ   ② ㄴ, ㄷ   ③ ㄱ, ㄴ, ㄷ
④ ㄱ, ㄴ, ㄹ   ⑤ ㄴ, ㄷ, ㄹ

728

자료는 사하라 이남 아프리카의 종교에 관한 것이다. 이에 대한 설명으로 옳은 것은? (단, (가)~(다)와 A~C는 이슬람교, 토속 신앙, 크리스트교 중 하나임.)

〈종교 분포〉

〈사하라 이남 아프리카의 종교 비중 변화〉

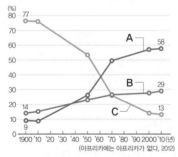

① (가)는 A, (나)는 B이다.
② A의 비율 증가는 유럽인의 진출과 관련이 깊다.
③ B는 해안 지역과 동아프리카 지구대에 집중 분포한다.
④ C의 비율 감소는 분포 지역의 인구 감소 영향이 크다.
⑤ 나이지리아의 종교 분쟁 요인은 (가)와 (다)의 갈등이다.

729

영화 소개에 등장하는 ㉠, ㉡ 국가를 지도의 A~D에서 고른 것은?

〈파워 ○ ○ ○〉	〈◇◇◇ 다이아몬드〉
(㉠)에서 태어나 성장한 백인 소년의 사례를 통해 흑인의 인권과 정의를 이야기한다. 영화의 주 무대가 된 곳은 요하네스버그로 1994년 아파르트헤이트 정책이 철폐될 때까지 인종 차별이 극심했던 지역이다.	1990년대 서아프리카의 (㉡)에서 다이아몬드 광산을 차지하려는 정부군과 라이베리아의 지원을 받은 반군 사이의 내전을 배경으로 한 영화이다. 소년병 실태와 불법 다이아몬드 유통 문제를 이야기한다.

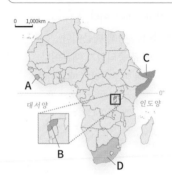

	㉠	㉡
①	C	A
②	C	B
③	D	A
④	D	B
⑤	D	C

730

지도는 사하라 이남 아프리카의 주요 교통망을 나타낸 것이다. A~C에 대한 옳은 설명만을 〈보기〉에서 고른 것은?

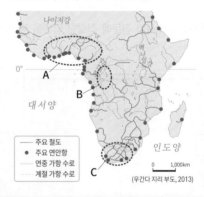

(우간다 지리 부도, 2013)

[보기]

ㄱ. A에는 내륙의 풍부한 구리와 석탄을 해안으로 운반하기 위해 교통망이 발달하였다.
ㄴ. B의 수운 교통은 연중 유량이 풍부한 하천을 이용한 것이다.
ㄷ. C의 철도망은 커피, 사탕수수 등의 작물을 수송하기 위한 것이다.
ㄹ. B보다 C에서 식민지 시대 유럽인들의 이주가 활발하였다.

① ㄱ, ㄴ   ② ㄱ, ㄷ   ③ ㄴ, ㄷ
④ ㄴ, ㄹ   ⑤ ㄷ, ㄹ

731

그래프는 두 국가의 상품 수출액 비율을 나타낸 것이다. (가), (나)에 해당하는 국가를 지도의 A~D에서 고른 것은?

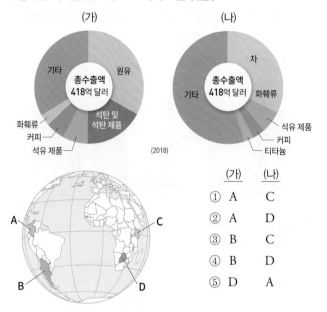

(가)
총수출액 418억 달러
기타 / 원유 / 석탄 및 석탄 제품 / 석유 제품 / 커피 / 화훼류

(나)
총수출액 418억 달러
차 / 기타 / 화훼류 / 석유 제품 / 커피 / 티타늄

(2018)

	(가)	(나)
①	A	C
②	A	D
③	B	C
④	B	D
⑤	D	A

732

지도는 사하라 이남 아프리카와 중·남부 아메리카의 주요 자원 생산지를 나타낸 것이다. A~C 자원으로 옳은 것은?

(신상 지리 자료, 2017)

	A	B	C
①	구리	석유	보크사이트
②	구리	보크사이트	석유
③	석유	구리	보크사이트
④	석유	보크사이트	구리
⑤	보크사이트	구리	석유

733

표는 남아메리카 세 국가의 5대 수출품을 나타낸 것이다. (가)~(다)에 해당하는 국가를 지도의 A~C에서 고른 것은?

순위 \ 국가	(가)	(나)	(다)
1위	구리 및 구리 제품	대두(콩)	원유
2위	수산물	원유	석탄 및 석탄 제품
3위	화학 펄프	철광석	석유 제품
4위	와인	육류	커피
5위	몰리브덴	화학 펄프	화훼류

(지리 통계 요람, 2018)

	(가)	(나)	(다)
①	A	B	C
②	B	A	C
③	B	C	A
④	C	A	B
⑤	C	B	A

734

지도는 아마존강 유역의 개발 현황을 나타낸 것이다. 이에 대한 옳은 설명만을 〈보기〉에서 고른 것은?

아마존 경제 개발을 위해 1953년 법률로 지정한 구역
삼림 파괴 지역 / 목축 지역(10만 두 이상) / 작물 재배 지역

(브라질 지리 통계청, 2017)

[보기]
ㄱ. 아마존강 유역에서 생물 종의 다양성이 증가하였다.
ㄴ. 목축 지역 확대는 세계의 양모 수요 증가와 관련이 깊다.
ㄷ. 작물 재배 지역 확대는 세계의 바이오 에너지 수요 증가와 관련이 깊다.
ㄹ. 아마존 유역 개발을 위해 브라질 정부는 수도를 브라질리아로 이전하였다.

① ㄱ, ㄴ ② ㄱ, ㄷ ③ ㄴ, ㄷ
④ ㄴ, ㄹ ⑤ ㄷ, ㄹ

14 도시 구조에 나타난 도시화 과정의 특징

735

그래프는 세 국가의 민족(인종)별 인구 비율을 나타낸 것이다. A~D에 대한 설명으로 옳은 것은? (단, A~D는 혼혈, 원주민, 유럽계, 아프리카계 중 하나임.)

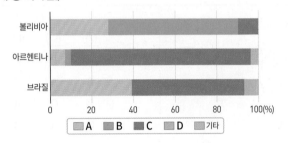

① A와 C는 서부 유럽의 영향으로 언어가 동일하고, 대부분 가톨릭교를 믿는다.
② B는 C보다 중·남부 아메리카의 대부분 국가에서 사회·경제적 지위가 높다.
③ B는 플랜테이션 농업 지역, D는 열대 고산 기후 지역에 주로 분포한다.
④ C는 D보다 중·남부 아메리카에 정착한 시기가 이르다.
⑤ D는 A보다 중·남부 아메리카의 총인구에서 차지하는 비율이 높다.

736

㉠~㉣에 대한 옳은 설명만을 〈보기〉에서 고른 것은?

중·남부 아메리카에서 잉카 문명을 꽃피운 원주민은 ㉠ 고산 지역에 도시를 건설하였다. 유럽인의 진출 이후 대부분의 대도시에는 ㉡ 도시 중심에 광장, 광장 주변에 상업 지구와 핵심 기능이 입지하게 되었다. 대부분의 국가는 급속한 도시화 과정에서 ㉢ 소수의 대도시가 과도하게 성장하였고, 도시 곳곳에 ㉣ 불량 주택 지구가 들어섰다.

〔 보기 〕
ㄱ. ㉠의 사례로는 리우데자네이루, 보고타 등이 있다.
ㄴ. ㉡은 식민지 시대의 도시 계획을 토대로 도시를 건설하였기 때문이다.
ㄷ. ㉢으로 종주 도시화 현상이 나타난다.
ㄹ. ㉣은 주로 농촌 인구가 지속적으로 유입되는 도심 지역을 중심으로 형성된다.

① ㄱ, ㄴ ② ㄱ, ㄷ ③ ㄴ, ㄷ ④ ㄴ, ㄹ ⑤ ㄷ, ㄹ

737

그래프는 중·남부 아메리카 주요 국가의 도시 특징을 나타낸 것이다. 이에 대한 옳은 설명만을 〈보기〉에서 고른 것은?

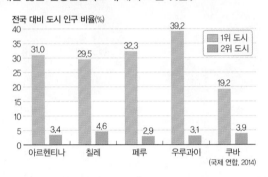

〔 보기 〕
ㄱ. 종주 도시화 현상이 나타난다.
ㄴ. 수위 도시를 중심으로 과밀화 현상이 나타난다.
ㄷ. 1위 도시를 중심으로 메갈로폴리스가 형성되었다.
ㄹ. 이른 산업화와 오랜 기간의 도시화가 진행된 결과이다.

① ㄱ, ㄴ ② ㄱ, ㄷ ③ ㄴ, ㄷ
④ ㄴ, ㄹ ⑤ ㄷ, ㄹ

738

그래프는 지도에 표시된 A~E 국가의 민족(인종)별 비율을 나타낸 것이다. (가)~(라) 민족(인종)에 대한 설명으로 옳은 것은?

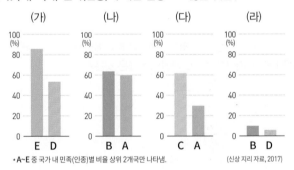

* A~E 중 국가 내 민족(인종)별 비율 상위 2개국만 나타냄. (신상 지리 자료, 2017)

① (나)의 조상들은 잉카 문명을 발달시켰다.
② (다)는 과거 플랜테이션 노동력 확보를 위해 강제로 이주되었다.
③ (가)는 (라)보다 중·남부 아메리카에 정착한 시기가 늦다.
④ (나)는 (다)보다 중·남부 아메리카 전체 인구에서 차지하는 비중이 높다.
⑤ (다)는 (가)보다 중·남부 아메리카에서 경제적 지위가 높다.

739

그림은 중·남부 아메리카의 도시 구조를 나타낸 것이다. 이에 대한 옳은 설명만을 〈보기〉에서 고른 것은?

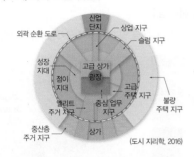

(도시 지리학, 2016)

[보기]

ㄱ. 저급 주택 지역은 도심에 집중 분포한다.

ㄴ. 경제적·사회적 지위에 따른 거주지의 분리가 뚜렷하다.

ㄷ. 식민지 통치의 영향으로 도심에 중앙 광장과 종교 시설이 있다.

ㄹ. 도심에서 주변 지역으로 갈수록 유럽계의 거주 비율이 높아진다.

① ㄱ, ㄴ ② ㄱ, ㄷ ③ ㄴ, ㄷ
④ ㄴ, ㄹ ⑤ ㄷ, ㄹ

740

지도는 중·남부 아메리카 어느 도시의 민족(인종)별 거주지 분화를 나타낸 것이다. 이에 대한 옳은 설명만을 〈보기〉에서 고른 것은? (단, A, B는 원주민, 유럽계 중 하나임.)

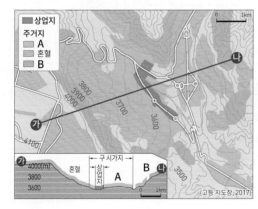

(고등 지도장, 2017)

[보기]

ㄱ. A는 B보다 가구당 연 소득이 높다.

ㄴ. B는 A보다 이 지역에 정착한 시기가 이르다.

ㄷ. A 주거지는 B 주거지보다 연평균 기온이 낮다.

ㄹ. B 주거지는 A 주거지보다 도심 상업지와의 접근성이 높다.

① ㄱ, ㄴ ② ㄱ, ㄷ ③ ㄴ, ㄷ
④ ㄴ, ㄹ ⑤ ㄷ, ㄹ

[741~742] 그래프는 각 국가의 인구 1, 2위 도시를 나타낸 것이다. 이를 보고 물음에 답하시오.

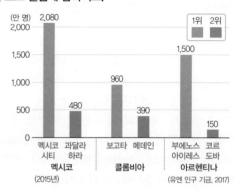

(유엔 인구 기금, 2017)

741

그래프를 통해 알 수 있는 도시 현상을 쓰시오.

742 ✏ 서술형

741에서 쓴 현상으로 나타나는 부정적 영향을 수위 도시와 국가적 측면으로 구분하여 서술하시오.

15 지역 분쟁과 저개발 문제 및 자원 개발

743

그래프는 남아메리카 공동 시장의 무역 특성을 나타낸 것이다. 이에 대한 옳은 설명만을 〈보기〉에서 고른 것은?

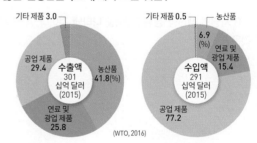

(WTO, 2016)

[보기]

ㄱ. 광물 자원에 대한 수입 의존도가 높다.

ㄴ. 공업 제품은 수출액이 수입액보다 많다.

ㄷ. 농산물의 국제 시장 가격이 역내 경제에 미치는 영향력이 크다.

ㄹ. 주로 부가 가치가 작은 상품을 수출하고, 부가 가치가 큰 상품을 수입한다.

① ㄱ, ㄴ ② ㄱ, ㄷ ③ ㄴ, ㄷ
④ ㄴ, ㄹ ⑤ ㄷ, ㄹ

744

(가)~(다) 국가를 지도의 A~C에서 고른 것은?

> (가) 크리스트교와 토속 신앙을 믿는 아프리카계 주민이 주로 거주한다. 영국은 이슬람교를 믿는 아랍계 주민이 많은 북부와 하나의 국가로 통치한 후 독립을 인정하였다. 이후 50여 년간의 내전 끝에 2011년 독립하였다.
>
> (나) 사람들을 유럽계, 아프리카계, 혼혈, 인도인 등 네 인종으로 구분하고 거주지에 제한을 주는 인종 차별 정책의 상징인 '아파르트헤이트'가 1994년에 철폐되었지만, 인종 간의 경제적 격차가 커서 갈등이 지속되고 있다.
>
> (다) 북부 지역은 이슬람교도, 남부 지역은 크리스트교도들이 주로 거주한다. 이러한 종교적 차이 때문에 분쟁이 발생하고 있으며, 정치적 상황과 자원 분포에 따른 지역 간 경제적 격차까지 얽히면서 갈등의 양상이 복잡해지고 있다.

	(가)	(나)	(다)
①	A	B	C
②	A	C	B
③	B	A	C
④	B	C	A
⑤	C	B	A

745

지도는 A, B 자원의 생산량 상위 5개국을 나타낸 것이다. A, B 자원으로 옳은 것은?

* 사하라 이남 아프리카와 중남부 아메리카 국가에서 A, B 자원 생산량 상위 5개국만 표시함. (FAO, USGS, 2018)

	A	B			A	B
①	구리	석유		②	석유	구리
③	석유	커피		④	커피	구리
⑤	커피	석유				

746

그래프는 ㉠ 자원의 대륙 및 아프리카 국가별 매장량 비중을 나타낸 것이다. 이에 대한 설명으로 옳은 것은? (단, A~C는 남수단, 앙골라, 나이지리아 중 하나임.)

《 (㉠) 자원의 대륙 및 아프리카 국가별 매장량 비중(2016) 》

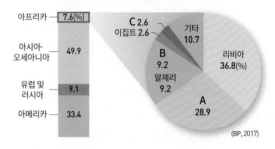

① ㉠은 고기 습곡 산지 지역에 매장되어 있다.
② A는 ㉠의 수출 의존도가 높다.
③ B는 ㉠ 개발로 인한 갈등으로 분리 독립하였다.
④ C는 기니만 연안에 위치한다.
⑤ A는 앙골라, B는 나이지리아이다.

747

표는 지도에 표시된 국가의 인구와 종교 인구 비율을 나타낸 것이다. (가)~(다) 국가를 지도의 A~C에서 고른 것은?

구분	(가)	(나)	(다)
인구(만 명)	2,148	19,087	1,258

(세계 은행, 2017)

구분	(가)	(나)	(다)
이슬람교	98.4	48.8	6.2
크리스트교	0.8	49.3	60.5
토속 신앙	0.1	1.4	32.9
기타	0.7	0.5	0.4

(단위: %) (Pew Research Center, 2010)

	(가)	(나)	(다)
①	A	B	C
②	A	C	B
③	B	A	C
④	B	C	A
⑤	C	B	A

748

지도는 중·남부 아메리카와 사하라 이남 아프리카의 1위 수출품 현황을 나타낸 것이다. A~C 품목으로 옳은 것은?

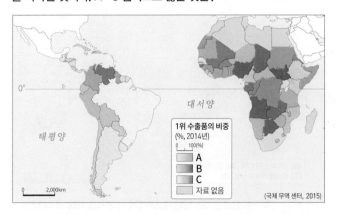

	A	B	C
①	공업 제품	농림 축수산물	광물 및 에너지 자원
②	공업 제품	광물 및 에너지 자원	농림 축수산물
③	농림 축수산물	공업 제품	광물 및 에너지 자원
④	농림 축수산물	광물 및 에너지 자원	공업 제품
⑤	광물 및 에너지 자원	공업 제품	농림 축수산물

749

그래프는 지역별 빈곤 인구 변화를 나타낸 것이다. 이에 대한 옳은 설명만을 〈보기〉에서 고른 것은?

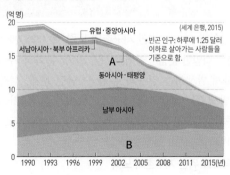

[보기]

ㄱ. A는 사하라 이남 아프리카, B는 중·남부 아메리카이다.

ㄴ. 중·남부 아메리카는 1990~2015년에 빈곤 인구가 감소하였다.

ㄷ. 사하라 이남 아프리카의 빈곤 인구가 세계에서 차지하는 비중은 1990년보다 2015년이 크다.

ㄹ. B의 빈곤 인구 발생의 사회·경제적 원인은 주로 사회 기반 시설 부족과 1차 생산품 중심의 산업 구조이다.

① ㄱ, ㄹ   ② ㄱ, ㄷ   ③ ㄱ, ㄴ, ㄷ

④ ㄱ, ㄴ, ㄹ   ⑤ ㄴ, ㄷ, ㄹ

750

그래프는 사하라 이남 아프리카의 산업 구조를 나타낸 것이다. 이에 대한 분석으로 옳은 것은? (단, A, B는 농업, 제조업 중 하나임.)

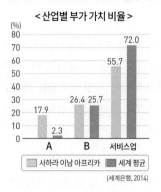 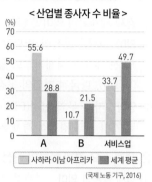

① A는 제조업, B는 농업이다.

② 사하라 이남 아프리카의 농업은 제조업보다 노동 생산성이 높다.

③ 사하라 이남 아프리카의 서비스업은 농업보다 종사자 수 비율이 높다.

④ 사하라 이남 아프리카의 1차 생산품은 세계 평균보다 부가 가치 비율이 낮다.

⑤ 사하라 이남 아프리카의 제조업은 서비스업보다 세계 평균 대비 부가 가치 비율이 높다.

[751~752] 자료를 보고 물음에 답하시오.

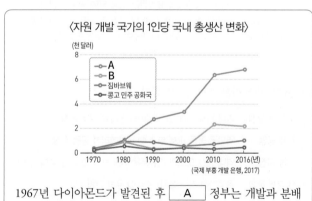

1967년 다이아몬드가 발견된 후 □A□ 정부는 개발과 분배를 효율적으로 하여 다이아몬드의 축복을 받는 나라가 되었다. 석유 매장량이 풍부한 □B□ 는 석유의 개발로 삶터가 오염되었고, 국민 대다수는 개발의 혜택을 받지 못하고 있다.

751

A, B에 해당하는 국가를 각각 쓰시오. (단, A, B는 보츠와나, 나이지리아 중 하나임.)

752 서술형

A, B 국가의 경제 성장 차이를 자원 개발과 관련하여 서술하시오.

16 평화와 공존의 세계

Ⅷ 평화와 공존의 세계

☑ 출제 포인트　☑ 경제 세계화에 따른 영향 파악　☑ 세계의 주요 환경 문제 양상　☑ 세계의 다양한 분쟁의 양상

1. 경제 세계화에 대응한 경제 블록의 형성

1 경제 세계화의 의미와 영향

(1) **의미**　교통·통신의 발달로 인적·물적 교류가 활발해지면서 전 세계가 경제적으로 통합되는 현상 → 세계 무역 기구(WTO), 다국적 기업의 공간적 분업이 경제 세계화를 이끔

(2) **영향**　자유 무역 협정(FTA) 체결로 경제 협력 강화 → 국가 및 기업 간의 경제적 격차 확대, 역외국에 대한 차별 조치

2 세계 주요 경제 블록의 형성

(1) **경제 블록의 의미**　경제적 또는 지리적으로 밀접한 국가들이 공동의 경제 이익을 위해 구성하는 배타적 경제 협력체

> **자료**　세계의 주요 경제 블록　ⓒ 150쪽 772번 문제로 확인

경제 블록
- 유럽 연합(EU)
- 아프리카 연합(AU)
- 남아시아 지역 협력 연합(SAARC)
- 동남아시아 국가 연합(ASEAN)
- 아시아·태평양 경제 협력체(APEC)
- 북아메리카 자유 무역 협정(NAFTA)
- 남아메리카 공동 시장(MERCOSUR)

> **분석**　경제 블록은 다자주의를 표방하는 세계 무역 기구의 단점을 보완하기 위해 등장하였다. 등장 이후 블록 내 국가 간 교역량 증가와 자원의 효율적 이용 등의 긍정적 영향이 나타났으나, 비회원국에 대한 차별과 이에 따른 국가 간 무역 분쟁 등의 부정적 영향이 나타나기도 한다.

⭐(2) **통합 단계에 따른 경제 블록의 유형**　ⓒ 150쪽 773번 문제로 확인

자유 무역 협정	역내 관세 철폐 ⑩ 북아메리카 자유 무역 협정
관세 동맹	역외국 공동 관세 부과 ⑩ 남아메리카 공동 시장
공동 시장	역내 생산 요소의 자유로운 이동 보장 ⑩ 유럽 경제 공동체
완전 경제 통합	초국가적 기구 설치·운영 ⑩ 유럽 연합

2. 지구적 환경 문제에 대한 국제 협력과 대처

⭐1 **지구적 환경 문제**　ⓒ 151쪽 776번 문제로 확인

지구 온난화	화석 연료의 사용 증가에 따른 지구의 평균 기온 상승 → 잦은 이상 기후, 빙하 면적 축소, 해안 저지대 침수 등
사막화	장기간의 가뭄, 과도한 방목과 개간, 삼림 벌채, 관개 농업 확대 → 토양 황폐화, 난민과 기아 발생 등
산성비	공장·자동차 등에서 발생하는 대기 오염 물질이 빗물에 섞여 내림 → 삼림과 생태계 파괴, 호수의 산성화, 건축물 부식 등
열대 우림 파괴	무분별한 벌목과 경지 확대, 자원 개발, 도로 건설 → 지구 산소 공급과 생물 종 다양성 감소 등

> **자료**　세계의 주요 환경 문제　ⓒ 151쪽 777번 문제로 확인

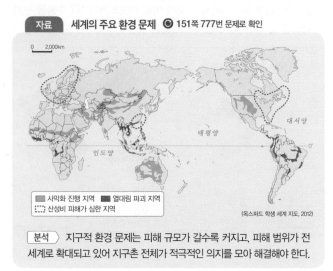

- 사막화 진행 지역
- 열대림 파괴 지역
- 산성비 피해가 심한 지역

(옥스퍼드 학생 세계 지도, 2012)

> **분석**　지구적 환경 문제는 피해 규모가 갈수록 커지고, 피해 범위가 전 세계로 확대되고 있어 지구촌 전체가 적극적인 의지를 모아 해결해야 한다.

2 지구적 환경 문제 해결을 위한 노력과 실천 방안

국제	• 지속 가능한 발전 추구: 경제 성장, 사회 안정과 통합, 환경 보전이 균형을 이루는 발전 추구 • 환경 협약 체결: 제네바 협약(산성비 문제 해결), 몬트리올 의정서(오존층 보호), 사막화 방지 협약, 교토 의정서(선진국의 온실가스 감축), 파리 협정(선진국 + 개발 도상국 온실가스 감축) 등 • 비정부 기구: 세계적 연대 활동 ⑩ 그린피스, 지구의 벗 등
국가	저탄소 에너지 구조 마련, 환경 마크 제도, 쓰레기 종량제 등
개인	냉난방기 사용 조절, 자전거·대중교통 이용, 재활용 분리배출, 환경친화적 제품 사용 등

3. 세계 평화와 정의를 위한 지구촌의 노력들

⭐1 **세계 평화와 정의를 위한 지구촌의 노력**　ⓒ 152쪽 782번 문제로 확인

(1) **지구촌의 다양한 분쟁**　영역, 자원, 민족, 문화적 차이 등으로 빈번하게 발생하는 갈등과 분쟁 → 난민 문제, 심각한 기아 문제 발생 ⑩ 팔레스타인 분쟁, 카슈미르 분쟁, 카스피해 분쟁, 쿠릴 열도 분쟁, 센카쿠 열도 분쟁, 시사 군도, 난사 군도, 티베트족 분리 독립운동 등

(2) **세계 평화를 위한 지구촌의 노력**

① 국제 연합(UN) 창설
- 목적: 국가 간의 상호 이해와 협력 증진을 추구
- 산하 기구: 국제 사법 재판소(사법 분쟁 조정), 평화 유지군(무력 분쟁 및 갈등 조정), 유엔 난민 기구(난민 보호) 등

② 비정부 기구(NGO) 조직: 시민들이 세계 평화를 위해 자발적으로 조직 ⑩ 국경 없는 의사회, 국제 앰네스티 등

2 세계 평화와 정의를 위한 세계 시민으로서의 가치와 태도

다양한 문제에 대해 적극적으로 해결하려는 실천 의지를 지녀야 함, 세계적 차원에서 문제의식 공감, 지역적 수준에서 실천할 수 있는 세계 시민의 안목 함양

분석 기출 문제

>> 바른답·알찬풀이 67쪽

핵심 개념 문제

•• 빈칸에 들어갈 용어를 쓰시오.

753 국가 간 인적·물적 교류가 활발해지면서 전 세계가 경제적으로 상호 의존하는 (   )이/가 진행되고 있다.

754 다국적 기업이 관리, 연구, 생산 기능을 분리 배치하여 시장 확대를 추구하는 것을 (   )(이)라고 한다.

755 지리적으로 인접하고 경제적으로 상호 의존도가 높은 국가들이 공동의 이익을 위해 (   )을/를 형성하고 있다.

•• 다음 내용이 옳으면 ○표, 틀리면 ×표를 하시오.

756 화석 연료의 사용량 증가로 지구 대기의 평균 기온이 상승하는 사막화가 발생하였다. (   )

757 지속 가능한 발전을 위해 각국은 경제 성장, 사회 안정과 통합, 환경 보전이 균형을 이루도록 노력하고 있다. (   )

758 유엔 평화 유지군은 분쟁 지역의 치안을 유지하고 민간인을 보호하는 역할을 한다. (   )

•• 경제 블록의 유형과 그 사례를 바르게 연결하시오.

759 공동 시장 •   • ㉠ 유럽 연합

760 관세 동맹 •   • ㉡ 유럽 경제 공동체

761 완전 경제 통합 •   • ㉢ 남아메리카 공동 시장

762 자유 무역 협정 •   • ㉣ 북아메리카 자유 무역 협정

•• ㉠, ㉡ 중 알맞은 것을 고르시오.

763 경제 세계화의 영향으로 경제적 상호 의존도가 (㉠ 낮은, ㉡ 높은) 지역 간 자유 무역 협정을 체결한다.

764 삼림과 농경지를 황폐화하고 건축물이나 문화 유적 등을 부식시키는 (㉠ 산성비, ㉡ 오존층 파괴)는 오염원 배출국과 피해국이 다른 경우가 많다.

•• 다음에서 설명하는 국가 간 주요 환경 협약을 〈보기〉에서 고르시오.

765 유해 폐기물의 국가 간 이동에 관한 규제를 목적으로 함 (   )

766 선진국의 온실가스 감축 목표를 구체적으로 제시하고 탄소 배출권 거래제를 도입함 (   )

767 산성비 문제 해결을 위해 국경을 넘어 이동하는 대기 오염 물질의 감축 및 통제를 목적으로 함 (   )

[보기]
ㄱ. 바젤 협약   ㄴ. 교토 의정서   ㄷ. 제네바 협약

---

1. 경제 세계화에 대응한 경제 블록의 형성

768

(가), (나)에 대한 설명으로 옳은 것은?

㉮ 세계의 경제가 하나로 통합되어 가는 현상
㉯ 세계를 무대로 생산·판매 활동을 하는 기업

① (가)는 교통과 통신의 발달로 둔화되었다.
② (가)를 뒷받침하기 위해 국제 연합이 설립되었다.
③ (나)는 생산 요소가 기업의 모국에 국한되어 있다.
④ (나)는 자유 무역 협정으로 인해 시장이 좁아지고 있다.
⑤ (가)는 (나)의 성장으로 인해 속도가 빨라지고 있다.

769

㉠에 대한 옳은 설명만을 〈보기〉에서 고른 것은?

(㉠): 기업 조직의 효율성을 높이기 위해 기획 및 관리, 연구, 생산, 판매 등의 기능이 공간적으로 분리되는 현상

[보기]
ㄱ. 경영 효율성 및 이윤 극대화를 위한 방법이다.
ㄴ. 본사는 모국의 대도시에 입지하는 경우가 많다.
ㄷ. 생산 공장은 쾌적한 연구 환경을 갖춘 곳에 입지한다.
ㄹ. 연구 및 개발 센터는 인건비가 저렴한 개발 도상국에 입지하는 경우가 많다.

① ㄱ, ㄴ   ② ㄱ, ㄷ   ③ ㄴ, ㄷ
④ ㄴ, ㄹ   ⑤ ㄷ, ㄹ

770

다음 설명에 해당하는 경제 블록으로 옳은 것은?

• 단일 화폐를 사용한다.
• 공동 의회가 설치되어 있다.
• 2018년 현재 회원국은 28개국이다.
• 입법·사법의 독자적인 법령 체계 및 행정 기능을 보유한다.

① 유럽 연합   ② 남아메리카 공동 시장
③ 동남아시아 국가 연합   ④ 아시아·태평양 경제 협력체
⑤ 북아메리카 자유 무역 협정

771

⊙에 대한 옳은 설명만을 〈보기〉에서 고른 것은?

경제 세계화의 영향으로 세계 여러 국가는 지리적으로 인접하거나 경제적으로 상호 의존도가 높은 지역 및 국가끼리 자유 무역 협정(FTA)을 체결하는 등 경제 협력을 강화하는 추세이다. 이러한 경제 세계화로 인해 ⊙다양한 효과가 나타나고 있다.

[보기]
ㄱ. 기업들의 혁신 주기가 빨라지고 있다.
ㄴ. 국가 간의 빈부 격차가 완화되고 있다.
ㄷ. 소비자들은 값싸고 다양한 제품을 누릴 수 있게 되었다.
ㄹ. 개발 도상국은 주로 첨단 및 금융 서비스 등 생산자 서비스업의 성장이 두드러지고 있다.

① ㄱ, ㄷ   ② ㄴ, ㄹ   ③ ㄷ, ㄹ
④ ㄱ, ㄴ, ㄹ   ⑤ ㄴ, ㄷ, ㄹ

★빈출 773

(가), (나) 경제 블록을 자료의 A~D에서 고른 것은?

(가) 북아메리카의 캐나다, 미국, 멕시코 사이에 체결되었다. 회원국 간의 비교 우위 요소를 활용함으로써 국가 간 무역액이 증가하는 추세에 있다.

(나) 자유로운 교류를 바탕으로 남아메리카 국가들의 경제적 통합을 도모하기 위해 창설되었다. 회원국 간에는 약 90%의 품목에 대해 무관세를 시행 중이며, 외부 시장에 대해서는 동일한 관세를 적용하고 있다.

	A	B	C	D
역내 관세 철폐	■	■	■	■
역외 공동 관세 부과		■		■
역내 생산 요소 자유 이동 보장			■	■
초국가적 기구 설치·운영				■

	(가)	(나)
①	A	B
②	A	C
③	B	C
④	B	D
⑤	C	D

★빈출 772

지도는 주요 경제 블록을 나타낸 것이다. (가)~(다)의 상대적인 특징을 그림의 A~I에서 고른 것은?

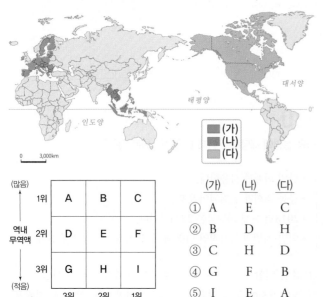

(많음)			
1위	A	B	C
역내 무역액 2위	D	E	F
3위	G	H	I
(적음)	3위	2위	1위
	(적음) ← 회원국 수 → (많음)		

	(가)	(나)	(다)
①	A	E	C
②	B	D	H
③	C	H	D
④	G	F	B
⑤	I	E	A

774

⊙~⑩에 대한 설명으로 옳지 않은 것은?

세계의 주요 ⊙경제 블록에는 유럽 연합(EU), 동남아시아 국가 연합(ASEAN), 아시아·태평양 경제 협력체(APEC), 북아메리카 자유 무역 협정(NAFTA), 남아메리카 공동 시장(MERCOSUR) 등이 있다. 경제적으로 공동의 이해관계에 놓인 지역 내 국가들은 대체로 ⓒ관세와 수입 제한을 철폐하고 자본·노동력·서비스 등의 자유로운 이동을 보장하지만, 역외국에는 차별적인 조치를 한다. ⓒ경제 블록화의 확대로 세계 각국에서는 다양한 ②긍정적 영향과 ⑩부정적 영향이 나타나기도 한다.

① ⊙-국가 간 상호 의존성이 강화되고 있다.
② ⓒ-동남아시아 국가 연합이 이에 해당한다.
③ ⓒ-자유 무역 협정 체결 건수의 증가와 관련이 깊다.
④ ②-교역량이 증가하고 자원을 효율적으로 이용할 수 있다.
⑤ ⑩-경제 세계화의 흐름에서 소외된 국가와 지역은 경제력이 약화될 수 있다.

775

지도는 해빙의 면적 변화를 나타낸 것이다. 이러한 현상이 지속될 경우 나타날 수 있는 환경 변화에 대한 설명으로 옳지 <u>않은</u> 것은?

[미국 국립빙설자료센터, 2016]

① 열대 저기압의 발생 빈도가 증가할 것이다.
② 고산 식물의 서식 한계 고도가 낮아질 것이다.
③ 열대 해상의 산호 백화 현상이 심화될 것이다.
④ 고위도 지역의 영구 동토층의 범위가 줄어들 것이다.
⑤ 기후 변화로 사막화, 생물 종 다양성 감소 등의 변화가 촉진될 수 있다.

⭐빈출
776

(가), (나) 환경 문제를 그림의 A~D에서 고른 것은?

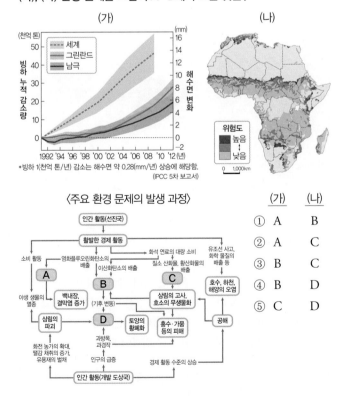

(가)

(나)

위험도
■ 높음
□ 낮음

*빙하 1(천억 톤/년) 감소는 해수면 약 0.28(mm/년) 상승에 해당함.
(IPCC 5차 보고서)

〈주요 환경 문제의 발생 과정〉

	(가)	(나)
①	A	B
②	A	C
③	B	C
④	B	D
⑤	C	D

⭐빈출
777

지도는 A~C 환경 문제의 발생 지역을 표시한 것이다. 이에 대한 설명으로 옳은 것은?

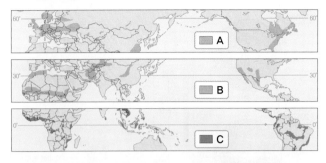

① A는 발생 지역과 피해 지역이 일치하는 편이다.
② C가 심해지면 지구 온난화가 속도가 빨라질 수 있다.
③ A 발생 지역은 B 발생 지역보다 대체로 인구 밀도와 경제력이 낮다.
④ B 발생 지역은 C 발생 지역보다 단위 면적당 수목의 밀도가 높다.
⑤ B 발생 지역은 A, C 발생 지역보다 대체로 토양의 염도가 낮은 편이다.

778

㉠에 들어갈 내용으로 적절하지 <u>않은</u> 것은?

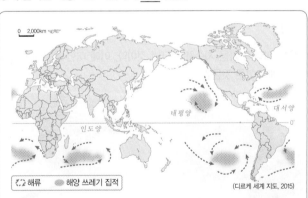

 해류　 해양 쓰레기 집적

[디르케 세계 지도, 2015]

해양으로 유입된 쓰레기는 해류를 따라 이동하면서 거대한 쓰레기 섬을 형성하기도 한다. 쓰레기 섬은 대부분 자연 분해가 거의 되지 않는 플라스틱이나 비닐로 구성되어 있어 해양 환경을 파괴한다. 이러한 문제를 해결하기 위해서는

㉠

① 국제 사회의 실효적 정책 마련이 필요하다.
② 기업은 녹색 제품을 만들고자 노력해야 한다.
③ 쓰레기를 배출하는 특정 국가가 앞장서야 한다.
④ 바다에 쓰레기를 모으는 구조물을 설치해야 한다.
⑤ 자연적으로 분해되지 않는 플라스틱, 비닐 등의 사용량을 줄여나가야 한다.

779

(가), (나) 환경 문제를 해결하기 위한 환경 협약으로 옳은 것은?

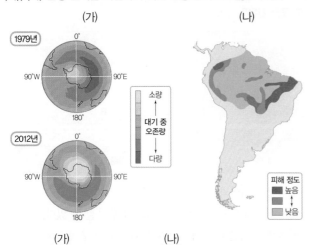

	(가)	(나)
①	바젤 협약	몬트리올 의정서
②	바젤 협약	교토 의정서
③	교토 의정서	런던 협약
④	몬트리올 의정서	런던 협약
⑤	몬트리올 의정서	교토 의정서

780

지도는 파머의 가뭄 지수를 나타낸 것이다. 이에 대한 옳은 분석만을 〈보기〉에서 고른 것은?

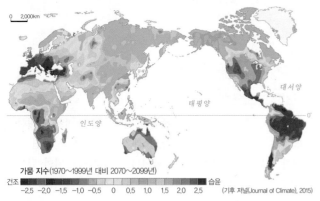

[보기]

ㄱ. 수치가 클수록 건조하고, 낮을수록 습윤한 지역이다.
ㄴ. 가뭄의 정도는 인구 규모와 비례하여 증가할 것이다.
ㄷ. 대체로 북반구보다 남반구의 가뭄 정도가 심해질 것이다.
ㄹ. 시간이 지날수록 세계적으로 가뭄의 정도가 심해질 것이다.

① ㄱ, ㄴ   ② ㄱ, ㄷ   ③ ㄴ, ㄷ
④ ㄴ, ㄹ   ⑤ ㄷ, ㄹ

---

3. 세계 평화와 정의를 위한 지구촌의 노력들

781

A~D 분쟁 지역에 대한 설명으로 옳은 것은?

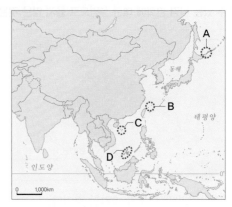

① A는 일본과 미국이 분쟁 당사국이다.
② B는 일본이 실효 지배하고 있다.
③ D는 영토 및 종교 문제가 주요 원인이다.
④ A는 C보다 분쟁 당사국의 수가 많다.
⑤ A~D의 분쟁 지역에는 모두 중국이 개입되어 있다.

★ 빈출 782

A, B 지역에서 공통적으로 나타나는 갈등과 분쟁의 양상을 ㉠~㉢에서 고른 것은?

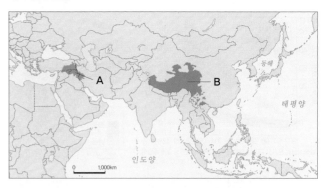

영토 분쟁은 ㉠ 국경선이 명확하게 설정되지 않은 지역, ㉡ 한 국가가 다른 국가의 영역을 무력으로 점령한 역사가 있는 지역, ㉢ 민족이나 종교에서 차이를 보이는 소수 민족이 분리 독립하려는 지역에서 주로 발생한다. 특히 강대국의 이해관계에 따라 ㉣ 민족의 분포와는 무관하게 국경선이 설정된 지역 갈등은 지구 평화에 큰 영향을 미치고 있다. 최근에는 ㉤ 주체가 명확하지 않은 테러가 지구 평화에 큰 위협이 되고 있다.

① ㉠   ② ㉡   ③ ㉢   ④ ㉣   ⑤ ㉤

783

자료는 종군기자의 비망록 중 일부이다. 해당 지역의 분쟁을 해결하기 위한 국제 사회의 활동만을 〈보기〉에서 고른 것은?

> 〈시리아 비망록, 2018년 9월 ○○일〉
>
> 오늘 러시아와 시리아군의 대규모 공습이 이곳을 덮쳤다. 삽시간에 솟아오른 불길에 수많은 사람이 목숨을 잃거나 다쳤다. 나는 아비규환의 현장에서 기자의 본분 따위를 생각할 겨를이 없었다. 사람들의 절규와 무수히 늘어선 피란의 행렬 속에서 종군기자로서의 삶보다는 눈앞에 닥친 생존과 두려움이 온몸을 엄습해 왔다.

【 보기 】
ㄱ. 국경 없는 의사회가 부상자를 위해 무상 의료 지원 활동을 펼친다.
ㄴ. 유엔 난민 기구가 내전으로 발생하는 난민들을 보호하기 위해 노력한다.
ㄷ. 그린피스가 내전으로 파괴되고 있는 환경 문제의 심각성을 국제 사회에 알린다.
ㄹ. 국제 앰네스티가 시리아 난민의 인권 실태를 알리고 각국 정부의 구호를 호소한다.

① ㄱ, ㄷ ② ㄴ, ㄷ ③ ㄴ, ㄹ
④ ㄱ, ㄴ, ㄹ ⑤ ㄱ, ㄷ, ㄹ

784

㉠이 지녀야 할 적절한 태도만을 〈보기〉에서 고른 것은?

> 세계화의 영향으로 국가 간 상호 의존성이 높아짐에 따라 인류가 맞닥뜨린 문제들이 국경을 초월하는 경우가 많아졌다. 따라서 현대 사회의 시민은 지구촌 공동체의 구성원임을 인식하고, 세계에서 발생하는 다양한 문제에 관해서 관심을 가지고 이를 적극적으로 해결하려는 실천 의지를 지녀야 한다. 또한, 국제 평화를 추구하고 보편적인 인권 존중 의식을 함양해야 한다. 나아가 세계적 차원에서 문제의식을 공감하고 국제 사회의 개선과 발전을 위해 고민하며, 이를 지역적 수준에서 실천할 수 있는 (㉠)의 안목을 가져야 한다.

【 보기 】
ㄱ. 소수 집단의 인권을 존중하는 마음을 지녀야 한다.
ㄴ. 세계의 지역 간 경제 격차에 관심을 기울여야 한다.
ㄷ. 자국 세계 유산의 우월성만을 알리기 위해 노력해야 한다.
ㄹ. 지역의 문제보다는 지구촌 문제에 대한 책임 의식을 높이기 위해 노력해야 한다.

① ㄱ, ㄴ ② ㄱ, ㄷ ③ ㄴ, ㄷ
④ ㄴ, ㄹ ⑤ ㄷ, ㄹ

1등급을 향한 서답형 문제

[785~786] 자료를 보고 물음에 답하시오.

(가)	(나)
대다수의 서부 유럽 국가가 공동의 경제 발전과 번영을 위해 창설하였다.	북아메리카의 3개국이 자유 무역권을 형성하고자 창설하였다.

785

(가), (나) 경제 블록의 명칭을 쓰시오.

786

(가), (나) 경제 블록의 경제 통합 정도를 비교하여 서술하시오.

[787~788] 다음 글을 읽고 물음에 답하시오.

> 대기 오염 물질로 인한 피해는 공업이 발달하지 않고, 인구 규모가 크지 않은 곳에서도 발생할 수 있다. 이는 공업이 발달한 지역이나 대도시에서 발생한 대기 오염 물질이 바람을 타고 주변 지역으로 이동하기 때문이다. 과거 서유럽 공업 지대에서 발생한 대기 오염 물질이 편서풍을 타고 북유럽으로 이동한 후 (㉠)(으)로 내려 삼림 파괴, 하천 및 호수 오염, 건물 및 구조물 부식 등의 문제를 일으켰다.

787

㉠에 들어갈 환경 문제를 쓰시오.

788

㉠ 환경 문제를 해결하기 위한 국제 사회의 노력을 서술하시오.

적중 1등급 문제

>> 바른답·알찬풀이 70쪽

789

㉠~㉢에 대한 설명으로 옳은 것은?

- ㉠ 그린피스 활동가들은 2019년 ㉡ 아세안(ASEAN) 정상
  회의를 앞두고 타이의 수도인 방콕에 위치한 외교부 앞에
  서 ㉢ 유해 폐기물의 국가 간 이동을 제한하는 시위를 주도
  하였다.
- 1980년대 후반에 세계 여러 나라는 몬트리올 의정서를 채
  택하여 ㉣ 오존층 파괴 물질을 엄격히 제한하였다. 그 결과,
  2015년에 측정한 ㉤ 오존홀(구멍)은 1990년대 중반과 비교
  해 대폭 축소되었다.

① ㉠은 국제적인 환경 문제에 대처하는 환경 장관 회의이다.
② ㉡은 단일 통화를 사용하는 경제 협력체이다.
③ ㉢의 문제를 다루는 국제 협약은 런던 협약이다.
④ ㉣의 주요 원인 물질은 염화플루오린화 탄소(CFCs)이다.
⑤ ㉤은 주로 북극 상공에서 관측된다.

790

(가)~(다) 지역 경제 협력체의 통합 수준을 A~D에서 고른 것은?

구분	역내 관세 철폐	역외 공동 관세 부과	역내 생산 요소의 자유로운 이동	역내 공동 경제 정책 수행	초국가적 기구 설치 및 운영
A	←				→
B	←			→	
C	←		→		
D	←	→			

	(가)	(나)	(다)		(가)	(나)	(다)
①	A	B	D	②	A	C	D
③	A	D	C	④	B	C	A
⑤	B	C	D				

791

지도는 A~C 환경 문제가 발생한 주요 지역을 나타낸 것이다. 이에 대한 설명으로 옳은 것은?

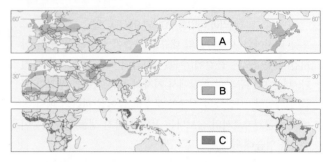

① A는 무분별한 대규모 벌목 사업으로 인해 발생한다.
② B는 인공 구조물 부식, 삼림 고사 등의 피해를 유발할 수 있다.
③ C는 과도한 방목과 경작, 장기간의 가뭄이 주요 원인이다.
④ A는 람사르 협약, C는 바젤 협약을 체결하여 문제 해결을
  위해 노력하고 있다.
⑤ 지구 온난화 현상은 A보다 B를 악화시키는 요인이다.

792

㉠~㉣ 중 옳은 내용만을 고른 것은?

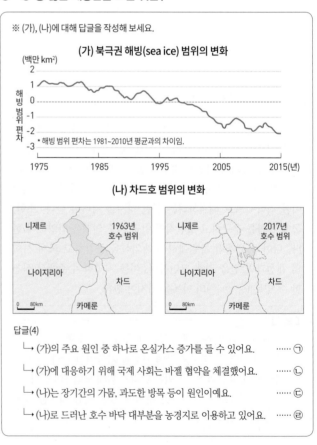

답글(4)
  └ (가)의 주요 원인 중 하나로 온실가스 증가를 들 수 있어요. ……㉠
  └ (가)에 대응하기 위해 국제 사회는 바젤 협약을 체결했어요. ……㉡
  └ (나)는 장기간의 가뭄, 과도한 방목 등이 원인이예요. ……㉢
  └ (나)로 드러난 호수 바닥 대부분을 농경지로 이용하고 있어요. ……㉣

① ㉠, ㉡   ② ㉠, ㉢   ③ ㉡, ㉢
④ ㉡, ㉣   ⑤ ㉢, ㉣

793

(가)~(다) 지역 경제 협력체에 대한 설명으로 옳은 것은?

구분	(가)	(나)	(다)
회원국 수(개국)	*28	10	3
인구(억 명)	5.1	6.5	4.9
역내 총생산(조 달러)	18.8	3.0	23.6
총 교역액(조 달러)	12.9	2.9	6.1

* 2018년 기준임.   (국제 부흥 개발 은행, 2018)

① (나)는 단일 통화를 사용하고 있다.

② (다)는 회원국 간에 생산 요소의 자유로운 이동이 보장된다.

③ (가)는 (나)보다 역내 무역의 비중이 크다.

④ (나)는 (다)보다 서비스 수출·수입액이 많다.

⑤ (가)~(다) 모두 역외 공동 관세를 부과한다.

794

(가)~(라)에 대한 옳은 설명만을 〈보기〉에서 고른 것은?

〈갈등과 화합의 장소〉

국가	수도의 수리적 위치	국가 인구 (만 명, 2018년)
(가)	1° 22'N 103° 48'E	약 580
(나)	50° 51'N 4° 21'E	약 1,150
(다)	45° 25'N 75° 42'W	약 3,710
(라)	39° 52'N 32° 52'E	약 8,190

[보기]

ㄱ. (가)에서는 불교, 이슬람교, 크리스트교, 힌두교 등이 공존하고 있다.

ㄴ. (나)는 스위스로 네 언어가 공존하고 있다.

ㄷ. (다)는 인접 국가와 종교적 갈등에 따른 분쟁을 겪고 있다.

ㄹ. (라)에서는 쿠르드족의 분리 독립운동이 일어나고 있다.

① ㄱ, ㄷ   ② ㄱ, ㄹ   ③ ㄴ, ㄷ

④ ㄱ, ㄴ, ㄹ   ⑤ ㄴ, ㄷ, ㄹ

795

(가), (나) 지역에서 발생하는 갈등의 공통 원인으로 가장 적절한 것은?

인도양

· (가)
· (나)

0   2,000km   (한국 국방 연구원·유엔 난민 기구, 2017)

	(가)	(나)
①	에너지 자원 확보	유해 물질의 이동
②	에너지 자원 확보	종교 및 민족(인종) 차이
③	유해 물질의 이동	에너지 자원 확보
④	종교 및 민족(인종) 차이	에너지 자원 확보
⑤	종교 및 민족(인종) 차이	유해 물질의 이동

796

A~E 지역에서 발생하는 분쟁에 대한 설명으로 옳지 않은 것은?

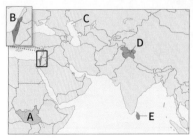

① A는 아랍계로부터 독립하여 수립된 국가이다.

② B는 유대교와 이슬람교가 대립하는 국가이다.

③ C는 주변국 간의 에너지 자원을 둘러싼 갈등이 주요 원인이다.

④ D에서 분쟁 당사자는 시아파와 수니파이다.

⑤ E는 불교와 힌두교 간의 갈등이 주요 원인이다.

16 평화와 공존의 세계

797

지도는 어느 기업의 기능별 입지를 나타낸 것이다. 이에 대한 옳은 설명만을 〈보기〉에서 고른 것은?

(T 자동차, 2017)

- 본사
- 지역 본부
- 연구·개발 센터
- 현지 생산 공장

[보기]

ㄱ. 기업 조직의 공간적 분리로 경영의 효율성이 낮아졌다.

ㄴ. 경영 기획 및 관리 기능은 본국의 대도시에 입지한다.

ㄷ. 연구·개발 센터는 주로 남아메리카에 많이 입지해 있다.

ㄹ. 유럽과 미국의 생산 공장 입지는 무역 장벽을 피하거나 시장 확대를 목적으로 한다.

① ㄱ, ㄴ   ② ㄱ, ㄷ   ③ ㄴ, ㄷ   ④ ㄴ, ㄹ   ⑤ ㄷ, ㄹ

798

지도는 어느 국제기구의 가입 현황을 나타낸 것이다. 이 국제기구에 대한 옳은 설명만을 〈보기〉에서 고른 것은?

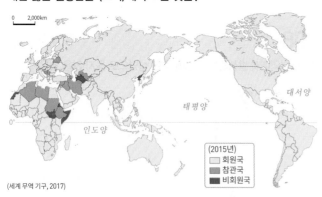

(세계 무역 기구, 2017)

(2015년)
- 회원국
- 참관국
- 비회원국

[보기]

ㄱ. 농산물, 공산품, 서비스업 등에서 자유 무역을 추진한다.

ㄴ. 분쟁 지역의 무력 충돌 감시와 주민 보호를 목적으로 한다.

ㄷ. 무역 분쟁 조정 및 해결을 위한 법적 권한과 구속력이 있다.

ㄹ. 분쟁 지역의 치안을 유지하고 민간인을 보호하는 등의 역할을 하고 있다.

① ㄱ, ㄴ   ② ㄱ, ㄷ   ③ ㄴ, ㄷ   ④ ㄴ, ㄹ   ⑤ ㄷ, ㄹ

799

A~C 경제 블록의 상대적인 특징을 그림의 (가)~(다)에서 고른 것은?

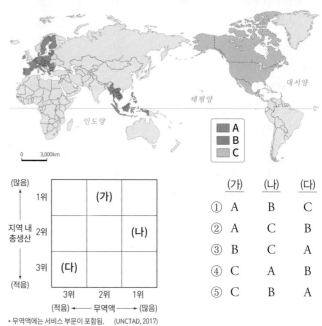

- A
- B
- C

* 무역액에는 서비스 부문이 포함됨.   (UNCTAD, 2017)

	(가)	(나)	(다)
①	A	B	C
②	A	C	B
③	B	C	A
④	C	A	B
⑤	C	B	A

800

그림은 경제 블록의 경제 통합 단계를 나타낸 것이다. 이에 대한 설명으로 옳은 것은?

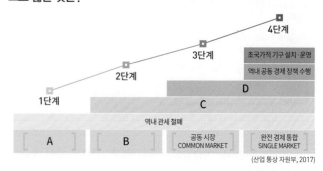

(산업 통상 자원부, 2017)

① 동남아시아 국가 연합(ASEAN)은 3단계에 해당한다.

② A는 역외국에 대해 공동 관세율을 적용한다.

③ A에는 남아메리카 공동 시장(MERCOSUR)이 포함된다.

④ B는 자유 무역 협정이다.

⑤ D에 들어갈 적절한 내용은 '회원국 간 생산 요소의 자유로운 이동'이다.

801

지도는 두 경제 블록의 회원국을 나타낸 것이다. (가), (나)에 대한 옳은 설명만을 〈보기〉에서 고른 것은?

(2021년)

[보기]

ㄱ. (가)는 역외 지역에 대해 공동 관세를 부과하고 있다.

ㄴ. (나)는 회원국 간 생산 요소의 자유로운 이동이 보장된다.

ㄷ. (가)는 (나)보다 전체 무역에서 역내 무역이 차지하는 비율이 높다.

ㄹ. (나)는 (가)보다 1인당 지역 내 총생산(GRDP)이 많다.

① ㄱ, ㄴ　　　② ㄱ, ㄷ　　　③ ㄴ, ㄷ

④ ㄴ, ㄹ　　　⑤ ㄷ, ㄹ

[802~803] 그래프를 보고 물음에 답하시오.

〈세계 교역량 증가율 변화〉　　〈1인당 국내 총생산 변화〉

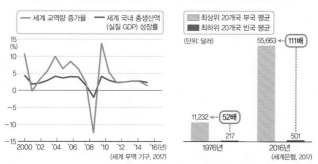

802

세계 교역량 변화에 영향을 준 요인을 <u>두 가지</u> 쓰시오.

803 ✏ 서술형

그래프를 통해 파악할 수 있는 세계화의 긍정적 및 부정적 영향을 <u>두 가지씩</u> 서술하시오.

804

그래프와 같은 변화가 지속될 경우 나타날 수 있는 현상으로 적절하지 <u>않은</u> 것은?

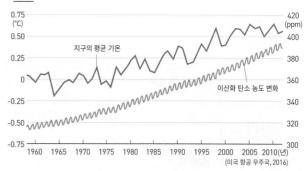

(미국 항공 우주국, 2016)

① 캐나다의 영구 동토층 범위가 축소될 것이다.

② 북해에서 난류성 어종의 어획량이 증가할 것이다.

③ 중위도에서 열대성 질병의 발병률이 높아질 것이다.

④ 알프스산맥의 고산 식물 고도 하한선이 낮아질 것이다.

⑤ 해수면 상승으로 산호초 해안의 저지대가 침수될 것이다.

805

지도는 세 환경 문제가 주로 발생하는 지역을 나타낸 것이다. A~C 환경 문제에 대한 설명으로 옳은 것은?

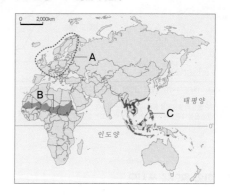

① A는 주로 농업용수의 과도한 이용과 가뭄으로 발생한다.

② B의 주요 피해는 구조물의 부식, 호수의 산성화 등이다.

③ C는 B보다 생물 종의 다양성 감소에 큰 영향을 미친다.

④ 지구 온난화 현상은 B보다 A를 악화시키는 요인이다.

⑤ A와 C의 결과로 토양 침식이 심화된다.

806

다음은 국가 간 주요 환경 협약을 나타낸 것이다. 이에 대한 설명으로 옳은 것은?

환경 협약(연도)	주요 내용
람사르 협약	A
(㉠)	산성비 문제 해결을 위해 국경을 넘어 이동하는 대기 오염 물질을 통제
몬트리올 의정서	B
바젤 협약	C
(㉡)	선진국과 개발 도상국 모두 온실가스 감축 의무에 동참하도록 독려

① ㉠은 런던 협약, ㉡은 파리 협정이다.

② ㉡에서 처음으로 탄소 배출권 거래제가 도입되었다.

③ A에 들어갈 적절한 내용은 '해양 폐기물 투기로 인한 오염을 방지'이다.

④ B에 들어갈 적절한 내용은 '오존층 파괴 물질의 생산 및 사용에 관한 규제'이다.

⑤ C에 들어갈 적절한 내용은 '사막화를 방지하고 사막화를 겪고 있는 개발 도상국을 지원'이다.

[807~808] 자료를 보고 물음에 답하시오.

〈미국 주요 빙하의 체적량 변화〉

* 물당량은 물질의 열용량을 물의 비열로 나눈 값이다.
** 열용량은 물질의 온도를 1°C 증가시키는 데 필요한 열량이다.

(미국 환경 보호국, 2016)

807

위와 같은 변화의 원인을 쓰시오.

808 ✎ 서술형

위와 같은 변화에 따른 영향을 **두 가지** 서술하시오.

809

A~D 지역에서 나타나는 분쟁에 대한 옳은 설명만을 〈보기〉에서 고른 것은?

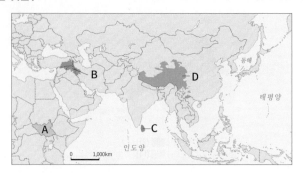

[보기]

ㄱ. B의 갈등 당사국에는 러시아가 포함되어 있다.

ㄴ. C에서의 주요 분쟁 원인은 강대국의 이해관계에 따라 설정된 국경선이다.

ㄷ. A는 C보다 크리스트교 신자 비율이 높다.

ㄹ. B와 D는 소수 민족이 분리 독립하려는 지역이다.

① ㄱ, ㄴ　　　② ㄱ, ㄷ　　　③ ㄴ, ㄷ

④ ㄴ, ㄹ　　　⑤ ㄷ, ㄹ

810

그래프는 주요 국제 난민의 발생국 및 수용국을 나타낸 것이다. 이에 대한 분석으로 옳은 것은? (단, (가), (나)는 국제 난민 발생국, 국제 난민 수용국 중 하나임.)

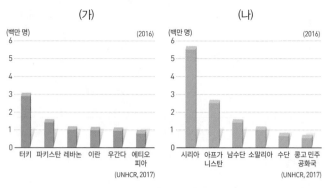

(UNHCR, 2017)

① 국제 난민 최대 발생 국가는 아프리카에 위치한다.

② 국제 난민의 주요 발생 원인은 정치적 불안정으로 인한 내전이다.

③ 국제 난민 발생국은 주로 아프리카, 수용국은 주로 아시아에 위치한다.

④ 국제 난민은 발생한 국가에서 멀리 떨어진 다른 대륙의 국가로 이주하여 수용된다.

⑤ (가)는 국제 난민 발생국, (나)는 국제 난민 수용국이다.

811

세계지리 수업 장면에서 교사의 질문에 옳은 대답을 한 학생만을 고른 것은?

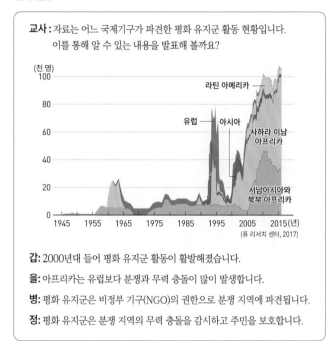

교사 : 자료는 어느 국제기구가 파견한 평화 유지군 활동 현황입니다. 이를 통해 알 수 있는 내용을 발표해 볼까요?

(퓨 리서치 센터, 2017)

갑: 2000년대 들어 평화 유지군 활동이 활발해졌습니다.

을: 아프리카는 유럽보다 분쟁과 무력 충돌이 많이 발생합니다.

병: 평화 유지군은 비정부 기구(NGO)의 권한으로 분쟁 지역에 파견됩니다.

정: 평화 유지군은 분쟁 지역의 무력 충돌을 감시하고 주민을 보호합니다.

① 갑, 정 ② 을, 병 ③ 갑, 을, 병
④ 갑, 을, 정 ⑤ 을, 병, 정

812

그래프는 지역별 인구와 1인당 생태 발자국을 나타낸 것이다. 이에 대한 분석으로 옳은 것은?

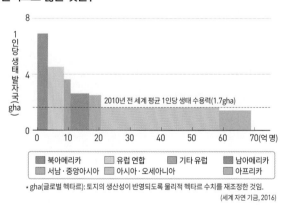

2010년 전 세계 평균 1인당 생태 수용력(1.7gha)

■ 북아메리카 □ 유럽 연합 ■ 기타 유럽 ■ 남아메리카
■ 서남·중앙아시아 ■ 아시아·오세아니아 ■ 아프리카

* gha(글로벌 헥타르): 토지의 생산성이 반영되도록 물리적 헥타르 수치를 재조정한 것임.

(세계 자연 기금, 2016)

① 인구가 많은 지역일수록 1인당 생태 발자국이 크다.
② 소득 수준이 높은 지역일수록 1인당 생태 발자국이 작다.
③ 1인당 생태 발자국이 낮은 지역은 자원의 수요가 공급보다 많다.
④ 지구의 지속 가능한 환경을 위해 생태 발자국의 크기를 줄여야 한다.
⑤ 탄소 소비 증가는 생태 용량을 증가시키고, 생태 발자국 수치를 감소시킨다.

813

그림은 주요 분쟁 지역을 구분한 것이다. (가)~(마)에 해당하는 분쟁 지역을 지도의 A~E에서 고른 것은?

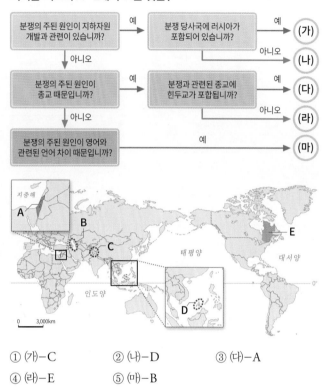

① (가)-C ② (나)-D ③ (다)-A
④ (라)-E ⑤ (마)-B

[814~815] 지도를 보고 물음에 답하시오.

〈국제기구인 (㉠)의 가입 시기〉

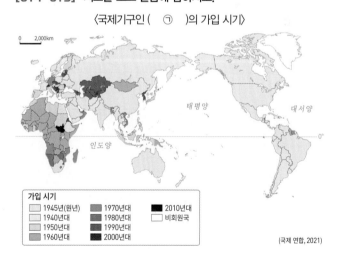

가입 시기
□ 1945년(원년) ■ 1970년대 ■ 2010년대
□ 1940년대 ■ 1980년대 □ 비회원국
□ 1950년대 ■ 1990년대
□ 1960년대 ■ 2000년대

(국제 연합, 2021)

814

㉠의 명칭과 산하 기구를 두 가지 쓰시오.

815 ✐ 서술형

㉠의 역할을 서술하시오.

memo

른답 체크 후 틀
른답·알찬풀이(
확인하세요.

기출 분석 문제집

1등급
만들기

세계지리
815제

빠른답 체크
Speed Check

◀ 이곳을 열면 정답을 바로 확인할 수 있습니다.

고등 도서안내

개념서

비주얼 개념서

룩 LOOK

이미지 연상으로 필수 개념을 쉽게 익히는
비주얼 개념서

국어	문법
영어	분석독해

내신 필수 개념서

개념 학습과 유형 학습으로
내신 잡는 필수 개념서

사회	통합사회, 한국사, 한국지리, 사회·문화, 생활과 윤리, 윤리와 사상
과학	통합과학, 물리학 I , 화학 I , 생명과학 I , 지구과학 I

기본서

문학

손쉬운

작품 이해에서 문제 해결까지
손쉬운 비법을 담은 문학 입문서

현대 문학, 고전 문학

수학

수학중심

개념과 유형을 한 번에 잡는 강력한
개념 기본서

고등 수학(상), 고등 수학(하),
수학 I , 수학 II , 확률과 통계, 미적분, 기하

유형중심

체계적인 유형별 학습으로 실전에서 더욱 강력한
문제 기본서

고등 수학(상), 고등 수학(하),
수학 I , 수학 II , 확률과 통계, 미적분

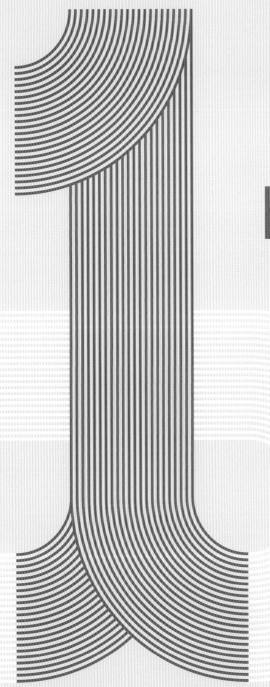

1등급 만들기

세계지리
815제

바른답·알찬풀이

Mirae N 에듀

바른답·알찬풀이

1등급 만들기

세계지리 815제

바른답·알찬풀이

+ 백지도 수록

Ⅰ 세계화와 지역 이해

01 세계화와 지역 이해

분석 기출 문제

[핵심 개념 문제]

001 세계화 **002** 메르카토르 **003** 전자 지도 **004** × **005** ○
006 ○ **007** ㉢ **008** ㉠ **009** ㉡ **010** ㉡ **011** ㉡ **012** ㄱ
013 ㄴ

014 ⑤ **015** ③ **016** ④ **017** ⑤ **018** ① **019** ④ **020** ①
021 ③ **022** ① **023** ⑤ **024** ② **025** ① **026** ④ **027** ④
028 ① **029** ② **030** ③

1등급을 향한 서답형 문제

031 다국적 기업 **032** [예시답안] 경제적 측면에서는 분업을 통해 생산성이 향상되지만, 국가 간 경쟁이 심해지고 지역 간 격차가 커진다. 문화적 측면에서는 서로 다른 문화의 융합으로 문화가 풍부해지지만, 문화의 획일화 문제가 발생하기도 한다. **033** 메르카토르의 세계 지도 **034** [예시답안] 지리상의 발견 시대에 항해를 목적으로 제작되었으며, 직각으로 교차하는 경위선을 이용해 정확한 직선 항로를 찾을 수 있다. 그러나 고위도로 갈수록 면적이 확대되어 왜곡이 발생한다.

014

교통수단의 발달로 이동에 필요한 시간과 비용이 크게 줄어들었고, 국가 간 교류가 증대되어 국가의 경계가 점차 약해지고 있다.

바로잡기 ⑤ 국제 교역에 물리적 거리가 미치는 영향력이 감소하고 있다.

015

경제의 세계화로 국제 협력과 지역별 생산의 전문화를 통한 국제적 분업이 활발해지고 있다. 다국적 기업은 여러 국가의 부품업체와 협력하여 생산 비용을 절감하고 있다.

바로잡기 ㄱ. 선진국과 개발 도상국 모두 포함된다. ㄹ. 항공기 생산 과정에 참여하지 않은 국가에서도 항공기를 판매한다.

1등급 정리 노트 　세계화와 공간 변화

경제의 세계화	전 세계 거대한 단일 시장 형성, 지구적 차원의 협력과 분업을 통한 경제 성장
문화의 세계화	국경을 초월한 세계 문화 형성, 다양한 문화의 상호 작용, 새로운 문화 창조
세계화의 문제점	국가 간 경제 격차 심화, 문화의 획일화, 문화 갈등 등

016

㉠은 지역 브랜드화, ㉡은 장소 마케팅이다. 지리적 표시제는 특정 지역의 기후·지형·토양 등의 지리적 특성을 반영한 우수한 상품에 그 지역에서 생산·가공되었음을 증명하고 표시하는 제도이다.

017

피자는 전 세계인이 즐겨 먹는 음식 중 하나로, 각 지역 사람들의 다양한 입맛과 문화에 적응하여 변화하고 있다. 오늘날 피자는 밀가루 반죽 위에 여러 재료를 얹어 굽는 방법만 같을 뿐, 그 지역 사람들의 다양한 입맛과 문화에 적응하며 변화하고 있다.

018

세계화로 다른 문화를 쉽게 접하게 되면서 다양한 문화를 깊이 이해하고 공유할 수 있게 되었지만, 국가 간의 문화적 차이를 이해하지 못하여 문화 갈등이 발생하기도 한다. 또한 세계화와 지역화로 세계 관광객 수가 빠르게 증가하고 있으며, 이에 따라 지역 경제가 활성화되기도 한다.

바로잡기 ① 경쟁이 치열한 세계 시장에서 국가와 지역 간의 경제적·사회적 불평등은 더욱 심화되고 있다.

019

세계화에 따른 경제의 세계화와 질병의 세계화는 지역 간 상호 작용의 증가로 나타난 현상이다.

020

(가)는 송나라의 화이도, (나)는 조선 후기 실학자들이 제작한 지구전후도이다. (가) 화이도는 중화사상이 반영된 대표적인 세계 지도이다. (나) 지구전후도는 중국 중심의 세계관에서 벗어난 세계 지도로, 지구전도와 지구후도로 분리되어 있으며 경선과 위선이 그려져 있다.

1등급 정리 노트 　동서양의 세계 지도와 세계관

	지도에는 시대와 장소에 따라 다른 다양한 세계관이 반영되어 있다.
동양의 세계 지도	• 송나라의 화이도(1136년), 명나라의 대명혼일도(1373~1434년): 중화사상 반영 • 우리나라의 혼일강리역대국도지도(1402년): 중국 중심의 세계관 반영, 우리나라가 상대적으로 크게 그려짐 • 마테오 리치가 제작한 곤여만국전도(1602년): 서구식 세계 지도 → 중국 중심의 세계관에서 벗어남 • 지구전후도(1834년): 조선 후기 실학자 최한기·김정호가 목판본으로 제작 → 중국 중심의 세계관 극복
서양의 세계 지도	• 바빌로니아 점토판 지도(기원전 600년경): 현존하는 가장 오래된 세계 지도 • 프톨레마이오스의 세계 지도(150년경): 로마 시대에 제작, 경위선 개념과 투영법 사용 • 알 이드리시의 세계 지도(1154년): 중세 아랍의 대표적인 세계 지도, 이슬람교 세계관 반영, 메카 중심, 지도의 위쪽이 남쪽 • TO 지도(13세기경): 중세 유럽에서 제작, 세계를 원형으로 표현, 크리스트교 세계관 반영, 예루살렘 중심, 지도의 위쪽이 동쪽 • 메르카토르의 세계 지도(1569년): 목적지까지의 항로가 직선으로 표현되어 나침반을 이용한 항해에 널리 사용 → 고위도 지역이 지나치게 확대·왜곡됨

021

㉠은 이탈리아 출신의 마테오 리치가 중국에서 제작하여 17세기 초에 우리나라에 들어온 곤여만국전도, ㉡은 15세기 초 조선에서 제작한 혼일강리역대국도지도이다. ㉠은 서양의 근대적 지도 제작 방식을 도입하였고, ㉡은 중국 중심의 세계관을 반영하였다.

바로잡기 ① ㉠은 서양의 근대적 지도 제작 방식을 도입하여 중국인의 세계 인식 범위를 확대시켰다. ② ㉡에는 경도와 위도가 반영되어 있지 않다. ④, ⑤ ㉠에는 아메리카 대륙이 표현되어 있어 ㉡보다 지리적 인식의 범위가 넓다.

022

(가)는 메르카토르의 세계 지도(1569)로 경위선이 직선으로 그려져 있어 해당 지점의 각도를 파악할 수 있으며, 나침반을 이용하던 대항해 시대에 선원들이 널리 사용하였다. 그러나 고위도로 갈수록 면적이 확대되어 왜곡이 발생한다. (나)는 프톨레마이오스의 세계 지도(150년경)로 지구를 구형으로 인식하고 경위선 망을 설정하여 이를 평면에 투영하는 방식으로 제작하였다. 또한 지중해 연안이 비교적 정확하고 상세하게 그려져 있다. ㄱ은 메르카토르, ㄴ은 프톨레마이오스, ㄷ은 알 이드리시에 대한 설명이다.

023

(가)는 TO 지도, (나)는 알 이드리시의 세계 지도이다. (가)는 크리스트교 세계관을 반영하여 세계를 원형으로 표현하고, 예루살렘이 지도의 중심에 있으며, 위쪽이 동쪽이다. (나)는 이슬람교 세계관을 반영하여 이슬람교 성지인 메카가 지도의 중심에 있으며, 위쪽이 남쪽이다. 또한 그리스·로마의 지도 제작 기술을 받아들이고, 활발한 상업 활동을 펼치며 지리적 인식 범위를 넓혔다.

바로잡기 ① 천하도에 대한 설명이다. ② (가), (나) 모두 아메리카 대륙이 표현되지 않았다. ③ (가)에 대한 설명이다. ④ (나)는 이슬람 문화권에서 제작된 지도이다.

024

㉠은 직접 조사, ㉡은 원격 탐사이다. 직접 조사는 그 지역에 방문하여 관찰과 면담 등을 통해 지리 정보를 수집하는 것이고, 원격 탐사는 관측 대상과의 접촉 없이 먼 거리에서 측정을 통해 지리 정보를 수집하는 기술이다.

바로잡기 ㄷ. 인공위성을 이용한 원격 탐사 기술을 통해 넓은 지역의 정보를 주기적으로 수집할 수 있다. ㄹ. 여행지 만족도 조사는 직접 조사가 적합하다.

025

㉠은 인공위성이다. 인공위성이나 항공기 등을 이용한 원격 탐사 기술은 관측 대상과의 접촉 없이 먼 거리에서 측정하여 지리 정보를 수집하는 기술로, 넓은 지역의 정보를 실시간·주기적으로 수집할 수 있다.

바로잡기 ②~⑤ 문헌 조사, 통계 자료, 설문 조사 등의 방법으로 지리 정보를 수집 및 분석할 수 있다.

026

(가)는 14세기 유럽에서 그려진 카탈루냐 지도첩, (나)는 인공위성과 인터넷 기술을 활용한 전자 지도이다. 전자 지도는 종이 지도와 달리 원하는 정보를 추출할 수 있으며, 확대와 축소가 자유롭고 거리와 면적을 구하기 쉬워서 다양한 형태로 가공할 수 있다. 또한 다양한 저장 매체를 통해 복사나 배포가 쉬워졌으며, 파일 형태로 제작되어 보관하기 편리하다.

바로잡기 ㄷ. (가) 옛 세계 지도와 달리 (나) 오늘날의 세계 전자 지도는 더 다양한 지리 정보를 담을 수 있다.

027

ㄱ. 지리적 특성이 공통으로 나타나는 지역을 동질 지역이라고 한다. ㄹ. 서로 다른 권역의 경계에서는 양쪽의 특성이 혼재되어 나타나는

점이 지대가 나타나기도 한다.

바로잡기 ㄷ. 대부분의 경우 연속적인 지표면 위에 권역의 경계를 명확하게 구분하기란 매우 어렵다.

028

(가)는 자연적 요소로 지형, 기후, 식생 등이 기준이므로 ㄱ과 ㄹ, (나)는 문화적 요소로 언어, 종교 등이 기준이므로 ㄴ, (다)는 기능적 요소로 정치, 경제 등의 중심이 되는 핵심지와 그 배후지로 이루어진 권역으로 구분하므로 ㄷ이다.

029

(가)는 국가별 1인당 국내 총생산(GDP), (나)는 문화적 지역 구분을 나타낸 것이다. ② (나)는 문화 요소 중 어떤 것을 기준으로 하는가에 따라 범위가 달라지기도 한다.

바로잡기 ① 국가 단위의 정보를 기준으로 한다. ③ (가)는 국가별 경제 지표에 따라 명확하게 경계가 구분되나, (나)는 다양한 문화적 요소에 따라 경계가 명확하게 구분되지 않는다. ④ (가)는 경제적 요소, (나)는 문화적 요소에 따른 지역 구분이다. ⑤ (가)는 1인당 국내 총생산(GDP)이 적은 국가를 대상으로 식량 지원 대상국을 선정할 수 있고, (나)는 이슬람교를 믿는 지역의 음식 문화 특성을 활용하여 돼지고기 가공 식품 수출국을 선정할 수 있다.

030

A는 유럽과 북부 아메리카 권역으로 정치적·경제적 지역 통합과 지역의 통합에 반대하는 분리 운동이 나타난다. B는 건조 아시아와 북부 아프리카 권역으로 사막화에 따른 지역 문제가 나타난다. C는 사하라 이남 아프리카와 중·남부 아메리카 권역으로 자원 개발과 환경 보존, 식민지 경험, 민족(인종)의 다양성과 갈등이 나타난다. D는 몬순 아시아와 오세아니아 권역으로 민족(인종)이나 종교적 차이에 따른 지역 갈등이 나타난다.

바로잡기 ㄱ. A 권역은 일찍 산업화가 진행되어 경제가 발전하였고, 다국적 기업의 본사가 많이 분포한다. ㄹ. A 권역에 위치한 유럽 연합에 대한 내용이다.

031

S 커피 전문점은 세계에 지점을 두고 영업하는 대표적인 다국적 기업이다.

032

세계화의 영향으로 경제적·문화적 측면에서 다양한 긍정적·부정적 영향이 나타나고 있다.

채점 기준	수준
세계화의 긍정적·부정적 영향을 경제적·문화적 측면에서 모두 옳게 서술한 경우	상
세계화의 긍정적·부정적 영향을 경제적·문화적 측면에서 한 가지만 옳게 서술한 경우	중
세계화의 긍정적·부정적 영향을 미흡하게 서술한 경우	하

033

메르카토르의 세계 지도는 경위선이 직선으로 그려져 있어 해당 지점로 각도를 파악할 수 있다.

034

메르카토르 세계 지도는 나침반을 이용하던 대항해 시대 선원들이 널리 사용하였다.

채점 기준	수준
메르카토르 세계 지도의 제작 목적, 장점, 단점을 모두 서술한 경우	상
메르카토르 세계 지도의 제작 목적, 장점, 단점 중 두 가지만 서술한 경우	중
메르카토르 세계 지도의 제작 목적, 장점, 단점 중 한 가지만 서술한 경우	하

적중 1등급 문제

12~13쪽

| 035 ② | 036 ④ | 037 ③ | 038 ① | 039 ④ |
| 040 ⑤ | 041 ② | 042 ④ | | |

035 지리 정보 체계의 중첩 분석 이해하기

점수 산정 기준에 따라 국가별로 평가 항목별 평가 점수를 파악하면 아래와 같다. 가중치가 부여되었으므로 해당 항목의 평가 점수에 가중치를 곱하여 합산해야 한다.

＜가중치 (가)를 적용한 경우＞ → A

구분 평가 항목	평가 점수 × 가중치			
	A	B	C	D
농업 종사자 수	3×2=6	2×2=4	1×2=2	1×2=2
1인당 국내 총생산	3×1=3	3×1=3	3×1=3	1×1=1
옥수수 경작 면적당 생산량	1×1=1	2×1=2	3×1=3	1×1=1
합계	10	9	8	4

＜가중치 (나)를 적용한 경우＞ → C

구분 평가 항목	평가 점수 × 가중치			
	A	B	C	D
농업 종사자 수	3×1=3	2×1=2	1×1=1	1×1=1
1인당 국내 총생산	3×1=3	3×1=3	3×1=3	1×1=1
옥수수 경작 면적당 생산량	1×2=2	2×2=4	3×2=6	1×2=2
합계	8	9	10	4

036 동·서양의 세계 지도와 세계관 이해하기

1등급 자료 분석 다양한 동·서양의 세계 지도

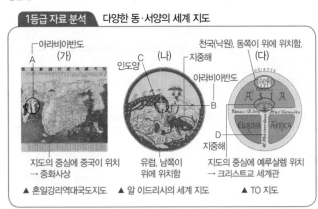

▲ 혼일강리역대국도지도 　▲ 알 이드리시의 세계 지도 　▲ TO 지도

④ A와 B는 모두 서남아시아의 아라비아반도를 나타낸 것이다.

바로잡기 ① (가)는 1402년, (나)는 1154년에 제작된 지도이다. ② (나)는 이슬람교 세계관이, (다)는 크리스트교 세계관이 반영된 지도이다. ③ 세 지도 모두 유럽, 아시아, 아프리카 대륙만 표현되어 있으며 아메리카 대륙은 표현되어 있지 않다. ⑤ C는 인도양, D는 지중해를 나타낸 것이다.

037 지리 정보의 특성 파악 및 지리 정보로 지역 이해하기

1등급 자료 분석 국가별 지리 정보 파악

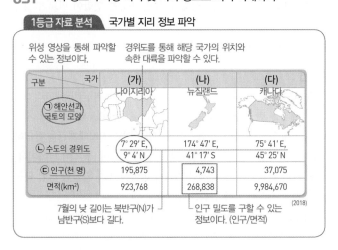

위성 영상을 통해 파악할 수 있는 정보이다.

경위도를 통해 해당 국가의 위치와 속한 대륙을 파악할 수 있다.

구분	국가	(가)	(나)	(다)
㉠ 해안선과 국토의 모양		나이지리아	뉴질랜드	캐나다
㉡ 수도의 경위도		7° 29′ E, 9° 4′ N	174° 47′ E, 41° 17′ S	75° 41′ E, 45° 25′ N
㉢ 인구(천 명)		195,875	4,743	37,075
면적(km²)		923,768	268,838	9,984,670

(2018)

7월의 낮 길이는 북반구(N)가 남반구(S)보다 길다.

인구 밀도를 구할 수 있는 정보이다. (인구/면적)

② 수도의 경위도는 공간 정보에 해당하고, 인구와 같이 장소의 특성을 나타내는 정보는 속성 정보에 해당한다.

바로잡기 ③ (가)는 수도의 경위도를 통해 대서양과 접한 아프리카 대륙에 위치한 국가인 나이지리아임을 알 수 있다. 따라서 아메리카 대륙에 위치한 (다) 캐나다와는 다른 대륙에 위치한다.

038 동서양의 세계 지도 이해하기

1등급 자료 분석 다양한 세계 지도의 특징

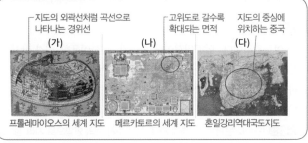

지도의 외곽선처럼 곡선으로 나타나는 경위선 (가)

고위도로 갈수록 확대되는 면적 (나)

지도의 중심에 위치하는 중국 (다)

프톨레마이오스의 세계 지도 　메르카토르의 세계 지도 　혼일강리역대국도지도

① (가) 프톨레마이오스의 세계 지도에는 최초로 경위선의 개념과 투영법이 사용되었다.

바로잡기 ② (나) 메르카토르의 세계 지도는 고위도로 갈수록 면적이 확대되는 단점이 있다. ③ (다)는 국가에서 주도하여 제작된 지도이다. 민간에서 주도하여 제작된 지도는 천하도이다. ④ (나) 메르카토르의 세계 지도는 경위선이 수직으로 만나지만, (가) 프톨레마이오스의 세계 지도는 경위선이 곡선으로 그려져 있으며 수직으로 만나지 않는다. ⑤ (나)는 아메리카 대륙이 나타나 있으나, (가), (다)는 아메리카 대륙이 나타나 있지 않다.

039 세계화와 지역화 이해하기

ㄱ. 교통·통신의 발달에 따른 세계화로 지역의 고유한 정체성이 약화되었으나, 최근 각 지역은 지역의 정체성을 바탕으로 세계 속에서 경쟁력을 확보하기 위해 노력하고 있다. ㄴ. 다국적 기업의 생산 공장 해외 이전 등이 그 사례이다. ㄷ. 지역화의 사례로는 장소 마케팅,

지역 브랜드화, 지리적 표시제, 지역 축제 등이 있다.

바로잡기 ㄹ. 지역의 경쟁력을 확보하기 위한 지역화는 중앙 정부보다는 주로 지방 자치 단체를 중심으로 지역 고유의 특색을 살리는 지역 개발을 통해 이루어진다.

040 세계의 권역과 경계 지역 이해하기

1등급 자료 분석 남·북아메리카 권역의 경계 지역

북아메리카와 남아메리카의 지리적 경계에 해당한다.

⊙ 북아메리카와 ⓒ 남아메리카 사이에 위치하는 서인도 제도의 섬들은 문화 지리적 경계 지대이다. 인디오 계통의 원주민과 정복자인 (ⓒ 유럽)계 백인, 강제 동원된 (ⓔ 아프리카)계 흑인들이 만든 융합 공간으로, 이 지역은 독특한 언어와 예술, 문학, 음악이 나타난다.
— 여러 권역의 문화가 섞여 나타나는 점이 지역의 성격이 나타난다.

ㄱ. 북아메리카와 남아메리카의 지리적 경계는 파나마 지협이고, 문화적 경계는 미국과 멕시코의 국경을 이루는 리오그란데강이다. ㄴ. 남아메리카와 아프리카는 적도를 중심으로 열대 우림이 분포하는 지역이 존재하며, 자원 개발에 따른 열대림 파괴 문제가 나타난다. ㄹ. 유럽과 아프리카는 지중해를 경계로 구분한다.

바로잡기 ㄷ. ⊙ 북아메리카와 ⓒ 유럽에는 경제 수준이 높은 선진국이 많으며, 경제 수준이 낮은 ⓔ 아프리카보다 출생률이 낮다.

041 일본 삿포로 눈 축제

1등급 자료 분석 일본 삿포로 눈 축제

포르투갈 식민지였던 브라질의 역사 속에서 유럽과 아프리카, 원주민의 전통이 뒤섞인 다채로운 축제로 삼바 퍼레이드가 대표적이다.

지리 신문	2022년 2월 ○○일

(가)

삿포로 눈 축제는 브라질 리우 카니발, 독일 뮌헨 옥토버 페스트와 함께 세계 3대 축제 중 하나이다. 1950년 일본 삿포로의 학생들이 눈으로 조각상을 만들어 공원에 전시한 것이 축제의 기원이 되었다. 세계 곳곳에서 모인 조각가와 지역 주민이 만든 눈이나 얼음 조각이 전시되며 다양한 행사가 함께 펼쳐진다.

지역 축제는 장소 마케팅 전략의   지역 특산물인 맥주를 활용한 축제이다.
대표적인 사례이다.

신문 기사의 지역 축제는 장소 마케팅 사례에 해당한다. 장소 마케팅은 지역의 특정 장소를 하나의 상품으로 인식하고, 기업과 관광객에게 매력적으로 보일 수 있도록 지역 정부와 민간이 협력하여 이미지와 시설 등을 개발하는 것이다. 대표적인 사례로 지역 축제 개최, 랜드마크 개발 등이 있다. 따라서 (가)에는 장소 마케팅을 통한 지역화의 확산이 들어갈 수 있다.

042 국가별 지리 정보 분석하기

1등급 자료 분석 국가별 지리 정보(위치, 면적, 인구, 산업 구조)

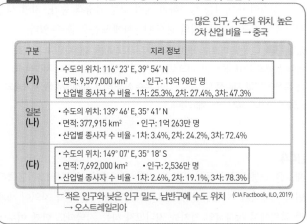

많은 인구, 수도의 위치, 높은 2차 산업 비율 → 중국

구분	지리 정보
(가)	• 수도의 위치: 116° 23′ E, 39° 54′ N • 면적: 9,597,000 km² • 인구: 13억 98만 명 • 산업별 종사자 수 비율 - 1차: 25.3%, 2차: 27.4%, 3차: 47.3%
일본 (나)	• 수도의 위치: 139° 46′ E, 35° 41′ N • 면적: 377,915 km² • 인구: 1억 263만 명 • 산업별 종사자 수 비율 - 1차: 3.4%, 2차: 24.2%, 3차: 72.4%
(다)	• 수도의 위치: 149° 07′ E, 35° 18′ S • 면적: 7,692,000 km² • 인구: 2,536만 명 • 산업별 종사자 수 비율 - 1차: 2.6%, 2차: 19.1%, 3차: 78.3%

적은 인구와 낮은 인구 밀도, 남반구에 수도 위치   (CIA Factbook, ILO, 2019)
→ 오스트레일리아

지도에 표시된 국가는 중국, 일본, 오스트레일리아이다. ① 국내 총생산은 2019년 기준 (가) 중국이 14,342.9(10억 달러), (나) 일본이 5,081.8(10억 달러)이다. ② 인구 밀도는 '인구÷면적'으로, (나) 일본은 국토 면적이 넓고 인구가 적은 (다) 오스트레일리아보다 인구 밀도가 높다. ③ (다) 오스트레일리아는 남반구에 위치하므로 (가) 중국보다 1월의 낮 길이가 길다. ⑤ 선진국에 해당하는 (나) 일본과 (다) 오스트레일리아는 (가) 중국보다 도시화율이 높다.

바로잡기 ④ (다) 오스트레일리아는 (나) 일본보다 3차 산업 종사자 수 비율은 높지만 인구가 적어 3차 산업 종사자 수는 적다.

단원 마무리 문제
14~17쪽

01 세계화와 지역 이해

043 ② **044** ⑤ **045** ⑤ **046 예시답안** (가)는 토마토를 소재로 한 에스파냐의 지역 축제로 여름철에 고온 건조하여 일조량이 많은 지역의 기후 특성을 반영한다. (나)는 얼음을 소재로 한 중국의 지역 축제인 빙등제로 겨울이 춥고 긴 지역의 기후 특성을 반영한다. **047 예시답안** 해외 관광객 수 증가에 기여하며, 지역 경제가 활성화될 수 있다. **048** ④ **049** ②
050 ① **051** A – 유럽, B – 아프리카 **052 예시답안** (가)는 지도의 아래가 북쪽에 해당하며 메카를 지도 중심에 두었으므로 이슬람교의 세계관을 반영한다. (나)는 지도의 형태가 TO 모양으로 지도 위쪽에 천국이 표현되어 있으므로 크리스트교의 세계관을 반영한다. **053** ③ **054 예시답안** 원하는 정보를 추출하거나 통합할 수 있으며, 복사나 배포가 용이하고 파일 형태로 제작되어 보관이 편리하다. **055** 지리 정보 체계(GIS)
056 예시답안 차량 내비게이션, 교통 및 관광 정보 검색 등의 공간 정보 서비스에 활용된다. **057** ④ **058** ⑤ **059** ① **060** ③ **061** ④
062 ①

043

지역 브랜드화 전략의 추진은 지역의 정체성을 구축하고 지역에 대한 긍정적인 이미지를 형성하여 지역 방문 관광객 증가, 지역 생산 특산품 판매량 증가 등 지역 경제 활성화에 도움을 줄 수 있다.

바로잡기 ㄴ. 랜드마크는 어떤 지역에서 두드러지는 지형지물이나 사물을 뜻한다. 뉴욕을 대표하는 랜드마크로는 자유의 여신상이 있다. ㄹ. 지리적 표시제는 특정 지역의 지리적 특성을 반영한 우수 상품에 그 지역에서 생산·가공되었음을 증명하고 표시하는 제도이다.

044

새로운 교통수단과 통신 기술의 발달로 시공간 거리를 크게 단축하면서 세계화가 빠르게 진행되었다. 세계화와 더불어 각 지역이 세계적 차원에서 독자적인 가치를 지니고자 하는 지역화도 함께 이루어졌다. ㉠은 세계화, ㉡은 지역화이며, ㉢의 사례로는 지역 브랜드화, 장소 마케팅, 지리적 표시제, 지역 축제 등이 있다. ㄹ. 각 지역의 정체성을 잘 살려 긍정적 이미지를 형성하고 지역의 경쟁력을 높이는 과정을 통해 세계화 시대에 대응할 수 있다.

바로잡기 ㄴ. 다국적 기업의 생산 공장 이전은 ㉠ 세계화에 따른 영향이다.

1등급 정리 노트 세계화와 지역화

세계화	• 의미: 세계적으로 국경을 넘어 상호 교류와 영향이 확대되는 현상 • 현상: 국가 간 교류 증가, 국제 협력과 국제적 분업 활발
지역화	• 의미: 지역이 경제적·문화적·정치적 측면에서 세계적인 가치를 지니게 되거나, 세계의 보편적 현상이 지역의 특성이나 정체성을 반영하여 변용되는 현상 • 현상: 지리적 표시제, 장소 마케팅, 지역 브랜드화 등의 전략을 통해 지역의 경쟁력을 강화하기 위한 노력이 증가함

045

이탈리아의 피자는 전 세계인이 즐겨 먹는 음식 중 하나이다. 19세기 말 이탈리아 이민자들이 미국으로 건너가면서 피자가 미국에 전파되었고, 이후 전 세계로 널리 퍼지면서 다양한 형태로 만들어졌다. 오늘날 피자는 밀가루 반죽 위에 여러 재료를 얹어 굽는 방법만 같을 뿐, 그 지역 사람들의 다양한 입맛과 문화에 적응하며 변화하고 있다.

바로잡기 ⑤ 지리적 표시제는 해당 지역의 지리적 특성을 반영한 우수 상품에 그 지역에서 생산·가공되었음을 증명하고 표시하는 제도이다.

046

사진 (가)는 에스파냐 부뇰의 토마토 축제, (나)는 중국 하얼빈의 빙등제이다.

채점 기준	수준
(가), (나) 지역 축제와 기후 특성 모두 옳게 서술한 경우	상
(가), (나) 지역 축제와 기후 특성 중 일부만 옳게 서술한 경우	중
(가), (나) 지역 축제의 명칭만 쓴 경우	하

047

지역 축제는 지역의 경쟁력을 높일 수 있는 지역화 전략이다.

채점 기준	수준
관광객 증가에 따른 지역 경제 활성화를 서술한 경우	상
관광객이 증가한다고만 서술한 경우	하

048

(가)는 바빌로니아 점토판 지도, (나)는 TO 지도, (다)는 프톨레마이오스의 세계 지도에 대한 설명이다. A는 경위도가 나타나 있으므로 프톨레마이오스의 세계 지도, B는 점토판 위에 지도가 새겨져 있으므로 바빌로니아 점토판 지도, C는 지도의 중심에 예루살렘이 위치해 있고 지도 위쪽에 낙원이 있으므로 TO 지도이다.

1등급 정리 노트 고지도에 반영된 공간 인식

구분	내용
세계관 반영	• 중화사상: 화이도, 대명혼일도, 혼일강리역대국도지도, 천하도 • 크리스트교 세계관: TO 지도 • 이슬람교 세계관: 알 이드리시의 세계 지도
제작 기술 발달 (경위선 반영)	프톨레마이오스의 세계 지도, 알 이드리시의 세계 지도, 곤여만국전도, 지구전후도, 메르카토르의 세계 지도
세계 인식 범위 확대	곤여만국전도, 지구전후도, 메르카토르의 세계 지도

049

메르카토르의 세계 지도는 경위선이 수직으로 교차하며 목적지까지의 항로가 직선으로 표현되어 나침반을 이용한 항해에 널리 사용되었다. 그러나 고위도 지역으로 갈수록 면적이 확대되어 왜곡이 발생하는 단점이 있다.

바로잡기 ① 프톨레마이오스의 세계 지도에 대한 설명이다. ③ 중세의 TO 지도에 대한 설명이다. ④ 메르카토르의 세계 지도는 고위도로 갈수록 면적이 확대되므로 각 대륙의 면적이 정확하지 않다. ⑤ 알 이드리시의 세계 지도에 대한 설명이다.

050

(가)는 항해를 목적으로 제작되었으므로 메르카토르의 세계 지도이다. (나)는 지도의 위쪽이 동쪽이므로 지도 위쪽에 '동쪽의 낙원'을 배치한 TO 지도이다. (다)는 지도 중심에 아라비아 반도가 위치하므로 메카를 중심에 위치한 알 이드리시의 세계 지도이다.

바로잡기 ② (다)에 대한 설명이다. ③ 프톨레마이오스의 세계 지도에 대한 설명이다. ④ (다) TO 지도는 중세에 제작된 것이며, (가) 메르카토르의 세계 지도는 1569년에 제작되었다. ⑤ (가) 메르카토르의 세계 지도는 지도의 위쪽이 북쪽이지만, (다) 알 이드리시의 세계 지도는 위쪽이 남쪽이다.

051

(가)는 알 이드리시의 세계 지도, (나)는 TO 지도이다. 해당 지도에서 A는 유럽, B는 아프리카에 해당한다.

052

(가)는 이슬람교 세계관, (나)는 크리스트교 세계관을 반영하고 있다.

채점 기준	수준
각 지도가 반영하는 종교적 세계관을 지도 표현상의 특징과 연관하여 옳게 서술한 경우	상
각 지도가 반영하는 종교적 세계관만 옳게 쓴 경우	중
각 지도가 반영하는 종교적 세계관을 쓰지 못한 경우	하

053

① 지리 정보는 공간 정보와 속성 정보로 구별된다. 지도는 지리 정보를 담는 중요한 매체로 여러 시기에 제작된 지도를 통해 지역의 특성과 변화를 파악할 수 있다. 원격 탐사는 관측 대상과의 접촉 없이 먼 거리에서 지리 정보를 수집하는 기술이다. 원격 탐사 역시 한 지역에 대한 주기적인 정보 수집을 통해 지역의 특성과 변화 과정을 파악할 수 있다. 전자 지도는 종이 지도와 달리 원하는 정보의 추출의 통합, 자유로운 확대와 축소, 거리와 면적 계산 등이 쉽게 가능하다. 또한 다양한 형태로 가공할 수 있으며 인터넷이나 다양한 저장 매체를 통해 종이 지도보다 복사나 배포가 쉬워졌으며, 파일 형태로 제작되어 보관이 편리하다.

바로잡기 ③ 원격 탐사에 적합한 지리 정보는 가시적 정보가 적합하다.

054

컴퓨터를 이용한 수치 지도가 제작되면서 종이 지도가 가진 한계를 극복하였다.

채점 기준	수준
전자 지도가 가지는 장점을 세 가지 모두 옳게 서술한 경우	상
전자 지도가 가지는 장점을 두 가지만 옳게 서술한 경우	중
전자 지도가 가지는 장점을 한 가지만 옳게 서술한 경우	하

055

지리 정보 체계를 이용하면 오늘날의 복잡하고 방대한 지리 정보를 빠르고 정확하게 처리할 수 있다.

056

내비게이션 시스템은 일상생활에서 지리 정보 체계가 활용되는 대표적인 사례이다.

채점 기준	수준
두 가지 모두 옳게 서술한 경우	상
한 가지만 옳게 서술한 경우	하

057

지도의 A는 미얀마, B는 타이, C는 라오스, D는 캄보디아, E는 베트남이다. 조건 1을 충족하는 국가는 A, B, D, E이고, 조건 2를 충족하는 국가는 B, D이며, 조건 3을 충족하는 국가는 A, C, D, E이다. 따라서 모든 조건을 충족하는 국가는 캄보디아(D)이다.

058

자료는 인공위성을 활용한 원격 탐사의 원리를 나타낸 것이다. 원격 탐사로 얻어진 지리 정보는 지리 정보 체계의 중첩 분석에 필요한 정보로 활용할 수 있다.

바로잡기 ① 같은 지역에 대한 주기적인 정보 수집을 통해 시간에 따른 지역의 변화를 파악할 수 있다. ② 주로 가시적인 자연 정보 수집에 활용된다. ③ 인공위성을 활용한 원격 탐사는 과학 기술이 발달한 선진국에서 주로 활용한다. ④ 원격 탐사는 정보의 수집과 정보의 분석 및 처리에 필요한 기술적인 제약이 크다.

059

지도는 아메리카의 주요 사용 언어 구분을 나타낸 것이다. 미국과 캐나다는 주로 영어를, 캐나다 동부의 퀘벡주는 주로 프랑스어를, 멕시코 및 안데스 산지 주변 국가들은 에스파냐어를, 브라질은 포르투갈어를 주로 사용한다.

바로잡기 ② 식생은 국가별로 구분될 수 있는 지표가 아니다. ③ 한랭한 캐나다 북부, 열대 우림이 분포하는 아마존 분지를 제외한 아메리카 대부분 지역은 돼지고기의 소비가 많은 지역으로 구분된다. ④ 최한월 평균 기온은 적도에서 극지방으로 가면서 낮아지는 경향을 보이므로 지역의 경계는 위도와 관련된다. ⑤ 강수량의 계절적 분포와 같은 기후 정보는 대체로 국가 단위로 경계가 구분되지 않는다.

060

(가)는 돼지고기 선호 및 금기를 기준으로 한 문화적 지역 구분이다. (나)는 국가별 1인당 국내 총생산(GDP)을 나타낸 것으로 경제적 요소를 기준으로 한 것이다. ㄴ. (나)는 국가 단위로 집계된 자료이므로 경계가 뚜렷하다.

바로잡기 ㄱ. 돼지고기 선호도라는 단일 지표를 기준으로 한다. ㄹ. 핵심지와 배후지의 기능적 관계에 의한 권역 설정 사례로는 대도시권 등이 있다.

061

지도는 세계의 문화권으로 (가)는 건조 문화권, (나)는 라틴 아메리카 문화권이다. ④ (가)에서는 이슬람교 신자 수 비율이 높으며, (나)에서는 크리스트교 신자 수 비율이 높다.

바로잡기 ① (가)에서는 아랍어가 주로 사용된다. ② (가)에 대한 설명이다. ③ 연 강수량은 건조 문화권인 (가)가 (나)보다 적다. ⑤ 계절풍에 적응한 생활 양식이 나타나는 지역은 남부 아시아, 동남아시아, 동아시아 문화권이다.

062

지도의 A는 사하라 이남 아프리카 및 중·남부 아메리카, B는 건조 아시아와 북부 아프리카, C는 유럽과 북부 아메리카, D는 몬순 아시아와 오세아니아이다. (가)와 같이 개발 도상국으로 자원 개발에 따른 부의 분배 문제가 나타나는 권역은 사하라 이남 아프리카와 중·남부 아메리카, (나)와 같이 자원 민족주의의 대두, 도시 개발 과정에서의 외국인 노동자 유입과 전통 가치관 변화 등의 문제가 나타나는 권역은 건조 아시아와 북부 아프리카이다.

분석 기출 문제

19~23쪽

[핵심 개념 문제]

063 ㄱ, ㄴ, ㄷ	**064** ㄹ, ㅁ, ㅂ	**065** ×	**066** ×	**067** ○
068 위도	**069** 스콜	**070** 열대 고산	**071** ㉢	**072** ㉡	**073** ㉠
074 ㉠	**075** ㉠	**076** ㉠			

077 ②	**078** ②	**079** ④	**080** ⑤	**081** ②	**082** ③	**083** ③
084 ①	**085** ①	**086** ④	**087** ②	**088** ⑤	**089** ③	**090** ④
091 ④	**092** ②					

[1등급을 향한 서답형 문제]

093 예시답안 (가)는 적도 수렴대가 남반구에 치우쳐 있으므로 1월이고, (나)는 적도 수렴대가 북반구에 치우쳐 있으므로 7월이다. **094** 예시답안 (가) 시기는 아열대 고압대의 영향으로 강수량이 적고, (나) 시기는 적도 수렴대의 영향으로 강수량이 많다. **095** 사바나 기후 **096** 예시답안 사바나 기후 지역은 태양의 회귀에 따라 아열대 고압대의 영향을 받을 때는 건기가 되고, 적도 수렴대의 영향을 받을 때는 우기가 된다. 우기 때에는 풀이 무성하게 자라 야생 동물이 서식하기 유리한 환경이 되므로, 이 지역의 동물들은 유리한 환경을 찾아 무리를 지어 이동한다.

077

극고압대에서 고위도 저압대로 부는 바람은 극동풍(A), 아열대 고압대에서 고위도 저압대로 부는 바람은 편서풍(B), 아열대 고압대에서 적도 저압대로 부는 바람은 무역풍(C)이다.

078

A는 위도에 따른 강수량 분포, B는 위도에 따른 증발량 분포를 나타낸 것이다. ㉠은 아열대 고압대의 영향이 큰 회귀선 부근으로 증발량이 강수량보다 많아 물 부족 현상이 나타난다. 아열대 고압대는 하강 기류가 발달하여 강수량이 적으므로 세계적인 사막들이 분포한다.

바로잡기 ㄴ. 극고압대와 아열대 고압대는 기류가 연중 하강하여 강수량이 적다. ㄹ. 적도 일대는 기온이 높고 기류가 연중 상승하여 강수량과 증발량이 모두 많다.

1등급 정리 노트 **위도와 강수량**

극동풍과 편서풍이 수렴하여 상승 기류가 발생하는 고위도 저압대와 무역풍이 수렴하여 상승 기류가 발생하는 적도 저압대에서는 강수량이 많다.

위도	기압대	대기 상태	강수량
90°N 부근	극고압대	하강 기류	적음
60°N 부근	고위도 저압대	상승 기류	많음
30°N 부근	아열대 고압대	하강 기류	적음
0° 부근	적도 저압대	상승 기류	많음

079

사진에서 저지대는 나무가 푸른 반면, 산지 지역은 눈으로 덮여 있다. 이는 해발 고도가 높은 산지는 저지대보다 기온이 낮기 때문이다.

080

대서양 연안 지역(C)과 태평양 연안 지역(D)은 한류의 영향으로 같은 위도의 다른 지역보다 기온이 낮고 연 강수량이 적어 사막이 형성되기도 한다.

바로잡기 A는 북대서양 해류, B는 북태평양 해류가 흐르는 해역으로, 난류가 흘러 비슷한 위도의 다른 지역보다 기온이 높고 강수량이 많은 편이다.

081

② 아열대 고압대는 연중 하강 기류가 나타나는 곳으로, 증발량이 강수량보다 많아 건조 기후가 나타난다.

바로잡기 ① 적도 부근은 지표면의 가열에 따라 발생하는 대류성 강수의 발생 빈도가 높다. ③ 아열대 고압대에서 적도 쪽으로 이동하는 바람은 무역풍이다. ④ 7월에는 북반구, 1월에는 남반구에 위치한다. ⑤ 사바나 기후는 열대 우림 기후보다 대체로 연 강수량이 적다.

082

A는 열대 기후, B는 건조 기후, C는 온대 기후, D는 냉대 기후, E는 한대 기후이다. ③ 냉대 기후 지역(D)에 대한 설명이다.

083

(가)는 북반구가 겨울일 때, (나)는 북반구가 여름일 때의 적도 수렴대 위치를 나타낸 것이다. ㉠은 북반구의 사바나 기후, ㉡은 열대 우림 기후, ㉢은 남반구의 사바나 기후이다. ㄴ. ㉡의 열대 우림 기후는 연중 고온 다습하다. ㄷ. 북반구가 겨울일 때 ㉠은 아열대 고압대의 영향을 받고, ㉢은 적도 수렴대의 영향을 받는다.

바로잡기 ㄹ. ㉢의 태양 고도가 가장 높은 시기에는 북반구가 겨울이다. 북반구가 겨울일 때 ㉠은 건기가 된다.

084

ㄱ. 열대 우림 기후는 기온의 일교차가 연교차보다 크다. ㄴ. 무역풍은 북동 무역풍과 남동 무역풍으로 구분된다.

바로잡기 ㄷ. 적도 저압대의 영향으로 상승 기류가 발생한다. ㄹ. 스콜은 대류성 강수에 해당한다.

085

(가)는 열대 우림 기후가 나타나는 콩고 민주 공화국의 키상가니(A)이고, (나)는 열대 몬순 기후가 나타나는 미얀마의 양곤(B)이며, (다)는 사바나 기후가 나타나는 오스트레일리아의 다윈(C)이다. (나)는 북반구, (다)는 남반구에 위치한다.

086

누, 얼룩말, 가젤 등의 무리가 대이동을 하는 모습을 볼 수 있는 곳은 사바나 기후 지역이다. 지도의 D는 케냐와 탄자니아 국경 지대로 사바나 지역에서 살아가는 동물들을 볼 수 있는 곳이다.

바로잡기 A, B. 사막 기후가 주로 나타나는 지역이다. C. 열대 우림 기후가 주로 나타나는 지역이다. E. 스텝 기후가 주로 나타나는 지역이다.

087

㈎는 열대 우림 및 열대 몬순 기후 지역의 밀림을 나타낸 것이고, ㈏는 열대 초원인 사바나를 나타낸 것이다. ② 사바나 지역은 밀림 지역보다 건기가 지속되는 기간이 길다.

바로잡기 ①, ③ 연 강수량은 열대 우림·열대 몬순 기후 지역이 많고, 대류성 강수의 발생 빈도도 높다. ④ ㈎에 대한 설명이다. ⑤ 사바나 기후 지역은 열대 우림·열대 몬순 기후 지역보다 적도 수렴대의 영향을 받는 기간이 짧다.

088

A는 북반구의 여름에 해당하는 시기에 강수량 증가폭이 매우 적으므로 남반구에 위치한 사바나 기후 지역, B는 북반구의 여름에 해당하는 시기에 강수가 집중하므로 북반구에 위치한 사바나 기후 지역, C는 연중 강수량이 많으므로 적도상에 위치한 열대 우림 기후 지역이다. 따라서 지도의 맨 위는 B, 아래는 C, 가장 아래는 A에 해당하므로 A-B 간 직선거리가 A-C 간 직선거리보다 멀다.

바로잡기 ① 7월 강수량은 B가 많다. 막대들이 이루는 기울기를 통해 파악할 수 있다. ② 연 강수량은 C가 B보다 많다. 12월의 누적 강수량을 통해 이를 알 수 있다. ③ 우기와 건기는 A와 B에서 뚜렷하게 나타난다. ④ A, B는 사바나 기후, C는 열대 우림 기후이다.

089

A는 열대 몬순 기후 지역이다. 열대 몬순 기후 지역은 계절풍의 영향을 받아 긴 우기와 짧은 건기가 번갈아 나타나며, 고온 다습한 여름 계절풍의 영향을 받는 우기에 강수량이 집중된다.

바로잡기 ㄱ은 열대 고산 기후 지역, ㄹ은 사바나 기후 지역에 대한 설명이다.

090

콜롬비아의 수도인 보고타는 적도 부근의 해발 고도가 높은 곳에 위치하여 연중 봄과 같은 열대 고산 기후가 나타난다. 보고타는 연중 낮과 밤의 길이가 비슷하며, 기온의 일교차가 연교차보다 크다.

바로잡기 ④ 열대 우림 기후의 특징이다.

> **1등급 정리 노트** 열대 기후 지역의 특성
>
> 열대 기후는 최한월 평균 기온이 18℃ 이상인 지역으로 적도를 중심으로 남·북위 20° 사이에 분포한다. 연중 기온이 높아 기온의 연교차가 작으며, 많은 비가 내린다. 열대 기후 지역은 강수량과 강수 시기에 따라 열대 우림 기후, 사바나 기후, 열대 몬순 기후로 구분된다.
>
> | 열대 우림 기후 | • 연중 적도 수렴대의 영향을 받아 일 년 내내 강수량이 많음 → 연중 월 강수량 60㎜ 이상, 스콜이 자주 내림
• 아프리카의 콩고 분지, 동남아시아 적도 부근의 여러 섬, 남아메리카의 아마존 분지 등 → 키가 크고 작은 나무들과 다양한 종류의 식물 분포 |
> |---|---|
> | 사바나 기후 | • 건기와 우기의 구분이 뚜렷 → 건기에는 아열대 고압대의 영향을 받고, 우기에는 적도 수렴대의 영향을 받음
• 아프리카 동부의 열대 우림 기후 지역 주변, 인도와 인도차이나 반도, 남아메리카의 야노스·캄푸스, 오스트레일리아 북부 → 키가 큰 풀이 자라는 초원에 관목이 드물게 분포 |
> | 열대 몬순 기후 | • 계절풍의 영향을 받아 긴 우기와 짧은 건기가 번갈아가며 나타남 → 우기에 강수량이 집중
• 인도 남서 해안 및 동북부 해안, 동남아시아 일대, 남아메리카 북동부 등 → 열대 우림 기후와 비슷한 식생 분포 |

091

A는 연평균 기온 13℃ 정도의 열대 고산 기후 지역, B는 강수량이 가장 적은 달도 200㎜에 가까운 열대 우림 기후 지역의 기후 그래프이다. 열대 고산 기후(A)는 적도 부근의 고지대에서 나타나며 연중 우리나라의 봄과 같은 기후가 나타난다. 열대 우림 기후(B)는 연중 월 강수량이 60㎜ 이상이며, 대류성 강수인 스콜이 자주 내린다. ㄱ. 열대 고산 기후 지역이 열대 우림 기후 지역보다 평균 해발 고도가 높다. ㄷ. 대류성 강수는 기온이 높은 열대 우림 기후 지역이 열대 고산 기후 지역보다 발생 빈도가 높다. ㄹ. 두 지역 모두 저위도에 위치하여 기온의 일교차가 연교차보다 크다.

바로잡기 ㄴ. 열대 고산 기후는 연중 봄과 같은 온화한 날씨가 나타나기 때문에 열대 우림 기후 지역보다 인간 거주에 유리하다.

092

㈎는 카사바로, 열대 기후 지역에서 이동식 화전 농업으로 주로 재배하는 작물이다.

바로잡기 ㄴ. 커피에 대한 설명이다. ㄷ. 카사바는 상품 작물로 재배되기도 하지만, 주민들의 주식으로 많이 이용된다.

093

적도 수렴대는 북반구가 겨울일 때는 적도의 남쪽에 위치하고, 북반구가 여름일 때는 적도의 북쪽에 위치한다.

채점 기준	수준
㈎, ㈏ 시기와 그 까닭을 모두 옳게 서술한 경우	상
㈎, ㈏ 시기만 쓴 경우	중
㈎, ㈏ 시기와 그 까닭을 서술하지 못한 경우	하

094

A는 다카르로, 1월에는 아열대 고압대의 영향을 받고, 7월에는 적도 수렴대의 영향을 받는다.

채점 기준	수준
두 시기의 강수 특색과 그 까닭을 모두 옳게 서술한 경우	상
두 시기의 강수 특색만 옳게 서술한 경우	중
두 시기의 강수 특색을 서술하지 못한 경우	하

095

사바나 기후 지역에서는 초식 동물들이 건기에 풀을 찾아 우기가 되는 지역으로 이동하기도 한다.

> **1등급 정리 노트** 사바나 기후 지역의 우기와 건기
>
> 사바나 기후 지역은 우기와 건기가 뚜렷하며 소림과 초원으로 이루어진 식생이 형성된다. 우기 때에는 풀이 무성하게 자라 야생 동물이 서식하기 유리한 환경이 된다.
>
> | 우기 | 사바나의 풀과 나무에 일제히 싹이 트면서 대지는 푸른 초원이 되고 동물은 번식기를 맞이함 |
> |---|---|
> | 건기 | 수개월 동안 비가 내리지 않아, 나무에서는 잎이 떨어지고 풀은 말라 죽어 초원이 갈색빛을 띠며, 동물은 물이 많은 곳을 찾아 먼 길을 이동함 |

096

사바나 기후 지역은 태양의 회귀에 따라 건기와 우기가 교차한다.

채점 기준	수준
태양 회귀 및 물과 먹이 확보의 관점에서 체계적으로 서술한 경우	상
건기와 우기의 교차만 언급하여 서술한 경우	중
단순히 '먹이를 찾기 위해서'라고 서술한 경우	하

적중 1등급 문제

097 ③	098 ②	099 ④	100 ②	101 ⑤
102 ⑤	103 ③	104 ①	105 ④	

097 열대 기후의 특징 파악하기

1등급 자료 분석 열대 우림, 사바나, 열대 몬순 기후 그래프

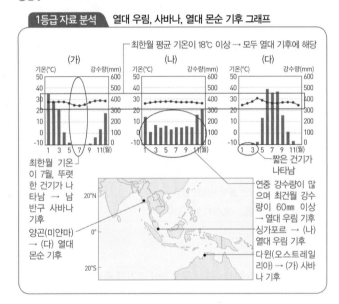

(가)는 7월의 기온이 1월의 기온보다 낮으므로 남반구에 위치하고, 건기가 뚜렷하게 나타나므로 남반구의 사바나 기후 지역이다. (나)는 모든 달의 강수량이 60㎜를 넘으므로 적도 주변의 열대 우림 기후 지역이다. (다)는 강수량이 60㎜ 미만인 달이 있으며 짧은 건기가 나타나므로 열대 몬순 기후이다. ③ 열대 몬순 기후 지역은 계절풍의 영향으로 연중 기온이 높고 우기에 강수량이 풍부하여 일 년에 2~3번 벼농사가 가능하다.

바로잡기 ① (가)는 남반구에 위치한다. ② 열대 기후 지역은 일교차가 연교차보다 크다. ④ (가)는 (다)보다 동쪽에 위치한다. ⑤ (나) 열대 기후 지역은 연중 적도 수렴대의 영향을 받는다.

098 열대 기후의 강수 특징 파악하기

1등급 자료 분석 열대 우림, 사바나, 열대 몬순 기후의 누적 강수량

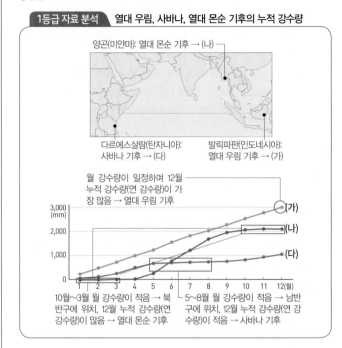

누적 강수량 그래프에서 월 강수량은 해당 달에서 직전 달의 강수량을 빼서 구할 수 있으며, 그래프의 기울기가 일정하게 증가하는 경우에는 월 강수량이 일정하다는 의미이다. 그래프의 기울기가 증가하지 않는 경우는 비가 오지 않는 기간(건기)이 있음을 의미하며 7월을 중심으로 건기가 존재하면 남반구, 1월을 중심으로 건기가 존재하면 북반구에 해당한다. 따라서 (가)는 열대 우림 기후가 나타나는 발릭파판, (나)는 열대 몬순 기후가 나타나는 양곤, (다)는 사바나 기후가 나타나는 다르에스살람이다.

바로잡기 ㄴ. (다)는 아프리카, (나)는 아시아에 위치한다. ㄹ. (나)는 11월에 비해 12월 누적 강수량의 차이가 크지 않으므로 12월 강수량이 매우 적다. 반면 (다)는 11월에 비해 12월의 누적 강수량 값이 (나)보다 증가하였으므로 12월 강수량은 (다)가 (나)보다 많다.

099 대기 대순환 체계의 이해하기

1등급 자료 분석 대기 대순환에 따른 지상풍의 방향

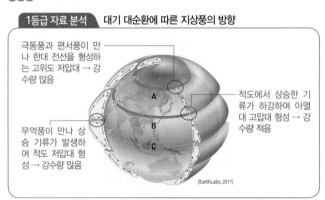

A는 고위도 저압대, B는 아열대 고압대, C는 적도 저압대이다. ㄹ. 적도 저압대(C)는 고위도 저압대(A)보다 태양 복사 에너지가 지표와 만나는 각도가 크므로 단위 면적당 일사량이 많아 연중 기온이 높다.

바로잡기 ㄱ. 위도 30°도 부근인 B 지역에 대한 설명이다. ㄷ. 위도 60° 부근인 A 지역에 대한 설명이다.

100 열대 기후가 나타나는 지역 파악하기

1등급 자료 분석 월 강수량 방사형 그래프(Radar Chart)

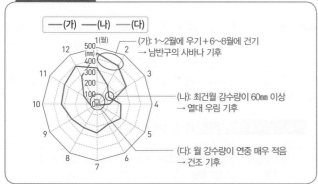

지도의 A는 브루나이로 적도와 인접하여 (나) 열대 우림 기후가 나타난다. B는 남반구에 위치한 다윈(오스트레일리아)으로 (가) 사바나 기후가 나타난다. C는 대륙 내부에 위치한 앨리스스프링스(오스트레일리아)로 (다) 건조 기후가 나타난다.

101~103 열대 기후가 나타나는 지역 파악하기

1등급 자료 분석 열대 기후 지역의 구분

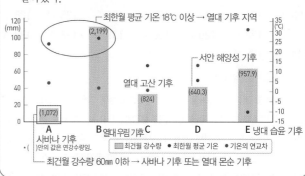

101 열대 기후 지역의 특징 이해

A는 아프리카의 콩고 분지, 남아메리카의 아마존 분지와 같이 적도 부근에 분포하는 열대 우림 기후이다. B는 아프리카의 열대 우림 기후 지역 주변, 오스트레일리아 북부, 남아메리카의 열대 우림 기후 지역 주변에 분포하는 사바나 기후이다. C는 인도 북동부 해안, 동남아시아 일대에 분포하는 열대 몬순 기후이다. ⑤ 사바나 기후(B)는 열대 몬순 기후(C)에 비하여 건기와 우기가 뚜렷하게 나타난다.

바로잡기 ① 열대 고산 기후에 대한 설명이다. ② 사바나 기후는 건기에 아열대 고압대의 영향을 받는다. ③ 열대 우림 기후 지역(A)에 대한 설명이다. ④ 계절풍의 영향을 받아 강수량이 많은 기후는 열대 몬순 기후(C)이다.

102 열대 기후 지역의 주민 생활 이해

① 고상 가옥은 땅에서 올라오는 열기와 습기를 차단하는 것이 목적이다. ② 건기와 우기가 뚜렷하게 나타나는 사바나 기후 지역의 초원에서는 야생 동물들을 관찰하는 사파리 관광이 발달하였다. ③ 열대 몬순 기후 지역은 계절풍의 영향으로 우기에 강수량이 많아 벼농사가 활발하게 이루어진다. ④ 열대 기후 지역에서는 선진국의 기술과 자본, 원주민의 노동력을 활용한 플랜테이션 농업이 발달하였다.

바로잡기 ⑤ 경엽수(단단한 잎을 가진 나무)를 활용한 수목 농업은 지중해성 기후 지역에서 주로 나타나는 농업이다.

103 열대 우림 기후 식생의 특징

열대 우림 기후 지역에는 다양한 종류의 상록 활엽수로 이루어진 열대림이 분포하며, 크고 작은 나무들이 다층의 숲을 이룬다.

바로잡기 ㄱ. 열대림은 주로 상록 활엽수림으로 구성되어 있다. ㄹ. 열대림은 무분별한 열대림 개발 등으로 점차 감소하는 추세이다.

104 사바나 기후 지역의 특성 파악

1등급 자료 분석 사바나 기후의 기온과 강수 특징

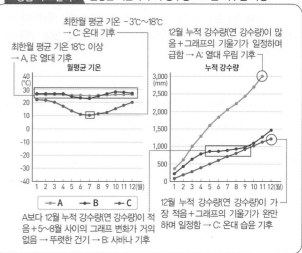

제시된 글은 사바나 기후 지역의 기후 특징, 식생 경관, 산업 특성 등을 나타낸 것이다. 이 중 최한월 평균 기온이 18℃ 이상이며 최건월 강수량이 60㎜ 이하인 A가 사바나 기후이다.

105 열대 기후 지역의 특성 이해

1등급 자료 분석 월평균 기온과 누적 강수량으로 본 기후별 특징

온대 습윤 기후는 최난월 평균 기온이 22℃ 이상인 경우 온난 습윤 기후(Cfa), 22℃ 미만인 경우에는 서안 해양성 기후(Cfb)로 구분하지만 자료의 그래프로는 구분이 명확하지는 않다. ④ 열대 우림 기후(A)는 사바나 기후(B)보다 상록 활엽수림의 밀도가 높다.

03 온대 기후 환경과 건조 및 냉·한대 기후 환경

분석 기출 문제

[핵심 개념 문제]

106 편서풍	**107** 사막	**108** 툰드라, 빙설	**109** ○	**110** ○
111 ×	**112** ㉠	**113** ㉢	**114** ㉡	**115** ㉡	**116** ㉠	**117** ㉠
118 ㄴ	**119** ㄱ			

120 ④	**121** ④	**122** ③	**123** ⑤	**124** ③	**125** ⑤	**126** ⑤
127 ①	**128** ②	**129** ②	**130** ④	**131** ①	**132** ④	**133** ④
134 ④	**135** ⑤					

1등급을 향한 **서답형 문제**

136 예시 답안 (가)는 지중해성 기후 지역으로, 여름에 아열대 고압대의 영향으로 고온 건조한 기후가 나타난다. **137** 예시 답안 (가) 지역에서는 건조한 여름에도 잘 견디는 포도, 올리브, 코르크, 오렌지 나무 등과 같은 경엽수를 이용한 수목 농업이 활발하다. **138** 툰드라 기후 **139** 예시 답안 지구 온난화로 기온이 상승하면서 토양층이 녹아 가옥이 붕괴하고, 활동층이 녹아 있는 기간이 길어지면서 자동차 운행 가능 일수가 감소하였다.

120

온대 기후는 최한월 평균 기온이 −3℃ 이상 18℃ 미만으로, 대체로 편서풍이 부는 중위도에 걸쳐 분포한다.

바로잡기 ① 냉대 기후는 최한월 평균 기온이 −3℃ 미만, 최난월 평균 기온이 10℃ 이상이다. 극동풍은 극고압대에서 고위도 저압대로 부는 바람이다. ③ 무역풍은 아열대 고압대에서 적도 저압대로 부는 바람이다. ⑤ 한대 기후는 최난월 평균 기온이 10℃ 미만이다.

121

A는 부에노스아이레스(아르헨티나)로, 온난 습윤 기후 지역에 해당한다. ㄱ. 부에노스아이레스는 연중 강수가 고르지만 여름철에 무덥고 강수량이 많으며 건기가 뚜렷하지 않다. ㄷ. 남반구에 위치하므로 7월보다 1월이 낮의 길이가 길다. ㄹ. 온대 기후에 속하므로 최한월 평균 기온이 −3℃ 이상 18℃ 미만이다.

바로잡기 ㄴ. 부에노스아이레스는 팜파스 평원 지역에 위치하므로 해발 고도가 높지 않다.

122

(가)는 1월과 7월의 강수량이 비슷하므로 연중 습윤한 서안 해양성 기후가 나타나는 프랑스 파리, (나)는 겨울철 강수량이 여름철 강수량보다 많으므로 지중해성 기후가 나타나는 포르투갈 리스본, (다)는 여름철 강수량이 겨울철 강수량보다 많으므로 온대 겨울 건조 기후가 나

타나는 중국 칭다오의 기후 그래프이다. ③ 북반구에 위치한 지중해성 기후 지역은 서안 해양성 기후 지역보다 여름이 건조해 산불 발생 가능성이 크다.

바로잡기 ① (나) 지중해성 기후 지역이 (가) 서안 해양성 기후 지역보다 아열대 고압대의 영향을 크게 받는다. ② (다) 온대 겨울 건조 기후 지역이 (가) 서안 해양성 기후 지역보다 벼농사에 유리하다. ④ (다) 온대 겨울 건조 기후 지역이 (나) 지중해성 기후 지역보다 계절풍의 영향을 크게 받는다. ⑤ (가) 서안 해양성 기후 지역이 (다) 온대 겨울 건조 기후 지역보다 겨울철 강수 집중률이 높다.

1등급 정리 노트 온대 기후 지역의 구분 및 특징

서안 해양성 기후	편서풍의 영향으로 기온의 연교차가 작고 연중 강수가 고른 편임
지중해성 기후	여름에는 아열대 고압대의 영향으로 고온 건조, 겨울에는 편서풍의 영향으로 온난 습윤
온난 습윤 기후	연중 습윤, 여름에 무덥고 강수량이 많으며 건기는 뚜렷하지 않음
온대 겨울 건조 기후	여름에는 고온 다습, 겨울에는 한랭 건조, 기온의 연교차와 강수의 계절 차가 매우 큼

123

지중해 주변 지역은 여름철(7월)에 고온 건조하고 겨울철(1월)에 온난 습윤하므로 (가)는 1월, (나)는 7월에 해당한다. 로마(A)는 북반구에 위치하므로 7월이 1월보다 하루 중 낮의 길이가 길며, 여름철에 수목 농업이 주로 이루어진다.

바로잡기 ㄱ. 1월보다 7월의 평균 기온이 높다. ㄴ. 1월보다 7월의 강수량이 적으므로 대기 중 상대 습도가 낮게 나타난다.

124

A는 연중 온난 습윤한 파리, B는 여름에 고온 다습하고 겨울에 한랭 건조한 서울이다. ㄴ, ㄷ. 대륙 서안에 위치한 파리(A)가 서울(B)보다 최한월 평균 기온이 높고, 대륙 동안에 위치한 서울(B)이 파리(A)보다 여름 강수 집중률이 높다.

바로잡기 ㄹ. 서울(B)은 계절풍, 파리(A)는 편서풍의 영향을 크게 받는다.

1등급 정리 노트 대륙 동안 기후와 대륙 서안 기후 비교

구분	원리	특성
대륙 동안	계절풍 + 대륙의 영향	• 기온의 연교차가 큼 • 강수의 계절 차가 큼
대륙 서안	편서풍 + 해양의 영향	• 기온의 연교차가 작음 • 강수의 계절 차가 작음

125

㉠은 네덜란드의 리세로, 서안 해양성 기후가 나타나고 대소비지 접근성이 높아 낙농업이 발달하였다. ㉡은 에스파냐의 팜플로나로, 지중해성 기후가 나타나 여름에 고온 건조하고 올리브 생산량이 많다. 팜플로나가 리세보다 여름철 기온이 높고 습도는 낮다.

바로잡기 ㄱ. 연간 일조 시수는 지중해성 기후가 나타나는 에스파냐의 팜플로나가 서안 해양성 기후가 나타나는 네덜란드의 리세보다 길다.

126

다카르는 스텝 기후 지역으로 연 강수량이 250~500㎜ 미만이며, 짧은 우기에 키가 작은 풀이 자란다.

바로잡기 ㄱ. 다카르는 적도(위도 0°)의 북쪽에 위치하므로 북반구에 속한다. ㄴ. 한대 기후 지역의 주민 생활이다.

127

A는 남회귀선 부근에 위치하며, 한류가 흐르는 대륙의 서안에 위치하여 사막 기후가 나타난다. 이에 따라 아타카마 사막(A)은 한류의 영향으로 안개가 많이 발생하여 이 지역에서는 해안에 그물을 설치하고 안개가 지나갈 때 그물망에 걸리는 수분을 파이프를 통해 마을의 물탱크로 보내서 용수를 획득한다.

바로잡기 ㄷ. 비그늘은 산맥에서 바람이 불어오는 방향의 반대편 사면에 비가 내리지 않는 건조한 지역이다. 아타카마 사막은 한류가 흐르는 대륙 서안에 위치하여 연중 하강 기류의 영향을 받으며 안개가 자주 낀다. 비그늘 지역에 형성된 대표적인 사막으로는 파타고니아 사막이 있다. ㄹ. 사막 지역이므로 나무가 자라기 어려워 목재 생산이 이루어지지 않는다.

128

(가)는 한류의 영향으로 대기가 안정되어 상승 기류가 발생하기 어려워 형성된 사막을 나타낸 것이고, (나)는 습윤한 공기가 높은 산지를 넘은 후 비가 잘 내리지 않아 형성된 사막을 나타낸 것이다. (가)의 대표적인 사례는 A의 아타카마 사막이고, (나)의 대표적인 사례는 C의 파타고니아 사막이다.

바로잡기 B는 열대 기후 지역이다.

1등급 정리 노트 ▸ 사막의 형성 원인

아열대 고압대	연중 하강 기류의 영향 ⑩ 사하라 사막, 그레이트빅토리아 사막
대륙 내부	바다로부터 거리가 멀어 수증기 공급량이 적음 ⑩ 고비 사막, 타클라마칸(타커라마간) 사막
한류 연안	한류의 영향으로 대기가 안정됨 ⑩ 나미브 사막, 아타카마 사막
탁월풍의 비그늘	산지를 넘어 건조해진 바람의 영향 ⑩ 파타고니아 사막

129

바람의 침식 작용으로 형성된 지형에는 삼릉석과 버섯바위 등이 있고, 유수의 퇴적 작용으로 형성된 지형에는 선상지와 바하다 등이 있다.

바로잡기 B에는 사구, C에는 페디먼트가 대표적이다.

130

A는 사구, B는 플라야, C는 와디, D는 선상지이다. 사구는 바람의 퇴적 작용으로 형성되었고, 비가 내릴 때만 물이 고이는 웅덩이는 플라야이며, 와디는 평상시에는 물이 흐르지 않아 교통로로 이용되기도 한다.

바로잡기 ㄹ. 선상지는 계곡 입구의 경사 급변점에 하천 운반 물질이 부채 모양으로 퇴적된 지형이므로 유수의 퇴적 작용으로 형성되었다. 건조 기후 지형 중 암석의 차별 침식으로 형성된 대표적인 지형으로는 메사가 있다.

1등급 정리 노트 ▸ 유수에 의해 형성되는 지형

와디	비가 올 때만 일시적으로 형성되는 하천, 평상시에는 교통로로 이용
플라야	비가 올 때만 일시적으로 형성되는 염호
페디먼트	포상홍수 침식으로 형성된 완경사의 침식면
선상지	곡구의 경사 급변점에서 유속의 감소로 운반 물질이 퇴적된 부채 모양의 지형
바하다	여러 개의 선상지가 연속으로 분포하는 복합 선상지

131

스텝 기후의 일부 토양이 비옥한 지역에서는 밀·목화 등을 대규모로 재배하는 상업적 농업이 발달하기도 한다. 비옥한 토양을 바탕으로 밀을 대규모로 생산하는 지역은 A의 우크라이나 일대이다.

바로잡기 ② B는 사헬 지대로 사막화로 인해 토양이 척박해지고 있다. ③ C는 타이가가 형성되어 있는 냉대 기후 지역으로 농업 활동이 어렵다. ④ D는 열대 기후 지역으로 강수량이 많아 토양이 척박하다. ⑤ E는 사막 기후 지역으로 농경에 불리하다.

132

(가)는 최난월 평균 기온이 0~10℃ 미만이므로 툰드라 기후가 나타나는 배로(C)이다. (나)는 최한월 평균 기온이 −3℃ 미만이고 강수량이 비교적 고르게 나타나므로 냉대 습윤 기후가 나타나는 모스크바(A)이다. (다)는 최한월 평균 기온이 −3℃ 미만이면서 강수량이 여름에 집중하므로 냉대 겨울 건조 기후가 나타나는 블라디보스토크(B)이다.

133

(가)는 툰드라 기후 지역, (나)는 냉대 기후 지역이다. ㄴ. 냉대 기후 지역은 침엽수림(타이가)이 주를 이룬다. ㄹ. 냉대 기후 지역이 툰드라 기후 지역보다 대체로 연평균 기온이 높다.

바로잡기 ㄱ. 툰드라 기후 지역은 최난월 평균 기온이 0~10℃ 미만이다. ㄷ. 냉대 기후 지역이 툰드라 기후 지역보다 대체로 연 강수량이 많다.

134

A는 빙하호, B는 모레인, C는 에스커, D는 드럼린이다.

바로잡기 ㄱ. 빙하호(A)는 담수호이다. ㄷ. 에스커(C)는 빙하가 녹은 물이 빙하 밑을 흐르면서 토사를 퇴적하여 형성된 제방 모양의 퇴적 지형이다.

1등급 정리 노트 ▸ 빙하 퇴적 지형

모레인	빙하에 의해 운반된 모래와 자갈 등의 퇴적물로, 분급이 불량함
드럼린	빙하에 의해 형성된 지형으로, 숟가락을 엎어 놓은 것과 비슷한 모양의 언덕
에스커	융빙수에 의해 형성된 제방 모양의 퇴적 지형
빙력토 평원	빙하의 퇴적 작용으로 형성된 평원으로, 빙하의 후퇴로 남게 된 자갈·모래·점토 등이 섞여 있으며, 유기 물질이 부족하여 척박함

135

(가)는 지표면의 결빙과 융해로 형성된 구조토, (나)는 빙하의 침식 작

용으로 형성된 U자곡(빙식곡), (다)는 건조 기후 지역에서 바람의 퇴적 작용으로 형성된 사구, (라)는 빙하의 침식 작용으로 형성된 호른이다. (가)는 주빙하 지형, (나)와 (라)는 빙하 지형, (다)는 건조 지형이다. ⑤ (가)~(라) 모두 화학적 풍화 작용보다 물리적 풍화 작용이 활발한 지역에서 발달하는 지형이다.

바로잡기 ① (다)에 대한 설명이다. ② 빙하가 녹은 물이 형성한 것이다. ③ (나)에 대한 설명이다. ④ 호른은 빙하의 침식 작용으로 형성된다.

136

지중해성 기후 지역은 여름철에 아열대 고압대의 영향을 받는다.

채점 기준	수준
지중해성 기후와 여름철 기후 특징, 그 원인까지 옳게 서술한 경우	상
지중해성 기후와 여름철 기후 특징만 서술한 경우	중
지중해성 기후만 쓴 경우	하

137

지중해성 기후 지역에서는 경엽수를 이용한 수목 농업이 활발하다.

채점 기준	수준
기후 특징과 수목 농업을 연관지어 옳게 서술한 경우	상
기후 특징과 경엽수, 포도만 서술한 경우	중
식생에 대해서만 서술한 경우	하

138

(가), (나)는 북극해 연안에 위치하는 툰드라 기후 지역이다.

139

지구 온난화로 기온의 상승하면서 툰드라 기후 지역은 변화하고 있다.

채점 기준	수준
지구 온난화에 따른 기온 상승으로 발생한 현상임을 옳게 서술한 경우	상
제시된 자료의 내용만 서술한 경우	하

적중 1등급 문제

32~33쪽

| 140 ① | 141 ② | 142 ② | 143 ① | 144 ④ |
| 145 ① | 146 ② | 147 ② | | |

140 온대 기후의 특성과 분포 이해하기

1등급 자료 분석   월 강수 편차와 월 기온 편차 그래프

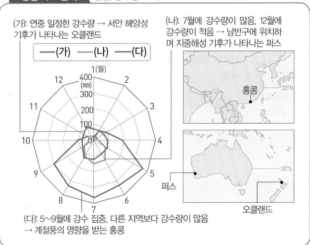

(가)
월 강수 편차의 월별 차이가 적음 → 연중 습윤한 기후 지역

(나)
월 기온 편차와 월 강수 편차가 양의 비례 관계 → 여름에 습윤하고 겨울이 건조한 기후

(다)
월 기온 편차와 월 강수 편차가 음의 비례 관계 → 여름이 건조하고 겨울이 습윤한 기후

지도의 A는 런던(영국)으로 서안 해양성 기후가 나타난다. 연중 습윤한 것이 특징이므로 월 강수 편차의 차이가 작은 (가)에 해당한다. B는 칭다오(중국)로 온대 겨울 건조 기후가 나타난다. 추운 겨울에 강수량이 적은 것이 특징이므로 월 기온 편차가 ㅡ일 때 월 강수 편차가 ㅡ인 (나)에 해당한다. C는 퍼스(오스트레일리아)로 지중해성 기후가 나타난다. 여름이 고온 건조한 것이 특징이므로 월 기온 편차가 +일 때 월 강수 편차가 ㅡ인 (다)에 해당한다.

141 온대 기후와 냉대 기후 지역의 분포 및 주민 생활 이해하기

1등급 자료 분석   월평균 기온 및 누적 강수량 그래프

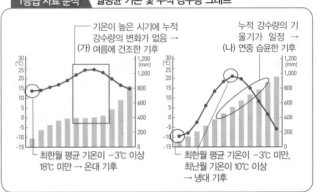

기온이 높은 시기에 누적 강수량의 변화가 없음 → (가) 여름에 건조한 기후

누적 강수량의 기울기가 일정 → (나) 연중 습윤한 기후

최한월 평균 기온이 -3℃ 이상 18℃ 미만 → 온대 기후

최한월 평균 기온이 -3℃ 미만, 최난월 기온이 10℃ 이상 → 냉대 기후

(가)는 지중해성 기후, (나)는 냉대 습윤 기후 지역의 그래프이다. ㄷ. 지중해성 기후 지역의 여름이 고온 건조한 까닭은 여름에 아열대 고압대의 영향을 받기 때문이다.

바로잡기 ㄴ. 툰드라 기후 지역에 대한 설명이다. ㄹ. (가), (나)는 모두 7월 기온이 1월 기온보다 높으므로 북반구에 위치한다. 따라서 낮의 길이는 여름에 해당하는 7월이 1월보다 길다.

142 온대 기후의 강수 특성 파악하기

1등급 자료 분석   월별 강수량 그래프

(가): 연중 일정한 강수량 → 서안 해양성 기후가 나타나는 오클랜드

(나): 7월에 강수량이 많음, 12월에 강수량이 적음 → 남반구에 위치하며 지중해성 기후가 나타나는 퍼스

(다): 5~9월에 강수 집중, 다른 지역보다 강수량이 많음 → 계절풍의 영향을 받는 홍콩

(가)는 서안 해양성 기후가 나타나는 오클랜드, (나)는 지중해성 기후가 나타나는 퍼스, (다)는 계절풍의 영향을 받는 홍콩이다. ② 지중해성 기후 지역에서는 여름철 고온 건조한 기후를 바탕으로 오렌지, 올리브 등의 수목 농업이 이루어진다.

바로잡기 ① (다)에 대한 설명이다. ③ (다)는 북반구에 위치하므로 낮 길이는 7월이 1월보다 길다. ④ (가)는 해양에서 불어오는 편서풍의 영향으로 계절풍의 영향을 받는 (다)보다 연교차가 작다. ⑤ 남·북위 30° 이상의 중위도 지역은 주로 편서풍의 영향을 받는다.

143 건조 기후의 기후 특성 파악하기

건조 기후 지역의 월평균 기온 및 누적 강수량 그래프

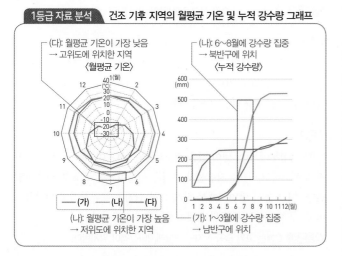

(다): 월평균 기온이 가장 낮음
→ 고위도에 위치한 지역
〈월평균 기온〉

(나): 6~8월에 강수량 집중
→ 북반구에 위치
〈누적 강수량〉

(나): 월평균 기온이 가장 높음
→ 저위도에 위치한 지역

(가): 1~3월에 강수량 집중
→ 남반구에 위치

지도의 A는 빈트후크(나미비아)로 남반구에 위치하며 주변에 나미브 사막이 있어 건조한 기후가 나타나므로 1~3월에 강수가 집중하고 다른 시기에는 건조한 (가)에 해당한다. B는 은자메나(차드)로 북반구에 위치하며 주변에 사하라 사막이 있어 건조하고 저위도 지역에 위치하므로 기온이 높은 (나)에 해당한다. C는 울란바토르(몽골)로 북반구에 위치하며 주변에 고비 사막이 있어 건조하며 상대적으로 고위도에 위치하여 겨울철 기온이 낮으므로 (다)에 해당한다.

144 사막의 형성 요인 구분하기

㉠은 아프리카 대륙을 가로지르는 사막이며, 이를 기준으로 대륙을 남북으로 나눈다고 했으므로 사하라 사막이다. ㉡은 강의 하류부에 위치하고 대서양에 인접하며, 남아프리카 공화국과 나미비아의 국경 부근에 위치하므로 나미브 사막에 해당한다. ④ 사하라 사막은 대기 대순환과 관련한 아열대 고압대의 영향으로 형성된 사막이며, 나미브 사막은 연안에 흐르는 차가운 해류의 영향으로 형성된 사막이다.

145 건조 기후 지역의 지형 구분하기

A는 바람에 날린 모래가 쌓여 만들어진 모래 언덕인 사구로, 탁월풍이 부는 지역에서는 초승달 모양의 바르한이 형성되기도 한다. B는 건조 분지에 퇴적층이 두껍게 쌓여 이루어진 평평한 땅인 플라야로, 비가 내릴 때 물이 고이면 일시적으로 호수가 형성되기도 한다. C는 비가 내릴 때만 물이 흐르는 하천인 와디로, 평상시에는 물이 흐르지 않아 교통로 등으로 이용된다. D는 바람에 날린 모래가 바위의 아랫부분을 깎아 형성된 버섯바위이다. E는 계곡 입구의 경사 급변점에 하천 운반 물질이 부채 모양으로 퇴적되어 형성된 선상지이다.

146 건조, 냉대, 한대 기후 지역의 특징 및 분포 지역 파악하기

그래프를 통한 기후 구분

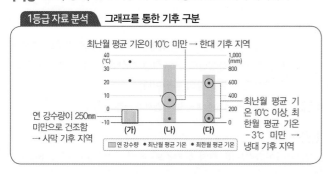

최난월 평균 기온이 10℃ 미만 → 한대 기후 지역

연 강수량이 250mm 미만으로 건조함
→ 사막 기후 지역

최난월 평균 기온 10℃ 이상, 최한월 평균 기온 -3℃ 미만 → 냉대 기후 지역

지도의 세 지역은 왼쪽부터 (가) 사막 기후가 나타나는 팀북투(말리), (다) 냉대 습윤 기후가 나타나는 모스크바(러시아), (나) 툰드라 기후가 나타나는 타실라크(그린란드)이다. ② (나) 툰드라 기후 지역에서는 지표면의 결빙과 융해가 반복되어 여름철 산지 사면에서 활동층이 경사면을 따라 흘러내리는 솔리플럭션 현상이 나타난다.

① (나)에 대한 설명이다. ③ 일교차가 연교차보다 큰 지역은 저위도 지역에 해당한다. ④ (나)는 (가)보다 고위도에 위치한다. ⑤ (나)는 무수목 기후에 해당하므로 (다)의 수목 밀도가 (나)보다 높다.

147 냉대 기후 지역의 지형 파악

냉대 기후에서 나타나는 지형의 모식도

호른: 여러 권곡이 만나 만들어진 뾰족한 산봉우리

드럼린: 빙력토 평원에 빙하의 이동 방향을 따라 타원 형태로 빙하 퇴적물이 쌓여 형성됨

U자곡: 골짜기를 따라 이동하는 빙하의 침식으로 만들어진 U자형 계곡

에스커: 빙하 아래에서 빙하가 녹은 물에 의해 퇴적물이 쌓여 만들어짐

호른(A)과 U자곡(B)은 빙하 침식 지형이고, 드럼린(C)과 에스커(D)는 빙하 퇴적 지형이다.

ㄴ. U자곡(B)은 후빙기 해수면 상승으로 바닷물이 들어오면 좁고 긴 만이 발달한 피오르 해안을 이룬다. ㄷ. 드럼린은 빙하 퇴적 지형에 해당한다.

04 세계의 주요 대지형과 독특한 지형들

분석 기출 문제

35~39쪽

[핵심 개념 문제]

148 지구 내부 **149** 카르스트 **150** 암석, 모래 **151** ○
152 × **153** ㉡ **154** ㉠ **155** ㉡ **156** ㉠ **157** ㉡ **158** ㉠
159 ㄴ **160** ㄱ

161 ④ **162** ② **163** ③ **164** ④ **165** ② **166** ④ **167** ①
168 ① **169** ② **170** ④ **171** ④ **172** ⑤ **173** ⑤ **174** ①
175 ② **176** ⑤ **177** ④

1등급을 향한 서답형 문제

178 지진 **179** 지진은 판의 경계부 또는 지각이 불안정한 지역에서 자주 발생하며, 지진이 발생했을 때 학교에서는 머리를 감싸고 탁자나 책상 아래로 들어가 몸을 보호해야 한다. **180** 피오르 해안

181 피오르 해안은 빙하의 침식 작용으로 형성된 U자곡이 침수된 해안으로, 협만을 따라 수직 절벽을 볼 수 있으며, 현곡으로부터 물이 떨어지면서 만들어진 폭포도 볼 수 있다.

161

지반의 융기·침강 작용, 화산 활동이 내적 작용에 속한다.

바로잡기 ㄱ, ㄷ. 침식·운반·퇴적 작용은 외적 작용에 해당한다.

162

A(히말라야산맥)는 대륙판끼리 충돌하는 곳, B(샌안드레아스 단층)는 지각판이 서로 반대 방향으로 미끄러지는 곳, C(안데스산맥)는 해양판이 대륙판 밑으로 파고 들어가는 곳이다.

1등급 정리 노트 수렴 경계와 발산 경계 비교

판이 서로 만나는 곳을 수렴 경계, 판이 서로 갈라지는 곳을 발산 경계라고 한다.

구분		특징
수렴 경계	대륙판과 대륙판	대규모 습곡 산지 형성, 지진이 많이 발생
	해양판과 대륙판	지진과 화산 활동이 활발함, 대륙부에는 대규모 습곡 산지가 형성됨
발산 경계	대륙판의 분리	지하에서 마그마가 상승하여 대륙판이 갈라짐, 지구대 형성
	해양판의 분리	지하에서 마그마가 상승하여 해양판이 갈라짐, 해령 형성

163

㈎는 두 개의 대륙판이 갈라지는 경계이고, ㈏는 두 개의 대륙판이 충돌하는 경계이다. 판이 갈라지는 경계에서는 지구대를 따라 마그마가 분출하는 경우가 많아 화산 활동이 활발하지만, 대륙판이 충돌하는 곳은 지각의 두께가 두꺼워지므로 화산 활동이 활발하지 않다.

바로잡기 ④ 대륙판이 충돌하는 경계가 판이 갈라지는 경계보다 대체로 산지의 평균 해발 고도가 높다. ⑤ 오스트레일리아에는 주로 고기 습곡 산지, 순상지, 탁상지가 분포하여 지각 활동이 활발하지 않다.

164

해양판과 대륙판이 충돌할 때는 밀도가 높은 해양판이 대륙판 밑으로 밀려들어 가면서 지진과 화산 활동이 발생한다. A에서는 해구가 발달하며, B의 신기 습곡 산지는 해발 고도가 높고 연속성이 강하다. C에서는 화산 활동이 활발하다.

바로잡기 ㄷ. B에는 석유, 천연가스, 구리 등의 매장 가능성이 높다.

165

㉠은 순상지이다. ㄷ. 북아메리카 북동부 지역은 냉대 기후가 넓게 나타나기 때문에 침엽수림이 상록 활엽수림보다 비중이 높다.

바로잡기 ㄴ. ㉡은 빙하호이므로 염분 농도가 높지 않다. ㄹ. 순상지에는 철광석 매장량이 많다.

166

A는 환태평양 조산대로, '불의 고리'를 이룬다. B는 동아프리카 지구대로, 대륙 지각이 갈라지는 곳이다. C는 히말라야산맥으로 신기 습곡 산지에 해당하며 해발 고도가 높고 험준하다. E는 화산 활동이 활

발한 곳이다.

바로잡기 ④ D는 고기 습곡 산지로, 석탄이 많이 매장되어 있다.

167

㈎는 신기 습곡 산지, ㈏는 고기 습곡 산지이다. ㈏ 고기 습곡 산지는 ㈎ 신기 습곡 산지보다 지각의 안정성이 높고, 석탄의 매장 가능성이 높으며, 평균 해발 고도는 낮다.

168

㈎는 산정부에 눈이 덮여 있을 정도의 높은 산지이므로 신기 습곡 산지에 해당하고, ㈏는 지평선이 보이는 들판이므로 구조 평야에 해당한다. 미국 동서 단면도에서 신기 습곡 산지는 로키산맥이 위치한 A이고, 구조 평야는 대평원이 펼쳐지는 B에 해당한다.

바로잡기 C에는 고기 습곡 산지인 애팔래치아산맥이 위치한다.

1등급 정리 노트 세계의 대지형

구분	안정육괴	고기 습곡 산지	신기 습곡 산지
형성	시·원생대 조산 운동 이후 오랜 기간 침식 작용을 받아 형성	고생대~중생대 조산 운동으로 형성	중생대 말~현재까지의 조산 운동으로 형성
특징	완만한 고원이나 평원(순상지, 탁상지), 주로 대륙 내부에 위치함	해발 고도가 낮고 경사가 완만함, 안정육괴 주변에 위치함	해발 고도가 높고 매우 험준함, 지각이 불안정하여 지진과 화산 활동이 활발함
주요 자원	철광석 매장량이 많음	석탄 매장량이 많음	석유, 천연가스, 구리 등이 매장되어 있음

169

석회암이 빗물 등에 의해 용식 작용을 받으면 와지인 돌리네(㉠)가 형성되고, 두 개 이상의 돌리네(㉠)가 서로 결합하면 우발라(㉡)가 된다. 돌리네(㉠) 내부에는 싱크홀(㉢)이라고 불리는 빗물이 빠지는 배수구가 발달한다.

170

모식도는 카르스트 지형을 나타낸 것이고, A 동굴은 석회동굴이다. 석회동굴을 이루는 기반암은 석회암이며, 동굴 내부에는 석순, 종유석, 석주 등의 지형이 발달한다.

바로잡기 ㄱ. 카르스트 지형은 고온 다습한 기후 환경에서 잘 발달한다. ㄷ. 석회암 분포와 판의 경계는 관련이 없다.

171

ㄴ. 현무암질 용암은 점성이 작고 유동성이 크기 때문에 주로 경사가 완만한 순상 화산을 형성한다. ㄹ. 성층 화산은 여러 차례 반복된 화산 분출로 형성된 원추 모양의 화산이다.

바로잡기 ㄷ. 용암 돔은 순상 화산보다 경사가 급한 편이다.

172

사진은 아이슬란드의 지열 발전소와 온천, 이탈리아 시칠리아섬의

에트나 화산 주변의 오렌지 농장을 보여 준다. 두 지역 모두 판의 경계부에 위치하며 화산 활동이 활발하다.

바로잡기 ㄱ은 아이슬란드, ㄴ은 이탈리아에만 해당하는 설명이다.

173

⑤ ⓛ의 퇴적 작용으로 형성된 갯벌이 ㉠의 퇴적 작용으로 형성된 사빈보다 퇴적물의 평균 입자 크기가 작다.

174

A는 만, B는 곶이다. 만에서는 파랑의 에너지가 분산되어 퇴적 작용이 활발하여 모래 해안이 발달하고, 곶에서는 파랑의 에너지가 집중되어 침식 작용이 활발하여 암석 해안이 발달한다.

바로잡기 ㄷ. 파랑의 침식 작용은 곶(B)에서 활발하다. ㄹ. 갯벌은 만(A)에서 주로 발달한다.

175

사빈은 파랑과 연안류의 퇴적 작용으로 형성되며, 주로 해수욕장으로 이용된다.

바로잡기 ㄴ, ㄹ. 사빈은 주로 모래로 이루어져 있으며, 만에서 잘 형성된다.

176

A는 후빙기 해수면 상승으로 만이 형성되고 만의 전면부에 사주가 발달하면서 형성된 석호이고, B는 사주이다. ㄷ. 석호는 하천으로부터 토사가 유입되면서 그 면적이 점차 줄어들고 있다.

바로잡기 ㄱ. 석호는 후빙기 해수면 상승으로 형성되었다. ㄴ. 석호는 육지에서 담수가 계속 공급되므로 바다보다 염분 농도가 낮다.

177

㈎는 빙식곡이 침수되어 형성된 피오르 해안, ㈏는 바다가 육지 쪽으로 들어온 만 지역, ㈐는 하천 침식곡이 침수되어 형성된 리아스 해안, ㈑는 하천 하구에서 토사가 퇴적되어 형성된 삼각주이다. ④ 빙하의 침식 작용으로 형성되는 ㈎ 피오르 해안은 대체로 ㈑ 리아스 해안보다 고위도에 분포한다.

바로잡기 ① 만(A)은 곶(B)보다 파랑의 침식 작용이 약하다. ② ㈎는 빙하의 침식 작용으로 형성된 U자곡이 침수되어 만들어진 피오르 해안이다. ③ ㈏는 와덴만 일대로 고위도 지역이므로 산호초가 발달하지 않는다. ⑤ ㈑ 삼각주는 조차가 작은 해안에서 잘 형성된다.

1등급 정리 노트	피오르 해안과 리아스 해안
피오르 해안	• 빙하의 침식 작용으로 형성된 U자곡이 침수된 해안 • 좁고 긴 형태의 만이 많고 수심이 깊음 • 분포: 노르웨이 북서 해안, 뉴질랜드 남섬의 남서부 해안, 칠레 남부 해안, 캐나다 서부 해안 등
리아스 해안	• 하천 침식으로 형성된 V자곡이 침수된 해안 • 섬·만 등이 많아 해안선이 복잡함 • 분포: 에스파냐의 서부 해안, 우리나라의 남서 해안 등

178

A는 지진이 자주 발생하는 지역이다.

179

지진은 판의 경계부, 지각이 불안정한 지역에서 자주 발생한다.

채점 기준	수준
지진 발생 지역의 공통점과 학교에서의 대피 요령을 모두 옳게 서술한 경우	상
지진 발생 지역의 공통점과 학교에서의 대피 요령 중 한 가지만 옳게 서술한 경우	중
지진 발생 지역의 공통점과 학교에서의 대피 요령 모두 서술하지 못한 경우	하

180

빙하의 침식 작용으로 형성된 U자곡이 침수된 피오르 해안이다.

181

피오르 해안에서는 수직 절벽과 폭포 등을 볼 수 있다.

채점 기준	수준
피오르 해안의 경관을 지형 특색과 관련지어 옳게 서술한 경우	상
피오르 해안의 경관을 단순히 나열하여 서술한 경우	중
피오르 해안의 경관을 지형 특색과 관련지어 서술하지 못한 경우	하

적중 1등급 문제

40~41쪽

| 182 ⑤ | 183 ① | 184 ② | 185 ① | 186 ④ |
| 187 ① | 188 ④ | 189 ③ | | |

182 세계의 대지형별 특징 파악하기

1등급 자료 분석 세계의 대지형 분포

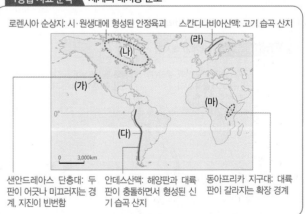

로렌시아 순상지: 시·원생대에 형성된 안정육괴   스칸디나비아산맥: 고기 습곡 산지

샌안드레아스 단층대: 두 판이 어긋나 미끄러지는 경계, 지진이 빈번함   안데스산맥: 해양판과 대륙판이 충돌하면서 형성된 신기 습곡 산지   동아프리카 지구대: 대륙판이 갈라지는 확장 경계

㈎는 샌안드레아스 단층대, ㈏는 로렌시아 순상지, ㈐는 안데스산맥, ㈑는 스칸디나비아산맥, ㈒는 동아프리카 지구대이다.

183 세계 주요 지진 발생 지역의 특징 분석하기

1등급 자료 분석 세계 주요 지진 발생 지역

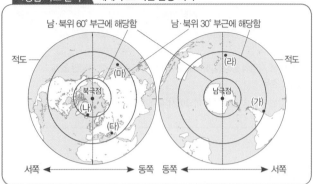

주어진 지도에서 진앙지의 위치를 찾는 방법은 아래와 같다. 먼저 위도를 통해 남반구인지 북반구인지 파악한 후 해당 지도를 선택한다. 해당 위도에 해당하는 지점을 수직선에 표기하고 수직선에서 경도값만큼의 각도에 위치한 지점을 찾아본다. (가)는 칠레 인근 해역, (나)는 아이슬란드 인근 해역, (다)는 그리스, (라)는 뉴질랜드 인근 해역, (마)는 일본 인근 해역에 위치한다. ① 칠레는 환태평양 조산대에 위치하며 불의 고리에 속한다.

바로잡기 ② (나) 아이슬란드는 대서양 중앙 해령이 해수면 위로 노출된 곳으로, 북아메리카판과 유라시아판이 분리되는 지역이다. ③ (다) 그리스는 알프스-히말라야 조산대에 해당하는 지역이다. ④ (라) 뉴질랜드는 환태평양 조산대에 해당하는 지역이다. ⑤ (마) 일본은 해양판인 태평양판과 필리핀판, 대륙판인 유라시아판이 충돌하는 지역이다.

184 세계 대지형의 특징 이해하기

㉠은 아프리카 동부 지역의 국가 경계를 이루는 거대한 호수로, 동아프리카 지구대의 단층을 따라 형성된 단층호이다. ㉡은 세계 인구의 1, 2위를 차지하는 중국과 인도의 국경에 해당하는 히말라야산맥으로, 대륙판인 유라시아판과 인도판의 충돌로 형성되었다.

바로잡기 ㄴ. ㉡ 히말라야산맥은 습곡 작용으로 형성되었으며, 지진은 빈번한 편이나 화산 활동은 활발하지 않다. ㄹ. ㉡ 히말라야산맥은 신기 습곡 산지에 해당하며, 신생대에 형성되었다.

185 세계 대지형의 분포 파악하기

1등급 자료 분석 세계의 대지형

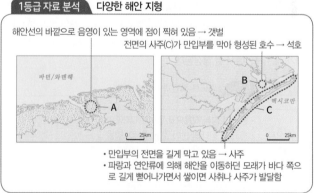

지도의 A는 환태평양 조산대, B는 동아프리카 지구대, C는 고기 습곡 산지이다.

바로잡기 ② 미국의 샌안드레아스 단층대에 대한 설명이다. ③ 신기 습곡 산지 지역에 대한 설명이다. ④ 고기 습곡 산지(C)의 형성 시기다 더 이르다. ⑤ 고기 습곡 산지(C)는 현재 판의 경계부에 해당하지 않는다.

186 카르스트 지형의 특성 파악하기

1등급 자료 분석 카르스트 지형의 경관(중국 구이린)

바로잡기 ㄱ. 탑 카르스트(A)의 봉우리는 암석의 차별적 용식으로 형성된다. ㄷ. 화산 지형인 칼데라에 대한 설명이다.

187 독특하고 특수한 지형들의 특징 파악하기

지도의 A는 케냐, B는 네팔, C는 베트남, D는 뉴질랜드이다. (가)의 '큰 구멍'은 화산 활동의 결과 만들어진 칼데라 분지에 대한 설명이다. 마사이어를 사용하는 마사이족은 주로 케냐에 거주하므로 (가)는 동아프리카 지구대에 위치한 케냐(A)이다. (나)는 기반암인 석회암의 용식 작용으로 만들어진 탑 카르스트에 대한 설명이므로 할롱 베이로 유명한 베트남(C)에 위치한다.

188 해안 지형의 형성 및 특성 이해하기

1등급 자료 분석 다양한 해안 지형

A는 갯벌, B는 석호, C는 사주이다. ㄹ. 사주는 주로 모래로 구성되어 있으며, 갯벌은 주로 점토로 구성되어 있다. 따라서 A는 C보다 퇴적물의 평균 입자 크기가 작다.

바로잡기 ㄱ. 갯벌(A)은 조류의 작용이 활발한 지역에서 주로 발달한다. ㄷ. 사주(C)는 파랑과 연안류에 의한 퇴적으로 형성된다.

189 세계의 주요 해안 지형 구분하기

리아스 해안, 갯벌 해안, 산호초 해안, 사빈 해안

해안선의 드나듦이 복잡하지만 고위도에 위치하지 않음 → 리아스 해안: 하천의 침식을 받은 계곡이 바닷물에 침수되어 만들어짐	캐나다의 조차가 큰 펀디만에 발달, 만입부 해안선 바깥쪽에 점으로 표시되어 있음 → 갯벌 해안

오스트레일리아 북동부 해안에 위치함, 열대 및 아열대 기후 지역 → 산호초 해안(그레이트배리어리프)	미국 멕시코만 연안, 모래가 해안에 평행하게 퇴적됨 → 파랑과 연안류에 의해 만들어진 사주

ㄱ. 빙하의 침식으로 만들어진 계곡에 바닷물이 들어와 만들어진 것은 피오르 해안이다. ㄹ. 사주는 해안 퇴적 지형에 해당한다.

단원 마무리 문제

42~47쪽

02 기후의 이해와 열대 기후 환경

190 ② **191** 해류 **192** 예시답안 난류가 지나는 B 지역은 주변 지역보다 기온이 높으며 상승 기류가 발달하여 강수량이 많은 편이다. 한류가 지나는 D 지역은 주변 지역보다 기온이 낮으며 대기가 안정되어 상승 기류 발생이 억제되므로 강수량이 적은 편이다. **193** ③ **194** ⑤ **195** ② **196** ④

03 온대 기후 환경과 건조 및 냉·한대 기후 환경

197 ① **198** 예시답안 A는 B보다 겨울 강수 비율이 높고, 최한월 평균 기온이 높다. **199** 예시답안 A에서는 코르크, 올리브, 오렌지 등과 같은 경엽수를 이용한 수목 농업이 활발하다. B에서는 고온 다습한 계절풍의 영향으로 벼농사가 발달하였다. **200** ⑤ **201** ③ **202** ④ **203** (가) 온대 습윤 기후, (나) 지중해성 기후, (다) 서안 해양성 기후 **204** 예시답안 (나) 지중해성 기후 지역은 여름철 햇빛이 강렬하여 이를 반사하기 위해 가옥의 벽면을 하얗게 칠하거나, 벽을 두껍게 하여 외부의 열을 차단한다. **205** ③ **206** ③ **207** A－사구, B－플라야, C－와디, D－삼릉석, E－선상지 **208** 예시답안 A는 사구로 바람에 날린 모래가 쌓여 만들어졌다. E는 선상지로 계곡 입구의 경사 급변점에 하천 운반 물질이 부채 모양으로 퇴적되어 만들어졌다. **209** ⑤ **210** ① **211** ③

04 세계의 주요 대지형과 독특한 지형들

212 ① **213** A－신기 습곡 산지, B－고기 습곡 산지 **214** 예시답안 B는 A보다 형성 시기가 이르고, 해발 고도가 낮으며, 석유 매장 가능성이 낮다. **215** ⑤ **216** ④ **217** A－돌리네, B－탑 카르스트, C－석회동굴 **218** 예시답안 탑 카르스트는 베트남의 할롱 베이와 중국의 구이린 등에 분포하며, 아름다운 경관을 이루고 있어 관광 자원으로 활용한다. **219** ②

190

A는 극동풍과 편서풍이 만나는 곳으로 한대 전선이 형성되어 강수량이 비교적 많다. B는 북회귀선 부근에 위치한 지역으로 아열대 고압대의 영향을 받아 하강 기류가 주로 나타나며, 건조한 기후가 나타난다. C는 무역풍이 서로 만나는 적도 저압대로 상승 기류에 의한 강수량이 많다.

ㄴ. C에 대한 설명이다. ㄹ. 연교차는 대체로 저위도에서 고위도로 갈수록 커지므로 A>B>C 순으로 크다.

191

A에서 등온선이 휜 까닭은 난류인 북대서양 해류의 영향으로 같은 위도의 다른 지역보다 기온이 높기 때문이다. C에서 등온선이 휜 까닭은 한류인 벵겔라 해류의 영향으로 같은 위도의 다른 지역보다 기온이 낮기 때문이다.

192

한류의 영향을 받는 지역은 주변 지역에 비해 기온이 낮으며 대기가 안정되어 상승 기류 발생이 억제된다.

채점 기준	수준
해류의 성질에 따라 B, D의 강수량 특성을 모두 옳게 서술한 경우	상
B, D의 강수량 특성 중 한 가지만 해류의 성질과 연관지어 옳게 서술한 경우	중
B, D 강수량 특성 모두 서술하지 못한 경우	하

193

A는 북동 무역풍과 남동 무역풍이 만나는 적도 수렴대 주변에 분포하는 열대 기후 지역이다. 강한 일사로 상승 기류가 발달하여 대류성 강수인 스콜이 자주 내린다. 열대 기후는 최한월 평균 기온이 18℃ 이상인 지역이며, 강수량이 많아 수목 기후에 해당한다.

③ 열대 기후 지역은 연중 기온이 높으므로 연교차가 매우 작으며, 일교차가 연교차보다 크다.

194

(가)는 적도 수렴대가 북반구에 위치하고 있으므로 7월, (나)는 적도 수렴대가 남반구에 위치하고 있으므로 1월이다. ㄷ. A는 (가) 시기에 적도 수렴대 주변에 위치하므로 기온이 높고 강수량이 많은 우기이며, (나) 시기에 적도 수렴대에서 멀리 위치하므로 기온이 낮고 강수량이 적은 건기이다.

ㄴ. A의 강수량은 적도 수렴대가 근처에 위치한 (가) 시기에 더 많다.

195

(가)는 열대 우림 기후, (나)는 사바나 기후, (다)는 열대 몬순 기후에 대한 설명이다. A는 최한월 평균 기온이 18℃ 이상이며 가장 건조한 달의 강수량이 60㎜를 넘으므로 열대 우림 기후이다. B는 최한월 평균 기온이 18℃ 이상이며, 월 강수량 60㎜ 미만인 건기가 짧게 존재하며, 우기의 강수량이 매우 많으므로 열대 몬순 기후이다. C는 최한월 평균 기온이 18℃ 이상이며 건기와 우기가 뚜렷하게 구분되므로 사바나 기후이다.

196

A는 사바나 기후 지역으로, 열대 우림 기후 지역 주변에 분포하며 건기와 우기가 뚜렷하다.

바로잡기 ① 연중 봄과 같은 고산 기후는 적도 부근의 높은 산지 지역에 분포한다. ② 적도 부근에 위치하는 사바나 기후는 주로 무역풍의 영향을 받는다. ③ 열대 우림 기후 지역에 대한 설명이다. ⑤ 중위도 지역에 대한 설명이다.

197

(가), (나)는 최한월 평균 기온이 −3℃ 이상 18℃ 미만으로 모두 온대 기후이다. (가)는 연중 강수량이 일정하므로 서안 해양성 기후, (나)는 여름철 강수량이 적으므로 지중해성 기후이다. ③ 기온의 연교차는 최난월 평균 기온에서 최한월 평균 기온을 뺀 값으로 (나)가 (가)보다 크다. ④ 북반구에서 지중해성 기후는 서안 해양성 기후보다 대체로 저위도에 위치한다. ⑤ (가), (나) 모두 7월 평균 기온이 1월 평균 기온보다 높으므로 북반구에 위치한다.

바로잡기 ① 연중 봄과 같은 날씨가 나타나는 저위도 지역의 고산 기후 그래프는 꺾은선으로 표현되는 기온이 연중 일정하게 유지된다.

198

A는 지중해성 기후, B는 온난 습윤 기후가 나타나는 지역이다.

채점 기준	수준
제시된 내용 모두 포함하여 옳게 서술한 경우	상
제시된 내용 중 한 가지만 옳게 서술한 경우	중
제시된 내용을 포함하였으나 옳게 서술하지 못한 경우	하

199

A에서는 수목 농업, B에서는 벼농사가 발달하였다.

채점 기준	수준
A, B 기후 지역에서 발달한 농업 특색 모두 옳게 서술한 경우	상
A, B 기후 지역에서 발달한 농업 특색 중 한 가지만 옳게 서술한 경우	중
A, B 기후 지역에서 발달한 농업의 명칭만 쓴 경우	하

200

A는 서안 해양성 기후, B는 지중해성 기후, C는 온대 겨울 건조 기후 지역이다. ⑤ 지중해성 기후(B)는 여름이 건조하며, 온대 겨울 건조 기후(C)는 겨울이 건조한 기후이다.

바로잡기 ① C에 대한 설명이다. ② B는 겨울철 편서풍 및 전선대의 영향을 주로 받는다. ③ C는 바다에서 바람이 불어오는 여름철에 강수량이 많다. ④ 수목 농업은 주로 지중해성 기후 지역(B)에서 이루어진다.

201

(가)는 혼합 농업 및 낙농업이 발달하였으므로 서안 해양성 기후, (나)는 수목 농업이 발달하고 겨울철 곡물을 재배하는 지역이므로 지중해성 기후의 특징이다. A~C는 최한월 평균 기온이 −3℃ 이상 18℃ 미만 이므로 온대 기후 지역이다. A는 겨울철 강수량이 적은 온대 겨울 건조 기후, B는 연중 강수량이 일정한 서안 해양성 기후, C는 여름철이 건조한 지중해성 기후이다.

202

지도에 표시된 지역은 왼쪽부터 런던, 칭다오, 부에노스아이레스이다. (가)는 1월 평균 기온이 7월 평균 기온보다 높으므로 남반구에 위치한 부에노스아이레스이다. (나)는 (다)보다 연교차가 크고 여름 강수량이 많으며 겨울 강수량이 적으므로 대륙의 동안에 위치한 칭다오이다. (다)는 대륙 서안에 위치한 런던이다. ④ (가)는 남반구에 위치하므로 (나)보다 1월의 낮 길이가 길다.

바로잡기 ①은 지중해성 기후, ②는 스텝 기후, ③은 온대 동안 기후 지역에 대한 설명이다. ⑤ 대륙 동안에 위치한 (나)가 대륙 서안에 위치한 (가)보다 계절풍의 영향을 크게 받는다.

203

(가)는 벼농사가 이루어지는 대륙 동안으로 온대 습윤 기후가 나타나고, (나)는 그리스의 산토리니섬으로 지중해성 기후가 나타나고, (다)는 혼합 농업이 발달한 영국으로 서안 해양성 기후가 나타난다.

204

지중해성 기후가 나타나는 지역은 여름철의 기온이 높고 매우 건조하므로 이를 극복하기 위한 가옥 형태가 나타난다.

채점 기준	수준
전통 가옥의 특징을 기후와 연관지어 옳게 서술한 경우	상
전통 가옥의 특징만 옳게 서술한 경우	중
지중해성 기후의 특징만 서술한 경우	하

205

(가)는 중위도 대륙 서안의 한류 연안 지역, (나)는 대기 대순환의 아열대 고압대 지역, (다)는 바다로부터 수분 공급이 적은 지역에 발달한 사막을 나타낸 것이다. A는 북회귀선 주변에 위치한 사하라 사막으로 아열대 고압대의 영향으로 형성되었다. B는 아프리카 남서부 해안에 위치한 나미브 사막으로 한류인 벵겔라 해류의 영향으로 형성되었다. C는 대륙 내부에 위치하여 바다로부터의 수분 공급이 적은 타클라마칸(타커라마간) 사막이다.

206

㉠은 연 강수량 250㎜ 미만의 사막 기후이며, ㉡은 사막 기후 주변에 분포하는 스텝 기후이다. 스텝 기후 지역에서는 키가 작은 풀이 자라는 초원이 분포하는데, 토양이 비옥한 지역에서는 밀·목화 등을 대규모로 재배하는 상업적 농업이 발달하기도 한다. 건조 기후 지역은 연 강수량보다 연 증발량이 더 많다.

바로잡기 ③ 건조 기후 지역은 강수량이 적고 기온의 일교차가 커서 물리적 풍화 작용이 활발하다.

207

A는 건조 기후 지역에 발달한 모래 언덕인 사구, B는 건조 분지에 퇴적층이 두껍게 쌓여 이루어진 평평한 땅인 플라야, C는 비가 내릴 때만 물이 흐르는 하천으로 평상시에는 교통로 등으로 이용되는 와디, D는 바람에 날린 모래의 침식으로 여러 평평한 면과 모서리가 생긴 돌인 삼릉석, E는 계곡 입구의 경사 급변점에 하천 운반 물질이 부채 모양으로 퇴적된 선상지이다.

208

A, E 모두 퇴적 지형이지만 그 형성 원인은 다르다.

채점 기준	수준
A, E의 지형 형성 과정을 모두 옳게 서술한 경우	상
A, E의 지형 형성 과정 중 한 가지만 옳게 서술한 경우	중
A, E의 지형 형성 과정 모두 서술하지 못한 경우	하

209

(가)는 최난월 평균 기온이 0℃ 이상인 툰드라 기후, (나)는 최난월 평균 기온이 10℃ 이상이고 겨울철 강수량이 많은 냉대 습윤 기후의 그래프이다. ㄷ. (가)의 최한월 평균 기온이 (나)의 최한월 평균 기온보다 낮으므로 (가)는 (나)보다 고위도에 위치하고 있다. ㄹ. (가)에서는 기후에 적응한 순록만을 주로 사육하지만, (나)에서는 보다 다양한 가축을 사육한다.

바로잡기 ㄱ. 빙설 기후에 대한 설명이다.

210

㉠은 산 정상부에서 만나 호른을 이루는 빙하 침식 지형인 권곡이다. ㉡은 빙하가 이동하면서 만들어진 U자곡(빙식곡)이 후빙기 해수면 상승으로 만들어진 피오르 해안이다. ㉢은 과거 빙하로 덮여있던 지역에 빙하가 이동하는 방향을 따라 타원형 형태로 빙하 퇴적물이 쌓여 만들어진 드럼린이다. ㉣은 빙하가 녹은 물이 고여 형성된 빙하호이다.

바로잡기 ㄷ. 에스커에 대한 설명이다. ㄹ. 빙하호는 담수호이므로 농업용수로 사용할 수 있다.

211

A는 북극해 주변의 고위도 지역에서 영구 동토층이 연속되어 분포하는 지역이다. 영구 동토층은 여름철에 녹는 활동층으로 덮여 있으며 동결과 융해 작용의 반복으로 물리적 풍화 작용이 활발하며 기하학적 모양의 구조토가 발달한다. 여름철에는 활동층이 녹으면서 연못이 만들어지기도 한다.

바로잡기 ③ 솔리플럭션은 여름철에 활동층이 녹아 경사면을 따라 흘러내리는 현상이다.

212

(가)는 확장 경계에 해당하는 지역으로 아이슬란드, 동아프리카 지구대 등이 대표적이다. (나)는 대륙 지각이 서로 수렴하는 지역으로 히말라야산맥이 대표적이다. (다)는 해양 지각과 대륙 지각이 수렴하는 지역으로 태평양에 면한 아메리카 지역, 일본 등이 대표적이다. 지도의 A는 동아프리카 지구대, B는 히말라야산맥, C는 안데스산맥이다.

213

A는 알프스-히말라야산맥, 로키산맥, 안데스산맥 등이 분포하므로 신기 습곡 산지이다. B는 애팔래치아산맥, 그레이트디바이딩산맥 등이 분포하므로 고기 습곡 산지이다.

214

고기 습곡 산지(B)는 형성 시기가 이르고, 오랜 침식의 결과 해발 고도가 낮다.

채점 기준	수준
제시된 용어를 모두 포함하여 옳게 서술한 경우	상
제시된 용어를 포함하여 두 가지만 옳게 서술한 경우	중
제시된 용어를 포함하여 한 가지만 옳게 서술한 경우	하

215

자료의 (가)는 신기 습곡 산지인 로키산맥, (나)는 안정육괴에 해당하는 대평원, (다)는 고기 습곡 산지인 애팔래치아산맥이다. ⑤ 안정육괴인 (나)는 시·원생대에 형성되었고, 고기 습곡 산지인 (다)는 고생대에 형성되었으므로 (나)는 (다)보다 형성 시기가 이르다.

바로잡기 ① (다)에 대한 설명이다. ② (가)에 대한 설명이다. ③ (다) 고기 습곡 산지에는 주로 석탄이 매장되어 있다. ④ (가)는 신기 습곡 산지로 판의 경계에 가까이 위치하고 있으며, (나)는 상대적으로 판의 경계에서 멀다.

216

지도에 표시된 지역은 모두 판의 경계부에 위치하여 화산 활동이 활발하다. 따라서 ㉠에는 '관광지로 주목받고 있는 세계의 화산 지형'이 가장 적절하다.

217

A는 와지인 돌리네, B는 탑의 모양처럼 봉긋하게 솟아있는 탑 카르스트, C는 지하수에 의한 용식 작용으로 형성된 석회동굴이다.

218

탑 카르스트는 베트남의 할롱 베이와 중국의 구이린 등에 분포한다.

채점 기준	수준
대표적인 지역 두 곳과 활용에 대해 옳게 서술한 경우	상
대표적인 지역 한 곳을 쓰고 활용에 대해 옳게 서술한 경우	중
대표적인 지역과 활용을 연관지어 옳게 서술하지 못한 경우	하

219

(가)는 에스파냐 북서부에 분포하는 리아스 해안, (나)는 노르웨이에 분포하는 피오르 해안이다. (가) 리아스 해안은 하천 침식으로 만들어진 V자곡이 후빙기 해수면 상승으로 바닷물에 잠겨 만들어진 것이다. (나) 피오르 해안은 빙하 침식으로 만들어진 U자곡이 후빙기 해수면 상승으로 바닷물에 잠겨 만들어진 것이다.

바로잡기 ㄹ. 산호초 해안은 열대 및 아열대의 해안에서 발달하므로 온대 및 냉대 기후가 나타나는 (가), (나) 지역에는 산호초가 분포하지 않는다.

분석 기출 문제

49~52쪽

[핵심 개념 문제]

220 보편	**221** 힌두교	**222** 이슬람교	**223** ○	**224** ×
225 ○	**226** ②	**227** ○	**228** ○	**229** ○	**230** ○	**231** ○
232 ○	**233** ○	**234** ○				

235 ①	**236** ③	**237** ⑤	**238** ④	**239** ④	**240** ④	**241** ⑤
242 ④	**243** ④	**244** ④	**245** ①	**246** ②	**247** ③	

[1등급을 향한 서답형 문제]

248 A-불교, B-이슬람교, C-크리스트교 **249** 예시답안 세 종교 모두 전 인류를 포교 대상으로 교리를 전파하는 보편 종교이다. 불교(A)는 인도 북부 지역에서 발원하여 동남 및 동아시아 일대로 전파되었고, 이슬람교(B)는 군사적 정복 활동과 상업 활동을 바탕으로 북부 아프리카와 서남아시아 전역, 동남 및 남부 아시아 일대로 전파되었다. 크리스트교(C)는 로마의 국교로 지정되면서 지중해 일대로 전파되었고, 유럽의 신항로 개척 시대를 거치며 세계로 확산되었다. **250** (가) 이슬람교, (나) 힌두교 **251** 예시답안 (가) 이슬람교는 보편 종교로, 이슬람교도들은 쿠란의 가르침에 따라 신앙 실천의 5대 의무를 엄격히 지킨다. (나) 힌두교는 민족 종교로, 힌두교도들은 선행과 고행을 통한 수련을 중시하며, 윤회 사상을 믿는다.

235

세계에서 신자 수 비중이 가장 높은 C는 크리스트교, 크리스트교 다음으로 신자 수 비중이 높은 B는 이슬람교, A는 불교이다.

1등급 정리 노트 주요 종교의 특징과 분포

크리스트교	• 유럽, 아메리카, 오세아니아를 중심으로 분포 • 유일신교로 세계에서 신자 수가 가장 많음
이슬람교	• 북부 아프리카, 서남·중앙·동남아시아에 주로 분포 • 술과 돼지고기를 먹지 않음
불교	• 남부 아시아, 동남 및 동아시아를 중심으로 분포 • 개인의 수양 및 해탈과 자비를 강조
힌두교	• 남부 아시아(인도, 네팔)에 분포 • 사원에는 다양한 신들의 모습이 표현되어 있음

236

③ 불교(A)는 석가모니의 가르침을 전하고 실천하며, 신에 대한 신앙보다는 개인의 깨달음을 얻기 위한 수행과 자비를 중시한다.

바로잡기 ①은 (나) 보편 종교, ②는 (가) 민족 종교, ④는 크리스트교(C), ⑤는 이슬람교(B)에 대한 설명이다.

237

A는 필리핀에서 신자 수 비중이 높고 나이지리아의 절반 정도가 믿는 종교이므로 크리스트교이다. B는 나이지리아에서 크리스트교(A)

다음으로 신자 수 비중이 높고 인도에서도 나타나므로 이슬람교이다. C는 인도에서 신자 수 비중이 매우 높으므로 힌두교이다. ⑤ 크리스트교(A)는 전 인류를 포교 대상으로 삼고 교리를 전파하는 보편 종교이고, 힌두교(C)는 일부 민족의 범위 내에서 교리를 전파하는 민족 종교이다.

바로잡기 ① 크리스트교(A)는 서남아시아에서 기원하였다. ② 크리스트교(A)에 대한 설명이다. ③ 이슬람교(B)에 대한 설명이다. ④ 이슬람교(B)는 알라를 유일신으로 섬기고, 힌두교(C)는 다신교이다.

238

(가)는 이슬람교, (나)는 힌두교이다. 이슬람교는 북부 아프리카, 서남 및 중앙아시아의 건조 기후 지역을 중심으로 분포하며, 힌두교는 인도반도에 집중 분포한다.

바로잡기 ① (가) 이슬람교는 보편 종교, (나) 힌두교는 민족 종교이다. ② (나) 힌두교에 대한 설명이다. ③ (가) 이슬람교에 대한 설명이다. ⑤ (가) 이슬람교의 발원지는 서남아시아, (나) 힌두교의 발원지는 남부 아시아이다.

239

서남아시아에서 기원하여 유럽 등으로 전파된 A는 크리스트교, 서남아시아에서 기원하여 북부 아프리카와 서남아시아 등으로 전파된 B는 이슬람교, 남부 아시아에서 기원하여 동남 및 동아시아로 전파된 C는 불교이다. ④ 크리스트교는 이슬람교보다 발생 시기가 이르다.

바로잡기 ①, ③ 이슬람교(B)에 대한 설명이다. ② 힌두교에 대한 설명이다. ⑤ 세계 신자 수는 크리스트교(A)가 불교(C)보다 많다.

240

지도는 메카에서 발생하여 서남아시아 전역과 북부 아프리카, 중앙아시아 등으로 전파되었으므로 이슬람교의 세력 확장을 나타낸 것이다. ④ 이슬람교는 건조 기후 지역의 중요한 문화 요소로 알라를 유일신으로 섬기고 쿠란을 설파한 무함마드를 성인으로 추앙한다.

바로잡기 ①, ②는 크리스트교, ③, ⑤는 불교에 대한 설명이다.

241

지도의 가장 서쪽은 투르크메니스탄으로 이슬람교 신자의 비중이 높고, 가장 북쪽은 몽골로 불교 신자의 비중이 높으며, 가장 남쪽은 캄보디아로 불교 신자의 비중이 높고, 중앙은 네팔로 힌두교 신자의 비중이 높다. C는 (나) 국가에서만 나타나므로 네 국가 중 힌두교도 비중이 높은 네팔이 (나), C는 힌두교이다. B는 (나)~(라) 국가에서는 나타나지만 (가)에서는 나타나지 않으므로 B는 불교, B가 나타나지 않는 (가)는 투르크메니스탄, 투르크메니스탄에서의 신자 비중이 높은 A는 이슬람교이다. 불교(B) 신자의 비중이 매우 높은 (라)는 캄보디아, 나머지 (다)는 몽골이다. 따라서 A는 이슬람교, B는 불교, C는 힌두교, (가)는 투르크메니스탄, (나)는 네팔, (다)는 몽골, (라)는 캄보디아이다. ⑤ 네팔은 몽골보다 불교의 발원지인 인도 북부 지역과 지리적으로 인접하다.

바로잡기 ① 힌두교(C)에 대한 설명이다. ②, ③ 이슬람교(A)에 대한 설명이다. ④ (가) 투르크메니스탄은 (다) 몽골보다 저위도에 위치한다.

242

성지는 종교의 가장 성스러운 공간으로서, 대체로 종교의 발원지인 경우가 많다.

바로잡기 ④ 무함마드가 탄생한 곳은 메카이고, 메디나는 무함마드의 묘지가 있는 곳이다.

243

(가)는 불교, (나)는 이슬람교이다. ④ 이슬람교의 종교 경관은 중앙의 돔형 구조물과 주변의 첨탑이 어우러진 모스크가 대표적이다.

바로잡기 ① 힌두교에 대한 설명이다. ② 예루살렘은 크리스트교, 이슬람교, 유대교의 성지이다. ③ (나) 이슬람교는 보편 종교이다. ⑤ 이슬람교의 발원지는 서남아시아로 건조 기후가 나타난다.

244

그림은 이슬람교 여성들의 전통 의상을 나타낸 것이다. 이슬람교는 메카로의 성지 순례가 종교적 의무이고, 신자들은 하루에 다섯 번 메카를 향해 기도를 한다. 그리고 신앙 고백, 자선 활동, 라마단 기간 동안 단식을 엄격히 지켜야 한다.

바로잡기 ㄱ은 불교, ㄷ은 힌두교에 대한 설명이다.

245

(가)는 이슬람교, (나)는 힌두교이다. ⊙ 룸비니와 부다가야가 대표적인 성지인 종교는 불교이므로 '아니요'에 ✔표 되어야 한다. ⓒ 다양한 신들이 조각된 힌두 사원은 신들이 땅에 내려와 머무는 곳이라는 상징성이 있으므로 '예'에 ✔표 되어야 한다.

바로잡기 ⓒ 크리스트교와 관련된 설명이므로 '아니요'에 ✔표 되어야 한다. ⓔ 이슬람교는 보편 종교, 힌두교는 민족 종교이므로 '예'에 ✔표 되어야 한다.

246

⊙은 이슬람교, ⓒ은 불교이다. ㄱ. ⊙의 신자 수가 가장 많은 국가는 인도네시아로 동남아시아에 위치한다. ㄷ. ⊙ 이슬람교는 ⓒ 불교보다 세계에서 신자 수가 많다.

바로잡기 ㄴ. ⊙ 이슬람교에 대한 설명이다. ㄹ. ⊙ 이슬람교의 발원지는 서남아시아, ⓒ 불교의 발원지는 남부 아시아에 위치한다.

247

(가)는 크리스트교, (나)는 불교의 대표적인 종교 경관이다. ③ 대표적인 성지로 (가) 크리스트교는 예루살렘, (나) 불교는 룸비니와 부다가야 등이 있다.

바로잡기 ① (나) 불교에 대한 설명이다. ②, ④ 힌두교에 대한 설명이다. ⑤ 예루살렘은 (가) 크리스트교, 이슬람교, 유대교의 공통적인 성지이다.

1등급 정리 노트 주요 종교의 경관

크리스트교	· 십자가, 종탑 등이 보편적으로 나타남 · 종파별로 예배 건물의 모습이 다양함
이슬람교	· 중앙의 돔형 구조물과 주변의 첨탑이 특징인 모스크 · 우상 숭배를 금지하기 때문에 모스크는 아라베스크 문양과 쿠란의 구절로 장식
불교	· 불상을 모시는 불당, 사리를 안치한 탑 등 · 건축물은 지역에 따라 다양한 재료로 지어짐
힌두교	사원에는 다양한 신들의 모습을 정교하게 조각하고 각양각색의 그림으로 표현되어 있음

248

A는 아시아·태평양 지역에 집중 분포하므로 불교, B는 서남아시아 및 북부 아프리카 지역에 집중 분포하므로 이슬람교, C는 서남아시아 및 아프리카를 제외한 전 지역에 고루 분포하므로 크리스트교이다.

249

불교, 이슬람교, 크리스트교는 보편 종교에 해당한다.

채점 기준	수준
공통점을 보편 종교로 쓰고, 각 종교의 전파 과정 특징을 전파 지역을 옳게 서술한 경우	상
공통점을 옳게 썼으나, 각 종교의 전파 과정 특징을 미흡하게 서술한 경우	중
공통점과 각 종교의 전파 과정 특징 모두 서술하지 못한 경우	하

250

(가) 모스크는 이슬람교의 성전이고, (나)는 건물에 다양한 신들이 조각되어 있으므로 다신교인 힌두교의 사원이다.

251

(가) 이슬람교는 보편 종교, (나) 힌두교는 민족 종교에 해당한다.

채점 기준	수준
이슬람교와 힌두교의 특징을 제시된 용어 및 내용과 관련해 모두 서술한 경우	상
이슬람교와 힌두교의 특징을 서술하였으나, 일부 잘못된 내용이 포함된 경우	중
이슬람교와 힌두교의 특징을 서술하지 못한 경우	하

적중1등급문제 53쪽

252 ④   253 ⑤   254 ②   255 ②

252 국가별 종교 분포 파악하기

1등급 자료 분석 남부 아시아의 국가별 종교 분포

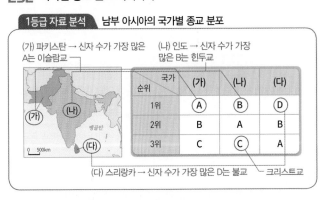

④ 7세기 초 아랍의 원시 신앙과 유대교를 바탕으로 발생한 이슬람교(A)는 크리스트교(C)보다 기원 시기가 늦다.

바로잡기 ① 크리스트교(C)에 대한 설명이다. ②, ③ 이슬람교(A)에 대한 설명이다. ⑤ 불교(D)는 힌두교(B)보다 세계 신자 수가 적다.

253 주요 종교의 지역(대륙)별 분포 파악하기

힌두교·이슬람교·크리스트교의 지역(대륙)별 신자 분포

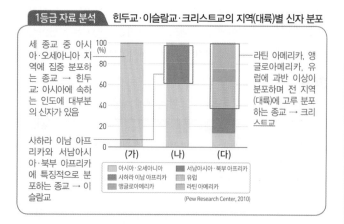

세 종교 중 아시아·오세아니아 지역에 집중 분포하는 종교 → 힌두교: 아시아에 속하는 인도에 대부분의 신자가 있음

라틴 아메리카, 앵글로아메리카, 유럽에 과반 이상이 분포하며 전 지역(대륙)에 고루 분포하는 종교 → 크리스트교

사하라 이남 아프리카와 서남아시아·북부 아프리카에 특징적으로 분포하는 종교 → 이슬람교

(Pew Research Center, 2010)

(가)는 힌두교, (나)는 이슬람교, (다)는 크리스트교이다. ⑤ 전 세계 신자 수는 (다) 크리스트교>(나) 이슬람교>(가) 힌두교 순으로 많다.

①은 (나) 이슬람교, ②는 (다) 크리스트교, ③은 (가) 힌두교에 대한 설명이다. ④ (나), (다)는 유일신교, (가)는 다신교에 해당한다.

254 주요 종교의 종교 경관 및 특징 이해하기

(가)는 술탄, 첨탑, 돔형 지붕, 모스크와 관련 있으므로 이슬람교이다. (나)는 다양한 신들이 조각된 사원이 있으므로 다신교인 힌두교이다. ㄱ. (가) 이슬람교는 성지 순례를 의무시한다. ㄷ. (가) 이슬람교는 (나) 힌두교보다 전 세계 신자 수가 많다.

ㄴ. (나) 힌두교는 민족 종교에 해당한다. ㄹ. (가) 이슬람교는 (나) 힌두교보다 북부 아프리카에서 신자 수가 많다.

255 국가별 종교 분포 파악하기

독일·나이지리아·인도의 종교 구성

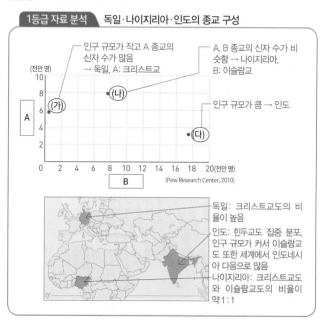

인구 규모가 작고 A 종교의 신자 수가 많음 → 독일, A: 크리스트교

A, B 종교의 신자 수가 비슷함 → 나이지리아, B: 이슬람교

인구 규모가 큼 → 인도

(Pew Research Center, 2010)

독일: 크리스트교도의 비율이 높음

인도: 힌두교도 집중 분포, 인구 규모가 커서 이슬람교도 또한 세계에서 인도네시아 다음으로 많음

나이지리아: 크리스트교도와 이슬람교도의 비율이 약 1:1

② (다) 인도에서 신자 수가 가장 많은 힌두교는 다신교이다.

① (가) 독일은 유럽에 위치한다. ③ (나) 나이지리아는 (다) 인도보다 총인구가 적다. 나이지리아는 아프리카에서 총인구가 가장 많은 국가이지만, 인도는 세계에서 중국 다음으로 인구 규모가 크다. ④ 불교에 대한 설명이다. ⑤ 이슬람교(B)의 발상지는 서남아시아의 메카이다.

분석 기출 문제

55~59쪽

[핵심 개념 문제]

256 인구 변천 모형	257 도시화	258 세계 도시	259 ×
260 ○	261 ○	262 × 263 ○	264 ㄴ 265 ㄷ 266 ㄴ
267 ㉠, ㉢ 268 ㄱ	269 ㄴ		

270 ①	271 ③	272 ①	273 ⑤	274 ⑤	275 ⑤	276 ③
277 ①	278 ①	279 ④	280 ⑤	281 ③	282 ②	283 ⑤
284 ⑤	285 ③					

286 (가) 아프리카, (나) 아시아, (다) 유럽　287 총인구는 유럽<아프리카<아시아 순으로 많다. 유소년 부양비는 합계 출산율이 가장 높은 아프리카가 높고, 노년 부양비는 저출산과 고령화 현상이 나타나는 유럽이 가장 높다.　288 (가) 경제, (나) 주거　289 뭄바이는 하위 세계 도시, 런던은 최상위 세계 도시이다. 최상위 세계 도시인 런던은 하위 세계 도시인 뭄바이보다 생산자 서비스업의 집중도가 높으며, 국제기구 본부 및 다국적 기업 본사의 수가 많다.

270

ㄱ. (다) 인구 변천 모형 3단계에서 출생률이 낮아지는 것은 가족계획 시행과 여성의 사회 진출 확대 등과 관련 있다. ㄴ. (라) 5단계에서 일부 선진국의 경우 저출산으로 출생률보다 사망률이 높은 인구의 자연적 감소가 나타난다.

ㄷ. (가) 단계는 출생률과 사망률이 모두 높아 인구 증가율이 낮고, (다) 단계는 출생률은 감소하지만, 사망률보다 출생률이 높아 인구 증가율이 높다. ㄹ. 인구 변천 모형은 경제 발전 수준에 따른 인구 변화 과정을 나타낸 것으로, (라) 단계의 국가가 (나) 단계의 국가보다 경제 발전 수준이 높다.

인구 변천 모형

1단계	• 고위 정체기(다산 다사) • 출생률이 높고 자연재해, 식량 부족 등으로 사망률도 높음 → 인구의 자연 증가율이 낮음
2단계	• 초기 팽창기(다산 감사) • 출생률은 높고 의학의 발달, 생활 환경 개선 등으로 사망률이 빠르게 감소함
3단계	• 후기 팽창기(감산 소사) • 여성의 사회 활동 증가와 산아 제한 정책의 효과 등으로 출생률 감소
4단계	• 저위 정체기(소산 소사) • 낮은 인구 증가율, 인구 고령화 현상의 심화
5단계	• 인구 감소(출생률<사망률) • 유럽의 일부 선진국

271

(가)는 세계에서 차지하는 인구 비중이 가장 높으므로 아시아, (나)는 1950~2015년에 인구 비중이 증가하였으므로 인구의 자연 증가율이

높은 아프리카, (다)는 1950~2015년에 인구 비중이 감소하였으므로 인구의 자연 증가율이 낮은 유럽이다.

272

(가)는 출생률과 사망률이 높으므로 개발 도상국(니제르), (나)는 출생률과 사망률이 낮으므로 선진국(독일)이다. (나) 선진국은 (가) 개발 도상국보다 노년 부양비가 높고 인구의 자연 증가율이 낮으며, 3차 산업 종사자 비율이 높으므로 그림의 A에 해당한다.

273

총인구가 가장 많은 (가)는 아시아, 인구 증가율이 가장 높은 (라)는 아프리카, 인구 증가율이 가장 낮은 (나)는 유럽, 유럽 다음으로 인구 증가율이 낮은 (다)는 앵글로아메리카이다.

바로잡기 ㄱ. (가) 아시아가 (나) 유럽보다 인구 증가율이 높다. ㄴ. (다) 앵글로아메리카는 (라) 아프리카보다 인구 밀도가 낮다.

274

(가)는 유소년층 인구 비중이 가장 높으므로 아프리카에 위치한 에티오피아, (다)는 노년층의 인구 비중이 가장 높으므로 유럽에 위치한 핀란드, 나머지 (나)는 아시아에 위치한 인도네시아이다.

바로잡기 ① (가)는 (나)보다 2015년에 청장년층 인구 대비 유소년 인구 비율이 높으므로 유소년 부양비가 높다. ② (나)는 (다)보다 2015년에 유소년층 인구 대비 노년층 인구 비율이 낮으므로 노령화 지수가 낮다. ③ 인구 변천 모형 4단계는 출생률과 사망률이 모두 낮은 단계로, 1960년의 (가), (나)와는 관련 없다. ④ 2015년에 (가)는 피라미드형, (다)는 종형 혹은 방추형의 인구 구조가 나타난다.

275

(가)는 출생률이 낮고 1인당 국내 총생산(GDP)이 많으므로 경제 발전 수준이 높은 선진국이고, (나)는 출생률이 높고 1인당 국내 총생산(GDP)이 적으므로 경제 발전 수준이 낮은 개발 도상국이다. ㄷ, ㄹ. (나) 개발 도상국은 (가) 선진국보다 노년층 인구 비중이 작으므로 노년 부양비가 낮고 유아 사망률이 높다.

바로잡기 ㄱ. (가) 선진국은 (나) 개발 도상국보다 출생률이 낮으므로 인구의 자연 증가율이 낮다. ㄴ. (가) 선진국은 (나) 개발 도상국보다 유소년 인구 대비 노년 인구 비율인 노령화 지수가 높다.

276

인구 이주 유형은 이주 동기에 따라 자발적 이주와 강제적 이주로 구분하고, 이주 기간에 따라 일시적 이주와 영구적 이주로 구분한다. 성지 순례를 위해 이동하는 대표적인 사례는 이슬람교 신자들의 메카로의 이동이 있다. 환경적 이주에는 지구 온난화에 따른 해수면 상승 과정에서 발생한 투발루 난민의 이동이 있다.

바로잡기 ③ 시리아인의 터키로의 이동은 난민의 이동으로, 정치적 요인에 의한 이주에 해당한다. ©의 사례로는 멕시코인의 미국으로의 이동 등이 있다.

277

(가)는 정치적 요인, (나)는 경제적 요인에 의한 인구 이주를 나타낸 것이다. 정치적 요인에 의한 인구 이주는 주로 내전이나 경제난 등을 겪는 국가에서 주로 발생한다. 경제적 요인에 의한 인구 이주는 소득 수준이 낮고 고용 기회가 적은 개발 도상국에서 소득 수준이 높고 고용 기회가 많은 선진국으로 이동하는 경우가 많다.

바로잡기 ㄷ. 경제적 요인에 의한 인구 이주에서 주로 유출이 발생하는 개발 도상국은 유입이 발생하는 선진국보다 출생률이 높다. ㄹ. 최근 경제 세계화로 경제적 요인에 의한 인구 이주가 활발해지고 있다.

278

B는 인구 증가율이 가장 높으므로 출생률이 높은 아프리카, C는 인구 증가율이 가장 낮고 인구 순 유입이 나타나므로 유럽, A는 인구 유입과 인구 유출이 가장 많고 인구 순 유출이 나타나므로 인구 규모가 큰 아시아이다. (가)는 인구 순 이동이 양의 값이므로 유럽, (가) 유럽으로의 인구 이동이 많은 (다)는 아시아, 나머지 (나)는 아프리카이다. ① 아시아(A, (다))에서 아프리카(B, (나))로 이동한 인구는 약 126만 명, 아프리카(B, (나))에서 유럽(C, (가))으로 이동한 인구는 약 909만 명이다. 따라서 아시아(A, (다))에서 아프리카(B, (나))로 이동한 인구가 아프리카(B, (나))에서 유럽(C, (가))으로 이동한 인구보다 적다.

바로잡기 ② 앵글로아메리카가 유럽보다 유입 인구에서 유출 인구를 뺀 인구 순 유입이 많다. ③ 유럽(C, (가))은 아프리카(B, (나))보다 인구 증가율이 낮다. ④ 아프리카(B, (나))는 아시아(A, (다))보다 유출 인구가 적다. ⑤ A 아시아는 (다), B 아프리카는 (나), C 유럽은 (가)에 해당한다.

279

A는 프랑스, B는 카타르, C는 오스트레일리아이다. (가)는 영연방 국가인 영국과 뉴질랜드로부터의 인구 유입이 많고, 상대적으로 임금 수준이 낮은 중국과 인도로부터의 인구 유입이 나타나므로 오스트레일리아(C)이다. (나)는 알제리, 모로코, 튀니지 등 북부 아프리카에 위치한 국가로부터의 인구 유입이 많으므로 프랑스(A)이다.

바로잡기 카타르(B)는 인접한 아시아 국가(인도, 방글라데시, 네팔 등)와 북부 아프리카(이집트 등)의 국가들로부터의 인구 유입이 활발하다.

280

A~D 중 2015년에 도시화율이 가장 높은 A는 앵글로아메리카, 그 다음으로 높은 B는 유럽이다. C는 D보다 도시화율이 높으므로 아시아, 도시화율이 가장 낮은 D는 아프리카이다. 유럽은 아프리카보다 3차 산업 종사자 비율이 높다. 아시아와 아프리카는 모두 1955년에 도시화율이 50% 미만으로 촌락 인구가 도시 인구보다 많았다.

바로잡기 ㄱ. 앵글로아메리카는 아시아보다 2015년에 도시화율이 높지만, 아시아가 앵글로아메리카보다 총인구가 월등히 많으므로 도시 인구는 아시아가 앵글로아메리카보다 많다.

281

A는 모든 지역(대륙) 중 도시 인구 증가율이 가장 높고 도시화율이 가장 낮으므로 아프리카이다. B는 A(아프리카) 다음으로 도시화율이 낮으므로 아시아이다. C는 2010~2015년에 도시 인구 증가율이 가장 낮으므로 유럽이다. D는 2015년에 도시화율이 가장 높으므로 앵글로아메리카이다. ③ 최근 앵글로아메리카(D)는 유럽(C)보다 지리적으로 밀접한 라틴 아메리카로부터의 인구 유입이 많다.

바로잡기 ① 아프리카(A)는 아시아(B)보다 2015년에 도시화율이 낮지만, 아시아(B)가 아프리카(A)보다 총인구가 많으므로 촌락 인구는 아시아(B)가 아프리카(A)보다 많다. ② 유럽(C)이 아시아(B)보다 3차 산업 종사자 비중이 높다. ④ 유럽(C)은 앵글로아메리카(D)보다 1950년에 도시화율이 낮다. ⑤ 아시아(B)는 아프리카(A)보다 1950년에 도시 인구 증가율이 낮다.

282

도시화율이 가장 낮은 (가)는 차드, 1957년에도 도시화율이 높은 (다)는 영국, 최근 도시화율이 급격히 상승한 (나)는 중국이다. ② 영국의 수도는 런던으로, 최상위 세계 도시 중 하나이다.

바로잡기 ① (나)는 1997년에 도시화율이 50% 이하이므로 도시 인구가 촌락 인구보다 적다. ③ (가) 차드는 (나) 중국보다 2017년에 도시화율이 낮지만, 총인구가 많은 (나) 중국이 (가) 차드보다 촌락 인구가 많다. ④ (나) 중국은 (다) 영국보다 1차 산업 종사자 비율이 높다. ⑤ (다) 영국은 (가) 차드보다 1인당 국내 총생산(GDP)이 많다.

283

(가)는 세계 도시이다. ⑤ 세계 도시를 선정하는 기준을 어떻게 적용하느냐에 따라 세계 도시로서의 영향력을 나타내는 순위가 다르게 나타난다.

284

(가)는 런던, 도쿄, 뉴욕이 포함된 최상위 세계 도시이고, (나)는 서울, 오사카 등이 포함된 하위 세계 도시이다.

바로잡기 ① (가) 최상위 세계 도시는 (나) 하위 세계 도시보다 금융, 법률, 컨설팅, 광고 등과 같은 생산자 서비스업 종사자의 비중이 높다. ② (나) 하위 세계 도시는 (가) 최상위 세계 도시보다 도시당 다국적 기업 본사의 수가 적다. ③ (나) 하위 세계 도시는 (가) 최상위 세계 도시보다 그 수가 많으므로 동일 계층의 도시 간 평균 거리가 가깝다. ④ (가) 최상위 세계 도시와 (나) 하위 세계 도시를 구분하는 기준은 국제 금융 영향력, 다국적 기업 본사의 수, 생산자 서비스업 부문의 집중도, 국제기구 본부의 수 등이며, 인구 규모는 하위 세계 도시가 최상위 세계 도시보다 많은 경우가 있다.

1등급 정리 노트	세계 도시 간 상호 작용
최상위 세계 도시	• 다국적 기업의 본사 등 중추 기능 입지 • 국제적인 사업 서비스의 중심지 역할 수행
상위 및 하위 세계 도시	선진국과 개발 도상국의 도시들로 대륙 차원에서 허브 역할 수행

285

(가)는 싱가포르로 지도의 C에 위치하고, (나)는 런던으로 지도의 A에 위치한다. B는 파리, D는 홍콩이다.

286

(가)는 최근의 인구 자연 증가율이 가장 높으므로 아프리카, (나)는 인구의 자연 증가율이 감소하였으므로 아시아, (다)는 인구의 자연 감소가 나타나므로 유럽이다.

287

총인구는 아시아가 가장 많고, 유소년 부양비는 아프리카, 노년 부양비는 유럽이 높다.

채점 기준	수준
총인구, 유소년 부양비, 노년 부양비에 대해 모두 옳게 서술한 경우	상
총인구, 유소년 부양비, 노년 부양비 중 두 가지만 옳게 서술한 경우	중
총인구, 유소년 부양비, 노년 부양비 중 한 가지만 옳게 서술한 경우	하

288

(가)는 세계 도시인 뉴욕, 런던, 도쿄의 순위가 높으므로 경제, (나)는 베를린, 암스테르담의 순위가 높으므로 주거이다.

289

뭄바이는 하위 세계 도시, 런던은 최상위 세계 도시에 해당한다.

채점 기준	수준
제시된 용어를 모두 사용하여 두 도시의 특성을 옳게 서술한 경우	상
제시된 용어 중 두 가지만 사용하여 옳게 서술한 경우	중
제시된 용어 중 한 가지만 사용하여 옳게 서술한 경우	하

적중 1등급 문제

60~61쪽

290 ⑤	291 ②	292 ⑤	293 ④	294 ③
295 ⑤	296 ④	297 ②		

290 지역(대륙)별 인구 특성 파악하기

1등급 자료 분석 아시아·아프리카·유럽의 인구 특성

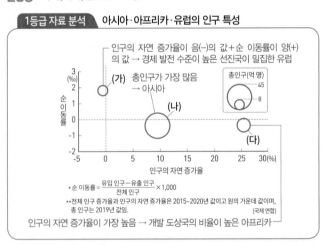

인구의 자연 증가율이 음(-)의 값+순 이동률이 양(+)의 값 → 경제 발전 수준이 높은 선진국이 밀집한 유럽

(가) 총인구가 가장 많음 → 아시아

총인구(억 명) 45 8

* 순 이동률 = (유입 인구-유출 인구)/전체 인구 × 1,000
** 전체 인구 증가율과 인구의 자연 증가율은 2015~2020년 값이고 원의 가운데 값이며, 총인구는 2019년 값임. (국제 연합)

인구의 자연 증가율이 가장 높음 → 개발 도상국의 비율이 높은 아프리카

(가)는 유럽, (나)는 아시아, (다)는 아프리카이다.

바로잡기 ① (가) 유럽은 순 이동률이 양(+)의 값이므로 유출 인구보다 유입 인구가 많다. ② (가) 유럽은 (다) 아프리카보다 인구의 자연 증가율과 순 이동률을 더한 전체 인구 증가율이 낮다. ③ (나) 아시아는 (가) 유럽보다 중위 연령이 낮다. 중위 연령은 전체 인구를 연령 순으로 나열할 때 중앙에 있는 사람의 연령으로, 경제 발전 수준이 높은 선진국일수록 높게 나타난다. ④ (다) 아프리카는 (나) 아시아보다 인구 밀도가 낮다.

291 지역(대륙)별 인구 이주 특성 파악하기

지역(대륙)별 유입 및 유출 인구

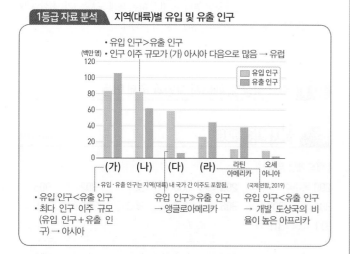

- 유입 인구>유출 인구
- 인구 이주 규모가 (가) 아시아 다음으로 많음 → 유럽

- 유입·유출 인구는 지역(대륙) 내 국가 간 이주도 포함됨. (국제연합, 2019)

- 유입 인구<유출 인구
- 최다 인구 이주 규모 (유입 인구＋유출 인구) → 아시아

유입 인구≫유출 인구
→ 앵글로아메리카

유입 인구<유출 인구
→ 개발 도상국의 비율이 높은 아프리카

(가)는 아시아, (나)는 유럽, (다)는 앵글로아메리카, (라)는 아프리카이다. ② (나) 유럽은 (다) 앵글로아메리카보다 유소년층 인구 대비 노년층 인구 비율인 노년 부양비가 높다.

① (가) 아시아는 (나) 유럽보다 총인구가 많다. ③ (다) 앵글로아메리카는 (라) 아프리카보다 도시화율이 높다. ④ 개발 도상국의 비율이 높은 (라) 아프리카는 선진국의 비율이 높은 (나) 유럽보다 지역(대륙) 내 3차 산업 종사자 비율이 낮고, 1차 산업 종사자 비율이 높다. ⑤ 네 지역(대륙) 중 인구의 자연 증가율은 (라) 아프리카가 가장 높다.

292 국가별 인구 변화 파악하기

멕시코·세네갈·프랑스의 인구 변화

1970~1975년에 자연적 인구 증가율이 낮음
＋전체 인구 증가율이 자연적 인구 증가율보다 높음
→ 인구 순 유입이 많은 선진국인 프랑스

- 전체 인구 증가율 = 자연적 인구 증가율 ＋ 순 이동률

자연적 인구 증가율이 전체 인구 증가율보다 높음(→ 인구 순유출이 많은 국가)
＋자연적 인구 증가율이 크게 낮아짐
→ 멕시코

자연적 인구 증가율이 세 국가 중 가장 높음
→ 경제 발전 수준이 낮은 아프리카에 있는 세네갈

(가)는 인구 증가율이 감소하고 있는 멕시코, (나)는 인구 증가율이 매우 낮은 프랑스, (다)는 인구 증가율이 높은 편인 세네갈이다. ⑤ 1990년 이후 미국과 인접한 (가) 멕시코는 (다) 세네갈보다 미국으로의 이주 인구가 많다.

① (가) 멕시코는 아메리카에 위치한다. ② (가) 멕시코는 1970년 이후 전체 인구 증가율이 지속적으로 양(＋)의 값이므로, 인구가 증가하고 있다. ③ (나) 프랑스는 (다) 세네갈보다 자연적 인구 증가율이 낮으므로 합계 출산율이 낮다. ④ 2010~2015년에 프랑스는 자연적 인구 증가율보다 전체 인구 증가율이 높으므로 인구 순 유입이 나타나고 있다.

293 국가별 유입 인구의 특징 파악하기

미국과 사우디아라비아의 출신 국가별 유입 인구

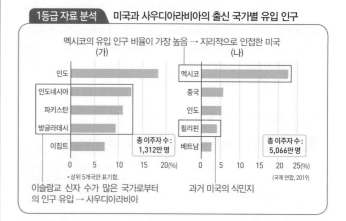

멕시코의 유입 인구 비율이 가장 높음 → 지리적으로 인접한 미국

- 상위 5개국만 표기함.

이슬람교 신자 수가 많은 국가로부터의 인구 유입 → 사우디아라비아

과거 미국의 식민지

(국제 연합, 2019)

지도의 A는 독일, B는 사우디아라비아, C는 미국이다.

A. 독일은 터키로부터의 유입 인구가 많다.

294 지역(대륙)별 도시화율과 도시 인구 증가율 특성 파악하기

지역(대륙)별 도시 인구 상위 5개국의 특징

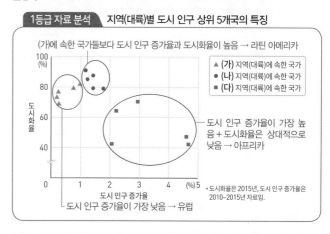

(가)에 속한 국가들보다 도시 인구 증가율과 도시화율이 높음 → 라틴 아메리카

▲ (가) 지역(대륙)에 속한 국가
● (나) 지역(대륙)에 속한 국가
■ (다) 지역(대륙)에 속한 국가

도시 인구 증가율이 가장 높음 ＋ 도시화율은 상대적으로 낮음 → 아프리카

도시 인구 증가율이 가장 낮음 → 유럽

- 도시화율은 2015년, 도시 인구 증가율은 2010~2015년 자료임.

(가)는 유럽, (나)는 라틴 아메리카, (다)는 아프리카이다. ③ 선진국의 비율이 높은 (가) 유럽은 개발 도상국의 비율이 높은 (다) 아프리카보다 도시화의 가속화 단계에 진입한 시기가 이르다.

① 도시화의 역사가 오래된 (가) 유럽은 도시화율이 높아 촌락 인구보다 도시 인구가 많다. ② 최상위 계층 세계 도시에는 뉴욕, 런던, 도쿄가 있는데, (나) 라틴 아메리카에 속한 도시는 없다. ④ (나) 라틴 아메리카는 (가) 유럽보다 산업화의 시작 시기가 늦다. ⑤ 2015년 총인구는 (다) 아프리카 ＞ (가) 유럽 ＞ (나) 라틴 아메리카 순으로 많다.

295 지역(대륙)별 도시화율과 도시 인구 증가율 특성 파악하기

지역(대륙)별 도시화율과 도시 인구 증가율

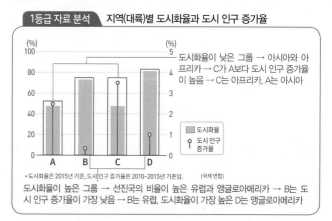

도시화율이 낮은 그룹 → 아시아와 아프리카 → C가 A보다 도시 인구 증가율이 높음 → C는 아프리카, A는 아시아

도시화율
도시 인구 증가율

- 도시화율은 2015년 기준, 도시 인구 증가율은 2010~2015년 기준임. (국제 연합)

도시화율이 높은 그룹 → 선진국의 비율이 높은 유럽과 앵글로아메리카 → B는 도시 인구 증가율이 가장 낮음 → B는 유럽, 도시화율이 가장 높은 D는 앵글로아메리카

A는 아시아, B는 유럽, C는 아프리카, D는 앵글로아메리카이다. ⑤ 아시아(A)는 도시화율은 낮지만 총인구가 많아 도시 인구가 가장 많다.

바로잡기 ② 인구의 자연 증가율이 높은 아프리카(C)가 유럽(B)보다 촌락 인구 증가율이 높다. ③ 선진국이 속해 있는 앵글로아메리카(D)가 아프리카(C)보다 지역 내 총생산이 많다. ④ 개발 도상국의 비율이 높고 총인구가 많은 아시아(A)가 앵글로아메리카(D)보다 1차 산업 종사자가 많다.

296 지역(대륙)별 인구 및 도시화 특성 파악하기

1등급 자료 분석 지역(대륙)별 인구 밀도와 도시 및 촌락 인구

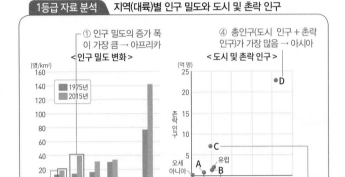

(가)는 앵글로아메리카, (나)는 아프리카, (다)는 라틴 아메리카, A는 앵글로아메리카, B는 라틴 아메리카, C는 아프리카, D는 아시아이다. ④ 아프리카(C, 나)는 앵글로아메리카(A, 가)보다 1975~2015년 인구 밀도 증가율이 높으므로 인구 증가율이 높다.

바로잡기 ① (가) 앵글로아메리카는 미국과 캐나다만 포함하므로 (나) 아프리카보다 국가 수가 적다. ② (나) 아프리카(C)는 (다) 라틴 아메리카(B)보다 도시화율이 낮다. ③ (가) 앵글로아메리카(A)는 (다) 라틴 아메리카(B)보다 2015년에 인구 밀도가 낮다. ⑤ (가) 앵글로아메리카는 A, (나) 아프리카는 C, (다) 라틴 아메리카는 B에 해당한다.

297 세계 도시 체계 파악하기

1등급 자료 분석 세계 도시 체계

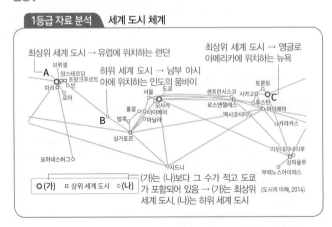

(가)는 최상위 세계 도시이고, (나)는 하위 세계 도시이다. A는 런던, B는 뭄바이, C는 뉴욕이다.

바로잡기 ① 국제 연합 본부가 있는 곳은 뉴욕(C)이다. ③ 선진국에 있는 뉴욕(C)은 개발 도상국에 있어 인구의 자연 증가율이 높은 뭄바이(B)보다 도시 인

구의 자연 증가율이 낮다. ④ (가) 최상위 세계 도시는 (나) 하위 세계 도시보다 생산자 서비스업의 발달 수준이 높다. ⑤ (나) 하위 세계 도시는 (가) 최상위 세계 도시보다 동일 계층 도시와의 평균 거리가 가깝다.

---

07 주요 식량 및 에너지 자원과 국제 이동

분석 기출 문제 63~67쪽

[핵심 개념 문제]

298 옥수수 **299** 돼지 **300** 석탄 **301** × **302** ○ **303** ○
304 ⓒ **305** ⓛ **306** ㉠ **307** ⓛ **308** ⓛ **309** ⓛ **310** ㄴ
311 ㄷ **312** ㄱ

---

313 ⑤ **314** ② **315** ④ **316** ② **317** ② **318** ① **319** ②
320 ④ **321** ③ **322** ③ **323** ④ **324** ⑤ **325** ④ **326** ③
327 ④ **328** ②

1등급을 향한 서답형 문제

329 A-아시아, B-아메리카, C-유럽, D-아프리카 **330** **예시답안** 지역별 식량 생산 및 인구(수요)의 차이로 식량 자원의 국제 이동이 발생한다.

331 석유 **332** **예시답안** 석유(A)는 19세기 내연 기관이 발명되고 자동차 보급이 확산되면서 수요가 급증하였다. 석유(A)는 수송용 및 화학 공업 등 여러 분야에서 이용되며, 자원의 편재성이 커서 국제 이동량이 많다.

313

(가)는 미국과 브라질 등 아메리카 대륙에 위치한 국가에서 생산 비중이 높으므로 옥수수, (나)는 생산량 상위 5개국이 모두 아시아에 위치하므로 쌀, (다)는 러시아와 미국의 생산 비중이 높으므로 밀이다.

1등급 정리 노트 주요 식량 자원의 특성

쌀	• 성장기에 고온 다습하고 수확기에 건조한 기후 환경이 필요함, 계절풍 기후 지역이 유리함 • 단위 면적당 생산량이 많아 인구 부양력이 높음 • 밀, 옥수수보다 국제 이동량이 적음
밀	• 기후 적응력이 커서 냉량 건조한 기후 조건에서도 잘 자람 • 쌀보다 국제 이동량이 많음
옥수수	• 기후 적응력이 뛰어나 다양한 기후 지역에서 재배됨 • 가축의 사료로 많이 이용됨 • 바이오 에탄올의 원료로 이용되면서 수요가 급증함

314

A는 B보다 국제 이동량이 적고 재배 지역이 아시아 계절풍 기후 지역에 집중하므로 쌀, B는 A보다 국제 이동량이 많고 세계 여러 지역에서 재배되므로 밀이다.

바로잡기 ㄴ. 밀(B)이 쌀(A)보다 내한성과 내건성이 강해 재배 범위가 넓다. ㄹ. 쌀(A)과 밀(B)의 최대 생산국은 모두 중국으로, 아시아에 위치한다.

315

(가)는 특정 지역(B)에서의 생산량 비중이 높으므로 쌀이고, B는 아시

아이다. (다)는 오세아니아의 생산 비중이 특징적으로 높으므로 밀이고, 밀의 생산 비중이 아시아(B) 다음으로 높은 A는 유럽이다. 따라서 나머지 (나)는 옥수수이고, 옥수수의 생산 비중이 가장 높은 C는 아메리카이다.

바로잡기 ① (다) 밀이 (가) 쌀보다 국제 이동량이 많다. ② (가) 쌀이 (다) 밀보다 단위 면적당 생산량이 많다. ③ (나) 옥수수가 (다) 밀보다 가축 사료로 이용되는 비중이 높다. ⑤ (나) 옥수수의 기원지는 아메리카(C), (다) 밀의 기원지는 서남아시아(B)에 위치한다.

316

(다)는 오세아니아의 수출 비중이 높으므로 밀이고, 밀의 수출 비중이 높은 C는 유럽, 그 다음으로 높은 A는 아메리카이다. 아메리카(A)의 수출량 비중이 높은 (가)는 옥수수이다. 나머지 (나)는 쌀이고, 쌀의 수출량이 비중이 높은 B는 아시아이다.

바로잡기 ① (나) 쌀에 대한 설명이다. ③ (가) 옥수수가 (다) 밀보다 사료로 이용되는 비중이 높다. ④ (다) 밀은 아시아(B)에서 수출량보다 수입량이 많다.

317

(가)는 미국과 브라질 등 아메리카의 비중이 비교적 높은 소, (나)는 아시아(중국)의 비중이 높은 돼지, (다)는 아시아와 아프리카 등 건조 기후 지역의 비중이 높은 양이다. 이슬람 신자들은 돼지고기의 식용을 금기시한다.

바로잡기 ① 양은 아시아에서는 유목의 형태로, 오스트레일리아·아메리카 등에서는 방목의 형태로 사육된다. ③ 양은 소보다 건조 기후 지역에서 사육되는 비중이 높다. ④ 양은 돼지보다 털을 공업의 원료로 이용하는 비중이 높다. ⑤ 소는 양보다 가축의 힘을 농경에 활용하는 비중이 높다.

318

브라질에서 사육 두수 비중이 가장 높은 A는 소이다. (가), (나) 중 소(A)의 비중이 상대적으로 높은 (나)는 오스트레일리아이므로 C는 양이다. 그러므로 (가)는 중국이고, 중국에서 사육 두수 비중이 높은 B는 돼지이다.

바로잡기 ② (나) 오스트레일리아에서 양(C)을 사육하는 방식이다. ③ (나) 오스트레일리아에서는 양(C)을 기업적 방목의 형태로 사육한다. ④ 양(C)은 돼지(B)보다 털을 공업의 원료로 이용하는 비중이 높다. ⑤ 소(A)는 양(C)보다 강수량이 많은 곳에서 주로 사육된다.

319

(가)는 브라질과 인도 등에서 사육 두수가 많으므로 소, (나)는 중국이 전 세계 사육 두수의 약 50%를 차지하고 있으므로 돼지이다.

320

ㄱ. 그래프를 보면 일본은 중국보다 곡물 순 수입량이 많다. ㄷ. 미국, 프랑스, 브라질은 모두 곡물 순 수출량이 많다. ㄹ. 미국과 캐나다가 있는 앵글로아메리카는 모두 곡물의 순 수출국이고, 아프리카는 곡물 순 수입국이 많다.

바로잡기 ㄴ. 곡물 순 수출량이 가장 많은 국가는 미국으로 앵글로아메리카에 위치한다.

321

중국과 인도에서 소비량이 많은 (가)는 석탄, 미국에서 소비량이 많은

(나)는 석유, 미국과 러시아에서 소비량이 많은 (다)는 천연가스이다.

322

인도에서 소비 비중이 높은 C는 석탄이고, 석탄(C)의 소비 비중이 높은 (가)는 중국이고, 따라서 (나)는 미국이다. (나) 미국에서 소비 비중이 가장 높은 A는 석유이고, 러시아에서 소비 비중이 높은 B는 천연가스이다.

바로잡기 ② (가) 중국은 석탄(C)의 최대 생산국이다. ④ 석유(A)는 석탄(C)보다 국제 이동량이 많다. ⑤ 석탄(C)은 천연가스(B)보다 개발 도상국에서 소비량이 많다.

1등급 정리 노트 주요 에너지 자원의 특성

석탄	• 제철 공업용, 발전용 등 산업용으로 이용 • 주로 고기 조산대에 매장 • 석유보다 국제 이동량이 적음
석유	• 수송용, 화학 공업의 원료로 이용 • 주로 신기 조산대에 매장 • 지역적 편재성이 커서 국제 이동량이 많음
천연가스	• 가정용으로 많이 이용 • 주로 신기 조산대에 매장 • 석탄, 석유보다 연소 시 대기 오염 물질 배출량이 적음

323

중국에서 생산 비중이 높은 (가)는 석탄, 사우디아라비아에서 생산 비중이 높은 (나)는 석유이다. ④ (나) 석유는 (가) 석탄보다 매장 지역의 편재성이 커서 국제 이동량이 많다.

바로잡기 ① (가) 석탄의 최대 수출 국가는 오스트레일리아이다. ② (나) 석유를 가장 많이 수입하는 국가는 미국이다. ③ (가) 석탄은 (나) 석유보다 상용화된 시기가 이르다. ⑤ 유럽은 (가) 석탄보다 (나) 석유의 소비량이 많다.

324

A는 화석 에너지의 소비 비중이 지속적으로 증가하므로 중국, B는 1996년 이후 소비 비중이 감소하므로 미국, 나머지 C는 인도이다.

바로잡기 ㄱ. 미국(B)이 중국(A)보다 천연가스 소비량이 많다. ㄴ. 미국(B)은 중국(A)보다 2000년 이후 화석 에너지의 소비 비중이 감소하는 추세이다.

325

(가)는 수송용으로 주로 이용되므로 석유, (나)는 산업용으로 주로 이용되므로 석탄이다. (나) 석탄은 (가) 석유보다 세계 에너지 자원의 소비에서 차지하는 비중이 낮고, 국제 이동량이 적으며, 상용화된 시기가 이르다.

326

(가)는 유럽과 북아메리카에서 생산 비중이 높으므로 천연가스, (나)는 아시아·오세아니아에서 생산 비중이 매우 높으므로 석탄이다. (나) 석탄은 (가) 천연가스보다 연소 시 대기 오염 물질 배출량이 많고, 중국의 1인당 소비량이 많으며, 상용화된 시기가 이르다.

327

(가)는 (나), (다)보다 유럽·러시아에서 생산과 소비 비중이 높으므로 천연가스, (나)는 아시아·오세아니아에서 생산 및 소비 비중이 높으므로

석탄, 나머지 (다)는 석유이다. A는 석유의 생산 비중이 높으므로 서남아시아, B는 천연가스의 생산 및 소비 비중이 높으므로 앵글로아메리카이다. ④ 석유의 생산량 대비 수출량은 서남아시아가 앵글로아메리카보다 많다.

바로잡기 ① (나) 석탄에 대한 설명이다. ② (가) 천연가스에 대한 설명이다. ③ (다) 석유가 (나) 석탄보다 국제 이동량이 많다. ⑤ 세계 에너지 자원의 소비량은 (다) 석유 >(나) 석탄 >(가) 천연가스 순으로 많다.

328
(가)는 빙하 지형과 산지가 발달한 캐나다와 노르웨이 등지에서 소비 비중이 높으므로 수력, (나)는 일조량이 풍부한 미국 서부 지역과 에스파냐 등지에서 소비 비중이 높으므로 태양광(열), (다)는 신기 습곡 산지에 위치한 필리핀, 뉴질랜드, 아이슬란드 등지에서 발전 용량 비중이 높으므로 지열이다.

329
A는 세계 인구의 약 60%를 차지하므로 아시아, B는 인구 대비 곡물 생산 비중이 높으므로 기업적 농업이 이루어지는 아메리카, C는 세계 인구의 약 10.1%를 차지하는 유럽, D는 인구 대비 곡물 생산 비중이 매우 낮으므로 아프리카이다.

330
아시아, 아프리카는 인구 규모에 비해 식량 생산 비중이 낮고, 아메리카, 유럽, 오세아니아는 높게 나타난다.

채점 기준	수준
식량의 국제 교역이 발생하는 까닭을 지역별 식량 생산 및 인구 차이와 관련해 옳게 서술한 경우	상
식량의 국제 교역이 발생하는 까닭을 서술하였으나, 그래프와 관련성을 미흡하게 서술한 경우	중
지역별 생산량이 다르다고만 서술한 경우	하

331
A는 서남아시아의 페르시아만에 집중 분포하므로 석유이다.

332
석유는 수송용 및 화학 공업 등 여러 분야에서 이용되며, 세계 1차 에너지 소비 구조에서 차지하는 비중이 가장 높다.

채점 기준	수준
석유의 특징과 이동 특성을 주어진 용어를 모두 사용해 서술한 경우	상
석유의 특징과 이동 특성을 주어진 용어를 모두 사용해 서술하였으나, 일부 잘못된 내용이 있는 경우	하

적중 1등급 문제 68~69쪽

| 333 ④ | 334 ④ | 335 ② | 336 ③ | 337 ⑤ |
| 338 ② | 339 ② | 340 ⑤ | | |

333 주요 식량 작물의 지역(대륙)별 생산 현황 및 특징 파악하기

1등급 자료 분석 주요 식량 작물의 지역(대륙)별 생산량

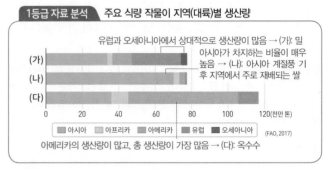

아메리카의 생산량이 많고, 총 생산량이 가장 많음 → (다): 옥수수

유럽과 오세아니아에서 상대적으로 생산량이 많음 → (가): 밀

아시아가 차지하는 비율이 매우 높음 → (나): 아시아 계절풍 기후 지역에서 주로 재배되는 쌀

바로잡기 ① (다) 옥수수에 대한 설명이다. ② (나) 쌀의 기원지는 아시아이고, 아메리카가 기원지인 것은 (다) 옥수수이다. ③ (다) 옥수수의 최대 생산국은 미국이다. ⑤ (나) 쌀은 세 식량 작물 중 국제 이동량이 가장 적다.

334 국가별 곡물 생산 현황 파악하기

1등급 자료 분석 곡물 생산량 상위 5개국의 식량 작물 생산 현황

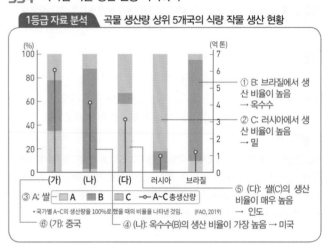

① B: 브라질에서 생산 비율이 높음 → 옥수수
② C: 러시아에서 생산 비율이 높음 → 밀
③ A: 쌀
⑤ (다): 쌀(C)의 생산 비율이 매우 높음 → 인도
⑥ (가): 중국
④ (나): 옥수수(B)의 생산 비율이 가장 높음 → 미국

(가)는 중국, (나)는 미국, (다)는 인도, A는 쌀, B는 옥수수, C는 밀이다. ④ 밀은 생산지에서 주로 소비되는 쌀보다 국제 이동량이 많다.

바로잡기 ① 인구가 많은 (가) 중국은 상업적 농업이 발달한 (나) 미국보다 곡물 자원 순 수입량이 많다. ② (나) 미국은 (다) 인도보다 밀(A) 생산량이 적다. ③ 옥수수(B)가 밀(A)보다 가축의 사료로 이용되는 비율이 높다. ⑤ 단위 면적당 생산량은 옥수수(B)>쌀(A)>밀(C) 순으로 많다.

335 아시아의 지역별 주요 식량 자원 생산 현황 분석하기

1등급 자료 분석 쌀, 밀, 옥수수의 아시아 지역별 생산량

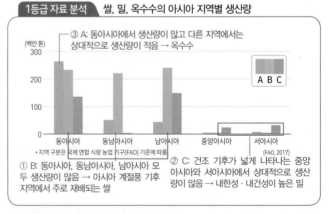

③ A: 동아시아에서 생산량이 많고 다른 지역에서는 상대적으로 생산량이 적음 → 옥수수

① B: 동아시아, 동남아시아, 남아시아 모두 생산량이 많음 → 아시아 계절풍 기후 지역에서 주로 재배되는 쌀

② C: 건조 기후가 넓게 나타나는 중앙아시아와 서아시아에서 상대적으로 생산량이 많음 → 내한성·내건성이 높은 밀

A는 옥수수, B는 쌀, C는 밀이다. ② 쌀(B)의 최대 생산국과 소비국은 모두 중국으로, 중국은 동아시아에 위치한다.

바로잡기 ①은 쌀(B), ③은 옥수수(A)에 대한 설명이다. ④ 옥수수(A)는 쌀(B)보다 세계 총생산량이 많다. ⑤ 밀(C)은 쌀(B)보다 내한성·내건성이 높다.

336 지역(대륙)별 주요 가축 사육 현황 분석하기

지역(대륙)별 주요 가축 사육 현황

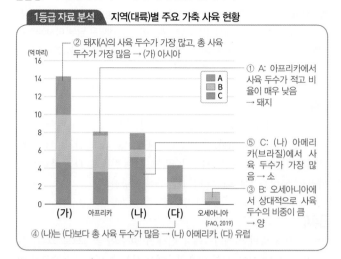

② 돼지(A)의 사육 두수가 가장 많고, 총 사육 두수가 가장 많음 → (가) 아시아

① A: 아프리카에서 사육 두수가 적고 비율이 매우 낮음 → 돼지

⑤ C: (나) 아메리카(브라질)에서 사육 두수가 가장 많음 → 소

③ B: 오세아니아에서 상대적으로 사육 두수의 비중이 큼 → 양

④ (나)는 (다)보다 총 사육 두수 많음 → (나) 아메리카, (다) 유럽

(가)는 아시아, (나)는 아메리카, (다)는 유럽, A는 돼지, B는 양, C는 소이다. ③ 이슬람교도들은 돼지(A)로 만든 음식을 금기시한다.

바로잡기 ① (다) 유럽은 양(B)보다 돼지(A)의 사육 두수가 많다. ② (가) 아시아는 (나) 아메리카보다 소(C) 사육 두수가 적다. ④ 양(B)의 사육 두수가 가장 많은 국가는 중국이다. ⑤ 양(B)에 대한 설명이다.

337 주요 화석 에너지의 지역별 소비량 파악하기

석유, 석탄, 천연가스의 지역별 소비량

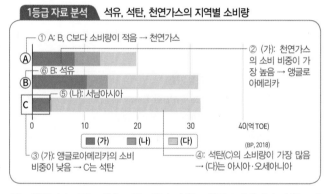

① A: B, C보다 소비량이 적음 → 천연가스
⑥ B: 석유
⑤ (나): 서남아시아
② (가): 천연가스의 소비 비중이 가장 높음 → 앵글로아메리카
③ (가): 앵글로아메리카의 소비 비중이 낮음 → C는 석탄
④: 석탄(C)의 소비량이 가장 많음 → (다)는 아시아·오세아니아

A는 천연가스, B는 석유, C는 석탄, (가)는 앵글로아메리카, (나)는 서남아시아, (다)는 아시아·오세아니아이다. ⑤ 천연가스(A)의 최대 소비국인 미국은 (가) 앵글로아메리카에 위치한다. 석탄(C)의 최대 생산국은 중국으로, 중국은 (다) 아시아·오세아니아에 위치한다.

바로잡기 ①, ② 석탄(C)에 대한 설명이다. ③ 천연가스(A)에 대한 설명이다. ④ (나) 서남아시아는 석유(B)의 수입량 대비 수출량이 많다.

338 국가별 에너지 소비 구조 파악하기

주요 국가의 에너지 소비 구조

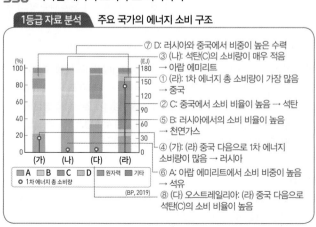

⑦ D: 러시아와 중국에서 비중이 높은 수력
③ (나): 석탄(C)의 소비량이 매우 적음 → 아랍 에미리트
① (라): 1차 에너지 총 소비량이 가장 많음 → 중국
② C: 중국에서 소비 비율이 높음 → 석탄
⑤ B: 러시아에서의 소비 비율이 높음 → 천연가스
④ (가): (라) 중국 다음으로 1차 에너지 소비량이 많음 → 러시아
⑥ A: 아랍 에미리트에서 소비 비중이 높음 → 석유
⑧ (다) 오스트레일리아: (라) 중국 다음으로 석탄(C)의 소비 비율이 높음

지도에 표시된 국가는 러시아, 중국, 아랍 에미리트, 오스트레일리아이다. (가)는 러시아, (나)는 아랍 에미리트, (다)는 오스트레일리아, (라)는 중국, A는 석유, B는 천연가스, C는 석탄, D는 수력이다. ② (다) 오스트레일리아는 (라) 중국보다 석탄(C)의 수출량이 많다.

바로잡기 ① (가) 러시아는 (나) 아랍 에미리트보다 1차 에너지 소비량이 많고 천연가스 소비 비율은 비슷하므로, 천연가스 소비량이 많다. ③ 석유(A)는 천연가스(B)보다 세계 1차 에너지 소비에서 차지하는 비율이 높다. ④ 석탄(C)이 천연가스(B)보다 개발 도상국에서 소비되는 비율이 높다. ⑤ 화석 연료인 석탄(C)은 재생 가능 에너지인 수력(D)보다 고갈 가능성이 높다.

339 국가별 에너지 공급 현황 파악하기

국가별 1차 에너지 공급 구조

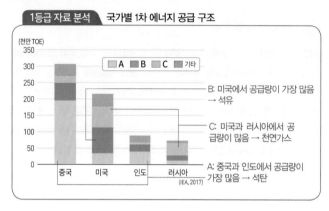

B: 미국에서 공급량이 가장 많음 → 석유
C: 미국과 러시아에서 공급량이 많음 → 천연가스
A: 중국과 인도에서 공급량이 가장 많음 → 석탄

A는 석탄, B는 석유, C는 천연가스이다. ② 석유(B)는 수송용 연료로 가장 많이 이용된다.

바로잡기 ① 석유(B)에 대한 설명이다. ③ 산업 혁명 시기에 본격적으로 이용되기 시작한 석탄(A)은 천연가스(C)보다 상용화된 시기가 이르다. ④ 천연가스(C)는 석탄(A)보다 연소 시 대기 오염 물질 배출량이 적다. ⑤ 네 국가 중 천연가스(C) 전체 공급량 대비 소비 비율은 러시아가 가장 높다.

340 국가별 신·재생 에너지 이용 특징 파악하기

유럽의 국가별 신·재생 에너지 이용

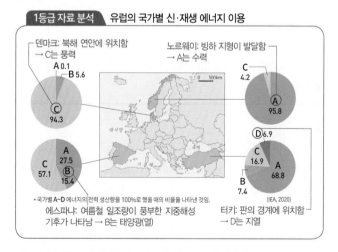

덴마크: 북해 연안에 위치함 → C는 풍력
노르웨이: 빙하 지형이 발달함 → A는 수력
에스파냐: 여름철 일조량이 풍부한 지중해성 기후가 나타남 → B는 태양광(열)
터키: 판의 경계에 위치함 → D는 지열

A는 수력, B는 태양광(열), C는 풍력, D는 지열이다.

바로잡기 ①은 태양광(열)(B), ②는 지열(D), ③은 수력(A), ④는 풍력(C)에 대한 설명이다.

05 주요 종교의 전파와 종교 경관

341 ④   **342** ④   **343** ③   **344** (가) 앵글로아메리카, (나) 아시아 · 오세아니아, A – 크리스트교, B – 이슬람교, C – 불교, D – 힌두교

345 (예시답안) 크리스트교(A)는 십자가, 종탑 등이 보편적으로 나타난다. 이슬람교(B)는 중앙의 돔형 지붕과 주변에 첨탑이 있는 모스크가 대표적이다. 불교(C)는 불상을 모시는 불당과 부처의 사리가 모셔진 탑이 나타나고, 힌두교(D)는 다양한 신들의 모습이 그림이나 조각상으로 표현되어 있는 종교 경관이 나타난다.

06 세계의 인구와 도시

346 ③   **347** ②   **348** ③   **349** ②   **350** (가) 유럽, (나) 앵글로아메리카, (다) 라틴 아메리카, (라) 아시아   **351** (예시답안) 총인구는 (라) 아시아가 (가) 유럽보다 많고, 노년 부양비는 (가) 유럽이 (라) 아시아보다 높으며, 인구의 자연 증가율은 (라) 아시아가 (가) 유럽보다 높다.   **352** ③   **353** ④   **354** ③   **355** A–런던, B–멕시코시티   **356** (예시답안) (가) 도시군은 (나) 도시군보다 도시 경쟁력 순위가 높으므로 생산자 서비스업 발달 정도가 높고, 국제 금융에 끼치는 영향이 크다.

07 주요 식량 및 에너지 자원과 국제 이동

357 ④   **358** ①   **359** ①   **360** ④   **361** ②   **362** (가) 아메리카, (나) 아프리카, (다) 아시아   **363** (예시답안) (가) 아메리카는 곡물 수입량 대비 곡물 수출량이 많은데, 이는 기업적 곡물 농업이 발달하였기 때문이다. 인구 규모가 큰 (다) 아시아는 (나) 아프리카보다 곡물 수입량이 많으며, 식량 부족 문제가 나타나는 (나) 아프리카는 곡물 농업보다 플랜테이션 농업이 발달하면서 곡물 수출량 대비 수입량이 매우 높게 나타난다.   **364** ⑤   **365** ①

366 ①   **367** ⑤   **368** (가) 석유, (나) 천연가스, (다) 석탄

369 (예시답안) 경제 발전 수준이 높은 OECD 국가군은 최근 공업화가 빠르게 추진되고 있는 비OECD 국가군보다 화석 에너지의 소비량 증가가 적었으나, 화석 연료 중 연소 시 대기 오염 물질 배출량이 상대적으로 적은 천연가스의 소비량 증가는 가장 컸다. 반면 비OECD 국가군은 석탄의 소비량 증가가 가장 많았다.

341

(가)는 갠지스강, 가트 등과 관련 있으므로 힌두교, (나)는 산티아고 순례길과 관련 있으므로 크리스트교이다. ㄴ. (나) 크리스트교의 주요 성지로는 예루살렘과 바티칸 등이 있다. ㄹ. (가) 힌두교는 특정한 민족을 중심으로 포교되는 민족 종교이고, (나) 크리스트교는 전 인류를 포교 대상으로 삼는 보편 종교에 해당한다.

(바로잡기) ㄱ. 이슬람교에 대한 설명이다. ㄷ. (나) 크리스트교가 (가) 힌두교보다 전 세계 신자 수가 많다.

342

말레이시아에서 신자 수 비율이 높은 A는 이슬람교이다. (가)는 총 신자 수가 가장 많고 이슬람교의 신자 수 비율이 높으므로 인도네시아이다. (나)는 (다)보다 신자 수가 많으므로 인구 규모가 큰 필리핀이고, 필리핀에서 신자 수 비율이 높은 B는 크리스트교이다. 나머지 (다)는

네팔이고, 네팔에서 신자 수 비율이 높은 C는 힌두교이다.

(바로잡기) ① (나) 필리핀은 에스파냐의 식민 지배 영향으로 크리스트교(B) 신자가 많다. ② (가) 인도네시아는 동남아시아에, (다) 네팔은 남부 아시아에 위치한다. ③ 크리스트교(B)에 대한 설명이다. ⑤ 이슬람교(A)는 서남아시아, 힌두교(C)는 남부 아시아에서 기원하였다.

343

㉠은 이란, 아랍 문자, 알라, 초승달 등과 관련 있으므로 이슬람교이다. ㉡은 스리랑카, 법륜, 연꽃잎 등과 관련 있으므로 불교이다. 그래프에서 A는 크리스트교, B는 이슬람교, C는 힌두교, D는 불교이다. 따라서 ㉠ 이슬람교는 B, ㉡ 불교는 D에 해당한다.

344

A는 유럽과 라틴 아메리카에서 신자 수 비율이 높으므로 크리스트교, B는 서남아시아 · 북부 아프리카에서 신자 수 비율이 높으므로 이슬람교이다. (가)는 (나)보다 크리스트교 신자 수 비율이 높으므로 앵글로아메리카, 나머지 (나)는 아시아 · 오세아니아이다. C는 D보다 아시아 · 오세아니아에서 신자 수 비율이 낮고 세계 신자 수가 적으므로 불교, 나머지 D는 힌두교이다.

345

크리스트교(A)는 십자가와 종탑, 이슬람교(B)는 모스크, 불교(C)는 불당과 탑, 힌두교(D)는 다신교 특성이 드러나는 종교 경관이 나타난다.

채점 기준	수준
A~D 종교 경관의 특징을 모두 옳게 서술한 경우	상
A~D 종교 경관의 특징 중 2~3개만 옳게 서술한 경우	중
A~D 종교 경관의 특징 중 1개 이하만 옳게 서술한 경우	하

346

세계 총인구에서 차지하는 비율이 가장 높은 (가)는 아시아, 낮아지고 있는 (나)는 유럽, 높아지고 있는 (다)는 아프리카이다.

347

(가)는 노년 부양비가 가장 높으므로 유럽, (라)는 유소년 부양비가 가장 높으므로 아프리카이다. (나)는 (가) 다음으로 노년 부양비가 높으므로 앵글로아메리카, 나머지 (다)는 아시아이다. ㄱ. (가) 유럽은 (다) 아시아보다 유소년 부양비 대비 노년 부양비의 비율이 높으므로 유소년 인구에 대한 노년 인구의 비율인 노령화 지수가 높다. ㄷ. (다) 아시아는 (나) 앵글로아메리카보다 1인당 지역 내 총생산이 적다.

(바로잡기) ㄴ. 선진국의 비율이 높은 (나) 앵글로아메리카는 개발 도상국의 비율이 높은 (라) 아프리카보다 합계 출산율이 낮다. ㄹ. (라) 아프리카는 (가) 유럽보다 유소년 부양비와 노년 부양비를 더한 총부양비가 높으므로 청장년층 인구 비율이 낮다. 총부양비는 청장년층 인구에 대한 유소년층 인구와 노년층 인구의 비율로, 청장년층 인구 비율과 반비례 관계이다.

348

지도에 표시된 국가는 독일, 니제르, 사우디아라비아이다. (가)는 유소년층 인구 비율이 가장 높으므로 경제 발전 수준이 낮은 니제르, (나)

는 총인구 성비가 가장 높으므로 자원 수출에 따른 자본 유입으로 사회 간접 자본에 대한 투자가 늘어나면서 외국인 남성 노동력의 유입이 많은 사우디아라비아, (다)는 노년층 인구 비율이 가장 높으므로 유럽에 있는 선진국인 독일이다.

바로잡기 ① (가) 니제르는 아프리카에 있다. ② (가) 니제르는 (나) 사우디아라비아보다 1인당 국내 총생산(GDP)이 적다. ④ (다) 독일은 (가) 니제르보다 중위 연령이 높다. ⑤ (가)~(다) 중 인구 밀도는 (다) 독일이 가장 높다.

349
(가)는 투발루 기후 난민에 대한 내용으로 지구 온난화에 따른 환경 난민의 이주에 해당한다. (나)는 일자리 증가에 따른 이동이므로 경제적 요인에 해당한다. A는 경제적 요인, B는 환경적 요인, C는 종교적 요인에 해당하는 인구 이주이고, D는 이와는 관련이 없으므로 정치적 요인에 따른 인구 이주이다. 따라서 (가)는 B, (나)는 A에 해당한다.

350
(가), (나)는 2005~2015년에 인구 순유입이 많으므로 유럽과 앵글로아메리카 중 하나인데, 1950~1960년에도 인구 순유입이 많은 (나)가 앵글로아메리카, (가)는 유럽이다. (다)는 (라)보다 2005~2015년에 인구 순유출이 작으므로 총인구가 적은 라틴 아메리카, 인구 순유출이 가장 많은 (라)는 아시아이다.

351
총인구는 (라) 아시아가 많고, 노년 부양비는 (가) 유럽이 높고, 인구의 자연 증가율은 (라) 아시아가 높다.

채점 기준	수준
제시된 용어를 모두 사용해 (가), (라)를 옳게 비교하여 서술한 경우	상
제시된 용어를 사용해 (가), (라)를 비교한 내용 중 두 가지만 옳게 서술한 경우	중
제시된 용어를 사용해 (가), (라)를 비교한 내용 중 한 가지만 옳게 서술한 경우	하

352
(가)는 도시화율이 높은 국가가 많으므로 유럽, (나)는 (다)보다 도시 인구가 적은 국가들이 많으므로 아프리카, (다)는 아시아이다. A는 아프리카 중 도시 인구가 많으므로 아프리카에서 인구 규모가 가장 큰 나이지리아이다. B는 아시아에서 도시 인구가 가장 많은 국가이므로 중국이다.

바로잡기 ① 최상위 세계 도시는 (가) 유럽에 런던, (다) 아시아에 도쿄가 있으며, (나) 아프리카에는 없다. ② (가) 유럽은 (나) 아프리카보다 촌락 인구 증가율이 낮다. ④ 나이지리아(A)는 중국(B)보다 국내 총생산이 적다. ⑤ (다) 아시아의 국가 중 도시화율이 50%를 넘는 국가는 B를 포함해 두 곳이다.

353
(가)는 도시화율이 가장 높으므로 선진국인 영국, (나)는 (다)보다 도시화율의 증가가 높으므로 산업화가 빠르게 이루어진 중국, 도시화율이 가장 낮은 (다)는 케냐이다.

바로잡기 ㄱ. (가) 영국은 (나) 중국보다 국가 내 1차 산업 종사자 비율이 낮다. ㄷ. (다) 케냐는 (가) 영국보다 1인당 국내 총생산(GDP)이 적다.

354
지도에 표시된 국가는 프랑스, 터키, 니제르이다. (다)는 중위 연령이 가장 높으므로 프랑스, (가)는 중위 연령이 가장 낮으므로 니제르, (나)는 터키이다. A는 (가) 니제르에서 가장 높고 (다) 프랑스에서 가장 낮으므로 도시 인구 증가율, B는 제조업 종사자 수이다. ③ (나) 터키는 (다) 프랑스보다 최근 지리적으로 인접한 시리아로부터의 난민 유입이 많았다.

바로잡기 ① (나) 터키는 아시아에 위치한다. ② 선진국인 (다) 프랑스가 개발 도상국인 (가) 니제르보다 도시화율이 높다. ④ 도시 인구 증가율(A)은 선진국보다 개발 도상국에서 높게 나타난다.

355
A는 도시 경쟁력 순위가 높으므로 런던, B는 도시 경쟁력 순위가 상대적으로 낮으므로 멕시코시티이다.

356
(가) 도시군은 (나) 도시군보다 도시 경쟁력 순위가 높다.

채점 기준	수준
제시된 용어를 모두 사용하여 (가), (나) 도시군을 옳게 비교하여 서술한 경우	상
제시된 용어를 사용하여 (가), (나) 도시군을 한 가지만 옳게 비교하여 서술한 경우	중
(가), (나) 도시군을 비교하였으나 용어를 사용해 서술하지 못한 경우	하

357
(가)는 아메리카에 있는 미국, 브라질, 아르헨티나에서 생산 비율이 높으므로 옥수수이다. (나)는 유럽에 있는 러시아, 프랑스에서 상대적으로 생산 비율이 높으므로 밀이다. (다)는 아시아에 있는 국가들의 생산 비율이 높으므로 쌀이다.

358
(가)는 세 식량 작물의 재배 면적이 가장 넓으므로 아시아이고, 아시아에서 재배 면적이 넓은 A는 쌀이다. 오세아니아에서 상대적으로 재배 면적이 넓은 C는 밀이고, 밀의 재배 면적이 아시아 다음으로 많은 (다)는 유럽이다. 따라서 (나)는 아메리카이고, 아메리카에서 재배 면적이 넓은 B는 옥수수이다. ① 식량 작물 순 수입 지역인 (가) 아시아는 (다) 유럽보다 곡물 자원 수출량 대비 수입량이 많다.

바로잡기 ② 쌀(A)의 기원지는 (가) 아시아에 있다. ③ 옥수수(B)의 최대 생산국은 미국으로, 미국은 (나) 아메리카에 있다. ④ 옥수수(B)가 쌀(A)보다 가축 사료용으로 많이 이용된다. ⑤ 밀(C)은 생산지에서 주로 소비되는 쌀(A)보다 국제 이동량이 많다.

359
사료용의 비율이 높고 바이오 연료의 원료로 쓰이는 (다)는 옥수수이다. (나)가 (가)보다 식용으로 이용되는 비율이 높으므로 쌀이고, (가)는 밀이다.

바로잡기 ㄷ. (다) 옥수수가 (가) 밀보다 단위 면적당 생산량이 많다. ㄹ. 아메리카는 (나) 쌀보다 (가) 밀의 생산량이 많다.

360

브라질과 인도에서 사육 두수 비율이 높은 (가)는 소이다. (나)는 특정 국가의 사육 두수 비율이 매우 높으므로 돼지이다. ㄱ. 돼지의 사육 두수 비율이 매우 높은 A는 중국이고, B는 미국이다.

바로잡기 ㄹ. 세계 총 사육 두수는 소가 돼지보다 많다.

361

지도에 표시된 A는 오스트레일리아, B는 미국, C는 브라질이다. (가)는 양고기와 소고기의 수출량이 (나), (다)보다 많으므로 축산업이 발달한 오스트레일리아(A)이다. (나)는 소고기의 수출량이 상대적으로 많으므로 소의 사육 두수가 가장 많은 브라질(C)이다. (다)는 돼지고기의 수출량이 많으므로 돼지의 사육 두수가 중국 다음으로 많은 미국(B)이다.

362

(가)는 곡물 수입량 대비 수출량이 많으므로 아메리카, (다)는 곡물 수입량이 가장 많으므로 인구 규모가 큰 아시아, (나)는 곡물 수출량 대비 곡물 수입량이 많으므로 아프리카이다.

363

아메리카는 기업적 곡물 농업이 발달하였고, 아프리카는 곡물 농업보다 플랜테이션 농업이 발달하였다.

채점 기준	수준
각 지역(대륙)의 곡물 수출 및 수입의 특징과 그 까닭을 모두 옳게 서술한 경우	상
각 지역(대륙)의 곡물 수출 및 수입의 특징과 그 까닭을 두 지역만 옳게 서술한 경우	중
각 지역(대륙)의 곡물 수출 및 수입의 특징과 그 까닭을 한 지역만 옳게 서술한 경우	하

364

(가)는 총 소비량이 가장 적고 선진국의 비율이 높은 앵글로아메리카와 유럽의 소비량이 많으므로 천연가스이다. (나)는 (다)보다 총 소비량이 적고, 아시아 및 오세아니아의 소비량이 많으므로 석탄이며, (다)는 석유이다. ⑤ 지역적인 편재성이 큰 (다) 석유는 (나) 석탄보다 국제 이동량이 많다.

바로잡기 ① (나) 석탄에 대한 설명이다. ② (가) 천연가스에 대한 설명이다. ③ (가) 천연가스는 (나) 석탄보다 연소 시 대기 오염 물질 배출량이 적다. ④ (나) 석탄은 (다) 석유보다 상용화된 시기가 이르다.

365

(나)는 석유 생산량이 많은 사우디아라비아와 공업이 발달한 일본에서 소비 비율이 높으므로 석유이다. (다)는 인도에서 소비 비율이 높으므로 석탄이고, 석탄의 소비 비율이 가장 높은 C는 중국이다. (가)는 천연가스이고, 천연가스의 소비 비율이 가장 높은 A는 미국, 그 다음인 B는 러시아이다. ① 경제 발전 수준이 높은 선진국인 미국(A)은 중국(C)보다 1인당 에너지 소비량이 많다.

바로잡기 ② 중국(C)은 러시아(B)보다 (가) 천연가스 소비량이 적다. ③ (다) 석탄에 대한 설명이다. ④ (다) 석탄은 (나) 석유보다 세계 1차 에너지 소비에서 차지하는 비율이 낮다.

366

(가)는 수송용으로 주로 이용되므로 석유, (나)는 산업용으로 주로 이용되므로 석탄, (다)는 주거용의 비율이 높으므로 천연가스이다.

367

빙하 지형이 분포하는 아이슬란드와 노르웨이에서 발전량 비율이 높은 A는 수력이다. 덴마크에서 발전량 비율이 높은 B는 풍력이다. C는 지중해 연안에 있어 여름이 고온 건조한 지중해성 기후가 나타나는 이탈리아에서 발전량 비율이 높으므로 태양광이다. 판의 경계 지역에 위치한 아이슬란드와 이탈리아에서 발전량 비율이 나타나는 D는 지열이다.

바로잡기 ① 풍력(B)에 대한 설명이다. ② 태양광(C)에 대한 설명이다. ③ 지열(D)에 대한 설명이다. ④ 지열(D)이 수력(A)보다 기후에 대한 의존성이 낮다.

368

(가)는 2019년 비OECD 국가군과 OECD 국가군의 소비량을 더한 총 소비량이 가장 많으므로 석유이다. (나)는 비OECD 국가군과 OECD 국가군 모두 소비량이 증가하였으므로 천연가스이다. (다)는 비OECD 국가군의 소비량은 크게 증가하였고, 경제 발전 수준이 높은 OECD 국가군의 소비량은 감소하였으므로 석탄이다.

369

경제 발전 수준이 높은 OECD 국가군은 천연가스의 소비량 증가가 크며, 비OECD 국가군은 석탄의 소비량 증가가 크다.

채점 기준	수준
OECD 국가군과 비OECD 국가군의 화석 에너지 소비량 변화 특징을 모두 옳게 서술한 경우	상
OECD 국가군과 비OECD 국가군의 화석 에너지 소비량 변화 특징 중 하나만 옳게 서술한 경우	중
화석 에너지 소비량 변화 특징만을 서술한 경우	하

08 자연환경에 적응한 생활 모습

분석 기출 문제

[핵심 개념 문제]

370 ㉠	371 ㉠	372 ㉡	373 ㉠	374 계절풍
375 히말라야		376 벼	377 고상 가옥	378 ㉢	379 ㉡
380 ㉠	381 ㄷ	382 ㄱ	383 ㄴ	384 ㄹ

385 ① 386 ④ 387 ① 388 ④ 389 ⑤ 390 ④ 391 ①
392 ⑤ 393 ④ 394 ① 395 ⑤ 396 ⑤ 397 ④

1등급을 향한 서답형 문제

398 7월 399 예시답안 타이의 물 축제는 4월 13일~15일에 열린다. 4월은 동남아시아 지역에 여름 계절풍이 불어와 건기가 끝나고 우기가 시작되는 시기이다. 400 폭설 401 예시답안 시라카와고 합장 가옥은 일본에 위치한다. 일본은 여름철 고온 다습한 기후 환경을 이용하여 벼농사를 짓기 때문에 주민들의 주식은 쌀이며, 바다로 둘러싸여 있는 섬나라의 특성상 해산물을 많이 섭취한다.

385

사진은 홍수로 거리가 침수된 모습이다. 인도는 여름 계절풍이 부는 시기에 집중 호우가 자주 발생하며, 저지대가 침수되기도 한다.

바로잡기 ㄷ. 여름 계절풍은 바다에서 대륙 쪽으로 분다. ㄹ. 스콜은 주로 낮에 발생한다.

386

(가)는 강수량이 적은 1월이고, (나)는 강수량이 많은 7월이다. 북반구에 위치한 도쿄(A)는 1월이 7월보다 밤 시간의 길이가 길고, 7월이 1월보다 열대 저기압(태풍)의 영향 빈도가 높다.

바로잡기 ㄱ. 도쿄(A)의 월평균 기온은 (나) 7월이 (가) 1월보다 높다. ㄷ. 도쿄(A)의 북서풍 발생 비중은 (가) 1월이 (나) 7월보다 높다.

387

바람그늘 지역인 (나) 하이데라바드의 연 강수량이 가장 적고, 높은 산지의 전면에 있는 (다) 체라푼지의 연 강수량이 가장 많다. (가) 파나지는 (나) 하이데라바드보다는 연 강수량이 많다.

388

(가)는 필리핀의 마욘 화산으로, 환태평양 조산대에 위치한 활화산이다. 마욘 화산은 오랜 기간에 걸쳐 화산 활동이 반복적으로 이루어지면서 원뿔 형태를 이루는 성층 화산이다. 화산 지대 주변에는 비옥한 화산재 토양이 나타나는 경우가 많다.

바로잡기 ④ 마욘 화산의 산꼭대기는 과거 빙하에 덮였던 곳이 아니므로 호른이 나타나지 않는다.

389

(가)는 메콩강으로, 계절풍의 영향을 받아 하천의 계절별 유량 변동이 크며, 강수량이 집중하는 여름철에 하천 범람의 위험성이 크다. 메콩강 하구 일대에는 삼각주가 발달하였으며, 하천 주변의 충적 평야를 중심으로 벼농사가 활발하게 이루어진다.

바로잡기 ⑤ 메콩강은 중국의 티베트고원에서 발원하여 미얀마, 라오스, 타이, 캄보디아, 베트남 6개국을 거쳐 남중국해로 흘러드는 국제 하천이다.

390

A는 대규모 습곡 작용으로 형성된 신기 습곡 산지인 히말라야산맥과 티베트고원이다. 이 지역은 유라시아판과 인도·오스트레일리아판이 충돌하는 곳으로 해발 고도가 높아 지역 간 교류의 장애가 되고 있다.

바로잡기 ㄱ. 지각이 두꺼운 곳으로 활화산이 나타나지 않는다. ㄷ. 남서 계절풍의 바람그늘 지역으로 연 강수량이 적은 편이다.

391

지도의 A는 건조 기후 지역으로 유목이 이루어지고, B는 여름철 강수량이 풍부한 지역으로 벼농사가 이루어진다. C는 베트남과 인도네시아 일부 지역으로 플랜테이션이 주로 이루어진다.

1등급 정리 노트 **몬순 아시아의 벼농사와 플랜테이션**

벼농사는 몬순 아시아의 전통적인 농업이며, 플랜테이션은 열대 기후 지역에서 유럽의 자본과 현지 주민들의 노동력을 결합하여 상품 작물을 재배하는 농업을 말한다.

구분	특색	주요 재배 지역
벼농사	• 계절풍 기후 지역에서 활발 • 고온 다습한 기후 환경에서는 2~3기작이 이루어짐 • 국제 이동량이 적음	• 충적 평야 지역: 메콩강, 이라와디강, 갠지스강 유역 • 계단식 논: 필리핀, 중국 남부 지역 등
플랜테이션	• 열대 기후 지역에서 활발 • 수출이 편리한 해안 지역에서 주로 재배 • 단일 경작에서 다각적 경작으로 전환하는 추세	• 차: 인도 아삼 지방, 스리랑카 등 • 커피: 베트남, 인도네시아 등 • 천연고무: 타이, 인도네시아, 말레이시아 등

392

㉠은 필리핀(E)으로, 필리핀의 루손섬 이푸가오 지방에는 계곡을 따라 조성된 계단식 논이 있다. 지도의 A는 타이, B는 라오스, C는 베트남, D는 말레이시아이다.

393

㉠은 기호 작물인 차(茶)로, 중국·인도·스리랑카의 생산량이 많다.

바로잡기 ① 차의 기원지는 중국으로 알려져 있다. ② 카카오에 대한 설명이다. ③ 차의 1인당 소비량은 영국이 미국보다 많다. ⑤ 커피에 대한 설명이다.

394

(가)는 쌀국수, (나)는 나시고렝이다. ① 쌀국수는 베트남의 대표 음식이다.

바로잡기 ② 나시고렝은 인도네시아의 대표 음식이다. ③ 쌀국수와 나시고렝 모두 쌀로 만들었다. ④ 쌀국수는 주로 국물이 뜨거운 상태로 먹는다. ⑤ 나시고렝을 먹을 때는 숟가락을 주로 사용한다.

395

앙코르 유적 단지는 캄보디아에 위치한다. 라테라이트는 열대 기후 지역에 분포하는 붉은색 토양으로, 비가 많이 내리고 기온이 높아 화학적 풍화 작용이 활발한 지역에서 발달한다. 토양층의 양분이 제거되어 매우 척박하고, 수분이 마르면 단단해져 벽돌을 만드는 데 이용된다.

396

사진은 베트남의 전통 의복인 아오자이이다. 아오자이는 중국의 치파오의 영향을 받았다.

바로잡기 사리는 인도, 기모노는 일본의 전통 의복이다.

397

사진은 중국의 사합원으로, 'ㅁ' 형태의 폐쇄적인 가옥 구조가 나타난다. 이러한 가옥 구조는 방어에 유리하며, 겨울 추위에 대비하여 남쪽에 문을 만들었다.

바로잡기 ㄱ. 지붕 재료로 기와를 이용하였다. ㄷ. 고상 가옥은 열대 우림 기후나 툰드라 기후 지역에서 나타난다.

398

제시된 지도와 같이 해양에서 대륙 쪽으로 계절풍이 부는 시기는 여름으로 7월이다.

399

송끄란 축제는 매년 4월 13일~15일에 타이의 전통적인 새해를 기념하는 축제이다. 축제 기간은 동남아시아 지역에 여름 계절풍이 불어오는 시기로 주민들의 농업 활동과 관련이 깊으며, 한 해 중 가장 무더운 시기이다.

채점 기준	수준
타이의 물 축제가 열리는 시기를 계절풍과 관련지어 옳게 서술한 경우	상
타이의 물 축제와 계절풍을 관련지어 서술하였으나 미흡한 경우	중
타이의 물 축제가 열리는 시기만을 쓴 경우	하

400

사진은 일본의 시라카와고의 합장 가옥이다. 시라카와고의 합장 가옥은 폭설에 대비하여 눈이 지붕에 쌓이지 않도록 급경사의 지붕을 만들었다.

401

일본은 여름철 고온 다습한 기후 환경을 바탕으로 벼농사가 활발하여 쌀로 만든 음식 문화가 발달하였고, 섬나라의 특성상 해산물을 많이 섭취한다.

채점 기준	수준
일본 사람들의 식생활을 자연환경과 관련지어 옳게 서술한 경우	상
일본 사람들의 식생활만을 서술한 경우	중
해당 국가가 일본이라고만 쓴 경우	하

402 ①	403 ⑤	404 ②	405 ①

402 몬순 아시아의 의식주 문화 및 기후 특색 파악

하노이가 수도인 ㉠은 베트남으로, 이곳에서는 통풍이 잘되는 옷을 입고, 전통 음식으로 퍼가 알려져 있다. 리야드가 수도인 ㉡은 사우디아라비아로, 이곳은 건조 기후가 나타나 주민들은 한낮의 뜨거운 햇볕과 모래바람으로부터 몸을 보호하기 위해 온몸을 감싸는 형태의 옷을 입는다. ㉠은 ㉡보다 연 강수량이 많고, 이슬람교 신자 수 비율이 낮으므로 돼지고기 소비량이 많다. 건조 기후가 나타나는 ㉡은 ㉠보다 기온의 일교차가 크고, 단위 면적당 식생 밀도가 낮다.

403 몬순 아시아의 기후 특색 이해

1등급 자료 분석 몬순 아시아의 계절풍과 기후

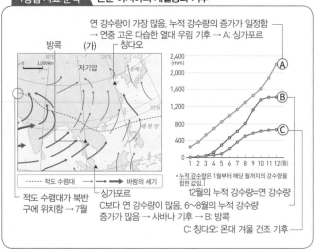

연 강수량이 가장 많음. 누적 강수량의 증가가 일정함
→ 연중 고온 다습한 열대 우림 기후 → A: 싱가포르

방콕 (가) 칭다오

적도 수렴대가 북반구에 위치함 → 7월

C보다 연 강수량이 많고, 6~8월의 누적 강수량 증가가 많음 → 사바나 기후 → B: 방콕

C: 칭다오: 온대 겨울 건조 기후

누적 강수량은 1월부터 해당 월까지의 강수량을 합한 값임.

12월의 누적 강수량=연 강수량

적도 수렴대가 북반구에 위치하는 (가) 시기는 7월, A는 싱가포르, B는 방콕, C는 칭다오이다. ⑤ (가) 7월은 북극권에서 남극권으로 갈수록 밤의 길이가 길어지므로 싱가포르(A)의 밤의 길이가 칭다오(C)보다 길다.

바로잡기 ① 방콕(B)은 (가) 7월에 해양성 기단의 영향을 주로 받아 우기가 나타난다. ② 연중 고온 다습한 싱가포르(A)는 여름철 우기가 나타나는 방콕(B)보다 여름 강수 집중률이 낮다. ③ 방콕(B)은 칭다오(C)보다 저위도에 위치하므로 기온의 연교차가 작다. ④ 연 강수량은 A>B>C 순으로 많다.

404 몬순 아시아의 국가별 음식 문화 및 기후 특색 이해하기

(가)는 코코넛밀크, 삼발 소스, 바나나 잎 등과 관련 있으므로 열대 기후가 나타나는 국가의 음식이다. 나시르막은 말레이시아의 전통 요리이다. (나)는 건조 기후가 나타나는 국가의 음식으로, 허르헉은 몽골의 전통 음식이므로 (나)는 몽골이다. ㄱ. (나) 몽골은 (가) 말레이시아보다 고위도 내륙에 위치하므로 기온의 연교차가 크다. ㄷ. 건조 기후가 나타나는 (나) 몽골은 (가) 말레이시아보다 강수량 대비 증발량이 많다.

바로잡기 ㄴ. (나) 몽골은 (가) 말레이시아보다 고위도 내륙에 위치하므로 최한월 평균 기온이 낮다. ㄹ. 건조 기후가 나타나는 (나) 몽골은 열대 기후가 나타나는 (가) 말레이시아보다 단위 면적당 수목 밀도가 낮다.

405 몬순 아시아와 오세아니아의 농업 특색 파악하기

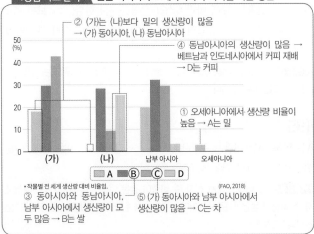

1등급 자료 분석   몬순 아시아와 오세아니아의 지역별 작물 생산

② (가)는 (나)보다 밀의 생산량이 많음
→ (가) 동아시아, (나) 동남아시아

④ 동남아시아의 생산량이 많음 →
베트남과 인도네시아에서 커피 재배
→ D는 커피

① 오세아니아에서 생산량 비율이
높음 → A는 밀

③ 동아시아와 동남아시아,
남부 아시아에서 생산량이 모
두 많음 → B는 쌀

⑤ (가) 동아시아와 남부 아시아에서
생산량이 많음 → C는 차

(가)는 동아시아, (나)는 동남아시아, A는 밀, B는 쌀, C는 차, D는 커피이다. ① (가) 동아시아는 남부 아시아보다 차(C) 생산량이 많다.

바로잡기 ② (나) 동남아시아는 (가) 동아시아보다 커피(D) 생산량이 많다. ③ 밀(A)은 생산지에서 주로 소비되는 쌀(B)보다 국제 이동량이 많다. ④ B(쌀)은 식량 작물, 차(C)는 기호 작물에 해당한다. ⑤ 차(C)의 세계 생산량 1위 국가는 중국이지만, 커피(D)의 세계 생산량 1위 국가는 브라질이다.

---

09 주요 자원 및 산업 구조와 민족 및 종교

분석 기출 문제
83~87쪽

[핵심 개념 문제]

406 철광석, 석탄		**407** 중국	**408** 쌀	**409** ○	**410** ○	**411** ×
412 ㉠	**413** ㉢	**414** ㉡	**415** ㉡	**416** ㉠, ㉡	**417** ㉡	**418** ㄱ
419 ㄴ						

420 ②	**421** ③	**422** ①	**423** ②	**424** ④	**425** ②	**426** ④
427 ①	**428** ④	**429** ⑤	**430** ④	**431** ①	**432** ③	**433** ③
434 ④	**435** ②	**436** ①	**437** ②			

[1등급을 향한 서답형 문제]

438 (가) 일본, (나) 오스트레일리아, (다) 인도네시아   **439** 예시 답안 오스트레일리아는 일본에 지하자원을 수출하고, 일본은 오스트레일리아에 공산품을 수출함으로써 양국이 협력하고 있다.   **440** A – 불교, B – 힌두교, C – 이슬람교, D – 크리스트교   **441** 예시 답안 카슈미르 지역에서는 인도의 힌두교(B) 신자와 파키스탄의 이슬람교(C) 신자가 첨예하게 대립하고 있다.

420

㉠은 석탄이다. 중국은 석탄 매장량이 풍부하지만 소비량이 많아 오스트레일리아(㉡) 등지로부터 많은 양을 수입하고 있다.

421

오스트레일리아 서부에서 몬순 아시아로 이동하는 자원은 철광석이고, 오스트레일리아 동부에서 몬순 아시아로 이동하는 자원은 석탄이다. 따라서 A는 철광석, B는 석탄이다.

1등급 정리 노트   몬순 아시아와 오세아니아의 자원 분포와 이동

석탄	• 중국, 인도, 오스트레일리아 등지에서 생산 • 산업용 연료로 공업이 발달한 동아시아로 수출
철광석	• 중국, 오스트레일리아, 인도 등지에서 생산 • 제철, 조선 등 중화학 공업이 발달한 동아시아로 수출
천연가스	• 중국, 오스트레일리아, 인도네시아 등지에서 생산 • 인도네시아에서 동아시아 지역으로 많이 수출
쌀	• 전 세계 생산량의 90% 이상을 몬순 아시아에서 생산 • 생산지에서 주로 소비하므로 국제적 이동량이 적음
밀	• 인도, 중국, 오스트레일리아에서 많이 생산 • 오스트레일리아에서 동남아시아, 동아시아 지역으로 수출
축산물	오스트레일리아와 뉴질랜드에서 양모, 소고기, 유제품 등을 동아시아 지역으로 수출

422

(가)는 오스트레일리아·인도·중국에서 생산되는 철광석, (나)는 세 국가 외에 인도네시아에서도 생산되는 석탄이다. 철광석의 생산량은 A의 오스트레일리아가 많고, 석탄의 생산량은 B의 중국이 많다.

바로잡기 ㄷ, ㄹ. 철강 제품의 생산량과 석탄의 소비량 모두 중국(B)이 많다.

423

동남아시아의 타이, 베트남, 인도네시아는 1차 산업의 비중이 높은 편이며, 값싼 노동력을 바탕으로 다국적 기업의 생산 공장이 잇따라 입지하면서 신흥 공업 국가로 발돋움하고 있다.

바로잡기 ㄴ. 베트남만 해당한다. ㄷ. 인도네시아는 석탄, 석유, 천연가스 등의 생산량이 많다.

424

㉠은 쌀, ㉡은 밀이다. ④ 쌀은 밀보다 단위 면적당 생산량이 많아 인구 부양력이 크다.

바로잡기 ① 쌀의 원산지는 동남아시아로 알려져 있다. ② 밀가루나 옥수수에 대한 설명이다. ③ 밀이 쌀보다 세계의 재배 면적이 넓다. ⑤ 우리나라는 밀보다 쌀의 자급률이 높다.

425

(가)와 같이 소를 방목하는 지역은 지도의 A이고, (나)와 같이 대규모로 밀 농사를 짓는 지역은 지도의 C이다.

바로잡기 B 지역에서는 양의 목축이 주로 이루어진다.

426

(가)는 무역 규모가 가장 큰 중국, (나)는 정밀 기계 제품을 수출하므로 일본, (다)는 인도이다. ④ 선진국인 일본이 개발 도상국인 인도보다 노년층 인구 비중이 높다.

427

⑺는 공업 제품의 수출 비중이 매우 높은 중국, ⑼는 광산품의 수출 비중이 매우 높은 오스트레일리아, ⒟는 인도이다.

428

④ 오스트레일리아는 수출액과 수입액이 비슷한데, 일본과의 수출입 비중이 미국과의 수출입 비중보다 높다. 따라서 오스트레일리아는 미국보다 일본과의 무역액이 더 많다.

429

A는 아리안족, B는 드라비다족이다. 남부 아시아에는 오래전부터 드라비다족(B)이 거주하고 있었으나, 아리안족(A)의 침입 이후 남부에는 드라비다족(B)이, 중부와 북부에는 아리안족(A)이 주로 거주하게 되었다. ③ 아리안족(A)이 드라비다족(B)보다 피부색이 밝다.

430

오스트레일리아 내륙의 건조 기후 지역과 북부의 열대 기후 지역 등에 주로 거주하는 사람들은 애버리지니(C)이고, 뉴질랜드의 북섬과 남섬에 산재하는 형태로 거주하는 사람들은 마오리족(D)이다.

431

㉠은 중국의 신장웨이우얼 자치구에 주로 거주하는 위구르족이다. 지도의 A는 위구르족, B는 티베트족, C는 후이족, D는 좡족, E는 만주족이 주로 거주하는 지역이다.

432

지도의 A는 타밀족이고, B는 신할리즈족이다. 타밀족은 힌두교를 주로 신봉하고, 원주민인 신할리즈족은 불교를 주로 신봉한다.

433

인도네시아에서 신자 수 비중이 가장 높은 A는 이슬람교, 필리핀에서 신자 수 비중이 가장 높은 B는 크리스트교, 캄보디아에서 신자 수 비중이 가장 높은 C는 불교이다.

434

⑺는 힌두교, ⑼는 이슬람교의 종교 경관을 나타낸 것이다. ㄴ. 이슬람교는 건축물 등에 아라베스크 문양을 사용한다. ㄹ. 보편 종교인 이슬람교는 민족 종교인 힌두교보다 세계적으로 신자 분포의 공간적 범위가 넓다.

435

A는 인도, B는 네팔, C는 부탄, D는 스리랑카이다. ⑺는 불교, ⑼는 힌두교이다. ㉠은 힌두교, ㉡은 불교이다.

436

여름 계절풍이 불어오는 4월에 송끄란 축제를 개최하는 ㉠은 타이이다. ① 타이는 불교를 주로 신봉한다.

437

제시된 자료는 카슈미르 지역인 B에서 인도와 파키스탄 군인들이 국기 하강식을 하는 모습이다. 남부 아시아의 카슈미르 지역에서는 인도의 힌두교도와 파키스탄의 이슬람교도가 첨예하게 대립하고 있다.

1등급 정리 노트 몬순 아시아와 오세아니아의 지역 갈등

민족과 종교가 다양한 몬순 아시아에서는 갈등과 분쟁이 자주 발생하고 있으며, 오세아니아는 유럽인이 유입되면서 원주민과 갈등을 빚게 되었다.

카슈미르 지역	힌두교를 믿는 인도와 이슬람교를 믿는 파키스탄 간의 갈등
스리랑카	힌두교도를 믿는 타밀족과 불교를 믿는 신할리즈족 간의 갈등
필리핀 민다나오섬	필리핀 정부와 이슬람교를 믿는 모로족 간의 무장 대립
중국	한족과 소수 민족 간의 갈등 → 티베트족이 거주하는 시짱 자치구, 위구르족이 거주하는 신장웨이우얼 자치구
오스트레일리아	유럽인과 애버리지니 간의 토지 소유권 등을 둘러싼 갈등
뉴질랜드	마오리족이 유럽계 이주민을 대상으로 토지 반환을 요구하며 갈등

438

국내 총생산이 가장 많은 ⑺는 일본, 3차 산업의 비중이 높은 ⑼는 오스트레일리아, 2차 산업의 비중이 높은 ⒟는 인도네시아이다.

439

일본은 제조업이 발달하였고, 오스트레일리아는 광물 및 에너지 자원이 풍부하다.

채점 기준	수준
제시된 용어를 모두 사용하여 옳게 서술한 경우	상
제시된 용어를 모두 사용하였으나 한 가지만 옳게 서술한 경우	중
제시된 용어를 모두 사용하였으나 미흡하게 서술한 경우	하

440

A는 중국과 동남아시아 등지의 신자 수 비중이 높으므로 불교, B는 남부 아시아에서 신자 수 비중이 높으므로 힌두교, C는 남부 아시아와 인도네시아 등지에서 신자 수 비중이 높으므로 이슬람교, D는 필리핀과 오스트레일리아 등지에서 신자 수 비중이 높으므로 크리스트교이다.

441

불교(A)와 힌두교(B) 간의 갈등은 스리랑카, 힌두교(B)와 이슬람교(C) 간의 갈등은 카슈미르 지역, 이슬람교(C)와 크리스트교(D) 간의 갈등은 필리핀 민다나오섬에서 나타나고 있다.

채점 기준	수준
갈등이 발생하는 지역, 원인, 현황 모두 옳게 서술한 경우	상
갈등이 발생하는 지역, 원인, 현황 중 두 가지만 옳게 서술한 경우	중
갈등이 발생하는 지역, 원인, 현황 중 한 가지만 옳게 서술한 경우	하

적중 1등급 문제

88~89쪽

442 ②	443 ④	444 ③	445 ⑤	446 ④
447 ②	448 ⑤	449 ⑤		

442 몬순 아시아의 국가별 산업 구조 파악하기

1등급 자료 분석 인도·일본·중국의 산업 구조

국내 총생산이 가장 많음, 2차 산업 생산액 비율이 가장 높음 → 중국

국내 총생산 (조 달러)
12
4
2

국내 총생산이 가장 적음, 100에서 2·3차 산업 생산액 비율을 뺀 1차 산업 생산액 비율이 가장 높음 → 인도

*산업별 생산액 비율은 원의 가운데 값임.

(미국 중앙 정보국 / 세계은행, 2017)

3차 산업 생산액 비율이 가장 높으므로 산업 구조가 고도화된 국가 → 일본

(가)는 중국, (나)는 인도, (다)는 일본이다. ② 세계의 공장으로 불리는 (가) 중국은 (나) 인도보다 2차 산업에 해당하는 제조업의 생산액이 많다.

바로잡기 ① (가) 중국은 동아시아에 위치한다. ③ 세계에서 중국 다음으로 인구가 많은 (나) 인도는 (다) 일본보다 총인구가 많다. ④ (다) 일본은 (가) 중국보다 국내 총생산이 적고 1차 산업 생산액 비율이 낮으므로 1차 산업 생산액이 적다. ⑤ 쌀 생산량은 (가) 중국 > (나) 인도 > (다) 일본 순으로 많다.

443 몬순 아시아와 오세아니아의 자원 분포와 이동 파악하기

1등급 자료 분석 몬순 아시아와 오세아니아의 자원 분포

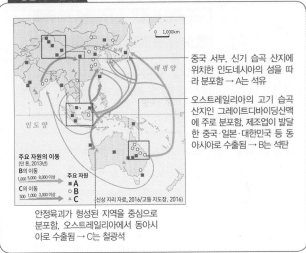

중국 서부, 신기 습곡 산지에 위치한 인도네시아의 섬을 따라 분포함 → A는 석유

오스트레일리아의 고기 습곡 산지인 그레이트디바이딩산맥에 주로 분포함, 제조업이 발달한 중국·일본·대한민국 등 동아시아로 수출됨 → B는 석탄

안정육괴가 형성된 지역을 중심으로 분포함, 오스트레일리아에서 동아시아로 수출됨 → C는 철광석

A는 석유, B는 석탄, C는 철광석이다. ④ 자원의 편재성이 큰 석유(A)는 석탄(B)보다 국제 이동량이 많다.

바로잡기 ①, ② 철광석(C)에 대한 설명이다. ③ 석유(A)에 대한 설명이다. ⑤ 석탄(B)의 최대 생산국은 중국이지만, 석유(A)의 최대 생산국은 2019년 기준 미국이다.

444 몬순 아시아와 오세아니아의 산업 구조 파악하기

1등급 자료 분석 주요 국가의 산업 구조

(다)보다 1차 산업 종사자 비율이 높음 → 오스트레일리아

1차 산업 종사자 비율이 거의 없음 → 싱가포르

인도

(가)   (나)   (다)

■ 1차 산업 ■ 2차 산업 ■ 3차 산업
(세계은행, 2018)

1차 산업 종사자 비율이 가장 높음 → 인도

오스트레일리아

싱가포르

(가)는 인도, (나)는 오스트레일리아, (다)는 싱가포르이다. ㄴ. (가) 인도는 (다) 싱가포르보다 국토 면적이 넓다. ㄷ. 건조 기후가 넓게 나타나는 (나) 오스트레일리아는 총인구가 중국에 이어 두 번째로 많은 (가) 인도보다 인구 밀도가 낮다.

바로잡기 ㄱ. (가) 인도는 남부 아시아에 위치한다. ㄹ. (다) 싱가포르는 (나) 오스트레일리아보다 철광석 수출량이 적다.

445 몬순 아시아와 오세아니아의 국가별 무역 구조 파악하기

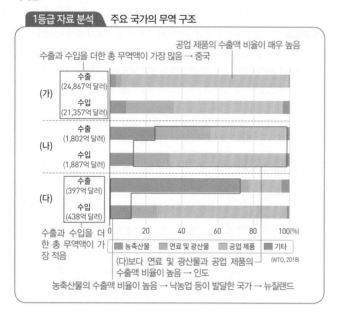

(가)는 중국, (나)는 인도, (다)는 뉴질랜드이다. ⑤ (가) 중국과 (나) 인도는 서로 인접해 있으며, 양국 간 영토 분쟁이 끊이지 않고 있다.

바로잡기 ① (나) 인도는 (다) 뉴질랜드보다 수출과 수입을 더한 총 무역액이 많다. ② (가) 중국은 농축산물보다 연료 및 광산물의 수입액 비율이 높으므로, 연료 및 광산물의 수입액이 농축산물 수입액보다 많다. ③ (가) 중국은 (나) 인도보다 국내 총생산이 많다. ④ (나) 인도는 (다) 뉴질랜드보다 인구 규모가 크므로 3차 산업 종사자 비율은 낮지만, 3차 산업 종사자 수는 많다.

446 몬순 아시아의 종교 분포 파악하기

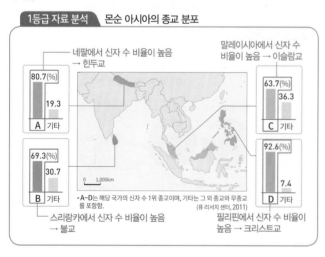

네팔에서 비중이 높은 A는 힌두교, 스리랑카에서 비중이 높은 B는 불교, 말레이시아에서 비중이 높은 C는 이슬람교, 필리핀에서 비중이 높은 D는 크리스트교이다.

바로잡기 ①, ② 이슬람교(C)에 대한 설명이다. ③ 힌두교(A)에 대한 설명이다. ⑤ 불교(B), 이슬람교(C), 크리스트교(D)는 보편 종교이고, 힌두교(A)는 민족 종교에 해당한다.

447 몬순 아시아와 오세아니아의 국가별 수출 구조 파악

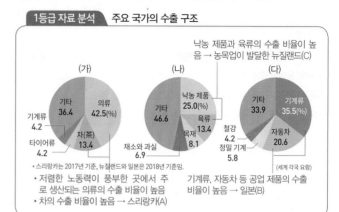

지도의 A는 스리랑카, B는 일본, C는 뉴질랜드이다. (가)는 스리랑카로 지도의 A, (나)는 뉴질랜드로 지도의 C, (다)는 일본으로 지도의 B에 해당한다.

448 몬순 아시아의 민족 및 종교 갈등 파악하기

A는 카슈미르 분쟁 지역으로, 이곳에서는 힌두교를 믿는 인도와 이슬람교를 믿는 파키스탄 간의 갈등이 나타나고 있다. B는 로힝야족이 분포하는 곳으로, 불교 국가인 미얀마는 이슬람교를 믿는 로힝야족을 탄압하고 있다. C는 필리핀의 민다나오섬으로, 이곳에서는 다수의 크리스트교도와 소수의 이슬람교도 간의 분쟁이 나타나고 있다. D는 불교를 믿는 신할리즈족과 힌두교를 믿는 타밀족 간의 갈등이 나타나고 있다.

449 오세아니아의 민족(인종) 갈등 이해하기

양모, 축산업, 유럽계, 마오리족 등의 내용을 통해 ㉠이 뉴질랜드임을 알 수 있다. 지도의 A는 스리랑카, B는 말레이시아, C는 인도네시아, D는 오스트레일리아, E는 뉴질랜드이다.

단원 마무리 문제

90~93쪽

08 자연환경에 적응한 생활 모습

450 ④   451 ④   452 ⑤   453 ①   454 ④   455 ⑤

09 주요 자원 및 산업 구조와 민족 및 종교

456 ⑤   457 ③   458 ⑤   459 ⑤   460 ⑤   461 ③   462 ④

463 ③   464 ①   465 (가) 불교, (나) 이슬람교, (다) 힌두교, (라) 크리스트교   466 예시답안 (가) 불교와 (다) 힌두교 간에 갈등이 발생하는 지역은 스리랑카이다. 스리랑카는 불교를 믿는 신할리즈족이 대부분인데, 과거 영국에 의해 인도의 힌두교를 믿는 타밀족이 플랜테이션 농업을 위해 강제 이주되면서 갈등이 발생하였다.

450

(가)는 (나)보다 강수량이 대체로 적으므로 1월, (나)는 7월이다. A는 칭다오, B는 체라푼지, C는 싱가포르이다. ④ 칭다오(A)는 대륙성 기단의 영향을 주로 받는 (가) 1월이 해양성 기단의 영향을 주로 받는 (나) 7월보다 평균 풍속이 강하다.

바로잡기 ① 세계적 다우지인 체라푼지(B)는 여름철 계절풍의 바람받이 지역으로, 칭다오(A)보다 지형적 요인에 의한 강수가 많다. ② B는 C보다 고위도에 위치하므로 기온의 연교차가 크다. ③ (나) 7월은 남극권에서 북극권으로 갈수록 낮 길이가 길어지므로 A가 C보다 낮 길이가 길다. ⑤ 열대 우림 기후가 나타나는 싱가포르(C)는 열대 몬순 기후가 나타나는 체라푼지(B)보다 1월과 7월의 강수 편차가 작다.

451

A는 건조 기후가 나타나는 지역, B는 히말라야산맥, C는 메콩강, D는 일본, E는 그레이트디바이딩산맥이다. ㄴ. 메콩강은 여러 국가를 흐르는 국제 하천으로 하구에는 삼각주가 형성되어 있어 세계적인 쌀 생산지이다. ㄹ. 고기 습곡 산지인 그레이트디바이딩산맥(E)은 신기 습곡 산지인 히말라야산맥(B)보다 조산 운동을 받은 시기가 이르다.

바로잡기 ㄱ. A는 대륙 내부에 위치해 있어 해양의 습윤한 바람이 영향을 주지 못해 사막이 형성되었다. ㄷ. 환태평양 조산대에 위치한 일본은 해양판과 대륙판이 충돌하는 곳에 위치해 있어 지진과 화산 활동이 활발하다.

452

(가)는 '스시'가 대표적인 음식인 국가이므로 일본, (나)는 '바롱'을 입고 '모르콘'이 유명하므로 필리핀, (다)는 '아오자이', '퍼' 등과 관련 있으므로 베트남이다. 지도의 A는 베트남, B는 필리핀, C는 일본이다.

453

(가)는 열대 기후 지역, (나)는 중국의 화북 지방, (다)는 일본의 다설 지역의 전통 가옥이다. ① 몬순 아시아의 열대 기후가 나타나는 동남 및 남부 아시아 지역의 전통 음식은 찰기가 적은 쌀과 향신료를 많이 사용한다.

바로잡기 ② 치파오는 (나) 중국의 전통 의복이다. ③ 열대 기후가 나타나는 (가)는 중국 화북 지방에 위치하는 (나)보다 저위도에 위치한다. ④ 열대 기후가 나타나는 (가)가 (나)보다 대류성 강수의 발생 빈도가 높다. ⑤ 기온의 연교차는 (나) > (다) > (가) 순으로 높다.

454

(나)를 보면 특징적으로 스리랑카의 생산량이 나타난다. 스리랑카는 중국, 인도와 더불어 차(茶) 생산량이 많은 국가이므로 (나)는 차이고, 차의 생산량이 가장 많은 B는 중국, A는 베트남이다. (가)는 베트남(A)의 생산량이 가장 많으므로 커피이고, (다)는 쌀이다.

바로잡기 ① 베트남(A)의 수도인 하노이는 중국(B)의 수도인 베이징보다 저위도에 위치하므로 연평균 기온이 높다. ② 중국(B)은 베트남(A)보다 제조업 생산액이 많다. ③ (가) 커피의 최대 생산국은 브라질로, 브라질은 라틴 아메리카에 위치한다. ⑤ (나) 차는 (가) 커피보다 국제 이동량이 적다.

455

(가)는 게르를 볼 수 있는 몽골, (나)는 힌디어를 사용하는 인도, (다)는 송끄란 축제가 열리는 타이이다. ⑤ 불교가 국교인 (다) 타이는 힌두교

도 비율이 높은 (나) 인도보다 주민 중 불교도 비율이 높다.

바로잡기 ① (가) 몽골의 전통 가옥은 이동식 가옥인 게르이다. ② (나) 인도는 남부 아시아에 위치한다. ③ (가) 몽골에 대한 설명이다. ④ (가) 몽골은 상대적으로 인구 규모가 크고 다양한 산업이 발달한 (나) 인도보다 국내 총생산이 적다.

456

A는 오스트레일리아의 서부 지역에서 이동하므로 철광석, B는 오스트레일리아의 그레이트디바이딩산맥이 있는 동부 지역에서 이동하므로 석탄이다.

바로잡기 ㄱ. 석탄(B)에 대한 설명이다. ㄴ. 철광석(A)에 대한 설명이다.

457

(가)는 광물 및 에너지 자원과 농산물 등의 수출 비율이 높으므로 오스트레일리아, (나)는 컴퓨터와 통신 기기 등 공업 제품의 수출 비율이 높으므로 중국이다. ③ 선진국인 (가) 오스트레일리아는 (나) 중국보다 1인당 국내 총생산(GDP)이 많다.

바로잡기 ① (가) 오스트레일리아는 남반구에 위치한다. ② (가) 오스트레일리아는 인구 규모가 큰 (나) 중국보다 1차 산업 종사자 수가 적다. ④ (나) 중국은 (가) 오스트레일리아보다 무역 규모가 크다. ⑤ (가) 오스트레일리아는 영어를 주로 사용한다.

458

지도에 표시된 국가는 중국, 일본, 방글라데시, 뉴질랜드이다. 총 종사자가 가장 적은 (가)는 뉴질랜드, 3차 산업 종사자 비율이 상대적으로 높은 (나)는 일본, 총 종사자가 가장 많은 (다)는 중국, 100에서 2·3차 산업 종사자 비율을 뺀 1차 산업 종사자 비율이 가장 높은 (라)는 방글라데시이다. ⑤ (가)~(라) 중 국내 총생산은 인구 규모가 가장 크고 각종 산업이 발달한 (다) 중국이 가장 많다.

바로잡기 ① 이슬람교를 주로 믿는 (라) 방글라데시에 대한 설명이다. ② (가) 뉴질랜드에 대한 설명이다. ③ (나) 일본은 (라) 방글라데시보다 1차 산업 종사자가 적다. ④ 제조업이 발달한 (다) 중국은 낙농업이 발달한 (가) 뉴질랜드보다 수출품 중 낙농 제품이 차지하는 비율이 낮다.

459

(가)는 1960년 오스트레일리아의 수출액 비율이 가장 높으므로 영국이다. (나)는 2019년 오스트레일리아의 최대 수출 국가이므로 중국이다. 오스트레일리아는 최근 중국으로의 철광석과 석탄 등 광물 및 에너지 자원의 수출이 많다. ㄷ. 오스트레일리아는 과거 (가) 영국의 식민 지배를 받았다. ㄹ. 오스트레일리아는 2019년에 (나) 중국, 일본, 대한민국, 인도로의 수출액 비율이 60%를 넘으므로, 1960년보다 2019년에 몬순 아시아에 대한 수출 의존도가 높다고 볼 수 있다.

바로잡기 ㄱ. (가) 영국은 (나) 중국보다 국내 총생산이 적다. ㄴ. (나) 중국은 (가) 영국보다 도시화율이 낮다.

460

(가)는 원료 및 연료 자원의 수출 비율이 높으므로 오스트레일리아(C)이다. (나)는 저렴한 노동력을 이용한 의류의 순위가 높으므로 캄보디아(B)이다. (다)는 방송 장비, 컴퓨터 등 공업 제품의 순위가 높으므로 중국(A)이다.

461

지도에 표시된 국가는 인도, 말레이시아, 필리핀이다. 힌두교 신자수 비율이 높은 (가)는 인도이고, 인도 내에서 힌두교 다음으로 신자수 비율이 높은 C는 이슬람교이며, 이슬람교 신자 수 비율이 높은 (나)는 말레이시아이다. 따라서 (다)는 필리핀이고, 필리핀에서 신자 수비율이 높은 B는 크리스트교이며, 나머지 A는 불교이다.

바로잡기 ① 크리스트교(B)에 대한 설명이다. ② 카슈미르 지역에서는 이슬람교(C)와 힌두교 간의 갈등이 발생하고 있다. ④ 불교(A)는 7세기 초에 기원한 이슬람교(C)보다 기원 시기가 이르다.

462

카슈미르 지역은 이슬람교 신자가 다수이고 힌두교는 소수이므로, A는 힌두교, B는 이슬람교이다.

바로잡기 ㄱ. 힌두교(B)는 민족 종교에 해당한다. ㄷ. 민족 종교인 힌두교(A)는 보편 종교인 이슬람교(B)보다 세계 신자 수가 적다.

463

지도의 A는 미얀마, B는 스리랑카, C는 오스트레일리아, D는 뉴질랜드이다. ③ ㉠은 원주민인 애버리지니와 관련된 국가이므로 지도의 C에 위치한 오스트레일리아이다. ㉡은 로힝야족과 관련 있으므로 지도의 A에 위치한 미얀마이다.

464

㉠은 스리랑카, ㉡은 인도네시아, ㉢은 필리핀이다. ④ ㉣ 티베트족이 거주하는 시짱 자치구는 이슬람교 신자 수 비율이 높은 ㉤ 신장웨이우얼 자치구보다 불교 신자 수 비율이 높다.

바로잡기 ① ㉠ 스리랑카는 인도양에 있으므로 환태평양 조산대에 위치하지 않는다.

465

(가)는 몽골과 인도차이나 반도의 국가에 주로 분포하므로 불교이다. (나)는 파키스탄, 방글라데시, 인도네시아, 말레이시아 등에 주로 분포하므로 이슬람교이다. (다)는 인도, 네팔을 중심으로 분포하므로 민족 종교인 힌두교이다. (라)는 필리핀에 나타나므로 크리스트교이다.

466

(가) 불교와 (다) 힌두교 간에 갈등이 발생하는 지역은 스리랑카이다.

채점 기준	수준
스리랑카의 종교 갈등 양상과 그 원인을 옳게 서술한 경우	상
스리랑카의 종교 갈등 양상과 원인 중 한 가지만 옳게 서술한 경우	중
스리랑카의 종교 갈등 양상과 원인 모두 서술하지 못한 경우	하

Ⅴ 건조 아시아와 북부 아프리카

10 자연환경에 적응한 생활 모습

분석 기출 문제
95~98쪽

[핵심 개념 문제]

467 ㉠ 468 ㉠ 469 ㉡ 470 ○ 471 ○ 472 ○
473 사하라 사막 474 흙집 475 대추야자 476 ㉡ 477 ㉠
478 ㄱ 479 ㄴ

---

480 ③ 481 ① 482 ⑤ 483 ② 484 ② 485 ④ 486 ②
487 ⑤ 488 ① 489 ① 490 ③ 491 ①

1등급을 향한 서답형 문제

492 ㉠ 천막집(이동식 가옥), ㉡ 흙집(흙벽돌집) 493 **예시 답안** ㉠ 천막집(이동식 가옥)은 이동 생활에 편리하도록 설치와 철거가 쉽다. ㉡ 흙집(흙벽돌집)은 큰 일교차를 조절하고, 뜨거운 햇볕을 막기에 유리하다.

494 카나트 495 **예시 답안** 건조 기후 지역은 강수량이 적고 증발량이 많아 수분 증발에 따른 손실을 막기 위해 수로를 지하에 설치하였다.

496 **예시 답안** 카나트는 주로 높은 산지 부근에서 발달한다. 높은 산지 주변 지역은 지형성 강수의 영향으로 비교적 강수량이 많아 산지에 내린 비가 스며들어 지하수를 만들기 때문이다.

480

(가)는 여름에 고온 건조하고 겨울에 온난 습윤하므로 지중해성 기후(Cs)이다. (나)는 연 강수량이 250㎜ 미만이므로 사막 기후(BW), (다)는 연 강수량이 250~500㎜이므로 스텝 기후(BS)이다. 지도의 A는 이집트의 카이로, B는 터키의 메르신, C는 아프가니스탄의 카불이다. 따라서 (가)는 B, (나)는 A, (다)는 C이다.

1등급 정리 노트 건조 아시아와 북부 아프리카의 기후

사막 기후	• 연 강수량 250㎜ 미만 → 식생이 매우 빈약함 • 대부분 맑은 날씨가 이어져 기온의 일교차가 큼 • 분포: 아열대 고압대 지역, 중위도 대륙 내부 지역 ⑩ 북부 아프리카 일대, 아라비아반도, 이란고원, 중앙아시아 등
스텝 기후	• 연 강수량 250~500㎜ • 짧은 우기가 나타나며 키 작은 풀이 자라는 초원을 이룸 • 분포: 사막 가장자리 지역 ⑩ 북부 아프리카와 아라비아반도의 사막 주변 지역, 터키와 이란의 고원 지대, 중앙아시아의 북쪽에 위치한 카자흐스탄 등
지중해성 기후	• 고온 건조한 여름, 온난 습윤한 겨울(편서풍의 영향) • 중위도 고압대의 영향 • 분포: 지중해와 흑해 연안 지역

481

(가), (나)는 건조 기후 지역으로, (가)는 스텝 기후, (나)는 사막 기후가 나타나는 지역이다. (나) 사막 기후 지역과 비교한 (가) 스텝 기후 지역의 상대적 특징은 연 강수량이 많아 초지가 잘 형성되므로 토양 내 유기물 함량 비율이 높고, 단위 면적당 가축 사육 두수가 많다.

482

A는 아틀라스산맥, B는 사하라 사막 일대, C는 나일강, D는 아나톨리아고원, E는 티그리스·유프라테스강, F는 시르다리야·아무다리야강이다. ⑤ C, E 유역의 충적 평야 지대는 고대 문명의 발상지로 일찍부터 인구가 밀집하고 도시가 발달하였다.

바로잡기 ① 일반적으로 산맥은 지역의 교류를 방해하는 장애물 역할을 한다. 아틀라스산맥(A)은 높고 험준하여 문명을 연결하는 다리 역할을 했다고 볼 수 없다. 아시아와 유럽 문명을 연결하는 다리 역할을 한 것은 아나톨리아고원(D)이다. ② 사하라 사막(B)은 아열대 고압대의 영향을 받는 지역에 위치한다. ③ 비옥한 삼각주는 나일강(C) 하구에 형성되어 있다. ④ 아틀라스산맥(A)과 아나톨리아고원(D)은 신기 습곡 산지에 해당하여 지각이 불안정하고 지진이 잦다.

483

검은색은 햇빛을 흡수하므로 옷 안의 온도가 높아지면 데워진 공기가 목 위로 올라가거나 옷감의 작은 구멍들 사이로 빠져나가고, 발 아래에서 외부의 찬 공기가 들어와 마치 바람이 부는 것처럼 공기의 순환이 일어난다. 이 과정에서 땀이 마르면서 몸의 열이 내린다. 이처럼 검은색 옷에는 공기 순환의 원리가 숨어 있다.

484

(가)는 밀로 만든 난, (나)는 양고기나 닭고기 등으로 만든 케밥이다. (가), (나)는 건조 지역에서 이동하며 생활하는 유목민들에게 적합한 음식이다. 난은 요리 과정에서 물 소비가 적고 잘 상하지 않으며, 케밥은 고기를 작게 만들어 굽기 때문에 빨리 익어 땔감이 적게든다.

바로잡기 ㄴ. 케밥은 식생이 부족한 건조 기후 지역에서 땔감을 적게 사용할 수 있는 음식이다. ㄹ. ㉠은 밀, ㉡은 양고기나 쇠고기, 닭고기 등이 해당한다. 대부분 이슬람교를 믿는 건조 기후 지역의 주민들은 돼지고기를 먹지 않는다.

485

(가)는 사막 기후 지역의 흙집(흙벽돌집), (나)는 스텝 기후 지역의 천막집(이동식 가옥)이다. 사막 기후 지역에서는 나무를 구하기 어려워 흙집이나 흙벽돌집을 짓는다. 짧은 우기가 나타나며 키가 작은 풀이 자라 초원을 이루는 스텝 기후 지역에서는 유목이 발달하여 이동에 편리한 천막집을 짓는다. 천막집은 대개 나무로 된 뼈대를 설치하고, 동물의 가죽이나 털로 짠 두꺼운 천을 두르는 형태이다.

바로잡기 ㄱ. (가) 사막 기후 지역은 기온의 일교차가 연교차보다 크다. ㄷ. (나)에 대한 설명이다.

1등급 정리 노트	**흙집과 천막집**
흙집 (흙벽돌집)	• 그늘이 생기도록 집들을 촘촘하게 붙여 지음 • 극심한 일교차, 강한 일사와 모래바람을 막기 위해 창문이 작고 벽이 두꺼움 • 강수량이 적어 지붕이 평평함 • 바드기르: 공기 정화, 온도 조절을 위한 특수 장치
천막집 (이동식 가옥)	• 물과 풀을 찾아 이동함 → 조립과 분해가 쉬운 천막집에서 생활함 ⑩ 중앙아시아 유목민의 유르트, 북부 아프리카와 서남아시아 베두인족의 텐트 등 • 가축의 가죽을 주요 재료로 사용함 → 나무로 뼈대를 세우고 가축의 털이나 가죽, 천 등으로 덮음 • 양탄자(융단): 큰 일교차 대비, 실내 장식용

486

일부 서남아시아의 지역의 가옥에서는 페르시아어로 '바람잡이'라는 뜻의 바드기르를 볼 수 있다. 바드기르는 카나트를 활용하여 공기를 정화하고 온도를 조절하는 냉방 시설로, 연중 아열대 고압대의 영향으로 증발량이 강수량보다 많은 기후 특성을 반영한 것이다.

바로잡기 ㄴ. 건조 기후 지역에서는 주로 양과 염소 등을 사육한다. ㄹ. 열대 기후 및 온대 계절풍 기후 지역에 대한 설명이다.

487

문학 작품은 북부 아프리카의 사하라 사막을 횡단하여 이집트의 피라미드를 찾아가면서 겪은 이야기이다. ㉡ 대상은 낙타에 짐을 싣고 무리를 지어 먼 곳으로 다니면서 생필품을 교역하는 사람을 의미하며, 여러 지역의 소식을 알려 주고 상품을 거래할 뿐만 아니라 다양한 문화가 서로 교류하는 데에도 큰 역할을 하였다. ㉢ 베두인족은 가축과 함께 초지를 찾아 이동하며 살아온 유목민으로, 동물의 가죽이나 털로 만든 천막집에서 생활한다. ㉣ 젤라바는 모자가 달린 헐렁한 옷으로 낮에는 뜨거운 햇볕과 모래바람을 막아 주고 밤에는 몸을 따뜻하게 해 준다.

바로잡기 ㄱ. 나일강이 주기적으로 범람하면서 충적층이 형성되고, 토양의 비옥도가 증가하여 일찍부터 농경과 문명이 발달하였다.

488

건조 아시아와 북부 아프리카 지역은 대부분 건조 기후가 나타난다. 주민들은 강한 일사로부터 몸을 보호하고, 일교차가 큰 기온에 대비하기 위해 전신을 가리는 옷을 입는다. 케피에는 사막 지역 주민들이 머리에 쓰는 두건으로, 뜨거운 햇볕으로부터 머리를 보호해 준다.

바로잡기 ② 양은 전통적인 유목으로 사육하는데, 목축의 규모가 영세하고 자급적이다. ③ 건조 기후 지역은 강수량이 적어 식생이 자라기 어려운 무수목 기후로 땔감을 구하기 어렵다. 따라서 얇게 썬 고기를 익혀 먹는다. ④ 대추야자는 오아시스나 관개 농업 지역에서 재배한다. 이동식 경작은 주로 열대 기후 지역에서 잘 나타난다. ⑤ 흙집(흙벽돌집)의 벽은 두껍고 창문은 작은데, 이는 기온의 일교차가 크고 습도가 낮은 기후 조건을 반영한 것이다.

489

알제리의 우아르글라는 오아시스 농업이 발달한 것으로 보아 건조 기후 지역에 해당한다. 이곳은 사막과 소금 평원으로 둘러싸여 있으며, 유목민의 정착지와 시가지, 주거 및 상업 지역 등이 곳곳에 형성되어 있다. 오아시스 주변에서는 대추야자 열매를 판매하는 가게와, 통풍이 잘되는 얇고 긴 옷을 입은 사람들을 볼 수 있다.

바로잡기 ㄷ. 온대 기후 지역의 모습이다. ㄹ. 열대 기후 지역의 모습이다.

490

(가)는 아열대 고압대의 영향을 받는 건조 기후 지역이다. ㉡ 오아시스에서 가장 많이 재배되는 대추야자는 염분에 잘 견디는 내염성 작물이기 때문에 건조 기후 지역의 주민에게 중요한 식량 자원이 되었다.

바로잡기 ㄱ. 건조 기후 지역은 강수량이 매우 적기 때문에 물을 얻을 수 있는 오아시스에서 자급적 목적으로 밀이나 보리를 재배한다. 일부 지역에서는 관개를 통해 밀 등의 작물을 대규모로 재배한다. ㄹ. 지하 관개 수로(카나트)는 인근 산지로부터 공급되는 물을 이용한 관개 시설이다.

491

지도의 (가) 국가는 사우디아라비아로, 주로 사막 기후가 나타난다. 사막 기후 지역에서는 지하에서 끌어 올린 물을 파이프라인을 따라 스프링클러로 분사하여 건조한 환경에서도 비교적 잘 자라는 밀, 보리 등을 대규모로 재배하기도 한다. 최근 이러한 관개 시설의 발달로 경작지가 늘어나고 있다.

바로잡기 ② 밀 등의 작물을 대규모로 재배한다. ③ 유목보다는 정착 생활에 적합한 토지 이용 방식이다. ④ 관개 시설의 발달로 경작지가 증가하고 있다. ⑤ 관개 시설은 주로 건조 기후 지역에서 사용하며, 연 증발량이 연 강수량보다 많은 지역이다.

492

스텝 기후 지역의 유목 생활을 하는 주민들은 천막집(이동식 가옥)에서 생활하며, 사막 기후 지역에서 정착 생활을 하는 주민들은 주변에서 쉽게 구할 수 있는 흙을 이용하여 집을 짓는다.

493

천막집(이동식 가옥)은 설치와 철거가 쉽고, 흙집(흙벽돌집)은 뜨거운 햇볕을 막기에 유리하다.

채점 기준	수준
두 가옥의 특징 모두 옳게 서술한 경우	상
두 가옥의 특징 중 한 가지만 옳게 서술한 경우	중
두 가옥의 특징 모두 서술하지 못한 경우	하

494

제시된 시설물은 이란의 지하 관개 수로인 카나트를 나타낸 것이다.

495

건조 기후 지역은 강수량이 적고 증발량이 많아 지표수가 쉽게 증발한다.

채점 기준	수준
증발량, 수분 손실과 관련하여 옳게 서술한 경우	상
증발량, 수분 손실과 관련하여 일부만 옳게 서술한 경우	중
증발량이 많다고만 서술한 경우	하

496

카나트는 높고 험준한 산지 부근에서 발달한다.

채점 기준	수준
높은 산지, 지형성 강수, 지하수를 모두 포함하여 옳게 서술한 경우	상
높은 산지, 지형성 강수, 지하수 중 일부만 포함하여 옳게 서술한 경우	중
높은 산지에서 발달하기에 유리하다고만 서술한 경우	하

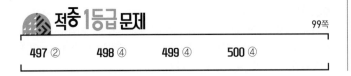

적중 **1등급** 문제   99쪽

497 ②	498 ④	499 ④	500 ④

497 건조 아시아와 북부 아프리카 국가의 지리적 특징 이해

(가)는 이슬람교 최대 성지인 메카가 있는 사우디아라비아이다. (나)는 이슬람 국가로 사하라 사막이 국기의 의미에 포함되어 있으므로 사하라 사막 주변에 위치한 모리타니아이다. (다)는 유목이 발달하였고 중앙아시아 유목민들의 이동식 가옥인 '유르트'가 국기에 형상화되어 있으므로 중앙아시아에 위치한 키르기스스탄이다. 지도의 A는 모리타니, B는 사우디아라비아, C는 키르기스스탄이다.

498 건조 아시아와 북부 아프리카 국가의 지리적 특징 이해

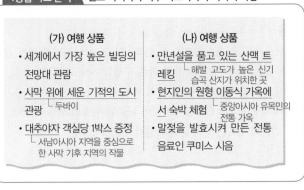

1등급 자료 분석   건조 아시아와 북부 아프리카의 지리적 특성

(가) 여행 상품	(나) 여행 상품
• 세계에서 가장 높은 빌딩의 전망대 관람	• 만년설을 품고 있는 산맥 트레킹 └ 해발 고도가 높은 신기 습곡 산지가 위치한 곳
• 사막 위에 세운 기적의 도시 관광 └ 두바이	• 현지인의 원형 이동식 가옥에서 숙박 체험 └ 중앙아시아 유목민의 전통 가옥
• 대추야자 객실당 1박스 증정 └ 서남아시아 지역을 중심으로 한 사막 기후 지역의 작물	• 말젖을 발효시켜 만든 전통 음료인 쿠미스 시음

(가)는 아랍 에미리트의 두바이로 세계에서 가장 높은 빌딩인 부르즈 할리파가 있다. (나)는 키르기스스탄의 비슈케크이고, 신기 습곡 산지가 지나며 유목민의 전통 이동식 가옥인 유르트를 체험할 수 있는 숙박 시설이 있다. 지도의 A는 이집트의 카이로, B는 이스라엘의 예루살렘, C는 아랍 에미리트의 두바이, D는 키르기스스탄의 비슈케크이다.

499 사막 기후 지역과 스텝 기후 지역 주민들의 생활 모습 비교하기

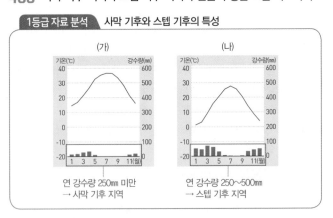

1등급 자료 분석   사막 기후와 스텝 기후의 특성

연 강수량 250mm 미만 → 사막 기후 지역

연 강수량 250~500mm → 스텝 기후 지역

(가)는 리야드, (나)는 타슈켄트의 기후 그래프이다. (가) 사막 기후 지역에서는 강한 햇볕과 모래바람을 피하기 위해 온몸을 감싸는 형태의 옷을 입는다. 또한 그늘이 생기도록 가옥들을 촘촘하게 붙여서 짓기 때문에 (나) 스텝 기후 지역에 비해 가옥 간의 거리가 가깝다. 건조 기후에 속하는 두 기후 지역 모두 강수량보다 증발량이 많으며 일교차가 커서 주민 생활에 불리하기 때문에 물을 얻을 수 있는 오아시스나 외래 하천을 중심으로 사람들이 모여 살았다.

바로잡기 ㄴ. (나) 스텝 기후 지역은 무수목 기후에 해당하여 나무를 보편적인 가옥 재료로 사용하지 않는다.

500 건조 아시아와 북부 아프리카의 주요 하천 특성 파악하기

나일강과 시르다리야·아무다리야강

- 유역 국가 간 물 분쟁을 겪고 있음
- 고산 기후 지역에서 발원하여 사막과 스텝 지역을 거쳐 아랄해로 유입하는 국제 하천임

시르다리야강
아무다리야강 (나)
(가)
나일강

0   1,000km

- 유역 국가 간 물 분쟁을 겪고 있음
- 적도 부근의 고원 지대에서 발원하여 사막을 지나 지중해로 흘러드는 국제 하천임
- 세계 4대 고대 문명 중 하나인 이집트 문명의 발상지임

(가)는 나일강, (나)는 시르다리야·아무다리야강이다. 두 하천 모두 상류 국가에서 댐을 건설하면서 수자원 이용 관련 분쟁을 겪고 있다. 나일강은 적도 부근의 동아프리카에서 발원하고, 시르다리야·아무다리야강은 고산 기후 지역인 톈산산맥 부근에서 발원한다. 나일강은 세계 4대 고대 문명 중 하나인 이집트 문명의 발상지이다. 따라서 (가)는 D, (나)는 B에 해당한다.

---

11 주요 자원과 산업 구조 및 사막화

분석 기출 문제 101~105쪽

[핵심 개념 문제]

501 ×	**502** ○	**503** ○	**504** ○	**505** ㉠	**506** ㉡
507 아랍 에미리트		**508** 사헬 지대		**509** 아랄해	**510** ㄴ
511 ㄱ					

---

512 ④	**513** ①	**514** ④	**515** ①	**516** ⑤	**517** ②	**518** ①
519 ④	**520** ④	**521** ①	**522** ③	**523** ②	**524** ②	**525** ⑤
526 ③	**527** ②					

528 국제 석유 가격이 하락하면 주요 산유국의 1인당 국내 총생산이 감소한다. **529** 주요 산유국은 화석 에너지 자원 중심의 산업 구조로 국제 석유 가격 변동에 취약하다. 이를 해결하기 위해 첨단 산업 및 서비스 산업 육성을 통한 산업 구조의 다변화 노력이 필요하다. **530** 급격한 인구 증가에 따른 과다한 방목, 경작지 개간, 삼림 벌채 등 **531** 사헬 지대 **532** 사막화 방지 협약을 맺고, 사막화 방지와 사막화가 진행 중인 개발 도상국을 재정적·기술적으로 지원하고 있다.

512

서남아시아는 석유와 천연가스 모두 매장량 비중이 가장 높다. 북부 아프리카보다 중앙아시아의 매장량 비중이 높은 (가)는 천연가스이며, 북부 아프리카의 매장량 비중이 높은 (나)는 석유이다.

513

사우디아라비아의 생산량이 가장 많은 A는 석유이며, 석유가 생산되는 지역에서 주로 생산되는 B는 천연가스이다. ② 건조 아시아와 북부 아프리카에서 석유는 서남아시아>북부 아프리카>중앙아시아 순으로 생산량이 많다. ④ 석유는 천연가스보다 세계 총 생산량에서 건조 아시아와 북부 아프리카가 차지하는 비중이 높다. ⑤ 석유와 천연가스는 생산지에서 수출항까지 파이프라인을 통해 운송된다.

① 전 세계 석유 생산량의 30% 이상이 서남아시아의 페르시아만 연안에서 생산되며, 동아시아와 북아메리카, 유럽 등 경제 발전 수준이 높거나 공업이 발달한 지역에서 주로 소비된다.

석유 및 천연가스의 분포와 이동

분포	• 페르시아만 연안: 전 세계 석유 매장량의 절반 이상, 세계 총 석유 생산량의 30% 이상 생산 • 북부 아프리카: 알제리, 리비아 등 • 카스피해 연안: 제2의 페르시아만으로 불림
생산	• 석유: 서남아시아>북부 아프리카>중앙아시아 순으로 많음 • 천연가스: 서남아시아>중앙아시아>북부 아프리카 순으로 많음
이동	주로 송유관(파이프라인)과 유조선을 통해 수송 → 유럽과 동아시아, 북아메리카 등으로 수출됨

514

(가)는 이라크, 아랍 에미리트, 쿠웨이트 등 주로 페르시아만 연안에서 생산되므로 석유이다. 따라서 (가) 석유의 생산량이 가장 많은 A는 사우디아라비아, B는 이란이다. (나)는 투르크메니스탄 등 카스피해 연안에서 생산되므로 천연가스이다.

② (나) 천연가스에 대한 설명이다. ③ (가) 석유는 주로 수송용 및 산업용 등으로 사용되며, (나) 천연가스는 주로 발전용, 상업 및 가정용으로 사용된다. ⑤ 석유와 천연가스는 신생대 제3기 배사 구조에 주로 매장되어 있다.

515

(가)는 도시화율이 높고, 2차 산업 종사자 비중이 가장 높으므로 사우디아라비아이다. (나)는 제조업의 급성장으로 도시화율이 높고 (다)보다 1차 산업 종사자 비중이 높으므로 터키이다. 따라서 (다)는 카자흐스탄이다. 1차 산업 종사자 비중은 (나) 터키>(다) 카자흐스탄>(가) 사우디아라비아 순으로 높고, 2차 산업 중 광업의 종사자 비중은 (가) 사우디아라비아>(다) 카자흐스탄>(나) 터키 순으로 높으며, 2차 산업 중 제조업의 종사자 비중은 (나) 터키>(가) 사우디아라비아>(다) 카자흐스탄 순으로 높다. ② 2015년의 도시 인구 비중은 (가) 사우디아라비아>(나) 터키>(다) 카자흐스탄 순으로 높다. ④ 1970~2015년의 도시 인구 증가율은 (나) 터키>(가) 사우디아라비아>(다) 카자흐스탄 순으로 높다. ⑤ 3차 산업 종사자 비중은 (다) 카자흐스탄>(나) 터키>(가) 사우디아라비아 순으로 높다.

① (가) 사우디아라비아는 (나) 터키보다 1차 산업 종사자 비중이 낮다.

구분	자원이 풍부한 국가	자원이 부족한 국가
해당 국가	사우디아라비아, 아랍 에미리트, 카타르 등	이집트, 터키, 시리아, 키르기스스탄 등
산업 구조	2차, 3차 산업 중심	1차, 3차 산업 중심
인구의 자연 증가율	낮음	높음
1인당 국내 총생산 (GDP)	많음	적음
도시화율	높음	낮음
1인당 에너지 소비량	많음	적음
외국인 노동자 비중	높음	낮음

516

사우디아라비아는 화석 에너지 생산으로 축적된 자본을 사회 기반 시설 구축에 투자하여 건설업 일자리를 많이 창출하였기 때문에 아시아와 아프리카의 국가에서 많은 남성 노동자들이 유입되었다.

517

그래프에서 A는 (가) 국가군에서 높게 나타나는 항목이며, B는 (나) 국가군에서 높게 나타나는 항목이다. (가) 국가군은 화석 에너지 자원이 풍부하여 (나) 국가군보다 도시화율이 높고, 화석 에너지 생산량이 많다. (나) 국가군은 화석 에너지 자원이 부족하여 (가) 국가군보다 1차 산업 종사자 비중이 높고, 인구의 자연 증가율이 높게 나타난다.

518

석유의 수출 비중이 높은 (다)는 사우디아라비아, 공업 제품의 수출 비중이 높은 (가)는 터키, 식료품의 수출 비중이 높은 (나)는 아프가니스탄이다. 수출액은 (다) 사우디아라비아>(가) 터키>(나) 아프가니스탄 순으로 높다.

바로잡기 ② (가) 터키는 (다) 사우디아라비아보다 1인당 국민 소득이 낮다. ③ (나) 아프가니스탄은 (가) 터키보다 서비스업 종사자 수 비율이 낮다. ④ (나) 아프가니스탄은 (다) 사우디아라비아보다 원자재 및 연료의 수출 비율이 낮다. ⑤ (다) 사우디아라비아는 (나) 아프가니스탄보다 식료품의 수출 비중이 작다.

519

(가) 국가군은 화석 에너지 생산량이 많고 1인당 국내 총생산이 많으므로 사우디아라비아, 아랍 에미리트, 카타르 등이 해당한다. (나) 국가군은 화석 에너지 생산량이 적고 1인당 국내 총생산이 적으므로 터키, 이집트 등이 해당한다. 따라서 (가) 국가군은 (나) 국가군보다 시간당 평균 임금과 도시 인구 비중이 높고, 인구의 자연 증가율이 낮다.

520

(가)~(다)는 화석 에너지 생산 중심의 산업 구조를 다변화하기 위한 세 국가의 지역 개발 정책을 나타낸 것이다. ㄷ. 비전통 석유에는 오일 샌드, 가스 액화 연료, 석탄 액화 연료, 셰일 오일 등이 있다.

바로잡기 ㄴ. (가) 이집트에 대한 설명이다. (나) 아랍 에미리트는 쇼핑몰, 서비스, 이벤트, 사막 체험 등을 활용한 관광 산업을 육성하고 있다.

산업 구조의 특징과 문제점	• 특징: 주요 석유 수출국 → 산업 및 수출 구조에서 석유가 차지하는 비중이 큼 • 문제점: 화석 에너지 자원 고갈, 유가 변동에 따른 국가 재정 및 경제 상황의 변동 폭이 큼, 원유 수요 감소와 비전통 석유의 생산 증가 및 전기차 상용화 등 시장을 둘러싼 구조적 변화
산업 구조 변화를 위한 노력	산업 구조의 다변화 추구 → 정유 공업 및 석유 화학 공업, 금융 산업, 관광 산업, 신·재생 에너지 산업 육성 등

521

사막화는 건조 또는 반건조 지역에서 자연적·인위적 요인으로 식생이 감소하고 토양이 황폐화되는 현상이다. 사막화는 기후 변화에 따른 기상 이변으로 장기간 가뭄이 지속되어 발생한다. 그러나 최근 사막화를 가속화하고 있는 것은 무분별한 벌목, 경작지와 방목지의 확대, 지나친 관개에 따른 토지의 염도 상승 등 인위적 요인이다.

바로잡기 ㄹ. 대기 중 이산화 탄소 농도가 증가하면서 지구 온난화에 따른 장기간의 가뭄으로 사막화가 심화되고 있다.

의미	건조 또는 반건조 지역에서 자연적·인위적 요인에 의해 식생이 감소하고 토양이 황폐화되는 현상
원인	장기간 가뭄, 무분별한 벌목, 과도한 방목과 경작지 개간, 지나친 관개
진행 지역	• 사헬 지대: 1960년대 이후 급격한 인구 증가, 가축의 과다한 방목, 삼림 벌채 등으로 초원이 황폐해져 심각한 사막화가 진행 중임 • 아랄해 연안: 과도한 관개 농업 및 수자원의 남용으로 사막화가 진행되며 호수 주변의 토양이 황폐해짐

522

A는 사하라 사막의 남쪽 가장자리에 위치한 사헬 지대이다. 사헬 지대는 사막 기후와 사바나 기후의 점이적 특성이 나타나는 스텝 지역으로, 사막화가 진행되면서 토양 황폐화로 곡물 생산량이 급격히 줄어들어 사하라 사막 북부 지역보다 곡물 생산량 감소율이 높다.

바로잡기 ㄱ. 곡물 생산량 감소율이 50% 이상이다. ㄹ. (가)의 남부는 다른 지역보다 곡물 생산량의 감소율이 높게 나타난다.

523

지도는 스텝 기후가 나타나는 사하라 사막의 남쪽 사헬 지대에 위치한 수단을 나타낸 것이다. 이 지역은 과도한 목축과 농경, 삼림 벌채 등으로 급속한 사막화가 진행되면서 물이 오염되고 모래 먼지가 증가하여 전염병 환자가 증가하고 있으나, 의료 시설이 부족한 상황이다. 또한 토양이 황폐해지면서 기근과 물 부족 문제가 더욱 심각해져 물을 찾아 다른 지역으로 떠나는 주민들이 증가하고 있다.

바로잡기 ㄴ. 물과 초지가 부족해지면서 이를 둘러싸고 부족 간 갈등이 발생하였다. ㄹ. 모래 먼지의 양이 늘어나 토양과 유기물 성분이 모래 먼지와 함께 날려 가면서 경작지가 황폐화되었으며, 호흡기 질환자가 늘어났다.

524

2003년에 발생해 오늘날까지도 지속되고 있는 다르푸르 분쟁은 아랍계 유목민과 아프리카계 정착 농부 사이의 민족 갈등으로 알려졌으나, 그 이면에는 사막화라는 환경 문제가 숨어 있다. 지도의 A는 알제리, B는 수단, C는 이라크, D는 이란, E는 우즈베키스탄이다.

525

지도에 나타난 니제르, 말리, 차드에서는 1980년에 비해 2014년에 인구 및 가축 사육이 모두 크게 증가하여 사막화가 진행되었다. 이로 인해 토양 황폐화가 심화될 것이며, 식생 및 초지 파괴로 생물 종 다양성이 감소할 것이다. 또한 경작지가 황폐화되면서 토양의 식량 생산 기능이 떨어져 기근이 발생하면서 식품 및 영양 상태의 위험도가 높아지고 주민들은 삶의 터전을 잃고 난민이 되었을 것이다.

바로잡기 ⑤ 사막화로 토양의 결합력이 약해지면 토양 침식이 가속화되고, 모래 먼지가 자주 발생하게 된다.

526

A는 사막화이다. 세계 각국의 정부와 기업은 사막화가 진행 중인 지역의 주민들을 도와주는 한편, 사막화 지역에 나무를 심는 등 사막화를 방지하기 위하여 노력하고 있다.

바로잡기 ①, ②, ⑤ 사막화가 확대될 수 있다. ④ 지진에 따른 피해 방지 대책이다.

527

㉠은 사막화이다. 사막화가 빠르게 진행 중인 지역에서는 사막화 방지를 위해 지나친 방목과 경작을 규제하고 방풍림 조성, 재래종 풀보존 사업, 그린 댐 사업, 관개 방식 개선 사업, 연료용 목재 채취 감소를 위한 태양광 시설 보급 등의 노력을 하고 있다.

528

석유 중심의 산업 구조가 나타나는 국가는 국제 석유 가격 변동에 따라 국가 재정 및 경제 상황의 변화도 크다.

채점 기준	수준
국제 석유 가격과 주요 산유국의 1인당 국내 총생산과의 비례 관계를 옳게 서술한 경우	상
국제 석유 가격과 주요 산유국의 1인당 국내 총생산의 관계를 연결하여 서술하지 못한 경우	하

529

주요 산유국은 화석 에너지 자원 중심의 산업 구조로 국제 석유 가격 변동에 취약하다.

채점 기준	수준
산업 구조와 문제점, 다변화 노력까지 모두 옳게 서술한 경우	상
산업 구조와 문제점만 옳게 서술한 경우	중
석유 중심의 산업 구조라고만 서술한 경우	하

530

사막화를 가속화하는 인위적 요인으로는 인구 증가에 따른 거주 공간 및 경작지 확대, 과도한 목축과 땔감 확보를 위한 삼림 훼손 등이 있다.

531

대표적인 사막화 지역은 아프리카 사하라 사막 남쪽의 사헬 지대와 중앙아시아의 아랄해 일대이다.

532

사막화를 해결하기 위해서는 국제 협력을 통한 공동의 노력이 필요하다.

채점 기준	수준
사막화 방지 협약과 개발 도상국 지원을 모두 옳게 서술한 경우	상
사막화 방지 협약과 개발 도상국 지원 중 한 가지만 옳게 서술한 경우	중
사막화 방지 협약과 개발 도상국 지원을 모두 서술하지 못한 경우	하

적중 1등급 문제

106~107쪽

| 533 ⑤ | 534 ⑤ | 535 ⑤ | 536 ④ | 537 ④ |
| 538 ⑤ | 539 ③ | 540 ① | | |

533 건조 아시아와 북부 아프리카 국가의 지리적 특성 파악

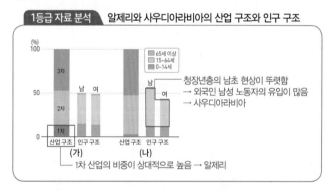

1등급 자료 분석 알제리와 사우디아라비아의 산업 구조와 인구 구조

청장년층의 남초 현상이 뚜렷함
→ 외국인 남성 노동자의 유입이 많음
→ 사우디아라비아

1차 산업의 비중이 상대적으로 높음 → 알제리

(가)는 지중해와 접해 있는 알제리, (나)는 홍해와 접해 있는 사우디아라비아이다.

바로잡기 ㄱ. (나) 사우디아라비아는 외국인 남성 노동자의 유입이 많으므로 외국인 비율은 (가) 알제리보다 높다. ㄴ. (나) 사우디아라비아는 세계 상위 석유 생산국이므로 석유 생산량은 (가) 알제리보다 많다.

534 건조 아시아와 북부 아프리카 국가의 지리적 특성 파악

그래프를 보면 A 자원은 건조 아시아 및 북부 아프리카의 생산량 및 매장량의 비중이 가장 높다. 또한 사하라 이남 아프리카의 나이지리아와 앙골라, 중남부 아메리카의 멕시코와 베네수엘라 볼리바르 등도 주요 생산국이다. 그러므로 A는 석유이다. ⑤ 석유는 주요 수출국을 중심으로 석유 수출국 기구(OPEC)가 결성되어 있다.

바로잡기 ① 석유는 신생대 지층에 주로 매장되어 있다. ② 제철 공업의 주요 원료는 석탄, 철광석 등이다. ③ 석탄에 대한 설명이다. ④ 천연가스에 대한 설명이다.

535 아프리카의 주요 환경 문제

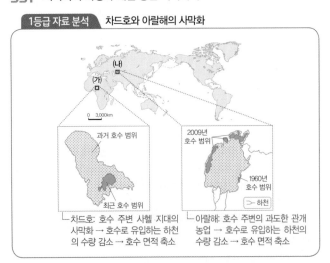

— 사하라 사막 남쪽에 위치한 사헬 지대에 집중되어 있음 → 사막화

— 적도 주변에 집중되어 있음 → 적도 주변은 열대 기후가 나타남 → 열대림 파괴

■ A ■ B

A는 사막화, B는 열대림 파괴 발생 지역이다. ⑤ 사막화와 열대림 파괴는 모두 식생의 밀도가 감소하는 현상이므로 토양 침식이 심화될 수 있다.

바로잡기 ① 남부 아메리카의 칠레에서도 광산 지역을 중심으로 사막화 현상이 나타난다. ② 원목 확보를 위한 대규모 개발은 열대림이 분포하는 열대 우림 기후 지역에 대한 설명이다. ③ 바젤 협약은 유해 폐기물의 국가 간 이동 및 교역을 규제하는 협약이다. ④ 산성비에 대한 설명이다.

536 건조 아시아와 북부 아프리카 주요 국가의 지리적 특징

(가)는 두바이, 아부다비 등의 도시가 있고 휴양 시설 등 관광 중심지로 변모하고 있는 아랍 에미리트이다. (나)는 사헬 지대의 사막화 문제와 관련이 있으며, 다르푸르 분쟁이 있었던 국가인 수단이다. (다)는 석유 수출 순위 1위 국가이며 외국인 근로자의 비율이 높은 사우디아라비아이다. 지도에서 A는 이집트, B는 수단, C는 사우디아라비아, D는 아랍 에미리트이다.

537 사막화의 특성과 해결 방안 파악하기

(나)
(가)

0   3,000km

과거 호수 범위
최근 호수 범위

2009년 호수 범위
1960년 호수 범위
하천

— 차드호: 호수 주변 사헬 지대의 사막화 → 호수로 유입하는 하천의 수량 감소 → 호수 면적 축소

— 아랄해: 호수 주변의 과도한 관개 농업 → 호수로 유입하는 하천의 수량 감소 → 호수 면적 축소

A는 차드호, B는 아랄해로, 사막화로 과거보다 호수의 범위가 축소되었다. 차드호(A)의 범위가 줄어드는 것은 장기간의 가뭄과 차드호로 흘러드는 하천의 물을 관개에 이용하는 등 과도한 경작 및 방목이 주요 원인이다. 중앙아시아에서는 목화 관개 농업이 확대됨에 따라 아랄해(B)로 흘러드는 하천수가 줄어들면서 호수가 있던 자리가 점차 사막으로 변하였다.

바로잡기 ④ 국제 사회는 사막화를 방지하기 위해 사막화 방지 협약(UNCCD)을 체결하였다. 런던 협약은 폐기물의 해양 투기에 따른 해양 오염을 방지하기 위한 국제 협약이다.

538 건조 아시아 및 북부 아프리카 국가의 무역 구조 이해

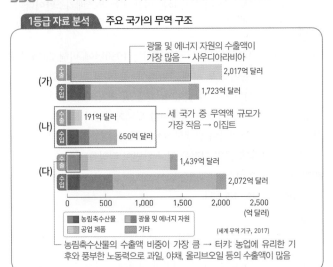

— 광물 및 에너지 자원의 수출액이 가장 많음 → 사우디아라비아

(가) 수출 2,017억 달러
수입 1,723억 달러

(나) 수출 191억 달러 — 세 국가 중 무역액 규모가 가장 작음 → 이집트
수입 650억 달러

(다) 수출 1,439억 달러
수입 2,072억 달러

0   500   1,000   1,500   2,000   2,500 (억 달러)

■ 농림축수산물   ■ 광물 및 에너지 자원
■ 공업 제품   ■ 기타

(세계 무역 기구, 2017)

— 농림축수산물의 수출액 비중이 가장 큼 → 터키: 농업에 유리한 기후와 풍부한 노동력으로 과일, 야채, 올리브오일 등의 수출액이 많음

지도의 A는 이집트, B는 터키, C는 사우디아라비아이다. 세 국가 중 (가)는 광물 및 에너지 자원의 수출액이 많으므로 사우디아라비아, (나)는 무역액 규모가 가장 작으므로 이집트, (다)는 농림축수산물의 수출액 비중이 가장 크므로 터키이다.

539 건조 아시아와 북부 아프리카 국가의 지리적 특징 이해

지도의 A는 이집트, B는 아랍 에미리트, C는 키르기스스탄이다. ①, ④ 아랍 에미리트(B)는 높은 도시화율과 산업의 발달로 청장년층의 남성 노동자의 유입이 많으므로 이집트(A)와 키르기스스탄(C)보다 이주민의 비중이 높으며 성비가 높다. ② 이집트(A)는 아프리카에, 아랍 에미리트(B)와 키르기스스탄(C)은 아시아에 위치한다. ⑤ 키르기스스탄(C)은 이집트(B)보다 경제 수준이 낮고 1차 산업 종사자 비중이 높다.

바로잡기 ③ 아랍 에미리트(B)는 석유 부국으로 산업 다각화를 추진하는 과정에서 산업·상업·주거 개발 등이 진행되었고, 이에 따라 인구 증가하면서 도시화가 급속하게 이루어졌다. 따라서 아랍 에미리트(B)가 이집트(A)보다 도시화율이 높다.

540 사헬 지역의 사막화 예방을 위한 노력 이해

㉠ 사헬 지대는 사하라 사막의 경계를 뜻하는 말로, 건조한 사하라 사막에서 열대 기후로 옮아가는 점이 지대에 해당한다. 이곳은 1960년대 이후 가뭄이 지속되면서 사막화가 진행되고 있다. ㉡ '그레이트 그린 월' 프로젝트의 목적은 기후 변화와 지속적인 사막화로 황폐해진 사헬 지대를 복구하는 것이다. 이 프로젝트가 끝나면 5,000만 ha의 사막화 지역이 복구되고, 인근 지역 2,000만 명에게 식량 제공이 가능할 뿐 아니라, 숲 유지와 개발을 위해 30만 개의 일자리가 창출될 수 있다고 예상한다.

바로잡기 ㄷ. 나무를 많이 심으면 바람에 의한 모래의 이동을 막을 수 있으므로 토양 침식량이 감소할 것이다. ㄹ. 침엽수는 고위도에 위치한 냉대 기후 지역에 주로 분포한다.

10 자연환경에 적응한 생활 모습

541 ④ **542** ① **543** (가) 사막 기후, (나) 스텝 기후 **544** (가) A,
(나) B **545** [예시 답안] (가)는 아열대 고압대의 영향을 받기 때문이며, (나)는
대륙 내부에 위치하여 습윤한 공기의 유입이 적기 때문이다. **546** ②
547 ① **548** 바드기르, 서남아시아의 사막 기후 지역 **549** [예시 답안] 탑을
통해 공기를 아래로 내려보내 더운 열을 식혀 실내를 냉각하고, 내부의 더운 열
기를 밖으로 배출하는 역할을 한다.

11 주요 자원과 산업 구조 및 사막화

550 ④ **551** ① **552** ③ **553** ② **554** ③ **555** 서남아시아
556 [예시 답안] 석유의 개발로 얻은 막대한 이익이 도시에 집중되면서 도시화가
촉진되었다. 이 과정에서 부족한 노동력을 충당하기 위하여 외국인 노동자의
유입이 크게 증가하였다. **557** ③ **558** ③ **559** [예시 답안] 하천
으로 유입하는 아무다리야강과 시르다리야강의 물을 주변 농경지의 관개용수
로 사용하였기 때문이다. **560** [예시 답안] 유량 감소로 토양이 황폐해지
고, 육지로 변하여 어업에 종사하던 사람들의 일자리가 사라졌을 것이다.
561 ④

541

(가)는 사하라 사막에 위치하고 있으며 사막 기후가 나타난다. (나)는
카스피해 주변에 위치하고 있으며 스텝 기후가 나타난다. ㄱ. 건조
기후 지역은 강수량보다 증발량이 많다. ㄴ. (나)의 초원에서는 전통적
으로 유목이 발달하였다.

[바로잡기] ㄷ. (가)는 사막 기후가 나타나는 지역, (나)는 스텝 기후가 나타나는
지역이다. 따라서 (나)가 (가)보다 강수량이 많다.

542

A는 신기 습곡 산지인 아틀라스산맥이 위치한 지역이다. B는 지중
해 연안에 위치한 튀니지이다. C는 이집트의 나일강 하구의 삼각주
가 포함된 지역이다. D는 아라비아반도의 사막 지역이다. ② B 지역
은 지중해 연안에 위치해 있어 지중해성 기후가 나타난다. ④ D는 북
회귀선 주변에 위치하며 아열대 고압대의 영향을 받아 건조한 사막
이 나타난다. ③, ⑤ C는 나일강 하구의 삼각주 지역으로 농업이 발
달하여 인구 밀도가 높다. 반면 D는 사막 기후가 나타나는 지역이므
로 인구 밀도가 낮다.

[바로잡기] ① A는 신기 습곡 산지인 아틀라스산맥이 위치한 지역으로 산맥 남
쪽은 사하라 사막과 인접해 있으므로 농경지는 주로 지중해에 접한 북쪽에 위
치하고 있다.

543

기후 그래프는 누적 강수량을 나타내고 있으므로 12월의 강수량은
연 강수량이다. (가)는 연 강수량이 250㎜를 넘지 않으므로 사막 기
후, (나)는 연 강수량이 250㎜보다는 많지만 500㎜보다는 적으므로
스텝 기후이다.

544

A는 사하라 사막이 위치한 곳이므로 사막 기후가 나타나며, B는 중

양아시아의 사막 주변에 위치하므로 스텝 기후가 나타난다.

545

(가)는 A로 아열대 고압대의 영향을 받는 회귀선 부근에 위치하며, (나)
는 B로 대륙의 내부에 위치한다.

채점 기준	수준
강수량이 적은 까닭을 (가), (나) 모두 옳게 서술한 경우	상
강수량이 적은 까닭을 (가), (나) 중 한 가지만 옳게 서술한 경우	중
강수량이 적은 까닭을 모두 옳지 않게 서술한 경우	하

546

그림의 시설은 높은 산지를 끼고 있는 지역에서 나타나는 지하 관개
수로이다. 수직 우물을 판 뒤 수평 수로를 연결하여 필요한 지점까지
물을 보내 농업 및 생활용수로 이용한다. 이러한 지하 관개 수로는
이란 등의 건조 기후 지역에서 주로 나타나는데, 이를 카나트라고 부
른다. ② 건조 기후 지역의 가옥은 열을 차단하기 위해 벽이 두껍고,
강수량이 거의 없어 지붕이 평평한 형태이다.

[바로잡기] ① 벼농사가 발달한 지역은 계절풍의 영향으로 강수량이 많은 몬순
아시아 지역이다. ③ 열대 우림 기후 지역에 대한 설명이다. ④ 툰드라 기후 지
역에 대한 설명이다. ⑤ 건조 기후 지역 주민들은 모래바람과 강한 햇빛으로부
터 몸을 보호하기 위해 온몸을 감싸는 의복을 입는다.

547

지도의 A는 지중해식 농업 지역, B는 관개 농업 지역, C는 유목이
이루어지는 지역이다.

[바로잡기] ② 건조 기후 지역에서의 관개 농업 지역에서는 주로 식량 작물인
밀을 재배한다. ③ 유목은 풀을 찾아 이동하며 가축을 기르는 농업이다. ④ 관
개 농업 지역(B)에서는 주로 식량 작물을 재배하며, 지중해식 농업 지역(A)에
서는 주로 과일을 재배한다. ⑤ C는 유목이 이루어지는 지역이므로 C가 B보다
유목 종사자의 비중이 높다.

548

자료의 구조물은 서남아시아 지역의 천연 에어컨인 바드기르로, 지
역의 건조한 기후 환경의 영향을 받은 것이다.

549

바드기르는 높은 곳의 시원한 바람을 집 안으로 끌어들이고 더운 집
안의 공기를 밀어내는 원리이다.

채점 기준	수준
바드기르의 역할을 옳게 서술한 경우	상
바드기르의 역할을 미흡하게 서술한 경우	하

550

두 인구 피라미드 중 오른쪽은 청장년층의 비율이 높으며, 특히 남성
의 인구가 여성의 인구보다 많다. 이러한 인구 특성이 나타나는 까닭
은 석유 수출을 통해 확보한 재원으로 사회 간접 자본을 확충하고 도
시를 개발하는 과정에서 필요한 노동력을 남성 외국인으로 충당했기
때문이다. 이와 같은 현상이 뚜렷한 지역은 사우디아라비아, 쿠웨이
트, 아랍 에미리트 등 주요 석유 수출국이다. 따라서 이에 해당하는

지역은 D(요르단 – 사우디아라비아)이다.

바로잡기 ① A는 모리타니 – 말리, ② B는 니제르 – 차드, ③ C는 이집트 – 수단, ⑤ E는 이란 – 투르크메니스탄이다.

551

(가), (나)는 화석 에너지 자원이므로 각각 석유, 석탄, 천연가스 중 하나이다. (가)는 사우디아라비아의 생산량 비중이 압도적으로 높으므로 석유이다. (나)는 카스피해 연안에 위치한 이란의 생산량 비중이 높으므로 천연가스이다. ① (가) 석유는 석유 수출국 기구(OPEC)에서 생산량과 가격을 통제한다.

바로잡기 ② 석탄에 대한 설명이다. ③ 연소 시 오염 물질 발생량은 (가) 석유가 (나) 천연가스보다 많다. ④ 세계 1차 에너지 소비 구조에서 차지하는 비중이 가장 높은 에너지 자원은 (가) 석유이다. ⑤ (가), (나)는 대부분 다른 지역으로 수출되어 소비된다.

552

지도에 표시된 A는 사우디아라비아, B는 카타르, C는 키르기스스탄이다. 서남아시아의 산유국들은 석유 수출로 얻은 막대한 부를 이용하여 도시를 중심으로 개발을 진행하였고, 이 과정에서 빠르게 도시화가 이루어졌다. 카타르는 풍부한 천연가스를 보유하고 있으며 경제 수준이 매우 높다. 사우디아라비아는 세계 1위의 석유 수출국으로 석유 중심의 계획 경제로 빠르게 성장하고 있다. 키르기스스탄은 전체 노동 인구의 50 % 이상이 농업에 종사하고 있다. 대체로 경제 수준이 높을수록 도시화율이 높으므로 (가)는 카타르(B), (나)는 사우디아라비아(A), (다)는 키르기스스탄(C)이다.

553

ⓛ은 제조업이 발달하고 있으며 내륙의 건조한 지역에서는 목화, 지중해 연안 지역에서는 과일 등을 재배하므로 터키이다. 따라서 ⓞ은 이집트이다.

바로잡기 ② 국토의 대부분이 사막인 국가는 ⓞ 이집트이다.

554

지도에 표시된 A는 이집트, B는 터키, C는 사우디아라비아이다. (다)는 성비와 도시화율이 가장 높고 2차 산업의 비중이 높으므로 사우디아라비아이다. (나)는 도시화율이 가장 낮고 1차 산업의 비중이 상대적으로 높으므로 이집트이다. 따라서 (가)는 터키이다.

555

A는 다른 지역(대륙)보다 석유 생산량의 비중이 높으며 1985년 이후 지속적으로 생산량이 증가하고 있으므로 서남아시아이다.

556

석유 개발로 얻은 막대한 이익이 도시에 집중하면서 도시화가 촉진되었다.

채점 기준	수준
도시화와 외국인 노동자 유입을 포함하여 옳게 서술한 경우	상
도시화와 외국인 노동자 유입 중 한 가지만 포함하여 옳게 서술한 경우	중
도시화와 외국인 노동자 유입 모두 포함하지 않고 옳지 않게 서술한 경우	하

557

사막화가 진행 중인 지역은 사헬 지대인 B, C와 아랄해 주변인 E이다. 이 중에서 영국의 식민지였으며 남북 지역 간 갈등이 있었던 곳은 수단의 다르푸르 지역(C)이다.

바로잡기 ① A는 모로코로 과거 프랑스의 식민지였다. ② B는 말리로 사막화의 피해가 나타나는 지역이나, 과거 프랑스의 식민지였다. ④ D는 아라비아반도로 사막이 넓게 나타나는 지역이다. ⑤ 카자흐스탄의 아랄해 주변 지역으로 사막화의 피해가 나타나지만, 과거 영국의 식민지가 아니다.

558

건조 기후 지역이면서 호수의 면적 축소와 관련된 환경 문제가 나타나는 곳은 차드호, 아랄해이다. ㉠은 아프리카에 위치한 곳이 아니므로 아랄해이다. 아랄해로 유입되는 강물이 주변 지역의 농업용 관개용수로 이용되면서 호수의 면적이 축소되었다.

바로잡기 ㄱ. 사헬 지대는 아프리카에 위치한다. ㄹ. 그레이트 그린 월 사업은 사헬 지대의 사막화 방지 및 복원이 목적이다.

559

아무다리야강과 시르다리야강은 아랄해의 주요한 물의 공급원이다.

채점 기준	수준
호수 면적의 축소 원인을 농업과 관련하여 옳게 서술한 경우	상
호수 면적의 축소 원인을 사막화라고만 쓴 경우	하

560

아랄해의 축소로 A, B 지역은 항구로서의 기능을 상실하였다.

채점 기준	수준
호수 면적의 축소에 따른 변화를 두 가지 모두 옳게 서술한 경우	상
호수 면적의 축소에 따른 변화를 한 가지만 옳게 서술한 경우	하

561

지도는 사막 주변 지역에서 환경 문제가 매우 심각하게 나타나므로 사막화의 피해 정도를 나타낸 것이다. 사막화는 기후 변화의 영향으로 나타나기도 하며, 과도한 목축 및 농경 활동은 사막화를 빠르게 심화시킨다.

바로잡기 세은과 수영은 산성비, 유나는 열대림 파괴, 채연은 지구 온난화에 대해 말하고 있다.

Ⅵ 유럽과 북부 아메리카

12 주요 공업 지역의 형성과 최근 변화

분석 기출 문제

113~116쪽

[핵심 개념 문제]

562 ×	563 ×	564 ×	565 ㉠	566 ㉡	567 ㉢
568 자원	569 첨단 산업		570 선벨트		571 실리콘밸리
572 ㄴ	573 ㄱ				

574 ⑤	575 ⑤	576 ⑤	577 ①	578 ③	579 ②	580 ⑤
581 ④	582 ③	583 ⑤	584 ⑤	585 ④	586 ③	

[1등급을 향한 서답형 문제]

587 예시답안 신흥 공업 지역(B)은 첨단 산업이 발달한 지역으로, 전통 공업 지역(A)보다 공업 발달의 역사는 짧으나 생산하는 제품의 부가 가치가 크다.

588 산업 클러스터 **589** A－반도체·항공 산업, B－철강·기계·자동차 산업, C－우주·항공·전자 산업 **590** 예시답안 태평양 연안 공업 지역(A)과 멕시코만 연안 공업 지역(C)은 오대호 연안 공업 지역(B)보다 온화한 기후, 쾌적한 환경, 풍부한 고급 기술 인력, 각종 세금 혜택 등을 갖추어 첨단 산업의 입지에 유리하다.

574

유럽의 전통 공업 지역은 석탄, 철광석 등 원료 산지를 중심으로 하며, 제철 공업을 비롯한 중화학 공업이 발달하였다. 그러나 값싼 해외 자원의 수입량 증가, 채광 시설 노후화에 따른 채굴 비용 상승, 오랜 채굴에 따른 석탄 및 철광석의 고갈, 석유·천연가스 등 새로운 에너지 자원 이용 등으로 점차 쇠퇴하였다.

바로잡기 ⑤ 제철 공업을 비롯한 중화학 공업은 자본 집약적 산업이므로 저렴한 노동력 확보가 생산 비용 감소에 큰 영향을 주지 않는다.

1등급 정리 노트 유럽의 전통적 공업 지역의 쇠퇴 원인

• 오랜 채굴에 따른 석탄 및 철광석의 고갈 • 채광 시설 노후화에 따른 채굴 비용 상승 • 값싼 해외 자원의 수입량 증가 • 석유, 천연가스 등 새로운 에너지 자원 이용	⇒	서부 유럽의 전통적 공업 지역 쇠퇴

575

독일의 루르·자르 지방, 영국의 랭커셔·요크셔 지방은 석탄 산지를 중심으로 공업이 발달하였으나, 점차 쇠퇴하였다.

바로잡기 ㄱ, ㄴ. 20세기 이후 석유가 공업의 에너지원으로 이용되고 해외의 값싼 철광석 수입이 증가하면서 독일의 공업 지역은 루르 지방에서 라인강 하구 및 북해 연안으로, 영국의 공업 지역은 내륙에서 해안으로 이동하였다.

576

A는 주요 자원 매장지를 중심으로 한 유럽의 전통 공업 지역이다.

바로잡기 ①, ③, ④ 최근 유럽의 국가들은 부가 가치가 높은 첨단 산업 중심으로 공업 구조를 개편하고 있다. 첨단 산업은 원료의 해외 의존도가 낮고 전

문 인력 확보가 중요하므로 대학과 연구 기관이 인접한 지역에 클러스터 형태로 입지한다. ② 교통이 발달하고 석유를 주요 자원으로 사용하면서 석탄 산지 주변에 입지해 던 전통적인 공업 지역은 쇠퇴하고, 원료를 수입하고 제품을 수출하기에 편리한 항구 도시나 내륙 수로 연안에 새로운 공업 지역이 형성되었다.

577

루르 지역은 석유가 주요 에너지원으로 활용되고 개발 도상국의 공업이 발달하면서 쇠퇴하였다. 현재는 석탄 광업 지구를 신·재생 에너지 및 친환경 주택 단지로 조성하는 등 도시 재생 사업을 실시하고 있다.

578

(가)는 석탄과 철광석 산지 주변에 입지한 전통 공업 지역, (나)는 첨단 산업이 발달한 지역이다. 첨단 산업이 발달한 (나) 지역은 원료 산지 중심의 전통 공업 지역인 (가)보다 원료 산지 접근성이 낮고, 공업 발달 역사가 짧으며, 오염 물질 배출량이 적다.

579

루르 공업 지역은 유럽 최대의 중화학 공업 지역으로 성장하였으나, 해외 자원에 대한 의존도가 높아지면서 점차 원료 수입에 유리한 로테르담으로 공업 지역이 확대되었다. 지도의 A는 스웨덴의 시스타 사이언스 시티, B는 루르 공업 지역에서 로테르담에 이르는 지역, C와 D는 첨단 산업이 발달한 신흥 공업 지역, E는 명품 산업이 발달한 이탈리아 북부 지역이다.

580

(가) 철광석이 풍부한 프랑스의 로렌 지방은 인접한 독일의 자르 지방의 석탄을 이용하여 제철 공업이 발달하였다. (나) 로테르담은 유럽 최대의 무역항으로 라인강 중·상류의 공업 지대와 대소비 시장을 끼고 있어 무역과 공업이 함께 발전하고 있으며, 석유의 대량 수입항으로 유명하다. 지도의 A는 영국의 맨체스터, B는 스웨덴의 시스타, C는 네덜란드의 로테르담, D는 프랑스의 로렌 지방에 위치한 메스이다.

581

영국의 케임브리지 사이언스 파크, 프랑스의 소피아 앙티폴리스, 스웨덴의 시스타 사이언스 시티 등은 첨단 산업이 발달한 곳이다. 이 지역들은 산·학·연이 서로 협력하는 산업 클러스터가 발달하였으며, 새로운 지식과 기술 창출을 통해 첨단 산업의 경쟁력을 강화하고 있다.

1등급 정리 노트 유럽 공업 지역의 형성과 변화

전통적 공업 발달	• 산업 혁명으로 일찍 산업화 • 석탄 및 철광석 산지에 공업 지역 형성 → 랭커셔·요크셔 지방, 루르·자르 지방, 로렌 지방
공업 입지의 변화	자원 고갈과 에너지 변화 → 석탄 및 철광석 산지에서 원료 수입과 제품 수출에 편리한 임해 지역, 내륙 수로 등 교통이 편리한 지역으로 공업 지역 이동
첨단 산업 발달	기업, 대학, 연구소 등이 인접하여 협력하는 첨단 산업 클러스터 형성

582

지도의 A 지역은 뉴잉글랜드 공업 지역, 오대호 연안 공업 지역이다. 북부 아메리카의 공업 지역은 풍부한 자원과 노동력, 편리한 수운, 넓은 소비 시장, 축적된 자본과 발달한 기술 등을 바탕으로 미국 북동부와 오대호 연안에 집중적으로 발달하였다. 이 지역의 대도시들은 넓은 배후지와 소비 시장을 갖추고 있어 미국을 세계 제1의 공업 국가로 만들어 주는 바탕이 되었다.

바로잡기 ①, ④ 뉴잉글랜드 공업 지역과 오대호 연안 공업 지역은 신흥 공업 국가와의 경쟁에 뒤처져 제조업이 쇠퇴하면서 러스트벨트로 전락하였다. ②, ⑤ 선벨트 지역에 대한 설명이다.

1등급 정리 노트　북부 아메리카 전통 공업 지역의 쇠퇴 원인

• 오랜 채굴에 따른 고품질의 철광석 고갈 • 해외 자원의 수입 증가 • 공업의 지나친 집적으로 인한 환경 오염 및 시설 노후화 • 제2차 세계 대전 이후 동아시아 신흥 공업국의 성장	오대호 연안 공업 지역이 러스트 벨트로 전락

583

지도의 A 지역은 미국 자동차 공업의 중심지인 디트로이트이다. 디트로이트는 자동차 제조사와 부품 제조사 등이 입지하면서 급속히 성장하였다. 그러나 자동차 생산 공장이 저렴한 노동력을 확보할 수 있는 미국 남부 지역 또는 해외로 이전하면서 지역 경제가 쇠퇴하고 인구가 감소하는 등의 문제가 나타나고 있다.

584

㉠ 뉴잉글랜드 지방은 산업 혁명이 시작된 유럽과의 지리적 인접성, 이민자들의 저렴한 노동력을 바탕으로 공업이 발달하였다. ㉡ 오대호 연안 지역은 메사비 광산의 철광석과 애팔래치아 탄전의 석탄, 오대호의 편리한 수운, 저렴하고 풍부한 노동력 등을 바탕으로 중화학 공업이 발달하였다. ㉢ 제2차 세계 대전 이후 동아시아 신흥 공업 국가들의 성장으로 제조업이 쇠퇴하면서 오대호 연안 공업 지역은 러스트벨트로 전락하였다.

바로잡기 ⑤ 미국의 기술 집약적 첨단 산업이 주로 태평양 연안에 발달하는 까닭은 연구 개발에 필요한 고급 기술 인력이 풍부하고 기후가 쾌적하기 때문이다.

1등급 정리 노트　산업 발달 초기 북부 아메리카의 주요 공업 지역

뉴잉글랜드 공업 지역	유럽과의 인접성+이민자들의 저렴한 노동 → 소비재 경공업 발달
오대호 연안 공업 지역	• 메사비 광산의 철광석+애팔래치아 탄전의 석탄+오대호의 편리한 수운+저렴하고 풍부한 노동력+배후의 넓은 소비 시장 → 중화학 공업 발달 • 시카고와 피츠버그(철강), 디트로이트(자동차) 등

585

그래프를 보면 북동부의 제조업 생산액 비중은 감소하고, 남부 및 서부의 제조업 생산 비중은 증가하고 있다. 미국 북동부 지역의 제조업 생산액 비중 감소는 오대호 연안 공업 지역의 침체와 관련 있다. 남부 및 서부 지역의 제조업 생산액 비중 증가는 선벨트 지역을 중심으로 발달한 첨단 산업과 관련 있다. 제2차 세계 대전 이후 우리나라, 일본, 중국 등 동아시아 신흥 공업 국가들의 공업이 저렴한 인건비를 바탕으로 급격히 성장하면서 미국의 자동차, 화학, 철강 산업의 경쟁력이 약화되었다.

1등급 정리 노트　북부 아메리카 공업 지역의 형성과 변화

전통적 공업 발달	풍부한 자원, 오대호의 편리한 수운, 넓은 소비 시장, 풍부하고 저렴한 노동력 → 북동부 공업 지역 발달(뉴잉글랜드 공업 지역, 오대호 연안 공업 지역)
전통적 공업 지역의 쇠퇴	오랜 채굴에 따른 고품질의 철광석 고갈, 해외 자원의 수입 증가, 환경 오염 및 시설 노후화, 동아시아 신흥 공업국의 성장 → 오대호 연안 공업 지역이 러스트벨트로 전락
첨단 산업 발달	미국 남부 지역, 태평양 연안의 선벨트 지역을 중심으로 반도체, 컴퓨터, 정보 통신 기술 산업 발달

586

㉠은 미국의 디트로이트, ㉡은 미국의 실리콘밸리에 대한 설명이다. 지도에서 A는 실리콘밸리, B는 디트로이트, C는 휴스턴이다.

바로잡기 C. 미국의 멕시코만 연안 지역에 위치한 휴스턴과 뉴올리언스 등은 석유 화학 공업, 우주 산업 등이 발달하였다.

587

A는 전통 공업 지역이며, B는 고부가 가치의 첨단 산업이 발달한 신흥 공업 지역(첨단 산업 지역)이다.

채점 기준	수준
제시된 용어를 모두 사용하여 옳게 서술한 경우	상
제시된 용어를 모두 사용하였으나 한 가지만 옳게 서술한 경우	중
제시된 용어를 모두 사용하지 않고 미흡하게 서술한 경우	하

588

1960년대 이후 성장한 고부가 가치의 첨단 산업 지역은 산업 클러스터를 형성하였으며, 새로운 지식과 기술 창출을 통해 첨단 산업의 경쟁력을 강화하고 있다.

589

A는 태평양 연안 공업 지역, B는 오대호 연안 공업 지역, C는 멕시코만 연안 공업 지역이다. 태평양 연안 공업 지역에서는 항공, 영화, 반도체, 컴퓨터 관련 산업이 발달하였다. 오대호 연안 공업 지역에서는 자동차, 제철 공업이 발달하였다. 멕시코만 연안 공업 지역에서는 우주·항공·전자 산업 등이 발달하였다.

590

미국 남부 및 남서부의 선벨트 지역은 최근 공업이 크게 성장하고 있다.

채점 기준	수준
A, C 지역의 장점을 B 지역과 비교하여 옳게 서술한 경우	상
A, C 지역의 장점을 B 지역과 비교하였으나 미흡하게 서술한 경우	중
A, C 지역에 첨단 산업이 발달하였다고만 서술한 경우	하

591 유럽의 공업 지역 변화 분석하기

1등급 자료 분석 유럽의 공업 지역 분포와 변화

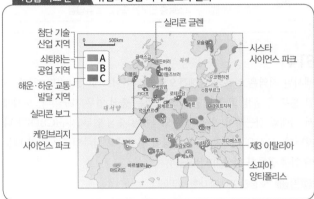

A는 산업 클러스터를 형성하고 있는 첨단 기술 산업 지역, B는 요크셔·랭커셔, 루르, 로렌 등 쇠퇴하는 공업 지역, C는 북해 연안 및 라인강 하류의 해안·하운 교통 발달 지역이다. ㄹ. 공업 지역의 형성 시기는 B → C → A 순으로 이르다.

바로잡기 ㄴ. B는 자원 산지를 중심으로 공업이 발달한 전통적인 공업 지역이다. 석탄은 주요 동력 자원이자 제철 공업의 연료로 사용되었고, 철광석은 제철 공업의 원료로 사용되었다. ㄷ. C는 석유·천연가스 등 새로운 에너지 자원의 이용량이 증가하면서 원료 수입과 제품 수출에 유리한 항만을 중심으로 공업이 발달하게 된 지역이다.

592 유럽의 공업 지역 특징 파악하기

1등급 자료 분석 유럽의 공업 지역

(가)는 네덜란드 임해 공업 지역의 로테르담, (나)는 핀란드의 첨단 산업 지역인 오울루에 대한 설명이다. 지도의 A는 핀란드의 오울루, B는 네덜란드의 로테르담, C는 프랑스의 소피아 앙티폴리스, D는 이탈리아의 베네치아이다.

593 북부 아메리카의 공업 지역 특징 파악하기

A는 컴퓨터 관련 산업과 영화 산업이 발달한 태평양 연안 공업 지역, B는 석유 화학 공업과 항공·우주 산업이 발달한 멕시코만 연안 공업 지역이다. C는 메사비 광산의 철광석과 애팔래치아 탄전의 석탄, 오대호의 편리한 수운, 저렴하고 풍부한 노동력을 바탕으로 성장

한 오대호 연안 공업 지역으로 중화학 공업과 철강 공업, 자동차 공업이 발달하였다. D는 산업화 초기 경공업이 발달한 뉴잉글랜드 공업 지역이다.

바로잡기 ① 공업 발달의 역사는 D → C → A, B 순으로 이르다. ③ C는 A보다 중화학 공업(제철, 자동차)의 생산액이 많고, A는 C보다 컴퓨터 및 전자 품목의 생산액이 많다. ④ A와 B는 선벨트 지역, C와 D는 러스트벨트 지역에 위치한다. ⑤ 철강 산업의 중심은 최근 오대호 연안 공업 지역(C)에서 중부 대서양 연안 공업 지역으로 이동하고 있다.

594 유럽과 북부 아메리카의 공업 지역 특징 파악하기

1등급 자료 분석 유럽과 북부 아메리카의 주요 공업 지역

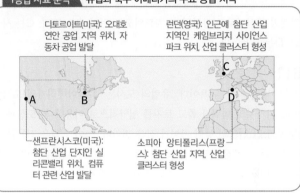

(가)는 프랑스의 소피아 앙티폴리스, (나)는 미국의 디트로이트이다. 지도의 A는 샌프란시스코, B는 디트로이트, C는 런던, D는 소피아 앙티폴리스이다.

---

13 현대 도시의 내부 구조 및 지역의 통합과 분리

분석 기출 문제

119~123쪽

[핵심 개념 문제]

| 595 ㉡ | 596 ㉢ | 597 ㉠ | 598 도심 재활성화(젠트리피케이션) |

| 599 마스트리흐트 | 600 북아메리카 자유 무역 협정(NAFTA) | 601 × |

| 602 ○ | 603 ○ | 604 × | 605 ㉡ | 606 ㉠ | 607 ㉡ |

608 ㉡, ㉣

---

609 ⑤	610 ②	611 ④	612 ①	613 ④	614 ⑤	615 ①
616 ②	617 ②	618 ②	619 ①	620 ⑤	621 ②	622 ②
623 ④	624 ④	625 ①				

1등급을 향한 서답형 문제

626 ㉠ 파리, A − 부유층 주거지, B − 서민 주거지   627 **예시답안** 파리는 비교적 도시화가 오랜 시간에 걸쳐 진행되어 시가지의 범위가 좁고, 토지 이용이 집약적이다.   628 **예시답안** 3국이 북아메리카 자유 무역 협정(NAFTA)을 체결하였기 때문이다.   629 멕시코

609

역사가 오래된 유럽의 도시에는 중세 시대에 형성된 내부 구조가 현대 도시에도 남아 있는 경우가 많으며, 교통수단의 발달에 따라 도시가 평면적으로 확대되었기 때문에 도심과 주변 지역 건물의 높이 차가 작다.

바로잡기 ⑤ 유럽의 도시는 북부 아메리카의 도시보다 도로의 폭이 좁다.

610

(가) 유럽에서 세계적 영향력을 갖는 세계 도시인 런던은 신항로 개척 이후 구준히 세계 경제의 중심지 기능을 유지해 오고 있다. (나) 북부 아메리카에서 세계적 영향력을 갖는 세계 도시인 뉴욕은 세계 정치·경제의 중심지로 성장하였다. 지도의 A는 런던, B는 파리, C는 시카고, D는 뉴욕이다.

611

(가)는 런던, (나)는 뉴욕이다. 유럽의 도시는 북부 아메리카의 도시에 비해 시가지의 범위가 좁고 토지를 집약적으로 이용한다. 도심과 주변 지역 간 건물의 높이 차이가 작은 편이며, 높이가 낮은 건물들 사이로는 좁고 복잡한 도로와 작은 시장들이 나타나는 경우가 많다. 북부 아메리카의 도시는 고급 주택이 쾌적한 주거 환경을 위해 도시 외곽에 주로 형성되었다.

바로잡기 ④ 북부 아메리카에 위치한 뉴욕은 유럽에 위치한 런던보다 도시화의 역사가 짧다.

1등급 정리 노트   런던과 뉴욕

런던 (영국)	• 18세기 산업 혁명의 중심지 • 항공 교통의 중심지 • 금융의 중심지(시티 오브 런던): 국제 자본 네트워크에서 핵심적 위치를 차지함
뉴욕 (미국)	• 오대호의 운하가 개통됨에 따라 내륙 농산물의 유럽 수출항으로 성장 • 세계 경제의 중심: 국제 금융 기관 밀집(월가) • 세계 정치의 중심: 국제 연합 본부 위치

612

㉠은 역사적 건축물과 새롭게 만들어진 첨단 건물이 조화를 이루는 모습을 보이므로 유럽 도시의 도심이다. ① 지대와 지가가 가장 높은 도심에는 높은 지대를 지불할 수 있는 업종들이 입지한다. 이에 따라 주거 기능이 상업 기능에 밀려나 도시의 상주인구가 도시 외곽으로 빠져나가는 인구 공동화 현상이 나타나기도 한다.

바로잡기 ② 유럽의 도시이다. ③ 유럽 도시의 도심에는 고소득층 주민의 거주지가 주로 형성되어 있다. ④ 도심에 해당한다. ⑤ 주로 업무 및 상업 기능이 발달한다.

613

㉠은 도심 재활성화로, 도심의 낙후 지역에 상업·업무 기능뿐만 아니라 고급 주거지, 문화·여가 공간 등 다양한 기능이 들어서는 과정이다. 그러나 도심 재활성화로 저소득층 주거 지역이 중산층과 고소득층의 생활 공간으로 변화되어 주민 공동체가 파괴되고, 새로운 불량 주거 지역이 도심 외곽에 다시 형성되는 악순환을 초래하기도 한다.

1등급 정리 노트   도심 재활성화(젠트리피케이션)

의미	도심의 낙후된 지역을 상업·업무 기능뿐만 아니라 고급 주거지, 문화·여가 공간 등으로 새롭게 재개발하는 것
원인	정보 통신 기술의 발달, 지식 기반 산업 성장으로 인한 도심 내 사무 공간 수요 증가
영향	낙후된 도심, 중간 지대에 업무용 빌딩 건축, 주거·여가·문화 공간으로 재개발 → 고소득층 인구가 도심으로 유입됨

614

제시된 지역은 뉴욕의 맨해튼으로 엠파이어스테이트 빌딩, 국제 연합 본부 등 유명 고층 빌딩이 모여 있는 중심 업무 지구이다. 도시에서 지대와 접근성이 가장 높은 도심에는 중심 업무 지구(CBD)가 나타난다. 도심은 업무용 고층 빌딩이 밀집하고 상주인구가 적기 때문에 인구 공동화 현상이 나타난다.

바로잡기 ⑤ 중간 지대에 대한 설명이다.

615

A는 런던의 중심에 위치하여 접근성이 높으므로 중심 업무 지역 및 상업 지역이다. 유럽의 도시 중심에는 중심 업무 지구가 자리 잡고 있으며, 도시에서 역사가 가장 오래된 지역으로 전통 경관을 중시해 역사적 건축물이 함께 위치한다. 런던의 경우 기존의 도심에 금융, 법률, 회계 등 생산자 서비스업이 발달하였다.

바로잡기 ① 최근 교외화 현상이 가속화되면서 도심에서 떨어진 외곽 지역에 대규모 주거 지역이 형성되고 있다.

616

(가)는 유럽, (나)는 북부 아메리카의 도시 구조이다. (나) 북부 아메리카의 도시는 (가) 유럽의 도시에 비해 시가지의 범위가 넓고, 건물의 높이 차가 크며 상대적으로 도시 형성의 역사가 오래되지 않아 지역에 따른 토지 이용의 차이가 비교적 명확하게 드러난다.

617

전 세계적으로 영향을 미치는 세계 도시로 도심에 중세의 역사적 건축물이 많으며, 철로 만들어진 랜드마크인 에펠탑이 있는 도시는 프랑스의 파리이다. 지도의 A는 런던, B는 파리, C는 로스앤젤레스, D는 시카고, E는 뉴욕이다.

618

마스트리흐트 조약에 따라 탄생한 유럽 연합(EU)은 유럽 중앙은행을 설립하였으며, 단일 화폐인 유로(Euro)를 사용하고, 의회를 구성하는 등 유럽의 경제 및 정치적 통합을 추구한다. 유럽 연합은 독자적인 법령 체계와 입법, 사법, 행정 체계를 갖추고 경제적으로 통상, 산업 등에 대한 주요 정책을 결정하며 정치·사회 분야에 이르기까지 공동 정책을 확대하고 있다. 회원국 국민은 '유럽 연합 시민'으로서의 권리를 가지며, 셍겐 조약에 따라 국가 간 자유로운 이동이 가능하다.

바로잡기 ② 스웨덴, 덴마크, 폴란드 등은 유로화를 사용하지 않는다.

619

A는 영국, 프랑스, 독일 등이 포함된 2000년 이전에 유럽 연합에 가

입한 국가, B는 주로 동부 유럽 국가들로 2000년 이후에 가입한 국가, C는 아이슬란드, 노르웨이, 스위스로 유럽 연합 비회원국에 해당한다. 동부 유럽이 유럽 연합에 가입한 이후 이 지역의 노동자들이 서부 유럽 국가로 유입되면서 북서부 유럽 주민과의 문화적 갈등이 급격히 늘어나고 있다.

(바로잡기) ㄷ. ㄹ. C는 유럽 연합 비회원국이므로 국가 단일 통화로 유로화를 사용하지 않는다.

620

북부 아메리카는 북아메리카 자유 무역 협정(NAFTA) 체결로 국제 시장에서 막강한 경쟁력을 갖추게 되었으며, 역내 무역이 크게 증가하면서 지역 경제도 성장하였다. 그러나 미국은 제조업의 해외 이전에 따른 제조업 일자리 감소가 나타났고, 멕시코는 생산 공장 주변의 환경 오염과 농업 부문의 소득 감소, 멕시코 내 미국 공장에서의 노동자 인권 문제 등이 나타났다.

(바로잡기) ㄱ. 미국과 캐나다에서는 생산비가 비교적 저렴한 멕시코에 공장을 건설하였다. 따라서 제조업의 해외 이전은 멕시코가 당면한 문제라고 할 수 없다. ㄴ. 북부 아메리카에서의 노동 인구는 주로 인건비가 저렴한 멕시코에서 미국으로 이동하는 경향이 나타난다.

621

A는 유럽 연합(EU), B는 북아메리카 자유 무역 협정(NAFTA)이다. 북아메리카 자유 무역 협정은 역내 관세와 무역 장벽을 폐지하였으나, 유럽 연합보다 통합 수준이 낮다.

(바로잡기) ㄴ. 유럽 연합(A)은 북아메리카 자유 무역 협정(B)보다 통합의 역사가 길다. ㄹ. 유럽 연합(A)은 역외 공동 관세를 부과하지만, 북아메리카 자유 무역 협정(B)은 역외 공동 관세를 부과하지 않는다.

622

유럽 연합은 역내 관세를 철폐하고 역외 공동 관세를 부과하며, 역내 생산 요소의 자유로운 이동이 가능하다. 또한 역내 공동 경제 정책을 수행하며, 유럽 의회 등 초국가적 기구를 설치·운영하고 있으므로 A에 해당한다. 북아메리카 자유 무역 협정은 역내 관세만을 철폐하였으므로 D에 해당한다.

(바로잡기) B는 역내 관세를 철폐하고 역외 공동 관세를 부과하며 역내 생산 요소의 자유로운 이동이 가능한 것이므로 유럽 경제 공동체(EEC)가 해당한다. C는 역내 관세를 철폐하고 역외 공동 관세를 부과하는 것이므로 남아메리카 공동 시장이 이에 해당한다.

623

이탈리아의 파다니아는 알프스산맥 이남의 이탈리아 북부 평원 일대로, 밀라노 중심의 롬바르디아와 베네치아 중심의 베네토 지역이 해당된다. 이 지역은 이탈리아에서 가장 부유한 지역으로, 이 두 주에는 이탈리아 인구의 약 25%가 살고 있지만, 국내 총생산의 30% 이상을 담당하고 있다. 이 지역 주민들은 자신들이 낸 막대한 세금이 가난한 남부 지역 개발에 모두 쓰인다며 분리 독립을 요구하고 있다.

(바로잡기) ㄱ. 파다니아 지역은 남부 지역보다 실업률이 낮다. ㄷ. 이탈리아 북부 지역은 일찍이 산업화를 이루었지만, 남부 지역은 전통적인 농업 중심 사회에 머물러 낙후되었다.

624

(가)는 서로 다른 언어를 사용하고 있는 지역에서 프랑스어 사용자가 많은 지역의 분리 독립이므로 캐나다의 퀘벡주, (나)는 앵글로·색슨족과 켈트족이 제시되었으므로 영국이다. 지도의 A는 영국, B는 벨기에, C는 에스파냐, D는 캐나다이다.

(바로잡기) 벨기에(B)는 네덜란드어를 사용하는 북부의 플랑드르 지역이 분리 독립을 요구하고 있다.

625

캐나다의 퀘벡주(프랑스어), 영국의 스코틀랜드(게일어), 벨기에의 플랑드르(네덜란드어), 에스파냐의 바스크(바스크어)와 카탈루냐(카탈루냐어)는 모두 독자적인 언어를 사용하며 문화적 전통을 기반으로 한 정체성이 속한 국가와 달라 분리 독립운동을 추진하고 있다.

1등급 정리 노트	문화적 차이로 인한 분리 독립 추진 지역
영국의 스코틀랜드	주류인 잉글랜드와 다른 문화 정체성 → 종교(장로교), 민족(켈트족), 언어(게일어)가 다름
벨기에의 플랑드르	• 프랑스어를 사용하는 왈로니아 지역과는 달리 네덜란드어를 사용함 • 공업이 발달한 플랑드르 지역은 벨기에 경제의 주도권을 확보함
에스파냐의 카탈루냐	• 주류인 에스파냐와 다른 문화 정체성 → 카탈루냐어를 사용하며, 별도의 국기를 사용함 • 에스파냐에서 경제 수준이 높은 지역임
에스파냐의 바스크	• 주류인 에스파냐와 다른 문화 정체성 → 민족(바스크족), 사용 언어(바스크어)가 다름 • 에스파냐에서 경제 수준이 높은 지역임
캐나다의 퀘벡주	프랑스계 주민이 많이 거주함 → 프랑스어를 공용어로 사용함

626

파리는 이민자와 원주민의 거주지가 완전히 분리된 도시이다. 부유한 사람들은 서부에 모여 살고, 이민자들은 북동부와 그 바깥쪽 '방리유(교외)'에 거주한다. 특히 북동쪽에 위치한 제19구는 저소득층 이민자가 주로 거주하는 낙후 지역으로, 주민 대다수가 북아프리카 출신 이민자이다.

627

역사가 오래된 유럽의 도시에는 중세 시대에 형성된 내부 구조가 현대 도시에도 남아 있는 경우가 많다.

채점 기준	수준
제시된 세 가지 모두 포함하여 옳게 서술한 경우	상
제시된 세 가지 모두 포함하였으나 일부만 옳게 서술한 경우	중
제시된 세 가지 모두 포함하였으나 옳지 않게 서술한 경우	하

628

북부 아메리카는 1992년 시장 단일화를 목적으로 미국, 캐나다, 멕시코 간 북아메리카 자유 무역 협정(NAFTA)을 체결하였다. 이 협정으로 3개국 간 관세와 투자 장벽이 철폐되었으며, 국제 시장에서 막강한 경쟁력을 갖추게 되었다. 또한 역내 무역이 크게 증가하면서 지역 경제도 성장하였다.

채점 기준	수준
북아메리카 자유 무역 협정 체결을 정확하게 서술한 경우	상
세 국가가 인접하다고만 서술한 경우	하

629

멕시코는 NAFTA 이후 미국, 캐나다와의 무력량이 증가하였으며 모두 흑자를 달성하여 무역 이익이 급증하였다.

적중1등급문제

124~125쪽

630 ⑤	631 ②	632 ④	633 ②	634 ②
635 ④	636 ④	637 ⑤		

630 유럽과 북부 아메리카의 도시 구조 특징 비교하기

1등급 자료 분석 파리와 뉴욕의 도시 구조

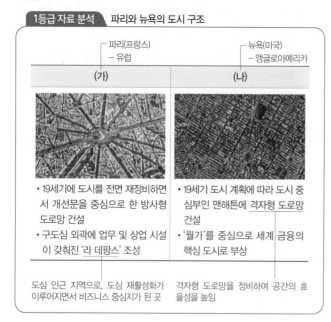

파리(프랑스) – 유럽	뉴욕(미국) – 앵글로아메리카
(가)	(나)
•19세기에 도시를 전면 재정비하면서 개선문을 중심으로 한 방사형 도로망 건설 •구도심 외곽에 업무 및 상업 시설이 갖춰진 '라 데팡스' 조성	•19세기 도시 계획에 따라 도시 중심부인 맨해튼에 격자형 도로망 건설 •'월가'를 중심으로 세계 금융의 핵심 도시로 부상
도심 인근 지역으로, 도심 재활성화가 이루어지면서 비즈니스 중심지가 된 곳	격자형 도로망을 정비하여 공간의 효율성을 높임

(가)는 프랑스의 파리, (나)는 미국의 뉴욕이다. 유럽의 도시는 북부 아메리카의 도시에 비해 도시 발달의 역사가 오래되었고, 도심과 주변 지역 간 건물의 높이 차이가 작은 편이다. 또한 도심의 도로망이 복잡하고, 도로 폭이 좁은 편이다. ⑤ 파리와 뉴욕 모두 세계화 시대에 국가의 경계를 넘어 세계적인 중심지 역할을 하는 세계 도시이다. 그 중 뉴욕은 전 세계적인 영향력을 갖춘 최상위 세계 도시이다.

바로잡기 ① 국제 연합(UN) 본부는 (나) 뉴욕에 위치한다. ② '파벨라'라는 불량 주택 지구는 브라질의 리우데자네이루에 있다. (나) 뉴욕의 불량 주택 지구는 슬럼이다. ③ (가) 파리는 (나) 뉴욕보다 도시 발달의 역사가 오래되었다.

631 북부 아메리카의 도시 내부 구조 특징 파악하기

1등급 자료 분석 뉴욕의 도시 내부 구조

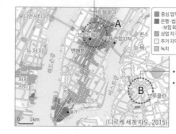

•중심 업무 지구 → 도심에 위치
•도심: 주변 지역보다 시가지 형성 시기가 이름, 도시 내 접근성과 지대가 높아 상업 및 업무 기능 집중

■ 중심 업무 지구	
■ 은행·법률 회사 ·보험 회사 등	
■ 상업 지구	
▨ 주거 지역	
■ 녹지	

•주거 지역 → 주변 지역에 위치
•주변 지역: 상대적으로 접근성과 지대가 낮음 → 공업 및 주거 지역 형성

(디르케 세계 지도, 2015)

뉴욕의 도시 내부 구조를 보면 맨해튼 전역을 격자형 가로 체계로 정비하여 공간의 효율성을 높였다. A는 중심 업무 지구로 세계에서 지가가 가장 비싼 곳 중 하나로, 초고층 건물이 몰려 있으며 세계 금융의 중심지 역할을 수행하고 있다. B는 주변 지역에 위치한 주거 지역이다.

바로잡기 ㄴ. 주거 지역(B)은 통근 유출 인구가 통근 유입 인구보다 많다. ㄹ. 도심(A)은 주거 지역(B)보다 지대와 지가가 높아 토지 이용이 집약적이며, 고층 건물이 많다.

632 유럽과 북부 아메리카의 도시 구조 특징 비교하기

1등급 자료 분석 유럽과 북부 아메리카의 도시 구조

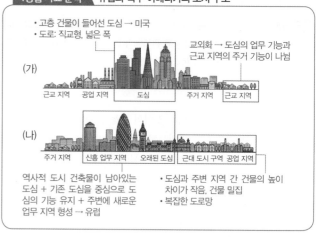

•고층 건물이 들어선 도심 → 미국
•도로: 직교형, 넓은 폭

교외화 → 도심의 업무 기능과 근교 지역의 주거 기능이 나뉨

(가) 근교 지역 / 공업 지역 / 도심 / 주거 지역 / 근교 지역

(나) 주거 지역 / 신흥 업무 지역 / 오래된 도심 / 근대 도시 구역 공업 지역

역사적 도시 건축물이 남아있는 도심 + 기존 도심을 중심으로 도심의 기능 유지 + 주변에 새로운 업무 지역 형성 → 유럽

•도심과 주변 지역 간 건물의 높이 차이가 작음, 건물 밀집
•복잡한 도로망

(가)는 미국의 도시 구조, (나)는 유럽의 도시 구조이다.

바로잡기 ㄱ. (가) 미국은 (나) 유럽보다 도시 발달의 역사가 짧다. ㄷ. (나) 유럽은 (가) 미국보다 도심이 오래되어 주변 지역에 신흥 업무 지역이 형성되는 경우가 있다. 따라서 도심의 업무 기능 특화도는 뚜렷하지 않다.

633 북부 아메리카의 산업 지역 특징 파악하기

㉠은 텍사스주의 휴스턴으로 멕시코만 연안의 석유를 바탕으로 석유 화학 산업이 발달하였고, 항공·우주 산업이 위치한다. ㉡은 캘리포니아의 샌프란시스코로 컴퓨터 관련 산업이 발달한 실리콘밸리 인근에 위치한다. 실리콘밸리는 첨단 연구 단지로 주변에 명문 대학이 많아 우수한 연구 인력 확보에 유리하다. 또한 첨단 산업 관련 업체에 대한 세금 감면 혜택으로 세계적인 IT 기업이 모여 있다. 지도의 A는 샌프란시스코, B는 휴스턴, C는 디트로이트이다. 미시간주

의 디트로이트(C)는 오대호 연안 공업 지역에 위치하고, 중화학 공업 (자동차)이 발달하였다.

634 유럽의 국가별 특징 파악하기

1등급 자료 분석 유럽의 언어와 유럽 연합 가입국가 구분

벨기에의 공용어: 네덜란드어, 프랑스어, 독일어

스위스의 공용어: 독일어, 프랑스어, 이탈리아어, 로망슈어

단일어를 사용하는 (가)는 노르웨이, 복수의 공용어를 사용하며 유럽 연합의 회원국이 아닌 (나)는 스위스, 복수의 공용어를 사용하며 유럽 연합의 회원국인 (다)는 벨기에이다.

635 유럽의 통합 과정 파악하기

1등급 자료 분석 유럽 연합의 확대 과정

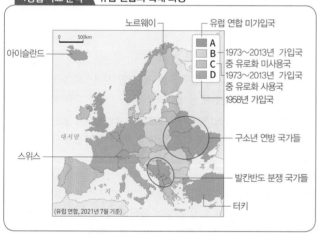

지도의 A는 유럽 연합(EU) 미가입국, B는 1973~2013년 가입국 중 유로화를 사용하지 않는 국가, C는 1973~2013년 가입국 중 유로화를 사용하는 국가, D는 독일, 프랑스, 이탈리아 등 1958년 가입국이다. 유럽 연합은 완전 경제 통합 단계로 역내 생산 요소의 자유로운 이동이 가능하고 단일 화폐인 유로화를 사용한다.

바로잡기 ① A는 유럽 연합 미가입국으로 생산 요소의 자유로운 이동이 어렵다. ② B는 유로화 미사용국이다. ③ 1958년 결성한 유럽 석탄 철강 공동체(ECSC) 6개국은 D이다. ⑤ B에 속해 있었던 영국은 2020년 유럽 연합을 탈퇴하였다.

636 유럽과 북부 아메리카의 지역 분리 운동 파악하기

지도의 A는 프랑스어 사용자 비율이 높은 캐나다 퀘벡주, B는 가톨릭교와 개신교 간의 갈등이 있는 북아일랜드, C는 에스파냐의 다른 지역과 역사 및 문화적 전통이 다르고 소득 수준이 높은 카탈루냐, D는 이탈리아 중남부 지역보다 소득 수준이 높은 파다니아이다.

바로잡기 ㄱ. 캐나다는 과거 영국인과 프랑스인을 중심으로 이주와 정착이 이루어졌는데, 퀘벡주(A)는 프랑스계의 정착이 활발했던 지역이다. 캐나다는 영어 사용자 비율이 높지만, 퀘벡주는 프랑스어 사용자 비율이 높다. ㄷ. 카탈루냐는 독자적인 언어를 사용하며, 에스파냐와 역사적·문화적 배경이 달라 갈등이 발생하고 있다.

637 북부 아메리카의 무역 구조 변화 파악하기

1등급 자료 분석 미국, 캐나다, 멕시코의 수출액 변화

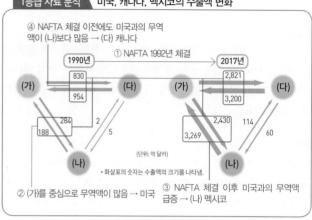

자료의 (가)는 미국, (나)는 멕시코, (다)는 캐나다이다. ⑤ 2017년 수출액 규모는 멕시코의 대(對)미국 수출액>캐나다의 대(對)미국 수출액>미국의 대(對)캐나다 수출액>미국의 대(對)멕시코 수출액 순으로 많다.

바로잡기 ① '마킬라도라'는 (나) 멕시코가 미국 인접 지역에 외국인 투자를 유치하기 위해 만든 프로그램이다. 북아메리카 자유 무역 협정(NAFTA) 발효 이후 미국에서 원료 및 자재를 들여와서 멕시코의 풍부한 저임금 노동력을 활용하여 제품을 생산한 후 완제품을 수출한다. ② 국경을 접하고 있는 국가는 (가)와 (나), (가)와 (다)이다. ③ 미국은 멕시코보다 기술 집약적인 항공·우주 산업이 발달하였다. ④ 미국은 첨단 기술 산업, 멕시코는 노동 집약적 산업, 캐나다는 자원 산업이 특화되었다.

단원 마무리 문제

126~129쪽

12 주요 공업 지역의 형성과 최근 변화

638 ③ **639** ② **640** ③ **641** ① **642** ① **643** ②
644 첨단 산업 **645** 예시답안 기업·대학·연구 기관이 연계하여 전문 인력 확보가 유리한 곳에 입지하며, 지식 및 기술 집약적인 고부가 가치 산업의 비율이 높다.

13 현대 도시의 내부 구조 및 지역의 통합과 분리

646 ④ **647** ③ **648** ④ **649** ③ **650** 메갈로폴리스(거대 도시권)
651 예시답안 교통 발달과 교외화로 대도시와 주변 지역이 기능적으로 연결되어 형성되었다. **652** ⑤ **653** ⑤ **654** ⑤
655 예시답안 A에서는 가톨릭교와 개신교 간의 종교 갈등, B에서는 네덜란드어와 프랑스어 간의 언어 갈등이 나타난다. **656** 예시답안 분리 독립을 주장하는 지역의 경제 발전 수준이 다른 지역보다 높다.

638

(가)는 (나)에는 없는 석유 및 석탄 제품의 생산액 비율이 높으므로 멕시코만 연안의 텍사스주, (나)는 컴퓨터 및 전자, 화학 제품, 음료료품의 생산액 비율인 높은 태평양 연안의 캘리포니아주이다. 지도의 A는 캘리포니아주, B는 텍사스주, C는 오하이오주이다. 따라서 (가)는 B, (나)는 A이다. 오하이오주(C)는 오대호 연안에 위치한 클리블랜드를 중심으로 기계 및 금속 공업이 발달하였다.

639

지도의 (가)는 첨단 산업 지역, (나)는 전통 공업 지역이다. (가) 첨단 산업 지역에 비해 (나) 전통 공업 지역은 주요 공업의 평균 화석 에너지 소비량이 많고, 공업 지역의 형성 시기가 이르며, 지식 기반 산업의 집중도가 낮다.

640

미국의 지역별 제조업 생산액 비중은 러스트벨트에 해당하는 북동부 및 중서부 지역에서 감소, 선벨트에 해당하는 서부 및 남부 지역에서 증가하고 있다. 따라서 A는 중서부, B는 서부이다. 북동부에는 뉴잉글랜드 공업 지역, 중서부에는 오대호 연안 공업 지역이 위치하고, 남부에는 중부 대서양 연안 공업 지역과 멕시코만 연안 공업 지역이 위치한다. 서부에는 태평양 연안 공업 지역이 위치한다. 서부(B)는 컴퓨터, 중서부(A)는 자동차 및 철강 업종이 발달하였다.

[바로잡기] ㄹ. 1995~2014년에 중서부(A)의 제조업 생산액 비율은 감소하였으나, 전체 생산액이 증가하였으므로 중서부(A)의 제조업 생산액은 증가하였다.

641

A는 북해 연안과 라인강 유역의 수운 교통 발달 지역, B는 첨단 산업 지역, C는 영국 요크셔와 랭커셔, 독일 루르, 프랑스 로렌의 전통 공업 지역이다.

[바로잡기] ㄷ. A는 원료 수입과 제품 수출에 유리한 항만에, C는 석탄과 철광석 생산지에 공업이 입지한다. ㄹ. 공업 지역의 형성 시기는 C → A → B 순으로 이르다.

642

(가)는 미국의 디트로이트, (나)는 영국의 셰필드, (다)는 프랑스의 소피아 앙티폴리스에 대한 설명이다. 지도의 A는 미국의 디트로이트, B는 영국의 셰필드, C는 프랑스의 소피아 앙티폴리스이다.

643

A는 프랑스와 미국 남서부에 입지한 첨단 산업, B는 유럽의 전통 공업 지역과 임해 공업 지역, 미국의 전통 공업 지역에 발달한 중화학 공업이다. 첨단 산업은 기술 집약적 산업으로 정보 통신, 생명 공학, 항공 우주 산업, 패션 및 디자인 산업 등이 있으며, 최종 제품의 수명 주기가 짧다.

[바로잡기] ① 공업 발달의 역사가 길다. ③ 최종 제품 단위당 부가 가치가 작다. ④ 부피가 크고 무거우므로 생산비에서 운송비가 차지하는 비중이 크다. ⑤ 첨단 산업에 대한 설명이다.

644

유럽의 케임브리지 사이언스 파크와 소피아 앙티폴리스, 미국의 실

리콘밸리 등은 첨단 산업 지역(산업 클러스터)이다.

645

첨단 산업은 지식 및 기술 집약적인 고부가 가치 산업이다.

채점 기준	수준
입지 요인과 산업 특징 모두 옳게 서술한 경우	상
입지 요인과 산업 특징 중 한 가지만 옳게 서술한 경우	하

646

도시의 지역 분화는 도시 내 지역에 따른 접근성과 지대 및 지가의 차이로 이루어진다. 도심은 상업 및 업무 기능이 집중하고, 공업 기능과 주거 기능은 도시 주변 지역으로 분산된다. 따라서 도심에서는 인구 공동화 현상이 나타나며, 중간 지대는 노후화로 슬럼화 현상이 나타나기도 한다. 동시에 낙후된 도심 지역의 재개발을 추진하면서 도심 재활성화(젠트리피케이션) 현상이 나타난다.

[바로잡기] ④ 대도시의 교외화는 공업 기능과 주거 기능을 중심으로 이루어진다.

647

(가)는 국제 금융의 중심지인 영국의 런던, (나)는 월가(Wall Street)와 국제 연합 본부가 위치한 미국의 뉴욕, (다)는 개선문과 에펠탑이 위치한 프랑스의 파리이다. 지도의 A는 미국의 시카고, B는 미국의 뉴욕, C는 영국의 런던, D는 프랑스의 파리이다.

648

지도의 A는 런던의 중심 업무 지역 및 상업 지역으로 도심에 해당한다. 오래된 도시인 런던에는 역사적 건축물이 많아 관광객이 많다.

[바로잡기] ㄱ. 도심은 상업 및 업무 지구로 통근 유입 인구가 많으므로 주간 인구가 상주인구보다 많다. ㄷ. 도심은 접근성과 지대가 높아 평균 지가가 높다.

649

(가)는 영국의 런던, (나)는 미국의 뉴욕이다. 런던은 뉴욕보다 도시 개발의 역사가 오래되어 도심 건물의 높이가 낮고 역사적인 건축물이 많으며, 도심의 도로 폭이 좁고 도로망이 복잡하다.

[바로잡기] ① 런던은 뉴욕보다 도시 발달의 역사가 오래되었다. ② 런던은 뉴욕보다 도심의 도로 폭이 좁고, 도로망이 복잡하다. ④ 런던은 유럽, 뉴욕은 미국에 위치한다. ⑤ 런던과 뉴욕은 최상위 계층의 세계 도시에 해당한다.

650

지도는 미국 동부의 대도시권의 확대 과정에서 형성된 메갈로폴리스(거대 도시권)를 나타낸 것이다.

651

메갈로폴리스(거대 도시권)는 교통 발달과 교외화로 형성되기 시작하였다.

채점 기준	수준
형성 배경을 교통 발달과 교외화 모두 포함하여 옳게 서술한 경우	상
형성 배경을 교통 발달과 교외화 중 한 가지만 포함하여 옳게 서술한 경우	하

652

(가)는 2차 산업 비중이 가장 높고 3차 산업 비중이 가장 낮은 멕시코이다. (나)는 3차 산업 비중이 두 번째로 높고 2차 산업 내 제조업 비중이 가장 낮은 높은 캐나다이다. (다)는 2차 산업 내 제조업 비중이 가장 높고 3차 산업 비중이 가장 높은 미국이다. ⑤ 국내 총생산 (GDP)은 (다) 미국>(나) 캐나다>(가) 멕시코 순으로 많고, 멕시코에서 미국으로의 인구의 경제적 이동이 많다.

바로잡기 ① 멕시코는 캐나다보다 1인당 국내 총생산(GDP)이 낮다. ② 멕시코는 에스파냐어, 미국은 영어를 사용하는 사람들의 비율이 높다. ③ 멕시코는 경제 발전 수준이 낮아 임금 수준이 낮다. ④ 미국은 국내 총생산이 캐나다보다 많아 제조업 생산액도 많다.

653

A는 유럽 연합(EU) 미가입국, B는 2000년 이전 유럽 연합 가입국이며 유로화 사용국, C는 동유럽 국가들로 2000년 이후 유럽 연합 가입국, D는 2000년 이전에 가입한 유로화 미사용국이다. ⑤ D에는 선진국에 해당하는 덴마크와 스웨덴이 있으며, 이 국가들은 동유럽 국가들이 많은 C보다 1인당 지역 내 총생산이 많다.

바로잡기 ① 1958년 결성된 유럽 석탄 철강 공동체(ECSC)는 독일, 프랑스, 이탈리아, 네덜란드, 벨기에, 룩셈부르크이다. ② A에 대한 설명이다. ③ A는 유럽 연합 회원국이 아니므로 B와 생산 요소의 자유로운 이동이 불가능하다. ④ B는 C보다 유럽 연합 가입 시기가 이르다.

654

(가)는 캐나다의 퀘벡주, (나)는 에스파냐의 카탈루냐 지역, (다)는 영국의 스코틀랜드 지역에 대한 설명이다. 지도의 A는 영국, B는 벨기에, C는 에스파냐, D는 캐나다이다. 벨기에(B)는 네덜란드어와 프랑스를 사용하는 두 개의 지역이 남북으로 나뉘어 있으며, 지역 간 경제적 격차가 커지면서 언어권 간 갈등이 심화되었다.

655

지도의 A는 종교 갈등이 나타나는 영국의 북아일랜드, B는 언어 갈등이 나타나는 벨기에의 플랑드르 지역이다.

채점 기준	수준
두 지역의 문화적 갈등 양상을 모두 옳게 서술한 경우	상
두 지역의 문화적 갈등 양상을 중 한 가지만 옳게 서술한 경우	중
두 지역의 문화적 갈등 양상을 서술하지 못한 경우	하

656

C는 에스파냐의 카탈루냐 지역, D는 이탈리아의 파다니아 지역이다.

채점 기준	수준
경제 발전 수준이 높다고 옳게 서술한 경우	상
다른 지역과 다르다고만 서술한 경우	하

분석 기출 문제

131~134쪽

[핵심 개념 문제]

657 ㉠	**658** ㉠	**659** ㉡	**660** ㉡	**661** ㉡	**662** 라틴
663 혼혈	**664** 광장	**665** 종주 도시화		**666** ×	**667** ×	**668** ×
669 ○	**670** ○				

---

671 ②	**672** ④	**673** ③	**674** ⑤	**675** ⑤	**676** ③	**677** ①
678 ⑤	**679** ⑤	**680** ⑤	**681** ⑤	**682** ④	**683** ③	

1등급을 향한 서답형 문제

684 (가) 에스파냐어, (나) 포르투갈어 　　**685** **예시답안** A는 원주민, B는 유럽계 백인, C는 혼혈이다. 원주민(A)은 안데스 산지 주변의 페루와 볼리비아 등에서 거주 비율이 높고, 유럽계 백인(B)은 온대 기후 지역인 우루과이와 아르헨티나 등에서 거주 비율이 높으며, 혼혈(C)은 칠레와 콜롬비아 등에서 거주 비율이 높다. 　**686** ㉠ A, ㉡ B 　**687** **예시답안** 북부 아메리카 도시의 경우 도심 주변에 거주 환경이 열악한 빈곤층이 거주하고 외곽 지역에 상류층이 거주한다. 중·남부 아메리카의 경우 도심 주변에 사회적 지위가 높은 유럽계 백인이 거주하고 주변 지역에 빈곤층인 원주민과 아프리카계가 거주한다.

671

㉠은 중·남부 아메리카이다. 라틴계 유럽인은 이곳의 원주민 문명을 파괴하고 자원을 수탈했으며, 부족한 노동력을 보충하기 위해 아프리카에서 많은 노예를 이주시켰다.

바로잡기 ② 라틴계 유럽인이 중·남부 아메리카에 진출하면서 원주민의 문명과 그들이 살던 도시를 파괴하였으며, 자원을 수탈하고 식민 통치를 위한 도시를 건설하였다.

672

A는 페루, 볼리비아에서 비율이 높으므로 원주민, B는 아르헨티나에서 비율이 높으므로 유럽계 백인, C는 칠레, 멕시코에서 비율이 높으므로 혼혈이다. 이 지역에서 ㉠ 상류층은 유럽계 백인, ㉡ 중간 계층은 혼혈, ㉢ 하류층은 아프리카계 및 원주민이 이룬다.

1등급 정리 노트 　중·남부 아메리카의 민족(인종)별 주요 분포 지역

아프리카계	플랜테이션이 발달한 자메이카, 브라질 북동부 해안
원주민	안데스 산지와 아마존강 유역
유럽계	기후 환경이 쾌적한 아르헨티나, 브라질 남동부 해안

673

(가)는 우루과이와 아르헨티나 등지에서 거주 비율이 높은 유럽계 백인, (나)는 페루와 볼리비아 등지에서 거주 비율이 높은 원주민이다.

바로잡기 ① (나) 원주민에 대한 설명이다. ② 아프리카계에 대한 설명이다.

④ 중·남부 아메리카의 주요 종교는 가톨릭교이다. ⑤ (가) 유럽계 백인은 경제적으로 상류층을 이루고 있다.

674
중·남부 아메리카에서는 각 나라의 수도나 식민 도시와 같은 대도시를 중심으로 산업화와 경제 성장이 이루어지면서 농촌 지역은 경제 성장의 흐름에서 소외되었다. 이에 따라 많은 농촌 인구가 대도시로 이주하였고 멕시코시티와 부에노스아이레스와 같이 한 국가의 1위 도시에 인구가 과도하게 집중하는 종주 도시화 현상이 나타났다.

바로잡기 A. 중·남부 아메리카는 주로 유럽과의 연결에 유리한 해안을 중심으로 도시가 성장하였다. B. 중·남부 아메리카의 도시화는 대도시를 중심으로 빠르게 성장하는 모습을 보인다.

675
그래프의 도시화율은 도시 거주 인구의 비율이다. ㄷ. 1950년~1990년의 그래프를 보면 브라질이 가장 기울기가 급하므로 도시화율 변화가 가장 크다. ㄹ. 도시 인구 비율의 증가 속도는 아르헨티나·칠레·브라질이 미국·캐나다보다 빠르다.

바로잡기 ㄱ. 칠레의 도시화율이 높다고 하여 브라질의 도시 거주 인구보다 많다고 할 수 없다. ㄴ. 2015년 기준 경제 발전 수준이 높은 미국과 캐나다보다 중·남부 아메리카 주요 국가의 도시화율이 더 높다.

676
지도에서 중·남부 아메리카의 도시는 해발 고도가 높은 안데스 산지 또는 해안에 주로 분포하고 있음을 알 수 있다. 온화한 기후가 나타나는 고산 도시는 유럽의 식민 지배 시기에 만들어진 해안 도시보다 이전에 형성되었다.

바로잡기 ③ 중·남부 아메리카의 대륙 내부 지역은 열대 우림이 분포하는 아마존 분지 지역으로, 농업 활동이 어렵고 교통이 불편하여 도시 발달에 불리하다. 남아메리카 대륙 내부는 판의 경계가 아니며 브라질 순상지에 해당하므로, 지진이 자주 발생하지 않는다.

677
그림은 에스파냐의 식민 도시 계획으로 중앙의 광장과 격자형 도로망으로 구성되어 있다. 이와 같은 식민 시대의 공간 구조는 식민 지배를 공고히 하기 위한 법률(Laws of the Indies)에 따른 것이며, 현재까지 중·남부 아메리카 도시 곳곳에 영향을 미치고 있다.

바로잡기 ① A는 원주민 주거지, B는 에스파냐 중류층 주거지이다. A는 B보다 원주민 거주 비율이 높게 나타난다.

678
중·남부 아메리카의 도시 구조는 유럽의 영향으로 도시 중앙에 광장과 성당이 위치하며 유럽계 백인들은 중심부에, 하류층에 해당하는 원주민과 아프리카계는 도시 외곽에 거주하는 특징이 나타난다.

바로잡기 ㄱ. 중·남부 아메리카뿐만 아니라 북부 아메리카 도시에서도 교통로를 따라 상업 지구가 형성되어 있다. ㄴ. 인구의 증가는 필연적으로 도시 범위의 확대와 연관된다. 북부 아메리카의 경우 도시 내부의 고소득층의 교외화로 도시 범위가 확대되었다면, 중·남부 아메리카는 저소득층의 이촌 향도로 도시 범위가 확대되었다.

1단계	식민지 시대 → 격자형 도로망을 갖춘 광장 중심의 소규모 도시 형성
2단계	독립 이후 도시 확대, 교통로를 따라 상업(전통 공업) 지구와 상류층 거주지 확산
3단계	• 이촌 향도 현상으로 도시로 인구 유입, 도시의 확장 • 도시 주변 지역에 슬럼 형성 → 부자와 빈민의 거주지가 분리되고 파편화됨
4단계	파편화된 공동체 확산 → 도시 공간의 다원화, 도시 외곽에 신산업 지구 형성

679
중·남부 아메리카의 주요 도시는 유럽의 도시보다 도시 내부의 지역 분화가 불완전한 편이며, 대부분 유럽과 식민지와의 연결을 목적으로 건설되었다. 도시의 중심부에 성당과 광장이 위치하며 주변에는 격자형의 규칙적 가로망이 나타난다.

바로잡기 ⑤ 중·남부 아메리카의 주요 도시에서는 고소득층을 이루는 유럽계 백인이 주로 도심부와 도시 발전 축을 따라 확장된 고급 주택 지구에 거주하고, 중심에서 외곽으로 갈수록 저소득층을 이루는 원주민이나 아프리카계가 저급 주택 지구에 거주하는 도시 양극화 현상이 나타난다.

원인	• 농촌 경제의 몰락으로 농촌 인구가 도시로 이동 • 소수 대도시를 중심으로 한 빠른 인구 집중 • 1위 도시에 인구가 과다하게 집중 → 종주 도시화 현상
영향	• 도시 중심부에 상류층, 도시 외곽에 빈곤층 거주 → 주거 환경의 양극화 심화 • 빈곤 인구 비율 증가 → 비공식 부문 경제 활동 종사자 증가 • 불량 주택 지구 형성 → 도시 기반 시설 부족, 범죄 발생률 증가

680
지도에서 아프리카계 인구 비율과 파벨라 분포는 도시의 중심에서 외곽으로 갈수록 증가하는 경향을 보인다. 이는 농촌에서 이주해온 아프리카계 빈곤층이 주로 도시의 외곽에 정착하였기 때문이다.

바로잡기 ㄴ. 사회적 지위가 낮은 아프리카계는 도심보다는 도시 외곽에 주로 분포하는 경향을 보인다.

681
중·남부 아메리카의 주요 도시에서는 도심부와 도시 발전 축을 따라 고급 주택 지구가 형성되며 고소득층을 이루는 유럽계 백인이 주로 거주한다. 중·남부 아메리카는 급속한 도시화로 사회 기반 시설이 부족하여 각종 도시 문제가 발생하고 있다.

바로잡기 ㄱ. 외곽으로 갈수록 빈곤층에 해당하는 원주민이 주로 거주한다. ㄴ. 1위 도시에 인구와 기능이 집중되어 있어 다른 도시와의 격차가 북부 아메리카보다 크다.

682
세로 열쇠 1은 인종, 3은 수위 도시, 4는 과도시화이다. 따라서 ㉠의 답은 '종주 도시화'라는 것을 말 수 있다. 종주 도시화는 국가 내 인구 규모 1위 도시의 인구가 2위 도시 인구의 두 배가 넘는 것을 의미한다.

바로잡기 ①은 과도시화, ②는 젠트리피케이션, ⑤는 교외화에 대한 설명이다. ③ 중·남부 아메리카의 도시화는 농촌에서 도시로의 인구 유입으로 진행되었다.

683

(가)는 쿠리치바(브라질), (나)는 멕시코시티(멕시코)에 대한 설명이다. (가) 쿠리치바는 대중교통 체계가 잘 갖추어져 있고 녹지를 보호하는 등 생태 도시로서의 면모를 보여주고 있다. (나) 멕시코시티는 자동차와 공장 등에서 나오는 매연으로 대기 오염이 심각하다.

684

(가)는 브라질을 제외한 대부분의 중·남부 아메리카 국가들이 사용하므로 에스파냐어, (나)는 브라질에서만 사용하므로 포르투갈어이다.

685

중·남부 아메리카는 국가별로 민족(인종) 구성이 다양하다.

채점 기준	수준
A~C 민족(인종)과 거주 분포의 특징을 옳게 서술한 경우	상
A~C 민족(인종)을 옳게 썼으나, 거주 분포의 특징을 미흡하게 서술한 경우	중
A~C 민족(인종)만 옳게 쓴 경우	하

686

그림의 A는 유럽계 백인과 중·남부 아메리카에서 태어난 백인으로 상류층을 구성하고 있으며, 도심 주변에 주로 거주한다. B는 원주민과 아프리카계로 사회적으로 하류층을 구성하고 있으며, 주로 도시의 외곽에 거주한다.

687

북부 아메리카 도시의 경우 도심 주변에 거주 환경이 열악한 빈곤층이 거주하고 외곽 지역에 상류층이 거주하는 경향을 보인다.

채점 기준	수준
두 지역의 계층별 거주 지역 차이를 비교하여 옳게 서술한 경우	상
두 지역의 계층별 거주 지역 차이 중 한 가지만 옳게 서술한 경우	하

적중1등급 문제
135쪽

| 688 ⑤ | 689 ⑤ | 690 ④ | 691 ② |

688 중·남부 아메리카 주요 도시의 특징 파악하기

1등급 자료 분석 중·남부 아메리카 주요 국가의 수도

① 인구가 많은 대도시 + 해발 고도가 가장 높음 → 멕시코의 수도인 멕시코시티

구분	인구(만 명)	해발 고도(m)	경도
(가)	2,158	2,215	99° 09′ W
(나)	447	1,092	47° 53′ W
(다)	668	638	70° 40′ W

③ 칠레의 수도인 산티아고   ② 인구가 세 도시 중 가장 적음 + 세 도시 중 가장 동쪽에 위치함 → 브라질의 수도인 브라질리아

세 국가 중 멕시코는 가장 서쪽에 위치하고, 브라질은 가장 동쪽에 위치한다. 멕시코시티는 로키산맥에 위치하고, 브라질리아는 브라질 고원에 위치한다. ㄷ, ㄹ. 멕시코시티와 산티아고는 각 국가의 수위 도시이며, 종주 도시화 현상이 나타난다.

바로잡기 ㄱ. (가) 멕시코시티는 아스테카 문명의 고산 도시이다. 잉카 문명의 고산 도시는 페루의 쿠스코이다. ㄴ. (나) 브라질리아는 브라질의 수위 도시가 아니며, 브라질의 인구 1,000만 명 이상 대도시는 리우데자네이루, 상파울루 등이 있다.

689 중·남부 아메리카와 유럽의 도시화 특징 비교하기

1등급 자료 분석 중·남부 아메리카와 유럽의 도시 규모별 변화

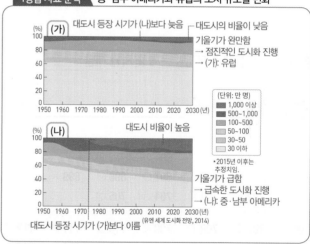

바로잡기 ㄱ. 최상위 계층에 속한 세계 도시는 북부 아메리카(뉴욕), 유럽(런던), 아시아(도쿄) 등에 분포한다. ㄴ. 2015년 기준 100만 명 이상 도시 비중은 중·남부 아메리카가 유럽보다 높다.

690 중·남부 아메리카의 민족(인종) 및 언어 특징 파악하기

멕시코는 혼혈·원주민, 볼리비아는 원주민·혼혈, 브라질은 유럽계·혼혈·아프리카계의 인구 비율이 높다. 따라서 ㉠은 혼혈, ㉡은 원주민, ㉢은 유럽계이다. ㉠ 혼혈은 중·남부 아메리카 전체 인구에서 차지하는 비중이 가장 높고, ㉡ 원주민은 중·남부 아메리카에서 거주 역사가 가장 오래되었다. 또한 ㉢ 유럽계는 중·남부 아메리카에서 경제적 지위가 가장 높다. 멕시코는 ㉣ 에스파냐어, 브라질은 ㉤ 포르투갈어를 공용어로 사용한다.

바로잡기 ④ ㉢은 유럽계이며, 주로 유럽계와 원주민 간의 혼혈이 많고, 유럽계와 아프리카계 간의 혼혈도 있다.

1등급 자료 분석 **중·남부 아메리카의 도시화율과 대도시 분포**

중·남부 아메리카 전체의 도시화율은 80% 이상 → 경제 발전 수준에 비해 높은 편임

도시화율(단위: %)
■ 80~100
■ 60~80
■ 40~60
□ 0~40

도시 인구(만 명, 2014년)
● 1,000 이상
● 500~1,000
● 100~500
(유엔 세계 도시화 전망, 2014)

인구 1,000만 명 이상의 대도시는 주로 대서양 연안에 분포함

② 아르헨티나를 비롯하여 중·남부 아메리카 대부분의 국가에서 종주 도시화 현상이 나타난다.

바로잡기 ① 멕시코는 도시화율이 60~80%에 해당하여 도시 인구가 촌락 인구보다 많다. ③ 브라질에서 인구 1,000만 명 이상 도시는 리우데자네이루와 상파울루이다. 수도 브라질리아는 인구 100~500만 명이다. ④ 내륙 지역보다 해안 지역에 도시 인구가 집중해 있다. ⑤ 유럽인의 진출에 따른 식민 도시 건설 과정에서 유럽과 가까운 대서양 연안에 도시가 입지하였다.

15 지역 분쟁과 저개발 문제 및 자원 개발

분석 기출 문제

137~141쪽

[핵심 개념 문제]

692 부족 **693** 이슬람교 **694** 아프리카 연합(AU)

695 열대림 **696** ○ **697** ○ **698** ○ **699** × **700** ㄱ

701 ㄷ **702** ㄴ **703** ㉡ **704** ㉠ **705** ㉠

706 ③ **707** ③ **708** ⑤ **709** ② **710** ③ **711** ③ **712** ②

713 ③ **714** ① **715** ① **716** ④ **717** ③ **718** ① **719** ③

720 ② **721** ② **722** ①

1등급을 향한 서답형 문제

723 사하라 이남 아프리카 **724** **예시 답안** 사하라 이남 아프리카 지역은 독립 이후에도 식민지 경험에 따른 정치적 불안과 분쟁, 기반 시설의 부족으로 여전히 빈곤에서 벗어나지 못하고 있다. **725** 석유(원유)

726 **예시 답안** 지속적인 자본 투자와 기술 개발을 통해 산업 구조를 다각화하고, 투명한 정부의 역할을 확대해야 한다. 또한 천연자원에 대한 주권을 찾는 노력도 필요하다.

706

기니만 연안 국가들의 수도가 대체로 해안에 위치하는 것은 유럽인들이 아프리카 진출 초기에 해안가를 중심으로 식민지화를 진행하였으며, 금과 상아 등의 자원과 노예를 대규모로 반출하기 위해서이다.

바로잡기 갑, 정. 해안의 도시는 유럽 식민 지배의 영향으로 건설된 것이며 당시 아프리카 국가들은 외부와의 무역이 활발하지 않았다. 해안의 석유 자원 매장이 확인된 것도 이후의 일이다.

707

지도의 (가)는 이슬람교, (나)는 크리스트교, (다)는 토속 신앙이다. 급속도로 증가하는 추세인 A는 크리스트교, 완만히 증가하는 B는 이슬람교, 급속도로 감소하는 C는 토속 신앙이다. 서남아시아 지역과 인접한 소말리아와 수단 등에서는 이슬람교를 주로 신봉한다. 크리스트교는 유럽인의 식민지 개척 과정에서 아프리카 남부 지역으로 넓게 전파되었다. 토속 신앙은 외래 종교의 전파로 신자 비율이 줄어들고 있다.

1등급 정리 노트 **아프리카의 종교 분포**

이슬람교	• 서남아시아와 인접한 아프리카 북부 지역 • 신자 비율이 완만히 증가
크리스트교	• 아프리카의 남부 지역을 중심으로 전파 • 신자 비율 빠르게 증가
토속 신앙	• 외래 종교의 전파로 비중 감소 • 아프리카 전역에서 부족의 일상생활에 여전히 많은 영향을 미침

708

아프리카는 다양한 민족(종족)이 분포하는데 이를 고려하지 않은 채 유럽 열강의 이익에 따라 국경선이 설정되면서 독립 이후 부족 및 국가 간 갈등 및 내전의 원인이 되고 있다.

709

유럽 열강들은 원주민의 삶과 정치적 경계를 고려하지 않고 편의대로 국경을 결정하였다. 인위적 경계선은 부족 간 끊임없는 분쟁을 유발하였고 오늘날까지도 사회 불안의 주요 원인이 되고 있다.

710

소말리아와 에티오피아의 국경 분쟁, 르완다의 투치족과 후투족의 갈등은 유럽 열강의 이익을 위한 인위적인 국경선 설정, 식민지 간접 통치 등 과거 식민 지배 경험에 의한 것이다.

바로잡기 ② 서로 다른 종교적 신념이 갈등의 원인이 된 사례는 수단과 남수단 등이 있다. ④ 하천을 둘러싼 물 자원 확보 문제로 갈등이 일어난 사례는 에티오피아, 케냐, 탄자니아 등 나일강 상류 국가들과 나일강 하류의 이집트 간의 갈등을 들 수 있다.

711

ㄴ. 수단–남수단 분쟁은 이슬람교와 크리스트교 간의 종교 분쟁이며, 석유 자원의 이권 확보를 위한 분쟁이기도 하다. ㄷ. 남수단은 석유 자원을 수출하려면 포트수단까지 송유관을 통해 운반해야 하고, 송유관과 정유 시설이 주로 수단에 분포하고 있으므로 수단의 협조가 필요하다.

바로잡기 ㄱ. 남부 지역은 크리스트교와 토속 신앙을, 북부 지역은 이슬람교를 주로 믿는다. ㄹ. 송유관과 정유 시설 대부분은 수출항이 분포하는 수단에 위치한다.

국가 내 민족과 종교의 차이로 인한 갈등이 발생하고 있으며, 분쟁으로 이어져 많은 인명 피해와 정치적 난민이 발생하고 있다.

시에라리온	다이아몬드 채굴권을 둘러싼 정부와 반군과의 갈등
수단, 남수단	이슬람교를 믿는 북부의 아랍계 주민과 크리스트교와 토속 신앙을 믿는 남부 아프리카계 주민과의 갈등
나이지리아	북부의 이슬람교도와 남부의 크리스트교도 간의 종교 및 경제적 갈등
르완다	권력을 유지하려는 소수의 투치족과 이에 대항하는 다수의 후투족 간의 갈등
남아프리카 공화국	한때 아프리카계 인종 차별 정책인 아파르트헤이트를 시행하여 국제적으로 큰 비난을 받음

712

(가)는 나이지리아, (나)는 남아프리카 공화국에 대한 설명이다. 지도의 A는 나이지리아, B는 에티오피아, C는 콩고 민주 공화국, D는 남아프리카 공화국이다.

713

(가)는 케냐, (나)는 나이지리아, (다)는 보츠와나이다. 지도의 A는 나이지리아, B는 케냐, C는 보츠와나이다. (가) 케냐는 광물 자원 개발이 미약하여 농산물을 주로 수출하고, (나) 나이지리아는 아프리카 최대의 산유국이며, (다) 보츠와나는 다이아몬드 매장량이 세계 3위이다.

714

인간 개발 지수는 평균 수명, 교육 수준, 국민 소득 등을 기준으로 삶의 질을 평가한 것이다. 사하라 이남 아프리카의 인간 개발 지수가 매우 낮은 까닭은 잦은 내전과 정치적 불안정이 지속되고 있으며, 각종 열대 질병과 낮은 보건 수준으로 평균 수명이 짧기 때문이다. 여기에 가뭄과 사막화, 농지 감소에 따른 식량 공급 감소 등도 낮은 인간 개발 지수의 원인이 된다.

바로잡기 ① 사하라 이남 아프리카에는 넓은 토지와 풍부한 지하자원 및 인적 자원이 있으므로 의무 교육 확대, 기반 시설 확충, 정치 및 사회적 환경 개선 등의 적절한 노력이 이루어진다면 발전 가능성이 크다.

715

자원의 저주는 국가의 자원이 풍부하지만 경제 성장이 저조한 현상을 의미한다. 베네수엘라 볼리바르는 천연자원으로 벌어들이는 수입에 지나치게 의존한 나머지 산업 구조의 변화에 수동적이고, 정치권에 만연한 부정부패 등으로 자원의 저주를 겪고 있다.

바로잡기 ㄷ. 차베스 정권 수립 이전에는 자원으로 벌어들인 수입은 일부 기득권층이나 해외 기업에 집중되었다. ㄹ. 베네수엘라 볼리바르는 자원에만 의존하다가 다른 산업을 육성할 기회를 놓치면서 국가 경제가 악화되었다.

716

㉠은 석유로 수단과 남수단의 갈등의 한 원인이 되었다. 아프리카에서는 기니만 연안에 석유가 주로 분포하며 중·남부 아메리카에서는 베네수엘라 볼리바르, 멕시코, 브라질 등에 주로 분포한다. 석유는 에너지 자원으로 석유 수출국 기구(OPEC)가 결성되어 있다.

바로잡기 ④ 강바닥의 진흙에서 사금과 같이 원시적인 방법으로 채취되며, 휴대 전화의 원료로 사용되는 광물 자원은 콜탄(탄탈)이다. 콜탄은 콩고 민주 공화국, 베네수엘라 볼리바르 등의 국가에 매장량이 많다.

중·남부 아메리카	• 석유: 멕시코, 브라질, 베네수엘라 볼리바르 • 철광석: 브라질　　• 리튬: 볼리비아 우유니 사막 • 보크사이트: 자메이카, 가이아나 • 멕시코는 은, 칠레는 구리의 세계 최대 생산국
사하라 이남 아프리카	• 석유: 나이지리아, 앙골라　　• 다이아몬드: 보츠와나 • 구리·코발트: 잠비아~콩고 민주 공화국(코퍼 벨트) • 콜탄: 르완다, 콩고 민주 공화국 • 남아프리카 공화국은 석탄, 금, 다이아몬드 등 풍부

717

지도의 (가)는 사하라 이남 아프리카, (나)는 중·남부 아메리카이다. 두 지역은 경제적 빈곤 및 빈부 격차의 문제, 플랜테이션 농업에 따른 열대림 파괴 문제, 다국적 기업이 주도하는 자원 개발의 문제점, 수출 광물 생산을 위한 광산 개발과 환경 문제 등이 공통으로 나타나고 있다.

바로잡기 ③ 중·남부 아메리카는 대부분 크리스트교를 믿고 있다. 따라서 이슬람교도와 크리스트교도 간의 갈등은 학습 주제로 적절하지 않다.

718

지도는 아마존의 열대림 파괴를 나타낸 것이다. 이 지역의 열대림 파괴는 기업적 방목을 위한 목초지 조성, 벌목 회사의 남벌 및 도로 건설 등이 원인이 되었다.

바로잡기 ㄷ. 브라질의 산업은 리우데자네이루, 상파울루 등의 대도시가 위치한 남동부 지역에 발달하였으며 열대림이 분포하는 아마존 분지 지역은 산업 발달이 미약하다. ㄹ. 열대림 파괴로 나타나는 결과에 해당한다.

719

(가)는 서부 유럽 국가이고, (나)는 사하라 이남 아프리카에 해당하는 국가이다. (나) 지역은 (가) 지역보다 보건·의료 환경이 열악하여 영아 사망률이 높고, 경제 발전에 따른 부가 공정하게 분배되지 못하여 빈부 격차가 심하므로 소득 불평등 지수도 높다.

바로잡기 ㄱ. (나) 지역은 (가) 지역보다 빈곤하고 보건·의료 환경이 열악하며 기대 수명이 낮다. ㄹ. (나) 지역은 (가) 지역보다 정부의 투명하지 못한 국가 운영으로 공무원과 정치인에 대한 청렴도 인식 수준이 낮은 편이다.

720

제시된 보고서의 콩고 민주 공화국은 콜탄, 금, 다이아몬드 등의 자원 개발이 지역 분쟁의 가능성을 높이고 있다. 나이지리아에서는 석유 개발이 나이저강 삼각주의 환경 오염의 원인이 되고 있으며, 빈부 격차를 심화시키고 있다.

721

지니 계수는 빈부 격차와 계층 간 소득 분포의 불균등 정도를 나타내는 수치이다. 지니 계수는 0과 1 사이의 값을 갖는데, 값이 0에 가까울수록 소득 분배가 평등하고, 보통 0.4가 넘으면 소득 분배의 불평등 정도가 심하다는 것을 의미한다. 사하라 이남 아프리카 지역은 정부의 부정부패, 광산 이권을 둘러싼 내전, 다국적 기업의 자원 개발 등으로 소득 분배의 불평등 문제를 겪고 있어 지니 계수가 높게 나타난다.

바로잡기 ㄴ. 교육에 우선적으로 예산이 투입된다면 반복되는 빈곤의 악순환을 해소할 수 있으므로 소득 불평등 지수인 지니 계수가 낮을 것이다. ㄹ. 사하라 이남 아프리카 지역의 자원 개발은 주로 선진국의 다국적 기업이 주도하는 경우가 많아 자원 개발을 통해 발생한 수익이 해당 국가나 지역 주민에게 고르게 분배되지 못하는 경우가 많다.

722
아프리카의 빈곤 문제를 해결하기 위해서는 자원 수출 중심의 경제 정책에서 벗어나 산업의 다각화를 꾀할 필요가 있으며, 천연자원 개발의 주권을 찾아오는 노력도 필요하다.

바로잡기 병. 자원 그 자체의 수출에 의존하는 것보다는 산업 발전을 도모하여 고부가 가치의 상품을 생산하고 이를 수출하는 것이 바람직하다. 정. 다국적 기업은 자원 개발로 만들어진 이익의 상당 부분을 본국으로 가져간다. 자원을 보유한 국가가 경제적 빈곤에서 벗어나기 위해서는 다국적 기업에 대한 의존을 점차 줄여나가야 한다.

723
지도에서 1인당 국내 총생산(GDP) 5,000달러 미만 국가가 집중적으로 분포하는 지역은 사하라 이남 아프리카이다.

724
사하라 이남 아프리카 지역은 정치적으로 불안정하고 사회 기반 시설이 부족한 편이다.

채점 기준	수준
제시된 내용을 모두 포함하여 옳게 서술한 경우	상
제시된 내용을 모두 포함하였으나 한 가지만 옳게 서술한 경우	중
제시된 내용을 모두 포함하였으나 옳게 서술하지 못한 경우	하

725
베네수엘라 볼리바르와 나이지리아에서 수출 비중이 높은 (가)는 석유이다.

726
두 지역은 천연자원을 수출하여 얻는 수익이 많다. 그러나 그 수익이 일부 계층에 집중되어 소득 불평등이 심해지고 있다. 두 지역이 경제적 빈곤에서 벗어나기 위해서는 부의 정의로운 분배가 필요하다.

채점 기준	수준
기술 개발에 따른 산업 구조의 다각화, 투명한 정부의 역할 확대, 천연자원에 대한 주권을 찾는 노력 등을 포함하여 세 가지 모두 옳게 서술한 경우	상
두 가지만 옳게 서술한 경우	중
한 가지만 옳게 서술한 경우	하

적중 1등급 문제
142~143쪽

| 727 ④ | 728 ② | 729 ③ | 730 ④ | 731 ① |
| 732 ④ | 733 ⑤ | 734 ⑤ | | |

727 사하라 이남 아프리카 주요 국가의 특징 비교하기
A는 기니만 연안의 나이지리아, B는 동아프리카의 에티오피아, C는 남아프리카의 보츠와나이다. ㄱ. 인구(2019년 기준)는 나이지리아(A) 약 2.01억 명, 에티오피아(B) 약 1.1억 명, 보츠와나(C) 약 230만 명으로 나이지리아가 가장 많다. ㄴ. 나이지리아(A)는 이슬람교와 크리스트교의 비율이 높고, 에티오피아(B)는 크리스트교와 이슬람교의 비율이 높으며, 보츠와나(C)는 크리스트교와 토속 신앙의 비율이 높다. 이슬람교 신자 비율은 나이지리아(A)>에티오피아(B)>보츠와나(C) 순으로 높다. ㄹ. 1인당 국내 총생산(2019년 기준)은 나이지리아(A) 약 2,229달러, 에티오피아(B) 약 856달러, 보츠와나(C) 약 7,961달러로 보츠와나가 가장 많다.

바로잡기 ㄷ. 광업·제조업 종사자 비율은 보츠와나(C)가 에티오피아(B)보다 높고, 에티오피아(B)는 농림 어업 부문의 종사자 비율이 높다.

728 사하라 이남 아프리카의 종교 특징 파악하기

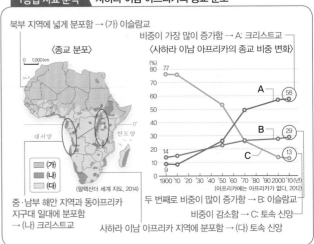

1등급 자료 분석 사하라 이남 아프리카의 종교 분포

(가)와 B는 이슬람교, (나)와 A는 크리스트교, (다)와 C는 토속 신앙이다. ② 크리스트교(A)는 주로 유럽인의 아프리카 진출 이후에 사하라 이남 아프리카에 전파되었다.

바로잡기 ① (가)는 B, (나)는 A이다. ③ B는 건조 문화권에 인접한 북부 지역에 분포한다. 해안 지역과 동아프리카 지구대에 (나) 크리스트교가 집중 분포하는 까닭은 내륙의 열대 우림 지역에 비해 유럽인의 진출과 정착이 활발했기 때문이다. ④ C의 비율 감소는 크리스트교와 이슬람교의 전파에 영향을 받았다. ⑤ (가) 이슬람교와 (나) 크리스트교의 점이 지대인 나이지리아와 수단 등에서는 두 종교 간의 분쟁이 발생하기도 한다.

729 사하라 이남 아프리카 주요 국가의 특징 파악하기
㉠은 백인과 흑인의 인종 갈등 문제, 요하네스버그, 아파르트헤이트(인종 차별 정책) 등과 관련이 있는 남아프리카 공화국이다. 아파르트헤이트는 소수의 백인이 다수의 유색 인종을 지배하기 위해 시행한 인종 분리 정책으로, 1990년대 공식적으로 폐지되었지만 아직도 인종별 주거지 분리 현상은 완화되지 않고 있다. ㉡은 서아프리카의 다이아몬드 개발, 라이베리아 인접국, 내전 등과 관련이 있는 시에라리온이다. 지도의 A는 시에라리온, B는 르완다, C는 소말리아, D는 남아프리카 공화국이다. 르완다(B)는 독립 이후 권력을 유지하려는 소수의 투치족과 이에 대항하는 다수의 후투족 간의 내전이 발생하였다.

730 사하라 이남 아프리카의 저개발 원인 파악하기

사하라 이남 아프리카의 주요 교통망

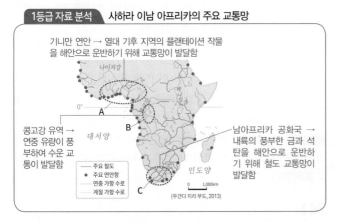

기니만 연안 → 열대 기후 지역의 플랜테이션 작물을 해안으로 운반하기 위해 교통망이 발달함

나이저강

0°

A

B

콩고강 유역 → 연중 유량이 풍부하여 수운 교통이 발달함

대서양

남아프리카 공화국 → 내륙의 풍부한 금과 석탄을 해안으로 운반하기 위해 철도 교통망이 발달함

인도양

C

— 주요 철도
● 주요 연안항
— 연중 가항 수로
—— 계절 가항 수로

1,000km

(우간다 지리 부도, 2013)

사하라 이남 아프리카의 철도망이 주로 해안 지역과 내륙 지역을 연결하는 형태인 까닭은 유럽인은 식민 지배 과정에서 자원의 해외 반출을 위해 건설하였기 때문이다. ㄹ. 식민지 시대에 유럽인들의 이주와 정착은 기후가 적합하고, 자원이 풍부한 지역에서 활발하였다.

731 사하라 이남 아프리카와 중·남부 아메리카 주요 국가의 수출품목 비교하기

지도의 A는 콜롬비아, B는 아르헨티나, C는 케냐, D는 보츠와나이다. (가)는 원유, 석탄 및 석탄 제품, 석유 제품, 커피, 화훼류의 수출액 비율이 높으므로 콜롬비아이다. 콜롬비아는 신기 습곡 산지인 안데스 산맥에 위치하여 인접국인 베네수엘라 볼리바르와 함께 석유와 천연가스의 매장량이 많으며, 열대 기후 지역의 플랜테이션 농업으로 커피 생산이 많다. (나)는 차, 화훼류, 석유 제품, 커피의 수출 비율이 높은 케냐이다. 케냐는 열대 기후 지역의 플랜테이션 농업으로 차와 커피의 생산량이 많다. 아르헨티나(B)는 육류·밀 등 농축산물의 수출 비율이 높으며, 보츠와나(D)는 보석 광물 및 귀금속의 수출 비율이 높다.

732 사하라 이남 아프리카와 중·남부 아메리카의 자원 분포 특징 파악하기

사하라 이남 아프리카와 중·남부 아메리카의 주요 자원 생산지

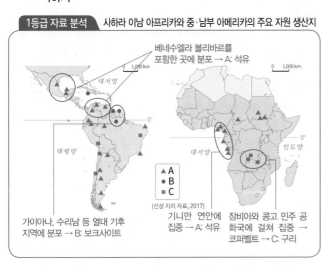

베네수엘라 볼리바르를 포함한 곳에 분포 → A: 석유

1,000km

대서양

1,000km

태평양

대서양

0°

인도양

▲ A
● B
■ C

(신상 지리 자료, 2017)

가이아나, 수리남 등 열대 기후 지역에 분포 → B: 보크사이트

기니만 연안에 집중 → A: 석유

잠비아와 콩고 민주 공화국에 걸쳐 집중 → 코퍼벨트 → C: 구리

A는 중·남부 아메리카의 신기 습곡 산지와 사하라 이남 아프리카의 기니만 연안에서 주로 생산되는 석유이다. B는 열대 기후 지역에서 주로 생산되는 보크사이트이다. C는 중·남부 아메리카의 신기 습곡

산지와 중·남부 아프리카의 코퍼벨트에서 주로 생산되는 구리이다.

733 남아메리카 주요 국가의 수출 구조 비교하기

지도의 A는 콜롬비아, B는 브라질, C는 칠레이다. 콜롬비아(A)는 신기 습곡 산지에 위치하여 석유 생산이 많으며, 열대 기후 지역의 플랜테이션 농업으로 커피 생산이 많으므로 (다)이다. 브라질(B)은 아마존강 유역을 개발하여 원유 생산이 많으며, 농경지와 목장을 조성하여 농축산물의 생산이 많다. 또한 브라질 고원에서는 철광석 생산이 많으므로 (나)이다. 칠레(C)는 신기 습곡 산지에 위치하여 구리의 생산이 많고, 지중해성 기후 지역에서 와인 생산이 많으므로 (가)이다. 따라서 (가)는 C, (나)는 B, (다)는 A이다.

734 자원 개발에 따른 환경 문제 파악하기

아마존강 유역은 열대 기후 지역으로 열대림이 분포한다. 브라질 정부는 아마존강 유역 개발을 위해 수도를 브라질리아로 이전하고, 농장 및 목장을 조성하고 자원을 개발하고 있다. 목축 지역에서는 주로 소를 사육하고 있고, 작물 재배 지역에서는 주로 대두(콩)·옥수수·사탕수수 등을 생산하고 있다. 농작물은 바이오 에너지의 원료, 가축 사료 등으로 사용된다. 이에 따라 열대림이 파괴되어 열대림 면적이 감소하였다.

바로잡기 ㄱ. 아마존강 유역의 열대림 감소로 동식물의 서식지가 축소되어 생물 종 다양성이 감소하였다. ㄴ. 목축 지역에서는 주로 육류를 얻기 위해 소를 사육한다. 양은 주로 건조 기후 지역에서 사육한다.

단원 마무리 문제

144~147쪽

14 도시 구조에 나타난 도시화 과정의 특징

735 ④　　**736** ③　　**737** ①　　**738** ④　　**739** ③　　**740** ①
741 종주 도시화 현상　　**742** 예시 답안 수위 도시에서는 인구의 지나친 집중으로 도시 기반 시설 부족 문제가 발생하고, 국가적으로는 지역 간 불균형 문제가 심화된다.

15 지역 분쟁과 저개발 문제 및 자원 개발

743 ⑤　　**744** ④　　**745** ④　　**746** ②　　**747** ①　　**748** ②　　**749** ⑤
750 ⑤　　**751** A–보츠와나, B – 나이지리아　　**752** 예시 답안 보츠와나(A)는 나이지리아(B)에 비해 독재와 부정부패 없이 정치적으로 안정되어 있고, 부의 공정한 분배를 실현하였다.

735

A는 브라질에서 두 번째로 높고, 볼리비아에서 두 번째로 높은 혼혈이다. B는 볼리비아에서 가장 높은 원주민이다. C는 아르헨티나와 브라질에서 가장 높은 유럽계이다. D는 브라질에서 세 번째로 높고 다른 두 국가에서 매우 낮은 아프리카계이다. ④ 유럽계는 아프리카계보다 중·남부 아메리카에 먼저 정착하였고, 유럽계에 의해 플랜테이션 농업 노동자로 아프리카계가 중·남부 아메리카에 유입되었다.

① 중·남부 아메리카는 에스파냐와 포르투갈의 식민 지배를 받아 대부분의 국가는 에스파냐어를 사용하고, 브라질은 포르투갈어를 사용한다. 또한 대부분의 국가는 가톨릭교를 믿는다. ② 유럽계(C)는 중·남부 아메리카에서 사회·경제적 지위가 가장 높다. ③ 원주민(B)은 주로 열대 고산 기후 지역, 아프리카계(D)는 플랜테이션 농업 지역에 분포한다. ⑤ 중·남부 아메리카에서는 혼혈, 유럽계, 원주민의 수가 많으며, 아프리카계의 수가 가장 적다.

736

ㄴ. 중·남부 아메리카의 도시는 식민지 시대의 도시 계획을 토대로 건설하였기 때문에 도심 중심에 광장, 상업 지구, 핵심 기능이 입지한다. ㄷ. 중·남부 아메리카 대부분의 국가에서는 수위 도시에 인구가 과도하게 집중하여 수위 도시의 인구가 2위 도시의 인구보다 두 배 이상 많은 종주 도시화 현상이 나타난다.

ㄱ. 고산 도시의 대표적인 사례로는 멕시코의 수도 멕시코시티, 콜롬비아의 수도 보고타, 에콰도르의 수도 키토, 볼리비아의 수도 라파스 등이 있다. 리우데자네이루는 해안가에 위치한다. ㄹ. 중·남부 아메리카 도시는 주로 도심을 중심으로 고급 주택 지구가 형성이 되고, 도시 주변 지역에 농촌 인구가 거주하면서 불량 주택 지구를 형성한다.

737

ㄱ. 중·남부 아메리카의 주요 국가는 수위 도시의 인구가 2위 도시의 두 배 이상인데, 이를 종주 도시화 현상이라 한다. ㄴ. 중·남부 아메리카의 도시화는 경제 발전 수준에 비해 높고, 주로 농촌에서 도시로의 인구 이동이 활발하다. 이 과정에서 소수의 대도시가 빠르게 성장하여 대도시의 과밀화 현상과 종주 도시화 현상이 나타난다.

ㄷ. 메갈로폴리스는 대도시의 교외화로 대도시와 주변 지역이 기능적으로 밀접하게 연결되면서 형성되는데, 미국 북동부 지역(보스턴~뉴욕~필라델피아~볼티모어~워싱턴)이 대표적인 사례이다. ㄹ. 종주 도시화 현상은 급속한 도시화로 수위 도시에 인구가 집중될 때 잘 나타난다.

738

지도의 A는 멕시코, B는 베네수엘라 볼리바르, C는 볼리비아, D는 브라질, E는 아르헨티나이다. 멕시코(A)는 혼혈과 원주민의 인구 비율이 높다. 베네수엘라 볼리바르(B)는 혼혈, 유럽계, 아프리카계의 인구 비율이 높다. 볼리비아(C)는 원주민의 인구 비율이 가장 높다. 브라질(D)은 유럽계, 혼혈, 아프리카계의 인구 비율이 높다. 아르헨티나(E)는 유럽계의 인구 비율이 가장 높다. 따라서 (가)는 유럽계, (나)는 혼혈, (다)는 원주민, (라)는 아프리카계이다. ④ 중·남부 아메리카는 혼혈 인구가 가장 많다.

① 잉카 문명을 발달시킨 민족(인종)은 원주민이다. ② 과거 플랜테이션 노동력으로 강제 이주된 민족(인종)은 아프리카계이다. ③ 유럽계는 아프리카계보다 중·남부 아메리카에 정착한 시기가 이르다. ⑤ 유럽계는 중·남부 아메리카에서 경제적 지위가 가장 높다.

739

중·남부 아메리카의 도시는 식민지 시대의 도시 계획에 따라 도시 중심에 광장이 있으며, 광장 주변에 상업 지구와 핵심 기능이 모여 있다. 도시 중심부에 고급 주택 지구가 있고 중심에서 멀어질수록 저급 주택 지구가 나타나, 경제적·사회적 지위에 따른 거주지 분리가 뚜렷하다.

ㄱ. 도시의 중심에서 외곽으로 갈수록 저소득층을 이루는 원주민이나 아프리카계가 거주하는 저급 주택 지구가 분포한다. ㄹ. 유럽계는 고급 주택 지구가 형성된 도심을 중심으로 집중 분포한다.

740

지도는 볼리비아에 위치한 라파스의 민족(인종)별 거주지 분화를 나타낸 것이다. A는 도심의 상업 지역을 중심으로 분포하는 유럽계, B는 해발 고도가 높은 분지 상단부에 분포하는 원주민이다.

ㄷ. 유럽계(A)의 주거지는 원주민(B)의 주거지보다 해발 고도가 낮아 연평균 기온이 높다. ㄹ. 유럽계(A)의 주거지는 도심의 상업 지역을 중심으로 분포한다.

741

종주 도시화 현상은 1위 도시의 인구가 2위 도시 인구의 두 배 이상인 현상이다.

742

종주 도시화 현상의 영향으로 수위 도시에서는 인구의 지나치게 집중하여 도시 기반 시설의 부족 문제가 나타난다.

채점 기준	수준
수위 도시와 국가에 주는 부정적 영향 모두 옳게 서술한 경우	상
수위 도시와 국가에 주는 부정적 영향 중 한 가지만 옳게 서술한 경우	하

743

남아메리카 공동 시장(브라질, 아르헨티나, 우루과이, 파라과이)은 주로 농산품·공업 제품·연료 및 광업 제품을 수출하고, 공업 제품을 주로 수입한다. 농산품과 연료 및 광업 제품은 공업 제품보다 부가 가치가 작고, 주요 수출품인 농산물의 국제 시장 가격 변동은 역내 경제에 많은 영향을 준다.

ㄱ. 수입 의존도는 공업 제품이 연료 및 광업 제품보다 높다. ㄴ. 공업 제품의 수출액은 약 873억 달러(3,010억 달러×0.29), 수입액은 약 2,241억 달러(2,910억 달러×0.77)이다.

744

(가)는 남수단, (나)는 남아프리카 공화국, (다)는 나이지리아이다. 지도의 A는 나이지리아, B는 남수단, C는 남아프리카 공화국이다.

745

A는 브라질, 콜롬비아, 온두라스, 에티오피아, 페루에서 생산량이 많은 커피이다. B는 칠레, 페루, 콩고 민주 공화국, 멕시코, 잠비아에서 생산량이 많은 구리이다. 석유는 브라질, 멕시코, 베네수엘라 볼리바르, 나이지리아, 앙골라에서 생산량이 많다.

746

㉠은 아프리카 국가 중 리비아와 알제리의 매장량 비중이 높은 석유이다. A는 나이지리아, B는 앙골라, C는 남수단이다. ② 기니만 연안의 나이지리아(A)는 세계적인 산유국으로 수출의 90% 이상을 석유가 차지할 정도로 생산량이 많고 수출 의존도가 높다.

① 석유는 주로 신기 습곡 산지에 매장되어 있고, 석탄은 주로 고기 습곡 산지에 매장되어 있다. ③ 남수단(C)은 석유 개발로 인한 갈등으로 수단

에서 분리 독립하였다. ④ 나이지리아(A)는 기니만 연안, 남수단(C)은 아프리카 대륙 내부에 위치한다. ⑤ A는 나이지리아, B는 앙골라이다.

747

A는 니제르, B는 나이지리아, C는 남수단이다. (가)는 이슬람교 신자 수 비율이 가장 높으므로 니제르(A)이다. (나)는 인구가 가장 많고, 크리스트교와 이슬람교 신자 수 비율이 높으므로 나이지리아(B)이다. (다)는 크리스트교 신자 수 비율이 가장 높으므로 남수단(C)이다.

748

B는 중·남부 아메리카의 베네수엘라 볼리바르, 콜롬비아, 페루, 볼리비아, 칠레, 사하라 이남 아프리카 대부분의 국가에서 1위 수출품인 광물 및 에너지 자원이다. C는 중·남부 아메리카의 브라질, 아르헨티나, 우루과이, 사하라 이남 아프리카의 동아프리카(케냐, 에티오피아 등)와 기니만 연안(가나 등)에서 1위 수출품인 농림 축수산물이다. 나머지 A는 공업 제품이다.

749

A는 중·남부 아메리카, B는 사하라 이남 아프리카이다. 세계의 빈곤 인구는 1990~2015년 감소하고 있으나, 사하라 이남 아프리카는 증가하고 있다. 2015년에 빈곤 인구는 사하라 이남 아프리카, 남부 아시아, 동아시아·태평양 순으로 많다. 사하라 이남 아프리카의 빈곤 인구는 1990년보다 2015년에 세계에서 차지하는 비중이 크다. 그 원인은 도로, 철도 등 사회 기반 시설 부족, 플랜테이션 중심의 농업 구조, 선진국의 투자에 의존하는 경제 구조 등이다.

750

사하라 이남 아프리카는 세계 평균에 비해 농업의 부가 가치 비율과 종사자 수 비율이 높고, 제조업의 종사자 수 비율은 낮다. 따라서 A는 농업, B는 제조업이다. 사하라 이남 아프리카의 제조업 부가 가치 비율은 세계 평균과 비슷하지만, 서비스업의 부가 가치 비율은 세계 평균에 비해 낮다.

바로잡기 ② 노동 생산성은 종사자 수 비율 대비 부가 가치 비율이므로, 사하라 이남 아프리카의 농업은 제조업보다 노동 생산성이 낮다. ③ 사하라 이남 아프리카의 서비스업(33.7%)은 농업(55.6%)보다 종사자 수 비율이 낮다. ④ 1차 생산품에는 농업이 해당하므로 세계 평균보다 부가 가치 비율이 높다.

751

A는 다이아몬드 개발로 1인당 국내 총생산이 증가하고 있는 보츠와나, B는 소수 권력자와 결탁된 석유 개발로 국민 대다수가 자원 개발의 혜택을 받지 못하고 있는 나이지리아이다.

752

A는 B에 비해 부의 공정한 분배를 실현하였다.

채점 기준	수준
A, B 국가의 경제 성장 차이를 각각 타당하게 비교하여 서술한 경우	상
A, B 국가의 경제 성장 차이를 한 국가에서만 타당하게 서술한 경우	하

Ⅷ 평화와 공존의 세계

16 평화와 공존의 세계

분석 기출문제

149~153쪽

[핵심 개념 문제]

753 경제 세계화 　**754** 공간적 분업 　**755** 경제 블록 　**756** ✕
757 ○ 　**758** ○ 　**759** ㉡ 　**760** ㉢ 　**761** ㉠ 　**762** ㉣ 　**763** ㉡
764 ㉠ 　**765** ㄱ 　**766** ㄴ 　**767** ㄷ

768 ⑤ 　**769** ① 　**770** ① 　**771** ① 　**772** ③ 　**773** ① 　**774** ②
775 ② 　**776** ④ 　**777** ② 　**778** ③ 　**779** ⑤ 　**780** ⑤ 　**781** ②
782 ③ 　**783** ④ 　**784** ①

1등급을 향한 서답형 문제

785 (가) 유럽 연합(EU), (나) 북아메리카 자유 무역 협정(NAFTA)
786 예시답안 (가) 유럽 연합은 완전 경제 통합 수준으로 단일 통화 사용과 공동 의회 설치 등 경제·사회·안보 분야에서 높은 수준의 통합을 이루고 있다. (나) 북아메리카 자유 무역 협정은 캐나다, 미국, 멕시코가 역내 관세를 철폐하는 자유 무역 협정 단계인 낮은 통합 수준을 보인다. 　**787** 산성비
788 예시답안 산성비 문제를 해결하기 위해 국제 사회는 제네바 협약을 맺고 국경을 넘어 이동하는 대기 오염 물질을 규제하고 있다.

768

(가)는 경제 세계화, (나)는 다국적 기업에 해당한다. 전 세계적인 교역 및 투자가 증가하면서 국가 간 상호 의존성이 증대되고 경제의 세계화가 진행되고 있다. 특히 세계 무역 기구(WTO)와 다국적 기업의 활동은 경제의 세계화를 더욱 가속화하고 있다. 다국적 기업은 생산 부문을 전 세계로 재배치하는 공간적 분업을 통해 경제의 세계화를 이끌고 있다.

바로잡기 ① (가)는 교통과 통신의 발달로 가속화되고 있다. ② 경제 세계화를 뒷받침하기 위해 설립된 것은 세계 무역 기구(WTO)이다. ③ 다국적 기업은 설립 초기에 자국에 기반을 두고 성장하지만, 분공장, 영업 지점, 대리점 등을 세계에 확산시키면서 통합된 조직을 완성한다. ④ 다국적 기업은 자유 무역 협정을 통해 시장을 넓혀가고 있다.

769

㉠은 다국적 기업의 공간적 분업이다. 경제 세계화의 확대에 따라 세계를 무대로 하여 판매 및 생산 활동을 하는 다국적 기업은 노동, 기술, 경영 등 생산 요소를 고려하여 기업의 관리, 연구, 생산 기능을 분리 배치함으로써 시장을 확대하고 이윤을 극대화하고자 하는데, 이를 공간적 분업이라고 한다.

바로잡기 ㄷ. 생산 공장은 인건비가 저렴한 개발 도상국에 입지하는 경우가 많다. ㄹ. 연구 및 개발 센터는 쾌적한 연구 환경을 갖춘 곳에 입지한다.

770

유럽 연합은 입법·사법의 독자적인 법령 체계 및 자치 행정 기능을 갖추고 있다. 단일 화폐인 유로를 사용하며, 셴겐 조약에 따라 대부분의 회원국 간 이동이 자유로운 편이다.

771

경제 세계화에 따른 자유 무역의 확대로 소비자들은 전 세계의 값싸고 다양한 상품을 자유롭게 선택할 수 있게 되었다.

바로잡기 ㄴ. 경제 세계화로 국가 간의 빈부 격차가 커지고 있다. ㄹ. 경제 세계화로 선진국은 주로 첨단 및 금융 서비스 등 생산자 서비스업이 성장하고 있으며, 개발 도상국은 주로 값싼 노동력이 필요한 제조업과 농업 부문을 담당한다.

772

(가)는 유럽 연합, (나)는 동남아시아 국가 연합, (다)는 북아메리카 자유 무역 협정이다. 회원국 수는 유럽 연합>동남아시아 국가 연합>북아메리카 자유 무역 협정 순으로 많으며, 역내 무역액은 유럽 연합>북아메리카 자유 무역 협정>동남아시아 국가 연합 순으로 많다. 따라서 (가) 유럽 연합은 C, (나) 동남아시아 국가 연합은 H, (다) 북아메리카 자유 무역 협정은 D에 해당한다.

1등급 정리 노트 세계의 주요 경제 블록

유럽 연합(EU)	대다수의 서부 유럽 국가가 공동 경제·사회·안보 정책의 실행을 위해 창설함
북아메리카 자유 무역 협정 (NAFTA)	캐나다, 미국, 멕시코 3국이 관세와 무역 장벽을 없애고 자유 무역권을 형성함
동남아시아 국가 연합 (ASEAN)	동남아시아 국가 간의 기술 및 자본 교류와 공동 자원 개발을 추진하고 있음
남아메리카 공동 시장 (MERCOSUR)	남아메리카 국가의 물류와 인력, 자본의 자유로운 이동을 촉구함

773

(가)는 북아메리카 자유 무역 협정, (나)는 남아메리카 공동 시장이다. 북아메리카 자유 무역 협정은 역내 무역 관세를 철폐하는 수준의 자유 무역 협정(FTA) 단계에 해당한다. 남아메리카 공동 시장은 관세 동맹 단계로 회원국 간에는 약 90%의 품목에 대해 무관세를 시행하지만, 비회원국에는 공통의 수입 관세를 부과한다. 따라서 (가)는 A, (나)는 B에 해당한다.

1등급 정리 노트 경제 통합 단계의 네 가지 유형

경제 통합 단계		특징
높음	완전 경제 통합	단일 통화, 공동 의회 설치 등 정치적·경제적 통합 ⑩ 유럽 연합(EU)
↑	공동 시장	회원국 간 생산 요소의 자유로운 이동 보장 ⑩ 유럽 경제 공동체(EEC)
통합성	관세 동맹	역외국에 대한 공동 관세율 적용 ⑩ 남아메리카 공동 시장(MERCOSUR)
↓ 낮음	자유 무역 협정	회원국 간 관세 인하와 철폐 ⑩ 북아메리카 자유 무역 협정(NAFTA)

774

경제 블록화의 확대로 지역 내 국가 간 교역량이 증가하고 자원을 효율적으로 이용하며, 지역 내 정치적 안정을 도모하는 등의 긍정적 영

향이 나타난다. 그러나 지나치게 이윤을 중시하는 가운데 경제 세계화의 흐름에서 소외된 국가와 지역은 경제력이 오히려 약화하는 등의 부정적 영향이 나타나기도 한다.

바로잡기 ② 관세와 수입 제한을 철폐하고 생산 요소의 자유로운 이동을 보장하는 경제 블록은 유럽 연합이 유일하다.

775

북극해의 해빙이 축소되는 까닭은 지구 온난화가 진전되기 때문이다. 이에 따라 열대 저기압의 발생 빈도가 증가하고, 열대 해상의 산호 백화 현상이 심화될 것이다. 또한 고위도 지역의 영구 동토층의 범위가 줄어들고, 기후 변화로 사막화, 생물 종 다양성 감소 등의 변화가 촉진될 수 있다.

바로잡기 ② 지구 온난화가 진전되면 서늘한 고지대에 서식하는 고산 식물의 서식 한계 고도가 높아질 것이다.

1등급 정리 노트 지구 온난화의 영향

기후 환경 변화	가뭄과 홍수, 폭염과 한파의 발생 빈도 증가
농업 환경 변화	• 난류성 어족의 어획량 증가 • 한류성 어족의 어획량 감소
생태계 변화	• 난대성 식물의 재배 북한계 북상 • 식생 분포 및 동물의 서식지 변화
기타	• 극지대 및 고산 지대의 빙하 축소 • 해수면 상승으로 인한 해안 저지대 침수 증가 • 열대 질병 발생률 증가

776

(가)는 전 세계적으로 빙하 누적 감소량이 점차 커지고, 평균 해수면도 높아지고 있으므로 지구 온난화에 따라 지구 대기의 평균 기온이 증가하고 있음을 나타낸다. (나)는 아프리카의 반건조 지역의 사막화 현상을 나타내며, 아프리카의 사헬 지대가 대표적이다. 그림의 A는 오존층 파괴, B는 지구 온난화, C는 산성비, D는 사막화이다.

1등급 정리 노트 지구적 환경 문제의 원인과 영향

지구 온난화	• 원인: 화석 연료의 사용량 증가 → 대기 중 온실가스(이산화탄소, 메탄 등) 증가 → 온실 효과 발생 • 영향: 빙하 면적 축소, 해수면 상승으로 인한 해안 저지대 침수, 이상 기후 등
사막화	• 원인: 장기간의 가뭄, 과도한 방목 및 개간, 삼림 벌채 등 • 영향: 토양 황폐화로 인한 기근, 난민 발생 등
산성비	• 원인: 공장이나 자동차에서 발생하는 오염 물질이 빗물에 섞여 내림 • 영향: 삼림과 생태계 파괴, 호수의 산성화, 건축물 부식 등
열대 우림 파괴	• 원인: 분별한 벌목과 경지 확대, 자원 개발 • 영향: 산소 공급 감소, 생물 다양성 감소 등
오존층 파괴	• 원인: 염화플루오린화탄소의 사용량 증가 • 영향: 자외선 투과량 증가, 피부병·백내장 발병률 증가 등

777

A는 공업이 발달한 유럽과 북부 아메리카에서 나타나므로 산성비, B

는 사하라 사막 남쪽의 사헬 지대와 사막 주변 지역에서 나타나므로 사막화, C는 적도 주변 열대 기후 지역에서 나타나므로 열대 우림 파괴에 해당한다. ② 열대림이 파괴되면 이산화 탄소의 흡수량이 줄어들어 지구 온난화 현상이 가속화될 수 있다.

바로잡기 ① 산성비는 발생 지역과 피해 지역이 일치하지 않는 편이다. ③ 산성비 발생 지역은 사막화 발생 지역보다 대체로 인구 밀도와 경제력이 높다. ④ 사막화 발생 지역은 건조 기후에 해당하므로 열대림 파괴 지역보다 단위 면적당 수목의 밀도가 낮다. ⑤ 사막화 발생 지역은 산성비 발생 지역과 열대림 파괴 지역보다 대체로 토양의 염도가 높은 편이다.

778

하천과 해안에서 버려진 쓰레기 중 쉽게 분해되지 않는 것들이 해안에 쌓이거나 해류를 타고 일정한 해역에 모여 쓰레기 섬을 형성한다.

바로잡기 ③ 지구적 환경 문제는 발생 지역뿐만 아니라 인접 지역까지 피해를 미치므로 세계의 모든 국가가 해결을 위해 노력해야 한다.

779

(가)는 1979년에 비해 2012년에 대기 중 오존량이 감소하였으므로 오존층 파괴에 해당한다. (나)는 브라질의 아마존강 유역에서 피해 정도가 크므로 열대 우림 파괴에 해당한다. 몬트리올 의정서는 오존층 파괴 물질의 생산 및 사용에 관한 규제를 목적으로 하며, 지구 온난화에 대비한 것은 교토 의정서이다.

바로잡기 바젤 협약은 유해 폐기물의 국가 간 이동에 대한 규제를 목적으로 체결되었다. 런던 협약은 폐기물의 해양 투기 방지를 목적으로 체결되었다.

1등급 정리 노트   주요 환경 협약

람사르 협약(1971)	습지 보호 및 습지의 지속 가능한 이용
런던 협약(1972)	폐기물의 해양 투기 방지
제네바 협약(1979)	국경을 넘어 이동하는 대기 오염 물질의 감축 및 통제
몬트리올 의정서 (1987)	오존층 파괴 물질의 생산 및 사용에 관한 규제
바젤 협약(1989)	유해 폐기물의 국가 간 이동에 대한 규제
교토 의정서 (1992)	선진국 38개국의 온실가스 감축 촉구, 온실가스 배출권 거래제 도입
생물 다양성 보존 협약(1992)	지구상의 생물 종 보호, 생태계의 다양성 및 균형 유지
사막화 방지 협약 (1994)	사막화 방지, 사막화를 겪고 있는 개발 도상국을 재정적·기술적으로 지원
파리 협정(2015)	선진국과 개발 도상국 모두 온실가스 감축 규정

780

가뭄 지수는 인간 생활이나 동식물의 생육에 피해를 가져올 정도로 강수량 부족이 장기화되는 현상을 수치화한 것이다. 대체로 북반구보다 남반구의 가뭄 정도가 심해지고, 시간이 지날수록 세계적으로 가뭄의 정도가 더욱 심해질 것으로 예상된다.

바로잡기 ㄱ. 파머 가뭄 지수는 수치가 클수록 습윤하고, 낮을수록 건조하다. ㄴ. 가뭄의 정도는 인구 규모와 비례하여 증가하지 않는다.

781

A는 쿠릴(지시마) 열도의 남쪽 4개의 섬, B는 센카쿠(댜오위다오) 열도, C는 시사(파라셀, 호앙사) 군도, D는 난사(스프래틀리, 쯔엉사) 군도를 둘러싼 분쟁 지역이다.

바로잡기 ① 쿠릴 열도는 러시아가 실효 지배하고 있다. 제2차 세계 대전 이후 일본이 패망하면서 이들 섬을 러시아가 점령하게 되었다. ③ 난사 군도는 주변 해역에 매장된 석유 및 천연가스를 둘러싸고 중국, 필리핀, 말레이시아, 베트남, 타이완, 브루나이 간에 갈등이 발생하고 있는 지역이다. ④ 쿠릴 열도의 분쟁 당사국은 러시아와 일본이며, 시사 군도의 분쟁 당사국은 중국, 타이완, 베트남이다. 따라서 시사 군도의 분쟁 당사국 수가 더 많다. ⑤ 쿠릴 열도의 분쟁 당사국은 러시아와 일본이므로 중국이 개입되어 있지 않다.

1등급 정리 노트   자원을 둘러싼 주요 분쟁 지역

북극해	지구 온난화로 빙하 감소 → 자원 탐사 및 개발 가능성 증대, 주변국(미국, 캐나다, 노르웨이, 덴마크, 러시아) 간 갈등 심화
쿠릴 열도	러시아의 실효 지배, 러시아·일본의 대립
센카쿠 열도 (댜오위다오)	일본이 실효 지배, 일본·중국·타이완의 대립
시사(파라셀, 호앙사) 군도	중국이 실효 지배, 중국·베트남·타이완의 대립
난사(스프래틀리, 쯔엉사) 군도	중국, 필리핀, 말레이시아, 베트남, 타이완, 브루나이의 대립
카스피해	호수 또는 바다라고 주장하며 러시아, 아제르바이잔, 이란, 카자흐스탄, 투르크메니스탄의 대립

782

A는 쿠르드족의 분리 독립 움직임이 있는 쿠르디스탄 지역, B는 티베트족의 분리 독립 움직임이 있는 시짱(티베트) 자치구이다. 쿠르드족은 아리아 계통의 종족으로 세계 최대 규모의 유랑 민족이다. 제1차 세계 대전 이후 서구 열강들의 이해관계에 따라 쿠르디스탄(쿠르드족이 사는 땅) 지역이 터키, 이란, 이라크, 시리아 등에 편입되면서 쿠르드족의 거주지가 분리되었다. 라마 불교를 신봉하는 티베트족은 중국에 거주하는 소수 민족으로 중국으로부터의 분리 독립을 요구하고 있다.

783

분쟁 지역에서 국경 없는 의사회는 부상자를 위해 무상 의료 지원 활동을 펼치고 있으며, 유엔 난민 기구는 내전으로 발생하는 난민들을 보호하기 위해 노력하고 있다. 국제 앰네스티는 시리아 난민의 인권 실태를 알리고 각국 정부의 구호를 호소하고 있다.

784

㉠은 세계 시민이다. 세계 시민은 인류의 보편적 가치를 인식하고 이를 생활 속에서 어떻게 실천해 나갈지 고민하고 행동하는 사람을 뜻한다. 세계 시민으로서 개인은 끊임없이 정부 및 국제기구에 세계 평화를 요구해야 하며, 세계의 다양한 문화를 이해하고, 갈등을 평화적으로 해결하려는 실천적 태도가 요구된다.

ㄷ. 세계 유산은 인류의 자산이므로 자국의 세계 유산의 우월성만을 알리기 위해 노력하는 것은 세계 시민의 태도로 적절하지 않다. ㄹ. 세계 평화와 정의를 위해서는 나를 시작으로 세계까지 인식을 확장하여 사고하려는 노력이 필요하다.

785

서부 유럽 국가 대다수가 참여한 (가)는 유럽 연합, 미국·캐나다·멕시코에 참여한 (나)는 북아메리카 자유 무역 협정이다.

786

유럽 연합은 완전 경제 통합 수준을 이루고 있으며, 북아메리카 자유 무역 협정은 역내 관세를 철폐하는 자유 무역 협정 단계이다.

채점 기준	수준
유럽 연합과 북아메리카 자유 무역 협정의 경제 통합 정도를 비교하여 옳게 서술한 경우	상
유럽 연합과 북아메리카 자유 무역 협정의 경제 통합 정도를 미흡하게 서술한 경우	중
유럽 연합의 통합 수준이 높다고만 서술한 경우	하

787

산성비 원인 물질의 배출 지역 범위와 산성비 피해 지역의 범위는 일치하지 않는다.

788

제네바 협약은 산성비 문제 해결을 위해 국경을 넘어 이동하는 대기 오염 물질의 감축 및 통제를 목적한다.

채점 기준	수준
산성비 문제 해결을 위한 국제 사회의 노력을 옳게 서술한 경우	상
산성비 문제 해결을 위한 국제 사회의 노력을 미흡하게 서술한 경우	중
국제 협약을 맺었다고만 서술한 경우	하

154~155쪽

789 ④	790 ③	791 ⑤	792 ②	793 ③
794 ②	795 ④	796 ④		

789 지구적 환경 문제에 대응하는 국제 사회의 노력 파악하기

1등급 자료 분석 유해 폐기물의 국제 이동과 오존층 파괴

• ㉠그린피스 활동가들은 2019년 ㉡아세안(ASEAN) 정상 회의를
 └ 비정부 간 국제 기구 └ 동남아시아 10개국 간의 기술 및 자본 교류와 자원의 공동 개발 추진
앞두고 타이의 수도인 방콕에 위치한 외교부 앞에서 ㉢유해 폐기물의 국가 간 이동을 제한하는 시위를 주도하였다.   └ 바젤 협약
• 1980년대 후반에 세계 여러 나라는 몬트리올 의정서를 채택하여 ㉣오존층 파괴 물질을 엄격히 제한하였다. 그 결과, 2015년
 └ 오존층 파괴 물질인 염화플루오린화 탄소(CFCs), 할론 등의 사용을 규제하는 몬트리올 의정서
에 측정한 ㉤오존홀(구멍)은 1990년대 중반과 비교해 대폭 축소되었다.   └ 주로 남극 상공에서 관측됨

유해 폐기물의 국제 이동 문제, 오존층 파괴 문제와 같은 지구적 환경 문제를 해결하기 위해 국가 간 주요 환경 협약을 체결하고 있다. 그린피스 등 비정부 기구(NGO)도 세계적 연대를 통해 활발하게 활동하고 있다.

790 주요 지역 경제 협력체의 통합 수준 비교하기

(가)는 유럽 연합(EU)으로 회원국 간 생산 요소의 이동 보장, 역내 관세 철폐, 단일 화폐 사용 등으로 완전 경제 통합을 추구하고, 초국가적 기구를 설치 및 운영한다. (나)는 북아메리카 자유 무역 협정(NAFTA)으로 캐나다·미국·멕시코 간의 자유 무역 협정이다. 최근 재협상을 통해 미국·멕시코·캐나다 협정(USMCA)으로 명칭이 변경되었다. (다)는 남아메리카 공동 시장(MERCOSUR)으로 브라질, 아르헨티나, 우루과이, 파라과이로 구성되었고, 역내 관세 장벽의 철폐와 대외 공동 관세 부과 등 공동 경제 정책 시행을 목적으로 한다. A에는 유럽 연합(EU), B에는 유럽 경제 공동체, C에는 남아메리카 공동 시장, D에는 북아메리카 자유 무역 협정이 해당한다. 그러므로 (가)는 A, (나)는 D, (다)는 C이다.

791 지구적 환경 문제의 원인과 영향 파악하기

1등급 자료 분석 산성비, 사막화, 열대림 파괴 지역

유럽과 북부 아메리카 지역 집중 → 산성비 피해 지역

건조 아시아와 북부 아프리카, 북부 아메리카 등의 건조 기후 지역에 집중 → 사막화

중·남부 아프리카, 동남아시아, 중·남부 아메리카의 열대 기후 지역에 집중 → 열대림 파괴

산성비(A)는 대기 오염 물질이 수증기 또는 비와 만나 발생하며, 삼림 파괴, 호수의 산성화, 건물 및 구조물 부식 등의 피해를 일으킨다. 사막화(B)는 장기간 가뭄, 과도한 방목과 개간, 관개 농업 확대 등으로 발생하며, 토양 침식 및 황폐화가 나타난다. 열대림 파괴(C)는 자

원 개발, 농경지 및 목장 조성, 도로 건설 등을 위한 벌목으로 발생하며, 동식물의 서식지가 파괴된다.

(바로잡기) ① 벌목은 열대림 파괴(C)의 원인이다. ② 산성비 피해에 대한 설명이다. ③ 사막화에 대한 설명이다. ④ 람사르 협약은 습지 보존 협약, 바젤 협약은 유해 폐기물 이동을 방지한다. 산성비 문제 해결을 위해 제네바 협약을 체결하였다.

792 지구적 환경 문제의 원인과 영향 파악하기

(1등급 자료 분석) 북극권 해빙과 차드호의 변화

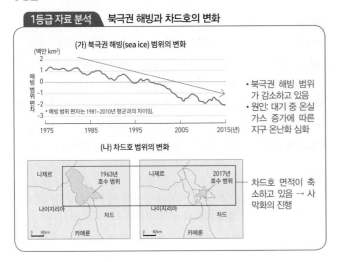

(가) 북극권 해빙(sea ice) 범위의 변화

- 북극권 해빙 범위가 감소하고 있음
- 원인: 대기 중 온실가스 증가에 따른 지구 온난화 심화

* 해빙 범위 편차는 1981-2010년 평균과의 차이임.

(나) 차드호 범위의 변화

차드호 면적이 축소하고 있음 → 사막화의 진행

국제 사회는 지국 온난화에 대응하기 위해 교토 의정서와 파리 협약을 체결하였다. 사막화는 장기간 가뭄과 과도한 방목으로 발생하며, 국제 사회는 사막화 방지 협약을 체결하여 대응하고 있다.

(바로잡기) ㉃ 바젤 협약은 유해 폐기물 이동을 방지하기 위한 협약이다. ㉄ 드러난 호수 바닥은 사막화되어 황무지가 된다.

793 주요 지역 경제 협력체의 특징 비교하기

(가)는 회원국 수가 28개국(2018년 기준)이며, 역내 총생산이 두 번째로 많고 총 교역액이 가장 많으므로 유럽 연합(EU)이다. (나)는 회원국 수가 10개국이며, 역내 총생산과 총 교역액이 가장 적으므로 동남아시아 국가 연합(ASEAN)이다. (다)는 회원국 수가 3개국이며, 역내 총생산이 가장 많고 총 교역액이 두 번째 규모이므로 북아메리카 자유 무역 협정(NAFTA)이다. ③ 역내 무역 비중은 (가)>(다)>(나) 순으로 크다.

(바로잡기) ① 지역 경제 협력체 중 유럽 연합만 단일 통화(유로화)를 사용하고 있다. ② (가) 유럽 연합에 대한 설명이다. ④ (다) 북아메리카 자유 무역 협정은 (나) 동남아시아 국가 연합보다 서비스 교역액이 많다. ⑤ 역외 공동 관세를 부과하는 단계는 관세 동맹으로 세 경제 블록 중 (가) 유럽 연합만 해당한다.

794 세계의 주요 갈등과 공존 지역 분석하기

(가)는 동남아시아에 위치한 싱가포르로 여러 문화가 공존한다. (나)는 유럽에 위치한 벨기에로 프랑스어를 사용하는 남부와 네덜란드어를 사용하는 북부 간 문화적 갈등이 있다. (다)는 북아메리카에 위치한 캐나다로 프랑스어를 사용하는 주민들의 분리 운동이 있다. (라)는 서남아시아에 위치한 터키로 쿠르드족의 분리 독립운동이 있다.

(바로잡기) ㄴ. 벨기에는 프랑스어와 네덜란드어를 사용하는 지역 간 갈등이 있다. ㄷ. 캐나다는 국가 내의 영어와 프랑스어(퀘벡주)를 사용하는 지역 간 갈등이 있다.

795 세계의 주요 분쟁 지역의 원인 파악하기

(1등급 자료 분석) 세계의 주요 분쟁 지역

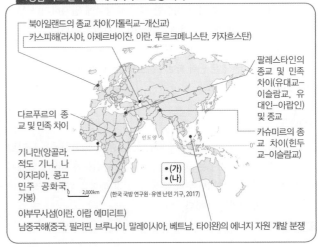

- 북아일랜드의 종교 차이(가톨릭교-개신교)
- 카스피해(러시아, 아제르바이잔, 이란, 투르크메니스탄, 카자흐스탄)
- 팔레스타인의 종교 및 민족 차이(유대교-이슬람교, 유대인-아랍인) 및 종교
- 카슈미르의 종교 차이(힌두교-이슬람교)
- 다르푸르의 종교 및 민족 차이
- 기니만(앙골라, 적도 기니, 나이지리아, 콩고 민주 공화국, 가봉)
- 아부무사섬(이란, 아랍 에미리트)
- 남중국해(중국, 필리핀, 브루나이, 말레이시아, 베트남, 타이완)의 에너지 자원 개발 분쟁

(가)
(나)
2,000km

(한국 국방 연구원·유엔 난민 기구, 2017)

(가)는 종교 및 민족(인종), (나)는 에너지 자원 개발 분쟁 지역이다. 유해 물질의 이동은 주로 대기 오염 물질(유럽의 산성비)이나 수질 오염 물질(국제 하천, 연근해)의 이동으로 인한 갈등이다.

796 세계 주요 분쟁의 특징 파악하기

A는 크리스트교 신자 수 비율이 높은 남수단으로 이슬람교를 믿는 아랍계의 수단으로부터 독립하였다. B는 이스라엘-팔레스타인으로 유대인(유대교)과 아랍인(이슬람교) 간 분쟁 지역이다. C는 카스피해로 러시아, 아제르바이잔, 이란, 투르크메니스탄, 카자흐스탄 간에 에너지 자원 개발을 둘러싼 갈등이 있다. D는 카슈미르로 인도(힌두교)와 파키스탄(이슬람교) 간의 분쟁 지역이다. E는 스리랑카로 신할리즈족(불교)과 타밀족(힌두교) 간 갈등이 있다.

(바로잡기) ④ 카슈미르는 힌두교와 이슬람교 간 갈등이다. 이슬람 내의 시아파와 수니파 간 갈등은 주로 서남아시아 지역(이라크)에서 발생한다.

단원 마무리 문제
156~159쪽

16 평화와 공존의 세계

797 ④   798 ②   799 ④   800 ⑤   801 ②   802 국가 간 무역 장벽 완화, 세계가 단일 시장으로 통합   803 (예시답안) 경제의 세계화는 무역 장벽 완화로 국제 거래 규모가 증가하고 세계 경제의 성장을 유도하지만, 국가 간 경제적 격차가 확대되고 선진국에 대한 개발 도상국 경제 종속이 심화된다.   804 ④   805 ③   806 ④   807 지구 온난화   808 (예시답안) 해수면 상승으로 해안 저지대가 침수되고, 해양 생태계가 파괴된다.   809 ⑤   810 ②   811 ④   812 ④   813 ②   814 ㉠ 국제 연합(UN) / 산하 기구: 국제 사법 재판소, 유엔 안전 보장 이사회, 유엔 난민 기구 등   815 (예시답안) 사법 분쟁. 무력 분쟁 및 갈등. 난민 문제 해결에 적극적으로 대응하여 국제 평화와 안전을 유지한다.

797

다국적 기업의 경영 기획 및 관리 기능은 주로 본국의 대도시에 입지하고, 생산 공장은 노동력이 저렴한 개발 도상국에 입지하거나 무역 장벽을 피하고 시장 확대를 위해 선진국에 입지하기도 한다.

바로잡기 ㄱ. 기업 조직의 공간적 분업으로 기업 경영의 효율성이 높아졌다. ㄷ. 연구·개발 센터는 전문 인력 확보가 중요하므로, 남아메리카보다 북아메리카에 많이 입지한다.

798

지도는 세계 무역 기구(WTO)의 회원국, 참관국, 비회원국을 나타낸 것이다. 세계 무역 기구는 공산품과 더불어 농산물과 서비스업에서도 자유 무역을 추진하고, 무역 분쟁 조정 및 해결을 위한 법적 권한과 구속력의 행사가 가능하다.

바로잡기 ㄴ은 국제 연합(UN), ㄹ은 유엔 평화 유지군에 대한 설명이다.

799

A는 유럽 연합(EU), B는 동남아시아 국가 연합(ASEAN), C는 북아메리카 자유 무역 협정이다. (가)는 지역 내 총생산이 1위, 무역액이 2위인 북아메리카 자유 무역 협정이다. (나)는 지역 내 총생산이 2위, 무역액이 1위인 유럽 연합(EU), (다)는 지역 내 총생산과 무역액이 3위인 동남아시아 국가 연합(ASEAN)이다. 따라서 (가)는 C, (나)는 A, (다)는 B이다.

800

그림의 A는 자유 무역 협정, B는 관세 동맹이다. 1단계에서는 회원국 간 관세 철폐를 중심으로 하며, 북아메리카 자유 무역 협정이 해당한다. 2단계에서는 역외국에 대해 공동 관세율을 적용하며, 남아메리카 공동 시장이 해당한다. 3단계에서는 회원국 간 생산 요소의 자유로운 이동이 가능하며, 유럽 경제 공동체(ECC)가 해당한다. 4단계에서는 단일 통화, 회원국의 공동 의회 설치와 같은 정치적·경제적 통합을 추구하며, 유럽 연합(EU)이 해당한다. C는 역외 공동 관세 부과, D는 역내 생산 요소의 자유 이동 보장이다.

바로잡기 ① 유럽 경제 공동체(ECC)가 3단계의 사례이다. ② 자유 무역 협정은 회원국 간 관세 철폐이다. ③ A의 사례는 북아메리카 자유 무역 협정이고, 남아메리카 공동 시장은 B에 해당한다. ④ B는 관세 동맹이다.

801

(가)는 유럽 연합(EU), (나)는 동남아시아 국가 연합(ASEAN)이다. 유럽 연합은 경제 통합 단계가 완전 경제 통합(4단계)으로, 역내 관세 철폐, 역외 공동 관세 부과, 역내 생산 요소의 자유로운 이동, 역내 공동 경제 정책 수행, 초국가적 기구 설치 운영을 한다. 동남아시아 국가 연합(ASEAN)은 회원국 간 기술 및 자본 교류와 자원의 공동 개발을 추진한다. 유럽 연합은 동남아시아 국가 연합보다 전체 무역에서 역내 무역이 차지하는 비율이 높다.

802

세계 교역량의 증가는 국가 간 무역 장벽이 완화되고 세계가 단일 시장으로 통합되었기 때문이다.

803

경제의 세계화로 국가 간 경제적 격차가 확대되고 선진국에 대한 개발 도상국의 경제 종속이 심화될 수 있다.

채점 기준	수준
세계화의 긍정적 및 부정적 영향 두 가지 모두 옳게 서술한 경우	상
세계화의 긍정적 및 부정적 영향 중 한 가지만 옳게 서술한 경우	중
세계화의 긍정적 및 부정적 영향 모두 서술하지 못한 경우	하

804

그래프를 통해 지구 온난화가 심화되고 있음을 알 수 있다. 지구 온난화의 심화가 지속되면 극지방 및 고산 지대의 빙하가 녹고 영구 동토층의 범위가 축소된다. 빙하가 녹아 해수면이 상승하면서 해안 저지대의 침수 피해가 발생한다. 또한 해수의 수온 상승으로 한류성 어족의 어획량이 변하고, 해충으로 인한 질병 피해 발생이 증가한다.

바로잡기 ④ 기온이 상승하면 고산 식물 고도의 하한선이 높아진다.

805

A는 유럽의 산성비 피해, B는 아프리카 사헬 지대의 사막화, C는 동남아시아의 열대림 파괴 지역이다. 산성비(A)는 구조물 및 건물의 부식, 삼림 파괴, 호수의 산성화와 무생물화, 오염 물질의 이동을 일으켜 주변국과 분쟁이 발생하기도 한다. 사막화(B)는 주로 장기간 가뭄, 과도한 방목 및 개간, 삼림 벌채, 관개 농업 확대 등으로 발생한다. 열대림 파괴(C)는 무분별한 벌목으로 발생하며, 동식물의 서식지가 파괴되어 생물 종의 다양성이 감소하는데 큰 영향을 미친다.

바로잡기 ① 사막화의 원인 중 하나이다. ② 산성비에 관한 설명이다. ④ 지구 온난화 현상은 사막화를 악화시키는 주요 요인이다. ⑤ 토양 침식은 사막화와 열대림 파괴로 심화된다.

806

㉠은 제네바 협약, ㉡은 파리 협정이다. 람사르 협약은 철새 및 물새 서식지로서 중요한 습지의 보호와 지속 가능한 이용을 목적으로 한다. 몬트리올 의정서는 오존층 파괴 물질 사용 규제, 바젤 협약은 유해 폐기물의 국가 간 이동 규제를 목적으로 한다.

바로잡기 ② 교토 의정서에 대한 설명이다. ⑤ 사막화 방지 협약에 대한 설명이다.

807

그래프를 보면 빙하의 체적량이 지속적으로 감소하고 있는데, 이러한 현상의 주요 원인은 지구 온난화이다.

808

지구 온난화의 심화로 해수면 상승과 해안 저지대 침수 등의 영향이 나타난다.

채점 기준	수준
지구 온난화의 영향을 모두 옳게 서술한 경우	상
지구 온난화의 영향을 한 가지만 옳게 서술한 경우	하

809

A는 남수단, B는 쿠르드족 분리 운동 지역, C는 스리랑카, D는 티베

트족 분리 운동 지역이다. 남수단(A)은 크리스트교 신자 비율이 높은 지역으로 수단으로부터 분리 독립하였다. B와 D는 소수 민족이 분리 독립하려는 지역이다.

(바로잡기) ㄱ. B는 터키, 이란, 이라크의 국경에 걸쳐 있다. ㄴ. 스리랑카(C)에서의 주요 분쟁 원인은 불교를 믿는 신할리즈족과 힌두교를 믿는 타밀족 간의 대립이다.

810
(가)의 터키, 파키스탄, 레바논 등은 국제 난민 수용국이며, (나)의 시리아, 아프가니스탄, 남수단 등은 국제 난민 발생국이다. 국제 난민의 주요 발생 원인은 정치적 불안정으로 인한 내전이다.

(바로잡기) ① 국제 난민 최대 발생 국가는 아시아에 위치한 시리아이다. ③ 국제 난민 발생국 중 시리아, 아프가니스탄은 아시아에 위치하고, 남수단, 소말리아, 수단, 콩고 민주 공화국은 아프리카에 위치한다. 난민 수용국 중 터키, 파키스탄, 레바논, 이란은 아시아에 위치하고, 우간다와 에티오피아는 아프리카에 위치한다. ④ 국제 난민은 인접 국가에서 수용된다. ⑤ (가)는 국제 난민 수용국, (나)는 국제 난민 발생국이다.

811
유엔 평화 유지군은 2000년 이후 서남아시아와 북부 아프리카, 사하라 이남 아프리카 지역을 중심으로 활동이 증가하고 있다. 아프리카는 다른 지역(대륙)보다 분쟁과 무력 충돌이 많이 발생했기 때문이다.

(바로잡기) 병. 유엔 평화 유지군은 국가 간 국제기구인 국제 연합의 결정으로 파견된다.

812
생태 발자국은 인간이 사용하는 자원을 생산하고 폐기하는 데 드는 비용을 토지 면적으로 환산한 수치이다. 탄소 소비량이 많은 선진국은 개발 도상국보다 탄소 발자국이 크다. 지속 가능한 발전을 위해서는 생태 발자국이 생태적 수용력보다 작아야 한다.

(바로잡기) ① 인구가 많은 지역인 아시아와 아프리카는 탄소 소비가 적은 개발 도상국이 많아 1인당 생태 발자국이 작다. ② 소득 수준이 높은 북아메리카와 유럽 연합은 1인당 생태 발자국이 크다. ③ 1인당 생태 발자국이 낮은 지역은 자원 소비가 적다. ⑤ 탄소 소비 증가로 생태 발자국이 커진다.

813
지도의 A는 유대인(유대교)과 아랍계(이슬람교)의 분쟁 지역인 팔레스타인, B는 러시아·아제르바이잔·이란·투르크메니스탄·카자흐스탄 간 자원 개발 갈등이 있는 카스피해, C는 파키스탄(이슬람교)과 인도(힌두교) 간의 분쟁 지역인 카슈미르, D는 남중국해 연안 국가들의 자원 개발 갈등이 있는 난사 군도, E는 프랑스어 사용 비율이 높은 캐나다의 퀘벡주이다. 따라서 (가)는 B로 카스피해, (나)는 D로 난사 군도, (다)는 C로 카슈미르, (라)는 A로 팔레스타인, (마)는 E로 캐나다 퀘벡주이다.

814
국제 연합은 제2차 세계 대전 이후 국제 평화와 안전의 유지, 국제 우호 관계의 촉진, 경제적·사회적·문화적·인도적 문제에 관한 국제

협력을 달성하기 위하여 창설한 국제기구이다.

815
국제 연합은 무력 분쟁 및 갈등, 난민 문제 해결에 적극적으로 대응하여 국제 평화와 안전를 유지한다.

채점 기준	수준
㉠의 역할을 모두 옳게 서술한 경우	상
㉠의 역할을 부분적으로 옳게 서술한 경우	하

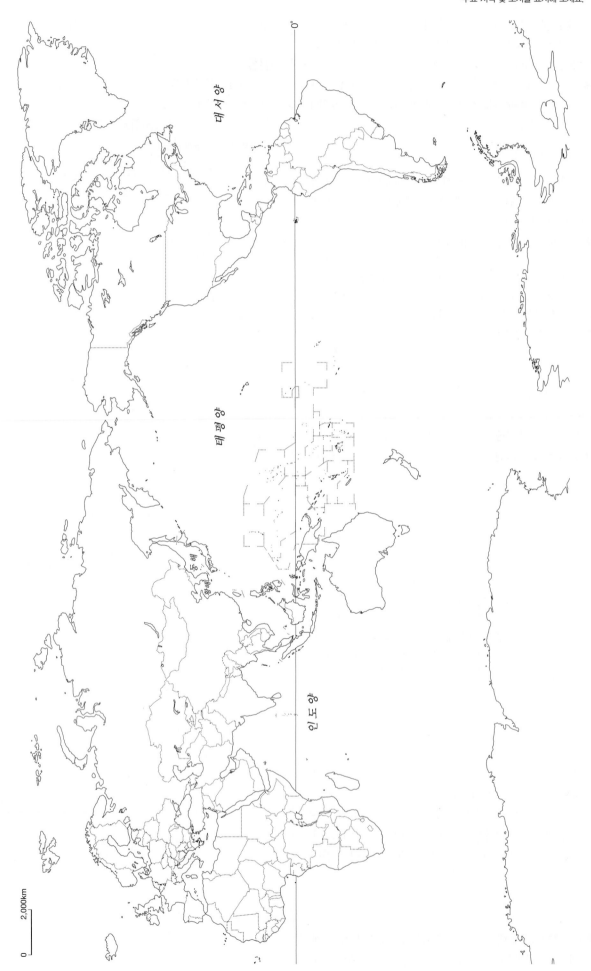

대 서 양

태 평 양

인 도 양

2,000km

0

※ 지도에서 해당 지역에 위치한 국가를 찾아보고,
주요 지역 및 도시를 표시해 보세요.

0   500km

몽골

중국

동 해

대한민국

일본

황 해

태 평 양

파키스탄

네팔

부탄

인도

방글라데시

미얀마

베트남

라오스

타이

필리핀

캄보디아

스리랑카

브루나이

팔라우

마셜제도

미크로네시아

몰디브

말레이시아

싱가포르

키리바시

나우루

인도네시아

파푸아뉴기니

솔로몬제도

투발루

인 도 양

동티모르

바누아투

피지

오스트레일리아

뉴질랜드

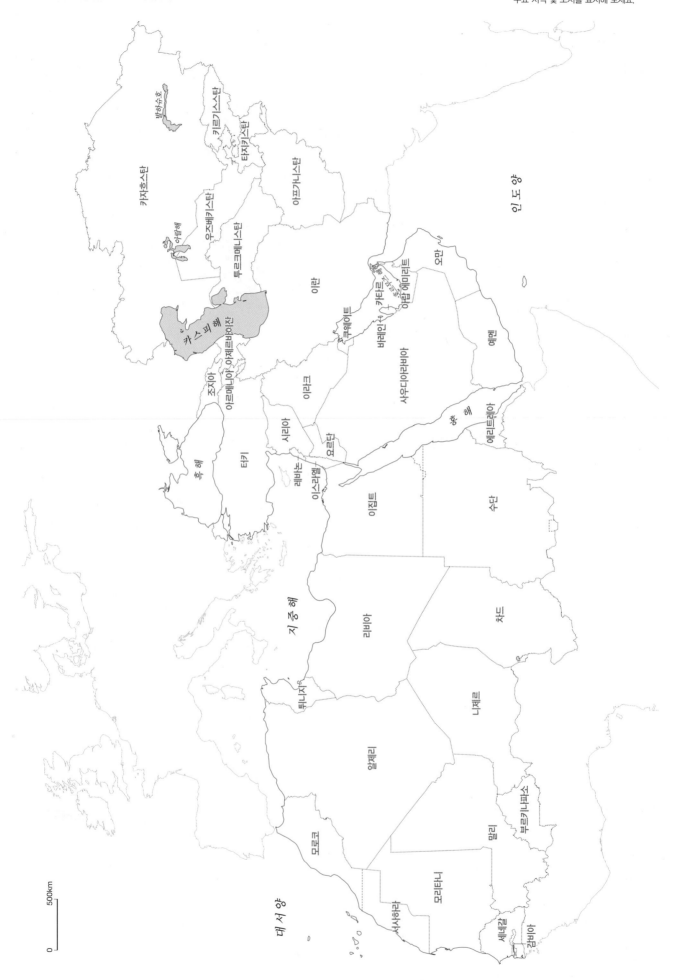

백지도 **건조 아시아와 북부 아프리카**

※ 지도에서 해당 지역에 위치한 국가를 찾아보고,
주요 지역 및 도시를 표시해 보세요.

500km

카자흐스탄

발하슈호

키르기스스탄

타지키스탄

우즈베키스탄

아프가니스탄

아랄해

투르크메니스탄

이란

카스피해

조지아

아르메니아 아제르바이잔

이라크

쿠웨이트

바레인 카타르 아랍에미리트

오만

사우디아라비아

예멘

인 도 양

흑 해

터키

시리아

요르단

레바논

이스라엘

에리트레아

홍 해

지 중 해

이집트

수단

리비아

차드

튀니지

알제리

니제르

대 서 양

모로코

말리

모리타니

부르키나파소

서사하라

세네갈

가나

76 바른답·알찬풀이

0   250km

아이슬란드

노르웨이

핀란드

스웨덴

러시아

에스토니아

라트비아

북 해

덴마크

리투아니아

아일랜드

영국

벨라루스

대 서 양

네덜란드

폴란드

벨기에

독일

룩셈부르크

체코

우크라이나

슬로바키아

리히텐슈타인

오스트리아

몰도바

프랑스

스위스

헝가리

안도라

슬로베니아

루마니아

크로아티아

포르투갈

모나코

이탈리아

보스니아
헤르체고비나

세르비아

흑 해

에스파냐

불가리아

바티칸

몬테네그로

코소보

마케도니아

알바니아

터키

그리스

키프로스

지 중 해

※ 지도에서 해당 지역에 위치한 국가를 찾아보고, 주요 지역 및 도시를 표시해 보세요.

※ 지도에서 해당 지역에 위치한 국가를 찾아보고,
주요 지역 및 도시를 표시해 보세요.

0   500km

카보베르데

모리타니

세네갈
감비아
기니비사우   기니
말리
부르키나파소
시에라리온
라이베리아
코트디부아르   가나
베냉
토고
적도기니
상투메
프린시페
가봉   콩고
카메룬
나이지리아
니제르
차드
중앙아프리카 공화국
수단
에리트레아
홍해
지부티
남수단
에티오피아
소말리아
우간다
르완다
부룬디
케냐
탄자니아
콩고 민주 공화국

대 서 양

앙골라
잠비아
말라위
콩모로
세이셸

나미비아
보츠와나
짐바브웨
모잠비크
마다가스카르
모리셔스

스와질란드
남아프리카
공화국
레소토

인 도 양

memo

www.mirae-n.com

학습하다가 이해되지 않는 부분이나 정오표 등의 궁금한 사항이 있나요?
미래엔 홈페이지에서 해결해 드립니다.

교재 내용 문의
나의 교재 문의 | 수학 과외쌤 | 자주하는 질문 | 기타 문의

교재 정답 및 정오표
정답과 해설 | 정오표

교재 학습 자료
MP3

학습하다가 이해되지 않는 부분이나 정오표 등의 궁금한 사항이 있나요?
미래엔 홈페이지에서 해결해 드립니다.

교재 내용 문의
나의 교재 문의 | 수학 과외쌤 | 자주하는 질문 | 기타 문의

교재 정답 및 정오표
정답과 해설 | 정오표

실전서

수능 기출서

미래엔 교과서 연계